OBSERVATIONS

DE

M. DE TRÉBRA,

SUR

L'INTÉRIEUR DES MONTAGNES.

OBSERVATIONS

DE

M. DE TRÉBRA,

SUR

L'INTÉRIEUR DES MONTAGNES,

PRÉCÉDÉES

D'un Plan d'une Histoire générale de la Minéralogie ,
par M. DE VELTHEIM ;

AVEC UN DISCOURS PRÉLIMINAIRE ET DES NOTES

DE M. LE BARON DE DIETRICH,

Secrétaire général des Suisses et Grisons, Membre de l'Académie royale
des Sciences, de la Société royale de Gottingue, et de celle des
Curieux de la Nature de Berlin ; Commissaire du Roi à la Visite
des Mines, des Bouches à feu et des Forêts du Royaume.

A PARIS,

DE L'IMPRIMERIE DE MONSIEUR.

Se trouve chez { DIDOT le jeune, Libraire, quai des Augustins.
{ DIDOT fils aîné, Libraire, rue Dauphine.

A STRASBOURG,

Chez TREUTTEL, Libraire ; et chez tous les Libraires de France et des Pays étrangers.

M. DCC. LXXXVII.

AVEC APPROBATION, ET PRIVILÉGE DU ROI.

Longitude 8.º du Meridien de Paris

PARTIE DU DUCHÉ DE BRUNSWICK WOLFENBUTEL

BAILLAGE DE VINENBOURG

GOSLAR Ville Impériale

Forêt de Goslar

COMTÉ DE WERNINGERODE au Prince de Stolberg

le Grand Brocken, elevé de ses Forges

CLAUSTHAL

Wildeman

Zellerfeld

Bruch Berg

Der Acker

Forêt d'Osterode

PARTIE DES PRINCIPAUTÉS DE STOLBERG, SCHWARTZBOURG, ET BLANCKENBOURG

Explication des Signes.

- Ville Minière
- Moulin à eau
- Bocard
- Moulin à Scier
- Forge
- Minière
- Or
- Argent
- Cuivre
- Plomb
- Etable à Vaches
- Maison de Chasses
- Corps de garde
- Fonderie d'argent
- Fonderie de Cuivre
- Haut Fourneau à Fer
- Bitume
- Canal

CARTE TOPOGRAPHIQUE DU HARTZ, dont une partie dépend de la P.té de Grubenhagen, Electorat de Hanovre; et dont l'autre est commune à cet P.té et au Duché de Brunswick Wolfenbüttel; Levée par M. B. Ripking, et gravée sous la direction de M. Brion de la Tour, Ingénieur Géographe du Roi.

Echelle

Verges à 16 pieds chacunes

Mille de 15 au degré.

DISCOURS PRÉLIMINAIRE.

M. de Trébra n'avoit point encore fait paroître en Allemagne ses observations sur l'intérieur des montagnes, je
ne connoissois de cet estimable ouvrage que son titre,
lorsque déterminé par l'amitié qui me lioit à son auteur,
et d'ailleurs bien persuadé que les productions de cet
habile minéralogiste ne pouvoient qu'être infiniment
utiles aux travaux des mines, dont le succès est souvent
incertain, je promis à M. de Trébra que je ferois traduire
son ouvrage dès qu'il auroit paru. L'amour seul de la
science m'attachoit alors à l'étude de la minéralogie, et
particulièrement de la minéralogie pratique ; j'avois des
loisirs que je prenois plaisir à lui consacrer.

Cet engagement, que je croyois important aux progrès
de l'art, je venois de le contracter avec mon ami, lorsque
la confiance de l'administration me donna des occupations
forcées. L'édition Françoise de cet ouvrage auroit dû
paroître il y a deux ans ; je me suis vu obligé de la retarder
jusqu'à présent.

J'ai mis à la tête de cet ouvrage le plan d'une histoire
générale de minéralogie que M. de Veltheim, ancien
intendant des mines du Hartz, publia à Brunswick en
1781 : ce ne fut qu'après l'avoir lu, que M. de Trébra se
détermina à rendre publiques ses observations. Ce plan
offre quelques défauts dans les détails ; mais il est vaste,
méthodique, et généralement très-bien conçu. Vraisemblablement les minéralogistes desireront avec moi qu'il
soit parfaitement exécuté dans tout son ensemble.

A la tête de son plan, M. de Veltheim met un système de minéralogie réduit en tableaux : nous connoissons ceux que M. d'Aubenton a publiés dans le même genre, en 1784 ; ils ont, sur les tableaux de M. de Veltheim, l'avantage précieux d'une méthode plus uniforme. Dès la classe des métaux, le savant académicien françois classe séparément les minérais qui ne renferment que la matière d'une seule substance métallique, et ceux qui contiennent la matière de deux de ces substances ou d'un plus grand nombre ; il suit le même ordre dans les classes des sels, des terres et des inflammables.

M. de Veltheim, au contraire, range les minérais composés d'une ou de plusieurs substances dans les mêmes séries. La nature des substances qui forment deux à deux des sels, détermine la classification qu'il en fait, et ce n'est que pour celle des terres qu'il a adopté une méthode semblable à celle de M. d'Aubenton. M. de Veltheim n'a pas même pris une base fixe dans un seul et même tableau. Dans celui des métaux, par exemple, après avoir cité des espèces d'un genre de minérai, il en rapporte des variétés, comme si elles en étoient des espèces particulières. A l'article de l'or, il se contente de divisions principales, lorsqu'ailleurs il nomme de nombreuses variétés : tantôt il désigne les substances minérales par leur composition chimique, tantôt par leur forme extérieure, et souvent par leurs noms triviaux. Pour compléter au moins une des méthodes suivies par l'auteur, j'ai ajouté à chacune de ses divisions, les principales variétés connues, eu égard à leur minéralisateur ou à leur mélange avec d'autres matières métalliques : j'ai absolument négligé les formes extérieures et la nature des gangues.

Sous les noms de chaque substance métallique, M. de
Veltheim a placé la plupart de leurs pesanteurs spécifiques. M. Brisson, celui de tous les Physiciens qui
apporte à cette espèce d'opérations l'exactitude la plus
scrupuleuse, et qui a déterminé le plus grand nombre de
ces pesanteurs, a eu la complaisance de m'en donner une
note, et d'y joindre le poids du pied et pouce cubes de
chacune de ces substances. Il m'a paru qu'il seroit utile de
rassembler dans le tableau n°. I, les diverses données des
pesanteurs spécifiques déterminées par M. Brisson et par
les auteurs de Minéralogie les plus modernes, afin qu'on
pût d'un coup-d'œil observer de combien ces évaluations
diffèrent entre elles. Je dois remarquer que l'or, la platine
purifiée, l'argent, le cuivre rouge, ont été pesés par
M. Brisson, fondus sans avoir été écrouis. M. Sage a inséré,
dans son Analyse chimique (1) des trois Règnes, les
pesanteurs spécifiques de différentes substances fossiles
non métalliques déterminées par M. Brisson. Celui-ci
prépare sur cet objet un grand travail, que tous les physiciens attendent avec impatience.

M. de Veltheim n'a point mis le plomb, l'étain et le
zinc, au nombre des métaux qui se trouvent natifs ; il ne
cite que le fer. M. Kirwan adopte aussi le plomb (2) ; il
s'appuie du témoignage de Hermann, de Henckel (3) et
de Michel Morris (4). Il rappelle le fait cité par M. de
Gensanne (5), et confirmé par M. l'abbé Giraud de Sou-
lavie (6), sur le prétendu plomb natif du Vivarais. Il

---

(1) Tome II, page 10.

(2) Minéralogie, page 3o3, édition
françoise.

(3) Page 69, de l'édition françoise de la
Flora Saturnisans.

(4) Transact. philos. 1772, page 20.

(5) Gensanne, Histoire naturelle du Languedoc, tome III, page 209.

(6) Histoire Naturelle de la France méridionale, tome Ier, page 4o5.

pouvoit encore faire mention de plusieurs échantillons que cite Wallerius (1). Il pouvoit parler aussi de celui que le docteur Hutter a donné à M. de Born, et qu'il avoit tiré de l'Altbescherten-Glück, près Bleystad en Bohême (2), de celui de M. Valmont de Bomare (3); enfin de celui qu'on a montré à M. Ferber, aux mines de Millicose, près Vinster en Derbyshire (4). A toutes ces allégations, qui ne me paroissent que spécieuses, il me sera permis d'opposer les observations suivantes.

Les minéralogistes de Berlin, les plus à portée de se convaincre de l'existence du plomb natif de Hermann (5), cité par Henckel, ne l'adoptent point dans leurs ouvrages (6); et depuis long-temps M. Lehmann (7) a démontré que ce plomb provenoit d'une ancienne fonderie située près de Masel en Silésie. Celui dont parle M. Morris ne s'est trouvé que dans la terre végétale; plusieurs personnes dignes de foi, m'ont assuré qu'elles avoient inutilement cherché dans le territoire désigné par M. de Gensanne, le plomb dont il parle; d'ailleurs, nous observerons que sa forme de grenailles le rend suspect. M. Monnet (8) a vu, ainsi que moi, les morceaux du cabinet de Richter, allegués par Wallerius. Je suis entièrement de son avis, et par les mêmes raisons que lui je pense que ces morceaux ne sont pas natifs. M. de Born lui-même doute de l'existence du plomb natif du docteur Hutter, et M. Romé de l'Isle dit que le morceau de M. Valmont de Bomare

---

(1) Minéralogie, tome II, page 301 édition de Vienne, 1778.

(2) Born, Lytophilacium, page 93.

(3) Tome II, page 176.

(4) Oryctographie de Derbyshire, page 52.

(5) Maslographia, page 194.

(6) Gerhard, Plan d'une Minéralogie, page 241.

(7) Minéralogie, page 133.

(8) Nouveau Système de Minér., pag. 369.

étoit

étoit un produit de fourneaux, comme le sont la plupart des plombs natifs qu'il a vus. Cet habile cristallographe (1) est dans une entière indécision sur l'existence du plomb natif, et M. Sage n'en fait pas mention, parce qu'il n'en a jamais vu. J'ai dans mon cabinet deux échantillons de mine; un de Call, dans le duché de Juliers; l'autre de Veyer, dans le duché de Viederrunkel. Ils m'ont été donnés pour du plomb natif, qualité que je leur conteste aussi, par plusieurs raisons qu'il seroit trop long de détailler ici. La question de l'existence du plomb natif ne me paroît pas, à beaucoup près, décidée; voyons maintenant si celle de l'étain natif est mieux éclaircie.

M. Kirwan, fondé sur plusieurs passages des Transactions philosophiques (2), et des Mémoires de l'Académie de Stockholm (3), dit qu'on a trouvé incontestablement de l'étain natif en Cornouailles. Le docteur Borlase (4) n'en avoit encore observé en 1758 qu'un échantillon tiré de Bossehan, dans la paroisse de Saint-Just; il avoit cru l'appercevoir au microscope, cependant il doutoit encore de son existence; mais ce savant y croyoit en 1771, lorsque je le vis en Cornouailles. Il me montra un fragment d'un morceau, dont il avoit envoyé le pareil à la Société royale de Londres : j'y reconnus de l'étain malléable, mais j'ignore quelles circonstances avoient accompagné sa découverte à Saint-Austelle. La lettre que le docteur Quist écrivoit le 4 Février 1766, à M. Rinmann (5), fait voir que cet échantillon provenoit d'un morceau de mine détaché

---

(1) Cristallographie, tome III, page 36.
(2) Année 1766, page 37.
(3) Année 1766, page 237, édition allemande.

(4) Natural History of Cornwalt, p. 185.
(5) Mémoires de l'Académie de Stockholm, *Loc. cit.*

trouvé dans les champs. M. Brünnich (1), qui a vu les deux parties de ce morceau, s'est apperçu que les prétendus spath et quartz (2), dans lesquels on avoit cru que cet étain supposé natif se trouvoit, étoit de l'arsenic pur cristallisé, ce que M. Dacosta, alors bibliothécaire de la Société royale, confirma dans les Transactions philosophiques (3). Les plus célèbres minéralogistes (4), tant anciens que modernes, disent n'avoir jamais vu d'étain natif; ils remarquent que ce n'est pas sans raison qu'on doute de son existence. L'étain du docteur Borlase n'étoit qu'un produit de fonte calciné en partie à l'air. Les morceaux cités par Wallerius (5) ont tous été contestés : celui que décrit M. Sage (6), et qui est déposé au cabinet de l'Ecole royale des Mines, est sans gangue ; et nous ne sommes point certains de l'origine des autres échantillons cités par M. Sage et M. Romé de l'Isle (7). D'ailleurs ces échantillons avoient été vendus par un de ces marchands de minéraux, qui, ne considérant que le profit, ne doutent jamais de la rareté de leurs morceaux. Je me croirai donc autorisé à rester indécis, jusqu'à ce qu'un homme de l'art ait tiré des fosses mêmes, qu'il indiquera, de l'étain natif au milieu de ses gangues.

Au moins il sembloit décidé que le fer se trouve natif dans la nature : moi-même, il y a quelques années, j'en

---

(1) Minéral. de Cronstedt, §. 182, page 199, édition allemande.

(2) Trans. philos., vol. 56, page 35.

(3) *Ibid.*, page 305.

(4) Bergmann, Sciagraphie, édition françoise, page 255, §. 208. Gmelin dans son édition de Linné, tome III, page 163. Monnet, *loc. cit.* page 363. Cronstedt, §. 180. Agricola, de re metallica. Valmont de Bomare, tome II, page 208. Gerhard, *loc. cit.* page 248.

(5) *Loc. cit.* tome II, pag. 318.

(6) *Loc. cit.* tome III, page 224.

(7) *Loc. cit.* tome III, page 407 et 408.

affirmai l'existence (1). J'avois vu chez le célèbre Margraff, j'avois même obtenu de lui quelques fragmens de fer natif tirés d'Eybenstock en Saxe (2). J'avois également vu au cabinet de Freyberg, du fer malléable provenant des mines de Groskamdorf. Linné avoit parlé de fer natif trouvé dans la Stirie : on en montroit plusieurs échantillons venant du Sénégal, où M. Adanson nous assure qu'il abonde. M. Gerhard (3) rapporte qu'on en a trouvé un morceau, seul à la vérité, dans les états du roi de Prusse, aux mines de fer en couches, près de Tarnowitz. M. Valmont de Bomare (4) dit avoir reçu de Suède divers échantillons de fer natif cristallisé. Biornsthael (5) prétend avoir vu à Manheim, chez le conseiller des mines M. Arkenholtz, un grand morceau de cristal de roche sur lequel il y avoit du fer fondu ; et Carosis (6) a trouvé du fer natif mêlé de beaucoup de schorl vert en aiguilles. M. l'abbé Mongès, en faisant l'énumération des divers échantillons de fers natifs connus, parle même d'un morceau que j'ai dans ma collection, et qui vient de l'Eyffel dans le Duché de Juliers. Le Baron de Hüpsch en a tiré du même canton que Lehmann désigne, ainsi que l'évêché de Salzbourg et la Silésie, comme patrie du fer natif. Schroeter en cite qui provient de la Bavière : enfin M. Kirwan n'admet plus de doutes sur l'existence du fer natif. A tant d'autorités, qui ne me semblent pas décisives, voici ce que je crois pouvoir opposer : le minéralogiste Suédois le plus fameux (7), dont

---

(1) Dans mes notes aux Lettres de Ferber sur la Géographie physique de l'Italie, page 19.

(2) Cette découverte avoit été annoncée dans le Magasin de Hambourg, tome VII, page 441, et dans la *Berliner Samlung*, tome VII, page 519.

(3) *Loc. cit.* page 232.

(4) Minéralogie, tome II, page 228.

(5) Dans ses Lettres, tome V, page 191.

(6) Voyages de Carosis en Pologne, tome I, page 21.

(7) Wallerius, tome III, pag. 234.

les écrits sont postérieurs à ceux de M. Valmont de Bomare, ne cite que du fer natif étranger. M. Charpentier (1),
l'un des principaux membres de l'école de Freyberg, et
en cette qualité, si intéressé à desirer qu'il existe des
minéraux précieux au cabinet de cette école ; M. Charpentier raconte que le prétendu morceau de fer natif
envoyé à l'Académie de Freyberg, a été, ainsi que les
autres échantillons du même endroit répandus dans les
différens cabinets de l'Europe, détaché d'une masse
énorme qui fut découverte sur les haldes de la minière
de Saint-Jean-de-Fer, près de Groscamsdorf, et non dans
ses fosses. On a tiré depuis cette époque un grand nombre
de milliers de quintaux de ces mêmes minières, sans y
avoir jamais rencontré de vestiges de fer natif. Cet habile
minéralogiste ajoute que les morceaux de cette masse
ressemblent parfaitement à du fer forgé déja rouillé.

Ne sait-on pas aussi que dans le grand nombre de
personnes qui visitèrent les mines de Stiric, aucunes n'y
virent jamais de fer natif? Enfin, les doutes ne feront que
s'accroître, lorsqu'on songera à la fameuse masse découverte par Pallas dans les montagnes de Sybérie. Une foule
de circonstances semble démontrer clairement qu'elle
n'est rien moins que du fer natif. Pallas ne l'a plus trouvée
dans son lieu natal ; elle existoit au jour dans le voisinage
d'une riche mine de fer ; elle étoit de forme oblongue, et
pesoit seize quintaux : aucune roche ne l'environnoit ; elle
ressembloit parfaitement à du fer forgé. Sa figure et son
poids avoient un grand rapport avec celui des marteaux de
fer forgé qu'on fabrique aux simples feux de forge dans le

____

(1) Géographie physique de la Saxe, page 342.

comté

comté de Foix, quoiqu'il n'existe pas de haut fourneau dans
cette province ; une espèce de vernis préserve de la rouille
la masse de Pallas ; la combustion continuelle du fer qu'on
forge sous les marteaux du comté de Foix, et l'eau dont
on ne cesse de les arroser, les recouvre de même d'un
enduit léger, après un long usage : les cristaux jaunes
dont cette masse est parsemée, ne peuvent affoiblir ces
objections. Pour forger une masse aussi considérable, il
faut la porter un grand nombre de fois au feu, afin de
souder les pièces de rapport dont on la forme. Chaque
fois elle est enveloppée de laitier. Il aura suffi qu'on l'ait
laissée refroidir lentement, et qu'on ne l'ait point exposée
une dernière fois au marteau, pour qu'elle ait conservé
des cavités, et que les cristaux vitreux s'y soient formés.
M. Sage (1) a déja pensé que la masse de Pallas étoit le produit d'une exploitation semblable à la méthode catalane.
De toutes les preuves que pourroient produire en faveur
de leur opinion ceux qui soutiennent l'existence du fer
natif, la meilleure seroit sans doute la découverte d'une
masse de fer faite au Chaco en Amérique, évaluée à la
pesanteur de trois cents quintaux, décrite par M. Rubin
de Célis, dans un mémoire adressé nouvellement à l'Académie. Les fragmens qui ont été envoyés ont toutes les
propriétés du plus excellent fer forgé ; mais il est clair
que la masse de laquelle ils ont été détachés a été molle,
puisqu'on y voit en relief l'empreinte de pieds d'hommes
et d'oiseaux : elle est donc, ou un produit de l'art, ou un
produit de volcans, et il ne me paroît pas prouvé qu'il
y ait des volcans dans la contrée où cette masse se trouve.

---

(1) Analyse chimique, page 20.

Aux observations que je viens de réunir pour inspirer une juste défiance sur la véritable nature des morceaux jusqu'à présent réputés fer natif, je vais joindre le résultat de ma propre expérience : elle m'a fait naître des doutes que rien n'a pu encore dissiper. J'ai vu tirer des mines un échantillon qui renfermoit l'extrémité de la pointe d'un marteau ; cette pointe étoit recouverte d'un guhr martial à demi endurci. Souvent j'ai trouvé dans le *Vieil-homme*, et dans les parois des travaux, des outils enveloppés de mine de fer et de cristallisations spathiques : à peine pouvoit-on encore distinguer la forme des uns ; les autres étoient mieux conservés. Ces accidens, que j'avois vus pour la première fois à l'île d'Elbe, je les ai rencontrés depuis dans le grand nombre de mines de fer que j'ai visitées, notamment dans celles du comté du Ban de la Roche en Alsace. Un fait rapporté par Jean Rey doit naturellement trouver place ici. Deux échantillons de mine de fer, quoique bien fermés de toutes parts, contenoient des pièces de monnoie ancienne. Ces pièces, qui certainement n'étoient point natives, ne pouvoient avoir été renfermées dans ces minérais que de la même manière que les fragmens d'outils dont je viens de parler. Je remarquerai que la forme de ces fragmens étant cubique, on ne doit pas être arrêté par l'objection de M. Monnet, qui pense que la forme cubique des échantillons regardés comme fer natif, doit lever toute espèce de doute. Je ne prétends pas qu'il soit physiquement impossible de trouver du fer natif vraiment malléable ; le fer peut immédiatement paroître avec cette propriété, sans passer par l'état de fonte, et même sans être martelé : ainsi M. de Morveau (1)

____

(1) Journal de physique, année 1776, tome 8, note 1, page 351.

me semble être dans l'erreur, quand il dit « que le marteau
» est aussi nécessaire pour rendre le fer malléable, que la
» main du cordier pour filer une corde. » En effet la lime
mord sur la fonte recuite, et la fonte qui a subi une seconde
fusion est susceptible d'être travaillée au tour; chaque
jour on peut s'en convaincre dans les ateliers de M. Per-
rier : ces matières n'ont cependant pas subi la percussion
des marteaux. Le fer qu'on retire par la tuyère des feux
à la catalane, ductile, quoiqu'on l'obtienne directement
de la mine, n'a certainement pas été martelé. Les pièces
ou loupes, au moment où on les sort des feux d'affinerie,
ne l'ont pas été d'avantage, et cependant les parties réellement de fer qui composent ces masses encore mal unies,
sont chacune séparément malléable; et si elles ne l'étoient
point, loin de céder et de se rapprocher aux premiers coups
de marteau, elles s'écarteroient en mille morceaux. C'est
donc le procédé de la réduction du minérai, c'est la
manière d'y appliquer le feu, c'est la manière de soumettre
la fonte au feu, qui donne la malléabilité au fer; seulement le marteau augmente sa ductilité en rapprochant
ses parties.

Des observations que je viens de faire, il résulte que
si rien ne s'oppose à la possibilité de l'existence du fer
natif, cette existence cependant n'est pas, à beaucoup
près, démontrée par les découvertes qu'on a faites jusqu'à
présent; il me semble donc que les naturalistes doivent
au moins suspendre leur jugement.

M. Gmelin (1) avoit fait connoître en Allemagne, dès
1780, le procédé par lequel M. Sage (2) avoit donné un

---

(1) Introduction à la Chimie, Nuremberg 1780, chez Raspe.

(2) Analyse chimique, tome 11, page 458.

degré de ductilité au zinc. M. Crell (1) avoit rapporté en
1781 une lettre de M. Sage qui annonçoit cette opération à
M. Schmiedcl. C'est apparemment d'après ces notices que
M. de Veltheim a mis le zinc au nombre des métaux parfaits, et il a été en cela plus loin que M. Sage lui-même,
qui, ayant reconnu que le zinc étoit le plus ductile des
demi-métaux, ne l'a pas sorti de leur classe dans ses derniers ouvrages. M. Valmont de Bomare fait mention de
zinc natif dans sa Minéralogie; et depuis, aucun auteur
n'a admis son existence. Il dit en avoir trouvé aux mines
de Limbourg et de Goslar ; mais les minéralogistes du
Hartz, et ceux qui ont le plus fréquenté les mines de
Limbourg, n'y ont jamais rencontré cette substance vierge.
On donne souvent aux curieux de la calamine grillée, au
lieu de mine brute. Ne seroit-ce pas dans des morceaux
de cette nature que M. de Bomare auroit trouvé un peu de
zinc sous forme métallique ? Cronstedt (2), dont il s'appuie,
ne s'est pas permis de classer à l'article zinc le morceau
qu'on lui avoit donné pour du bismuth, et qui, suivant cet
auteur, avoit plutôt le caractère du premier de ces demi-
métaux. Cronstedt s'étoit contenté d'en faire note à l'article
bismuth. Wallerius (3) ne l'admet que sur la foi de M. de
Bomare. Selon M. Crell (4), on assure qu'il a été trouvé
du zinc natif à l'île de Naxos dans l'Archipel ; mais ce
fait n'est fortifié d'aucune autre circonstance, et la notice
qu'il nous en donne ne contient que le peu de mots que
nous venons d'en rapporter.

Passons maintenant à quelques observations que me

---

(1) Nouvelles découvertes en Chimie ,
tome I, année 1781.

(2) Minéralogie , §. 221 , édition de

Brunswick, page 233.

(3) *Loc. cit.* tome II , §. 128.

(4) Annales de Chimie, tome I, page 479.

suggère

suggère le tableau des substances métalliques de M. de
Veltheim. Nous voyons qu'à l'article de l'or, il cite en
général l'or minéralisé, sans faire mention de ses minéra-
lisateurs. Lorsqu'il écrivoit, tous les minéralogistes admet-
toient déja la minéralisation de l'or. M. Kirwan (1) est
le seul aujourd'hui qui la révoque en doute. » L'or, dit-il,
« n'étant capable de s'unir, ni avec le soufre, ni même
« avec l'arsenic, si ce n'est très-difficilement et pendant
« qu'il est en fusion, ni avec l'air fixe, on ne le trouve
« par cette raison jamais minéralisé, etc. « Il me semble
que pour répondre à cette théorie, le fait seul suffit. Le
travail de la lotion est porté à un si haut degré de perfection
en Hongrie et en Transilvanie (2), que dans le cas même
où mille quintaux de minérai réduits en poudre au moyen
des boccards, ne renfermeroient qu'une demi-once de
molécules d'or vierge, on parviendroit à l'en extraire par
des lotions réitérées. Cependant par ces opérations on
n'obtient pas même des vestiges d'or de certaines pyrites
orifères, quoique parmi celles-ci il y en ait qui rendent
cent cinquante onces ou plus de neuf livres d'or au quintal.
Nos plus célèbres minéralogistes ont toujours distingué
l'or minéralisé, à la propriété qu'il a de ne pouvoir être
retiré de son minérai que par le secours du feu : *non nisi igne.
educendum* (3). Les principes de Henkel, et sur-tout les
nombreux minérais dans lesquels l'or ne se trouve réellement qu'enveloppé ou masqué, ont maintenu long-temps
les minéralogistes dans l'opinion que renouvelle aujour-
d'hui M. Kirwan. Les pyrites orifères n'y ont pas peu

---

(1) Minéralogie, page 235 de l'édition françoise.

(2) Délius, de l'Origine des montagnes et de leur gîtes de minérai, page 125.

(3) Born lythophilacium, tome premier, page 68.

contribué. On en trouve beaucoup dans lesquelles l'or est réellement sous forme native, et dont on peut le retirer sans feu par l'amalgame, au moyen d'une simple trituration; j'ai fait cette opération sur de la pyrite orifère de marialoretto à Facébay en Transylvanie. Je ne lui fis subir d'autre préparation que la réduction en poudre et la trituration avec le mercure; ayant ensuite sublimé le mercure, je trouvai dans la cornue quelques molécules d'or. L'or étoit donc sous forme native dans cette pyrite, quoiqu'en me la donnant on m'eût assuré qu'il y étoit minéralisé; mais j'en ai essayé d'autres sur lesquelles le mercure employé de la même manière n'a fait aucun effet, et sur lesquelles aussi l'eau régale n'avoit aucune action. Il est encore bon d'observer que ce n'étoit pas sur des pyrites pauvres telles que celles d'Aedelfors que j'avois opéré, mais bien sur des pyrites tenant depuis vingt à vingt-quatre onces d'or au quintal. Ainsi la proportion de l'or étoit telle que l'eau régale auroit bien pu le saisir s'il s'y fût trouvé sous forme métallique; et surement si le mercure a pu s'emparer de l'or renfermé dans le premier de ces minérais, quoiqu'il ne contînt que quatre onces d'or au quintal, il auroit dû également se charger de celui qui se trouvoit dans les pyrites plus riches. D'ailleurs l'eau régale agit sur ces pyrites quand on les a torréfiées; cependant cette opération n'en a chassé que les substances volatiles, sans que la proportion des autres substances métalliques et terreuses en soit sensiblement diminuée. Les raisons de M. Kirwan (1) ne me paroissent donc pas suffisantes encore pour renverser l'opinion géné-

---

(1) *Loc. cit.* pag. 238 et 239.

rale; d'ailleurs il convient lui-même « qu'on trouve rare-
« ment de l'or natif parfaitement pur, qu'il est commu-
« nément allié avec de l'argent, le cuivre ou le fer, et
« même avec tous les trois. » Apparemment il suppose
que ces trois substances se trouvent de même toujours
dans l'état natif dans les mines orifères; car si elles y sont
minéralisées, il est difficile de croire que l'or ne le soit
pas avec elles. L'argent contenu dans la galène y est
bien certainement minéralisé; pourroit-on dire que l'or
renfermé dans cet argent s'y trouve sous forme métallique? Je rapporterai à cette occasion une analyse de la
pyrite orifère, que je fis il y a plusieurs années avec le
célèbre Spielmann. Dans cette opération nous nous pro-
posions uniquement de nous assurer si réellement ces
pyrites contenoient toujours du zinc, comme plusieurs
minéralogistes l'avoient annoncé.

Après avoir trituré cette pyrite avec le mercure pendant
plusieurs heures, comme je l'ai dit ci-dessus, nous mîmes
dans une cornue de terre la poudre de la pyrite qui avoit
subi l'amalgame; on l'exposa au fourneau de reverbère; elle
fournit du soufre; l'esprit de vitriol, versé sur le résidu
de cette distillation, ne s'échauffa point; on l'y laissa
pendant quelques jours en digestion; nous en obtînmes
du vitriol vert: les derniers cristaux même étoient encore
de cette couleur.

Nous versâmes, sur une once de pyrite, douze onces
d'acide nitreux précipité; il ne se fit aucune effervescence; mais durant la digestion il se montra de temps à
autre quelques bulles. La liqueur resta claire, même
après l'ébullition; seulement la portion métallique se
sépara d'avec la terreuse; cette dernière surnageoit. La

portion métallique en ayant été retirée, nous la fondîmes avec du borax et un peu de poudre de charbon ; il n'y eut point de culot métallique : mais ayant pulvérisé la scorie, nous découvrîmes à la loupe quelques grains d'argent que nous ne pûmes séparer de la partie vitrifiée à cause de leur extrême petitesse.

L'eau forte, qui avoit été en digestion avec la pyrite, fut distillée ; elle laissa au fond de la cornue une substance jaune qui ne tarda pas à se dissoudre entièrement dans l'eau. L'alkali fixe précipita de cette dissolution une poudre de la même couleur, que nous fondîmes avec du borax et un peu de charbon. Nous obtînmes une scorie noire, dont une grande partie fut attirable à l'aimant.

Nous exposâmes enfin dans une cornue, au bain de sable, une portion de notre pyrite, avec le double de son poids de mercure sublimé. Dans l'opération ce mercure s'attacha aux parois de la cornue, puis il se montra des lames très-minces et blanches comme la neige. Elles attirèrent l'humidité de l'air et devinrent toutes noires ; il se trouva au fond de la cornue une substance ressemblante à un minérai ; elle étoit revêtue d'une poudre jaunâtre, qui, jetée sur le charbon, brûla en exhalant une odeur de soufre. Cette poudre attiroit aussi l'humidité de l'air. Mise dans un matras, et poussée à un grand feu, il s'en sublima un peu de soufre jaune ; le résidu étoit du safran de mars. Nous ne trouvâmes donc point de zinc dans l'échantillon que nous avions soumis à nos expériences : aussi MM. Kirwan, Bergmann et Gmelin ne mettent-ils pas le zinc au nombre des substances métalliques contenues dans les pyrites orifères.

M. de Veltheim a rangé l'*électrum* natif dans la classe

de

de l'argent. J'ignore en quelle proportion l'or se trouve mélangé dans celui que nous fournit la nature ; mais d'après le sens même que les anciens attachoient à ce mot *electrum* (1), on peut conjecturer que l'or se trouvoit en plus grande quantité que l'argent dans le mélange. L'electrum mériteroit donc une place à l'article de l'or ; c'est-là que M. Gerhard le classe (2).

M. de Veltheim n'a désigné que sous le nom trivial de mine d'argent merde d'oie, ce minérai terreux, diversement coloré par les différentes chaux métalliques traversées d'argent vierge qui le composent. Nous savions bien que cette mine étoit formée d'argile, d'ochre, de chaux de cobalt, d'arsenic, de chaux verte, de kupfernickel, et qu'en Saxe elle unissoit quelquefois à toutes ces substances la chaux de bismuth. M. Sage en avoit fait une très-bonne analyse ; mais il étoit réservé à M. Schreiber (3) de nous apprendre que cette espèce de minérai, qui se trouve abondamment aux Chalanches, contient aussi du mercure, le plus communément dans l'état d'éthiops minéral, et très-rarement dans l'état de cinabre. M. Schreiber, d'après l'analyse qu'il en a faite, désigne ce minérai par la phrase suivante : *Mine d'argent terreuse et arsenicale, tenant argent, fer et mercure.* En général les mines d'argent merde d'oie étant accompagnées d'argent vierge, tiennent communément beaucoup plus d'argent que ne le dit M. Gmelin (4), et d'après lui M. Kirwan (5). Les échantillons que M. Schreiber a

---

(1) Voyez ci-après ma note à ce sujet dans l'introduction de M. de Veltheim.

(2) Grundriss des Mineral-sistems, p. 208.

(3) Directeur des mines de MONSIEUR,

inspecteur honoraire des mines de France.

(4) *Loc. cit.* tome III, page 413.

(5) *Loc. cit.* page 260.

soumis à l'expérience, pour reconnoître la présence du mercure dans ce minérai, contenoient douze livres d'argent au quintal, au lieu de six livres que ces savans lui attribuent.

Je n'ai pas cru devoir comprendre dans mes additions la mine de cuivre azurée, ni la mine de cuivre jaune. Je ne regarde la première, qui est colorée par l'action de quelque substance aériforme (1), que comme une variété de la seconde, et toutes deux ne me paroissent faire qu'une seule et même espèce avec la pyrite cuivreuse, dont elles ne diffèrent que parce que la proportion du fer ou du soufre y est plus ou moins considérable. Aussi n'ai-je pas cru devoir les désigner comme des espèces particulières, quoiqu'elles aient été séparées par le plus grand nombre des auteurs qui ont classé les substances minérales.

J'ai omis dans mes additions les mines de fer spéculaires, les hématites rouges et noires, l'émeril, le schorl martial, etc. parce que ces variétés me paroissent dépendre des espèces citées par M. de Veltheim. J'ai cru cependant devoir faire mention de quelques autres minérais de fer, dont l'analyse n'a point encore fait connoître le véritable composé.

J'ai mis au nombre des espèces de mines de plomb, les mines vitrioliques pyriteuses de ce métal, en observant que je n'ai jamais rencontré dans l'intérieur des fosses, la chaux blanche ou vitriol de Saturne de M. Monnet (2), mais que conformément à la théorie de ce minéralogiste, je l'ai fréquemment trouvé à la surface des affleuremens

---

(1) M. Hettlinger, inspecteur général de la manufacture de porcelaine du Roi à Sèvre, donne à volonté les plus belles couleurs d'iris aux mines de cuivre jaune.

(2) Nouveau système de minéralogie, page 371.

puissans de galène depuis long-temps exposée au jour et
à l'air libre.

M. Gahn nous avoit fait connoître les mines de plomb
verdâtres minéralisées par l'acide phosphorique. M. de
Laumont (1) a décrit (2) plusieurs variétés de mines dont
le même acide est le minéralisateur seul, ou conjointement avec le soufre. Ces mines sont toutes de Huelgoat
en basse Bretagne. M. Klaproth (3) a reconnu de son
côté la présence de l'acide phosphorique dans la mine de
plomb cristallisée grise, qu'il a cru, sans doute par erreur,
provenir de Poullaoven, tandis qu'elle est de même de
Huelgoat.

Il seroit très-possible que le sable martial attirable à
l'aimant, particulièrement celui qui accompagne pour
l'ordinaire l'or de lavage, fût minéralisé par l'acide phosphorique. M. Chaptal (4) est occupé à faire sur cet objet
des recherches dont nous devons desirer qu'il fasse part
au public.

Passons rapidement sur quelques objets moins importans du tableau de M. de Veltheim. J'ai été dans le cas
d'ajouter des espèces à tous les articles des métaux. Dans
celui de l'étain, j'ai désigné sous le nom de mine d'étain
martiale, la mine d'étain rougeâtre ou jaune rougeâtre de
Kirwan (5), dans laquelle est comprise la variété que le
célèbre minéralogiste Anglois nous décrit comme ressem-

---

(1) Inspecteur général des mines de France,
qui nous a enrichi de plusieurs découvertes,
et dont le zèle est infatigable.

(2) Journal de physique, tome XXVIII,
1786, page 380 et 384.

(3) Gerhard, page 243.

(4) M. Chaptal, de l'Académie des sciences

de Montpellier, professeur de chimie, qui
réunit à une saine théorie l'avantage bien
rare de l'appliquer constamment aux arts en
grand. Il a établi et il dirige des ateliers
nombreux et très-variés.

(5) *Loc. cit.* page 299.

blante à la zéolite ou à l'hématite striée (1). Cette variété se nomme en Anglois *Wood-tin*, étain ligneux, *Holtz-zinn* en allemand. M Klaproth en a communiqué l'analyse à la société des Curieux de la nature de Berlin. Il la désigne par la phrase latine *stannum ochraceum cornubiense* (2) ; il en a obtenu soixante-quinze par cent d'étain, et peu de fer, quoique M. Kirwan ait dit que cette mine contient plus de fer que d'étain. Ce même savant nous donne l'analyse d'une mine d'étain (3) que l'on a trouvée à la minière de Vheal-Roch, paroisse Saint-Agnès en Cornouaille, dans un filon puissant de neuf pieds. Il résulte de ses expériences, que cette substance est de l'étain minéralisé par le soufre mêlé d'une quantité notable de cuivre, d'une portion de terre martiale infiniment petite, et de très-peu de terre stérile. M. Raspe, auteur de cette découverte, propose d'appeler ce nouveau minérai, *bell-metall ore*, *mine de métal de cloche*, à cause de la portion de cuivre qui s'y trouve intimément mêlé avec l'étain. On sait que M. Bergmann a, le premier, parlé de l'étain minéralisé par le soufre, et qu'il n'en avoit obtenu qu'un très-petit fragment provenu des mines de la Sybérie.

M. Pelletier n'avoit point encore donné son beau travail sur la molybdène, lorsque M. d'Aubenton l'a rangée au nombre des inflammables. M. de Veltheim ne connoissoit point de son côté la distinction entre la plombagine et la molybdène, et il est clair que dans les trois espèces qu'il cite, la première et la troisième sont de la

---

(1) Mine d'étain en stalactite de M. Sage ; hématite d'étain de M. Romé de l'Isle.

(2) Ecrits de la société des Curieux de la Nature de Berlin, tome VII, page 152.

(3) *Ibidem*, page 155, 156 et 169 à 180.

plombagine ;

plombagine; car le caractère distinctif de la molybdène est d'être feuilletée ou lamelleuse (1).

M. de Veltheim a mis à la place du métal pesant, et comme genre, le volfram, l'une de ses mines : on ne savoit point alors que la tungstène étoit une mine de ce demi-métal. M. Klaproth a communiqué à la même société de Berlin une analyse d'un minéral de la Cornouaille, et que M. Raspe (2) avoit donné pour de la tungstène; mais sa pesanteur spécifique étoit bien loin de monter à 6,015 comme celle de la tungstène; et les expériences de M. Klaproth lui ont prouvé que cette prétendue tungstène n'étoit autre chose qu'une manganèse ferrugineuse.

Le même savant essaya une substance de Poldice en Cornouaille, que M. Raspe avoit donnée pour du volfram. M. Klaproth la trouva réellement telle; mais quoiqu'il eût toujours employé l'acide jaune du volfram, et qu'il eût usé de tous les moyens possibles de réduction, il ne parvint pas à en obtenir du régule. Il paroît que M. d'Elhuyar et M. Gmelin (3) ont eu seuls cet avantage jusqu'à présent.

Le célèbre professeur de Gottingue a fait avec le volfram vingt-trois expériences, dont la majeure partie s'accorde avec celles de M. d'Elhuyart; elles nous apprennent (4), autant qu'on en peut juger jusqu'à présent, que le volfram est formé d'une matière métallique particulière, unie seulement au fer et à la manganèse dans des propor-

---

(1) Journal de physique, année 1785, tome XXVII, page 434 à 447.

(2) Ecrits de la société des Curieux de la nature, tome VII, page 186 à 192.

(3) Commentatio de nuper in lapide ponderoso et lupi spuma invento sui generis metallico corpore prælecta in consessu publico D. 29, octob. 1785, exp. 20, p. 14.

(4) *Loc. cit.* page 15.

tions qui varient : elles nous apprennent qu'il existe entre cette matière et les autres substances métalliques, une différence remarquable, soit qu'on l'examine sous forme métallique, soit qu'on la traite sous forme de chaux. Elle en diffère par la pesanteur spécifique, et dans l'un et l'autre état par la couleur, et encore par la manière dont elle colore le verre lorsqu'on la fond avec des sels, par la difficulté de la faire entrer en fusion, par la résistance opiniâtre qu'elle oppose sous l'une et l'autre forme à l'action des acides, enfin par la facilité avec laquelle elle s'unit aux alkalis caustiques.

Le poids considérable du métal pesant, l'insuffisance des acides et même de l'eau régale pour le dissoudre, sa résistance à l'action du soufre fondu, disposeroient à le mettre au rang des métaux parfaits, s'il ne s'en éloignoit pas infiniment par la faculté qu'a le plomb de le convertir en scorie, la facilité qu'il a de perdre son principe inflammable, la nécessité d'ajouter des matières inflammables pour le revivifier, la difficulté de lui rendre sa forme métallique au moyen de cette addition ; enfin la manière dont il enlève la ductilité à l'argent, si toutefois l'expérience par laquelle il a été traité au feu avec ce métal suffit pour qu'on puisse lui attribuer ce dernier défaut ; car l'opération n'a pas été faite avec le métal pesant sous forme métallique, mais bien sous forme de chaux, et sans qu'on l'eût mêlé avec de la poudre de charbon, comme on auroit dû le faire.

Le tableau de M. de Veltheim sur les sels ne renfermoit point les acides que la nature produit dans les montagnes volcaniques, dans les mines et dans les eaux de quelques lacs. J'ai cru devoir les ajouter. Un coup-d'œil jeté sur ce

tableau justifiera les autres additions que j'y ai faites.
J'aurois pu comprendre la molybdène et la plombagine
dans la classe des sels acides à base métallique ; mais la
première, composée d'une substance métallique et de
soufre (1), est naturellement placée parmi les métaux, et
la seconde au rang des inflammables (2). M. Bergmann (3)
a fait des classes séparées des sels triples et quadruples.
M. de Veltheim auroit pu admettre la même division,
puisqu'il a classé les terres selon cette méthode, déja
adoptée par M. Bucquet.

M. Bergmann a pendant un certain temps admis
six espèces de terres simples : on voit dans sa lettre à
M. Troil (4), datée du 12 juin 1776, qu'à cette époque
il étoit encore persuadé de leur existence. Il avoit
cru trouver que la terre des gemmes étoit simple et
d'une espèce particulière, différente de la siliceuse ;
mais dans sa Sciagraphie, la première disparoît, et le
nombre des terres simples y est restreint à cinq. M. de
Veltheim n'avoit pu connoître les nouvelles découvertes
sur la terre pesante, aussi étoit-elle omise dans son
tableau de ces substances.

Il seroit trop long de relever toutes les transpositions
auxquelles nécessiteroient, dans les tableaux de M. de
Veltheim, les analyses nouvellement faites d'un grand
nombre de matières fossiles. Je me bornerai à observer
à cet égard, que M. Lempé a publié en 1785 une dissertation dans laquelle il réunit les résultats des expériences

---

(1) Pelletier, Journal de physique, année
1785, tome XXVII, page 445.

(2) *Ibid.* page 357.

(3) Sciagraphie, §. 75, page 81 de l'édition françoise.

(4) Lettres relatives au Voyage de Troil
en Islande, page 327 de l'édition allemande.

faites sur le diamant, par nos chimistes les plus célèbres.
On y trouve la preuve incontestable que les minéralogistes modernes ont eu raison de placer cette pierre pré-
cieuse au rang des inflammables.

Il m'a semblé qu'à la suite de la première division des
terres siliceuses de M. de Veltheim, je pouvois placer le
spath adamantin. Les parties constituantes de cette substance, et la manière dont elle se comporte au feu, ne nous
sont encore connues que par ce que nous en dit M. de
la Métherie (1), et par les expériences qu'en a faites dès
1782 M. Lavoisier (2). Selon l'infatigable académicien,
cette substance cristalline noire qui se trouve en grande
quantité dans quelques montagnes de la Chine, est si
dure, que réduite en poudre elle peut servir à tailler les
pierres précieuses, et même le diamant. M. de la Métherie
prétend qu'ayant été touchée sur la meule, elle n'a paru
qu'un peu plus dure que le cristal de roche. M. Lavoisier
l'a exposée six minutes à l'action du feu animé par l'air
déphlogistiqué ; elle s'est légérement ramollie, et n'a
éprouvé ni augmentation ni diminution de poids. M. Darcet
l'a soumise à Sèvres au feu de porcelaine; elle ne s'est point
fondue et n'a pas brûlé : ces deux dernières expériences
sont parfaitement d'accord. Sa pesanteur spécifique a été
déterminée par M. Brisson à 38,732 ; et comme elle
diffère de celle du cristal de roche et de celle de l'émé-
raude, de la figure de laquelle elle se rapproche le plus,
M. de la Métherie dit que vraisemblablement le spath
adamantin est une pierre *sui generis*.

J'ai mis l'*apatit* de M. Werner à la suite de la seconde

---

(1) Discours préliminaire, Journal de physique, année 1787, tome XXX, page 12.

(2) Mémoires de l'Académie royale des sciences, année 1782, page 484.

classe

classe de terres composées de deux espèces de M. de
Veltheim. Sa nature cependant n'est point encore bien
déterminée. Cette pierre, connue depuis peu (1) se montre
sous la forme de prismes hexagones, régulièrement tronqués et striés en long, à l'instar du schorl : elle est
lamelleuse et brillante dans sa cassure; sa couleur est
vert de mer, rougeâtre, blanc de lait, vert d'eau et vert
de semaille. On trouve cette pierre revêtue d'une écorce
blanche, et on la rencontre principalement dans la pierre
ollaire, la moelle de pierre, le quartz et les mines d'étain,
près d'Ehrenfriedersdorf en Saxe et à Kuttenberg en Bohême. M. Gerhard s'est assuré que cette pierre n'étoit
point un schorl.

Je remarquerai encore que la plupart des substances
mises par M. de Veltheim au rang des terres magné-
siennes simples, appartiennent aux composées, et que
nous ne connoissons pas même de magnésie aérée pure,
trouvée sans mélange dans la nature.

Enfin, je dirai que la première division établie par
M. de Veltheim, des terres calcaires simples, rentre
absolument dans la division de celles de ces terres qui
sont unies aux acides; car nous n'ignorons plus que tous
les fossiles placés par ce savant dans la première de ces
divisions, sont formés de chaux aérée.

A la suite des substances inflammables, j'ai placé les
espèces de gaz qui ont la propriété de prendre feu. Ces
gaz ne se rencontrent que trop souvent dans la nature.

Le copal, l'ambre gris et l'ambre jaune figurent encore
parmi les résines minérales dans les tableaux de M. de

---

(1) Gerhard, Grundriss des Mineral-systems, page 281.

Veltheim ; le docteur Bloch en a banni le premier (1).
Le docteur Schwediaver (2) a renvoyé le second au règne
animal, et le docteur Bok (3) a prouvé que le troisième
étoit, comme le premier, d'origine végétale.

Permettons-nous maintenant quelques réflexions rapides sur la partie la plus intéressante du plan de M. de
Veltheim, j'entends celle sur laquelle porte le travail de
M. de Trébra. Sans doute les substances dont le mélange
forme le granit, composent pour l'ordinaire la roche des
montagnes auxquelles on a donné le nom de primitives ;
mais il s'en faut bien que ce ne soit que sous la forme de
granit ; et mes observations d'accord avec celles des plus
célèbres naturalistes, qui ont souvent vu des montagnes,
prouvent que si le quartz, le feld-spath et le mica s'y
rencontrent fréquemment réunis en grains, ils s'y trouvent aussi en masses, tantôt séparées, tantôt confondues.
Ces observations prouvent encore que dans ces mêmes
montagnes, le schiste, les différentes roches composées
dans lesquelles l'argile et la magnésie forment une grande
partie du mélange, et la pierre calcaire même, se trouvent
accidentellement parmi toutes les espèces de roches composées des substances qui forment le granit. La montagne
des Chalanches en offre un exemple bien connu de nos
minéralogistes : cette montagne et celle de la Gardette,
nous prouvent encore que des mines d'argent et d'or peuvent se trouver dans les montagnes nommées primordiales. M. Charpentier (4) a observé, à Scharfenberg en
Saxe, que les filons d'argent s'y trouvoient tous dans le

---

(1) Beschaeftigungen der Berlinischen
Gesellschaft, tome II, page 91 à 155.
(2) Journal de physique 1784, t. 25, p. 278.

(3) Naturforscher, 16°. partie, page 57.
(4) Géographie minéralogique de la Saxe,
page 121.

granit, et j'ai vu dans les Pyrénées de riches filons de plomb, dans la même roche, aux plus hautes sommités (1).

Certainement les belles mines d'argent de la Sophie, dans la principauté de Furstemberg (2), qui s'exploitent dans le granit, ne sont pas voisines de la plaine. On auroit déja rencontré le granit plus souvent dans les parois des filons nobles, si près d'eux il n'éprouvoit pas cette altération à laquelle sont soumises toutes les roches qui les accompagnent ou qui les avoisinent (3). Leur grain subissant un commencement de décomposition, devient plus fin, plus lié, plus doux à l'œil et au toucher, en un mot, plus *amical* (4) ; le mica sur-tout disparoît ; dans cette circonstance on ne l'apperçoit qu'en petites parcelles en partie décomposées. Dans les filons stériles, au contraire, le rocher, le granit sur-tout conserve toute sa rudesse, il demeure *sauvage*. Cette observation, que j'ai eu occasion de vérifier nombre de fois, est confirmée par celles que Mr. M. G. Mayer a faites dans la principauté de Furstemberg, où le mica noir subsiste dans les filons stériles, tandis qu'il disparoît ou qu'il est au moins fortement altéré, blanc, grisâtre, argileux près des points de minérai. Dans les Alpes du Dauphiné et dans les Pyrénées, au milieu des roches granitiques, le spath calcaire, les roches argileuses accompagnent l'asbeste et le schorl, le cristal de roche et la stéatite. Je ne puis me persuader qu'ici ces substances fassent partie de nouvelles montagnes édifiées par les eaux sur la croupe de montagnes plus anciennes.

---

(1) Description des gîtes de minérais, &c. page 313.

(2) Kapf, Beytræge zur geschichte des Fürstenbergischen bergbaues, page 30.

(3) Charpentier, *loc. cit.* page 123.

(4) Voyez la note aux Lettres de Trébra, page 185.

Le célèbre Ferber (1) a vu entre les mains de M. Pallas
un fragment de lapis lazuli adhérent à une lisière micacée;
il avoit été tiré d'un filon de lapis situé dans du granit,
à l'extrémité méridionale du Baikal ou Kultuck. On
trouve dans ces filons de lapis du feld-spath chatoyant,
de la pyrite et une substance blanc de lait. Cette découverte est due à M. Laxmann. On ne connoissoit pas la
roche qui accompagne ordinairement le lapis, et c'est
le premier qu'on ait vu en Sybérie; il venoit tout de la
Tartarie Bucarique, dépendante de la Chine.

J'ai observé dans ma description des gîtes de minérai
des Pyrénées (2), que les mines de fer en grandes masses
n'étoient pas particulières aux régions septentrionales; et
si l'on se rappelle ce que j'ai dit de l'île d'Elbe (3), on en
conclura que M. de Veltheim n'est pas absolument fondé
à croire les mines de fer en grandes masses plus propres
aux pays septentrionaux; il est d'un autre côté autorisé
à avancer que l'or a été trouvé jusqu'à présent plus abondamment vers l'équateur que dans les autres parties du
globe.

Il est des parties considérables de grandes chaînes de
montagnes, qui, au lieu d'avoir au loin devant elles des
collines calcaires, sont précédées sur de grandes étendues de montagnes stratifiées dont les couches ne sont
composées que de galets détachés ou réunis en brèche
d'un volume souvent très-considérable, quelquefois aussi
très-petit. Les terres qui couvrent ces montagnes, les
rivières dont elles sont traversées, renferment de l'or, des

---

(1) Ecrits de la société des Curieux de la
Nature de Berlin, tome VII, page 412.
(2) Page 202.

(3) Dans mes notes aux Lettres de Ferber
sur la Minéralogie de l'Italie, page 441.

mines de fer, de plomb, d'étain, de mercure, etc. métaux et minérais qui y furent transportés en même temps que les galets.

M. de Veltheim a eu la satisfaction de voir les naturalistes les plus célèbres concourir à remplir ses vues. Une partie même du dernier objet de son plan, celle qui concerne l'énumération des écrits sur la minéralogie, a été exécutée, et si je n'ai ajouté à la liste de M. de Veltheim qu'un petit nombre d'ouvrages célèbres, c'est que M. Gmélin, dans sa Minéralogie de Linné, a donné la note de tous les auteurs qui ont écrit sur la minéralogie jusqu'en 1777, et que M. Gatterer (1) nous a fait connoître ceux qui ont paru depuis.

Le rapprochement du tableau de M. de Veltheim à l'ouvrage de M. de Trébra, pourra faire juger de la part qu'a ce dernier à l'exécution de son plan. Mes notes, celles que M. Schreiber a eu la complaisance de me fournir, portent sur des observations de pratique. Elles offrent le détail des principes adoptés par les administrations étrangères des mines, comparés à ceux qui ont fait si long-temps languir les mines en France. Elles présentent aussi des vues économiques appliquées à nos exploitations. Ces notes étant répandues dans tout l'ouvrage, il ne me reste qu'à faire mention de quelques observations qui me sont personnelles, et que j'ai eu occasion de faire dans mon dernier voyage au Hartz. La description de ce canton est le sujet de la 5ème. lettre de M. de Trébra. La minéralogie, l'exploitation, l'administration et les machines des mines du Hartz ont été très-bien décrites par Chrétien

---

(1) Gatterer, verzeichnis der vornehmsten Schriftsteller über alle theile des Bergwerckswesens. Gottingue, 1785.

Boesen (1), Henning Calvoer (2), Gottlieb Voigt (3); et dans d'autres ouvrages qui ne traitent pas, comme ceux dont nous venons de parler, du Hartz en particulier, nous trouvons les mémoires les plus instructifs sur ce canton. Agricola, Joh. Mathesi (4), Leohneys (5), Bruckmann (6), Schlütter (7), Cancrinus (8), Jars (9), Bernoully (10), et Florencourt nous en donnent en différens genres les détails les plus instructifs. La montagne du Brocken même, illustrée si long-temps par les assemblées qu'y tenoient les sorcières, dignes compagnes de la baguette, avoit été célébrée par plusieurs minéralogistes qui croyoient au sabbat. Je me garde bien de comprendre dans ce nombre Zimmermann (11), Alberti Ritter (12) et Brukmann, qui, de même que les savans cités dans mes notes aux Lettres de M. de Trébra (13), ont écrit l'histoire de cette montagne d'une manière satisfaisante. Le dernier de ces écrivains décrivit, en 1747, le procédé par lequel on convertissoit la tourbe en charbon au Brocken. Cette fabrication n'étoit pas inconnue en France ; Charles Patin, docteur régent de la faculté de médecine de Paris, avoit

---

(1) Haushalt principia, von berg-hütten saltz und forstwesen in specie vom Hartz. Leipsick et Francfort, 1753.

(2) Acta historico chronologico mechanica circà metallurgiam in Hercynia superiori. Brunswick, 1763.

(3) Bergwercks-staat des ober und unter-hartzes, publié par Madihn, Brunswick, 1771.

(4) Sarepta, oder berg-postillon, 1587, in-folio.

(5) Bericht vom bergwerck, 1617.

(6) Magnalia Dei in locis subterraneis, 1730, et centuria epistolarum itinerariarum I, II et III.

(7) Traité de la fonte des mines, traduit par M. Hellot.

(8) Beschreibung der Vorzüglichsten Bergwercke, etc.

(9) Voyages métallurgiques, tome II.

(10) Sammlung kurtzer Reisbeschreibungen, tome I, III, IV et V.

(11) Beobachtungen auf einer Hartz-reise. Brunswick, 1775.

(12) Relatio historica curiosa de iterato itinere in Hercyniæ montem famosissimum Bructerum.

(13) Page 88.

déja publié en 1663 un traité des tourbes. On y lit (1)
qu'on fait des charbons de tourbe aux Pays-Bas, par suffocation. « Les boulangers, pâtissiers et autres artisans,
« après avoir allumé leurs tourbes, jusqu'au point qu'ils
« jugent être propre pour faire le charbon, les ramassent
« dans des pots, et après les avoir couverts, ils en bou-
« chent toutes leurs entrées, pour petites qu'elles soient,
« avec des linges mouillés, de telle sorte que n'ayant plus
« de passage pour leur exhalaison, les vapeurs bitumi-
« neuses s'y trouvent non-seulement attachées, mais enfer-
« mées dans la matière même. »

Plus récemment on s'est occupé en France des moyens
de faire du charbon de tourbe. On trouve dans un avis
au public de 1749, que M. Hellot avoit fait à cette
époque à l'Académie un rapport très-avantageux des
charbons qui se fabriquoient avec la tourbe de Villeroy,
et M. Guettard décrivit (2) en 1761 les fours dont on se
servoit pour cet objet. Ils avoient, comme les fours à
chaux de plusieurs de nos provinces, la forme d'un cône
renversé, avec une porte sur l'un des côtés ; vers le bas du
cône étoit une voûte à ventouses ; cette voûte portoit la
tourbe ; on mettoit le feu au dessous, et lorsque la tourbe
étoit suffisamment embrasée, on muroit la porte hermétiquement, et l'on bouchoit de même toute communi-
cation avec l'air extérieur ; le dessus de la tourbe étoit
recouvert de terre, et lorsqu'elle ne jetoit plus de fumée
on reconnoissoit qu'elle étoit cuite.

Le 3 Juin 1786, M. Canole fit à Trianon du charbon

____

(1) Chapitre 16, pages 78 et 79.
(2) Mémoires de l'Académie royale des sciences, année 1761, page 385.

de tourbe. Il procéda de la manière suivante : il mit huit paniers de tourbe de Miatfi près Villeroy, dont chacun pesoit soixante-dix livres, dans un fourneau rond construit en briques liées par de la terre *franche*. Sa surface extérieure étoit enduite de plâtre. Ce four avoit quatre pieds de diamètre et trois d'élévation ; il étoit, dans sa hauteur, divisé en deux parties par une grille de fer, dont les barreaux étoient distans d'un pouce et demi. Cette grille, posée à un pied du sol, portoit la tourbe : M. Canole avoit pratiqué au cendrier une ouverture ou porte carrée de seize pouces ; il avoit aussi ménagé huit petits ouvreaux de quatre pouces carrés à fleur de terre.

Les huit paniers de tourbe dont M. Canole chargea son fourneau pesoient 560 livres, et formoient une espèce de cône de trois pieds de haut. On avoit étendu sur la grille du fourneau le quart d'une botte de paille : à deux heures on mit le feu en introduisant dans le cendrier de la paille, un peu de tourbe et du charbon allumé. Quand la tourbe fut bien embrasée, on boucha les registres et la portière du cendrier ; à trois heures la pyramide commença à s'affaisser ; une demie heure après, la tourbe embrasée se trouva au niveau du fourneau. Alors M. Canole disposa à la surface des barres de fer pour supporter des tuiles de seize pouces carrés ; il posa dessus des mottes plattes de gazon à-peu-près d'égale dimension : le tout fut couvert avec du sable, à l'épaisseur de trois ou quatre pouces ; par ce moyen on suffoqua le feu en partie.

Le 4, à sept heures et demie du matin, on fit au dôme du fourneau une ouverture par laquelle on retira trois morceaux de tourbe, dont le centre offroit quelques

portions

portions de végétaux qui n'étoient point encore char-
bonnés. M. Canole jugea à propos de rappeler le feu et de
faire rougir de nouveau la tourbe. Pour cet effet, il cerna
le dôme du fourneau, et ôta la porte du cendrier. Dans
l'espace d'un quart d'heure le feu reprit ; il se dégagea
encore beaucoup de fumée noire et très-fétide, qui cessa
à neuf heures. M. Canole fit remettre le sable, fermer
et recouvrir le fourneau, mais avec précaution ; il observa
de ne pas faire boucher toutes les issues à-la-fois : à quatre
heures après midi, M. Canole introduisit par la porte du
cendrier une assez forte quantité d'eau contenue dans six
grands arrosoirs. A huit heures, il plongea dans cette
eau des barres de fer rouge ; une demi-heure après il
retira du charbon de tourbe par une ouverture qu'il fit
à la partie supérieure et opposée à la porte du cendrier.
Ce charbon étoit bien fait, mais il s'embrasoit quelque
temps après avoir été exposé à l'air. On le préservoit du
contact de l'air par le moyen du sable, ce qui lui faisoit
perdre, au bout de quelques heures, sa propriété pyro-
phorique.

Les huit paniers de tourbe ont produit trois paniers et
demi de charbon ; chacun d'eux pesoit cinquante-une
livres : ainsi cent soixante-dix-huit livres de charbon
sont résultées de cinq cents soixante livres de tourbe.

M. Sage, qui a bien voulu me communiquer les détails
des expériences de Trianon, a inséré à la fin du troisième
volume de son Analyse (1) chimique, un examen comparé de l'intensité de chaleur produite par la combustion
du charbon de bois et du charbon de tourbe fait par suffo-

---

(1) Page 388.

cation et par distillation. Il a observé que la plupart des
tourbes faites par suffocation avoient la propriété pyro-
phorique dont nous venons de parler, propriété qu'il
attribue à la décomposition de la sélénite, car il pense
que l'acide vitriolique combiné avec le phlogistique du
charbon, forme le soufre, et que ce dernier s'unit à la
terre de la sélénite. Si la sidérite existe dans la tourbe,
comme je l'ai présumé (1), l'acide phosphorique s'y trouveroit aussi ; et ne contribueroit-il pas dans ce cas à lui
donner la propriété qui a fait l'objet des observations de
M. Sage ?

Il paroît que les moyens employés jusqu'à présent en
France, pour fabriquer du charbon de tourbe par distillation, ont été trop dispendieux. On peut voir dans ma
note aux lettres de M. de Trébra (2), que les Allemands
emploient également pour la fabrication du charbon de
tourbe, la distillation et la suffocation. Si l'on prend la
peine de réunir les détails que j'ai donnés dans cette
note, à ceux qui précèdent ici la description des opérations de M. Canole, on demeurera persuadé que l'usage
du charbon de tourbe est très-ancien, et que le procédé
de M. Canole n'a rien de neuf.

Le Brocken (3) est la sommité la plus élevée du Hartz ;
placé à l'extrémité orientale de cette chaîne de montagnes, il en est comme la pierre angulaire. Le granit
forme son sommet, quoique des montagnes stratifiées se
trouvent immédiatement au-delà. Le granit, qu'on ne
connoît point au Hartz du côté du couchant, traverse

---

(1) Voyez ma note aux lettres de Trébra, page 86.

(2) Voyez Trébra, page 84 et suivantes.
(3) *Ibid.*

ce canton du sud au nord ; et si le Brocken se trouve au milieu dans cette direction , il est sur le point le plus extérieur de ces montagnes granitiques, dans la direction de l'ouest à l'est.

M. de Trébra a été embarrassé de donner un nom au gîte immense de minérai du Rammelsberg, qui se trouve exploité maintenant sur treize sols différens (1); il n'est en effet qu'un amas de veines ou de filons qui ne sont pas détachés par des épontes de la roche qui les sépare ; mais ce défaut d'épontes, qui leur est commun avec le plus grand nombre des filons, n'empêche pas qu'on ne puisse très-justement leur appliquer à chacun séparément le nom de filon ; peut-être ne connoît-on point encore la véritable épaisseur de cet amas. Il est possible que ce qu'on a pris jusqu'à présent pour son toit le plus reculé , ne soit lui-même qu'un milieu au-delà duquel se présente-ront de nouvelles veines, car ce toit se montre encore im-prégné de pyrites. On sait que l'extrême dureté du rocher du Rammelsberg oblige d'employer le feu pour les tra-vaux. Le grand art consiste à maintenir le courant d'air et à le déterminer dans des directions favorables. Il faut aussi le modérer convenablement , afin de ménager des issues commodes à la fumée des feux, et encore afin de soutenir constamment un certain degré de chaleur dans les fosses, pour prévenir des éboulemens que ne manque-roit pas d'occasionner la retraite trop subite du minérai embrasé, encore adhérent.

Je n'ai pu appercevoir les motifs qui ont engagé M. de

---

(1) On peut consulter sur les détails de son exploitation , M. Jars , Voyages Métallurgiques , tome II, page 265 et suivantes.

Reden (1) à considérer comme matières fondues ces substances qui forment l'amas de veines du Rammelsberg. Je n'ai pas entrevu plus clairement les dépôts successifs de M. Deluc : loin d'y observer aucun paraléllisme, j'y ai vu régner dans ses différentes veines la plus grande confusion.

Ces réflexions sur la nature des gîtes de minérai, me ramènent à un fait qui m'a frappé, et qui est relatif à une de leurs plus belles productions : c'est que je n'ai jamais trouvé les belles cristallisations de diverses chaux de plomb que près du jour, à de petites profondeurs, dans le voisinage d'anciens travaux, aux endroits où les eaux du jour pouvoient aisément s'infiltrer. Si quelquefois je les ai rencontrées à des profondeurs plus considérables, ce ne fut jamais que sous le sol, ou dans le voisinage de vieux ouvrages, sur des points où les eaux avoient un libre accès. Par-tout je les ai trouvées sur une gangue martiale. Les superbes mines de Gluksrade dans la *Communion de Zellerfeld*, ne se trouvent qu'à vingt et tout au plus à vingt-cinq toises du jour. Les parois de ces filons sont revêtues d'ocre et d'un mulm couleur de suie. Les cristallisations les plus brillantes se rencontrent dans cette matrice.

Les mines de plomb cristallisées blanches, vertes et noires de la Sainte-Trinité de Zchoppau ne se trouvent pas à une plus grande profondeur. Au Vildberg dans le duché de Juliers, à la Langenheck dans le pays de Trèves, aux mines de la Croix en Lorraine, à celle de la Corre (2)

____

(1). Intendant des mines du Hartz.
(2) Description des gîtes de minérai des Pyrénées, page 237.

près

près Aulus en Couserans, au filon de Halsbrück à Freyberg, et dans le district de Kornitz près de cette ville, les
diverses espèces de mine de plomb se rencontrent toutes
sous les mêmes circonstances; par-tout le fer les accompagne. Près de Kornitz, et en Limousin non loin de
Glanges, la mine de plomb verte paroissoit immédiatement sous le gazon; et j'ai vu la mine de plomb blanche
sous la terre végétale au tosset de la mine, territoire
d'Arrête (1); en examinant avec attention les circonstances sous lesquelles se rencontrent les belles chaux de
plomb de Poullaoven, qui sont, il est vrai, à une profondeur assez considérable, on s'assurera vraisemblablement que ce minérai ne s'est rencontré que dans les
endroits où l'air et l'eau avoient un libre accès. Il semble
en effet que cette production de la nature exige le concours de ces deux agens. On a même eu lieu d'observer
plusieurs fois que des cristaux de mine de plomb vertes
se sont formés hors des fosses. M. Ilsemann de Clausthal
a trouvé dans une vieille halde du Burgstedterzug, de la
mine de plomb verte, quoiqu'on n'en ait jamais tiré des
fosses de cette chaîne de filons. M. Monnet (2) a publié
une observation concernant un échantillon de mines de
fer provenant du quartier de Fertrü à Sainte-Marie-aux-
Mines; il dit qu'il s'étoit formé à l'air libre de la mine
de plomb verte à la surface de cet échantillon. En 1769,
le directeur des mines même assura M. le professeur
Spielmann et moi, que sur les gangues ocracées, mêlées
de galène, tirées des mines de la Croix, il se formoit

<hr>

(1) Description des gîtes de minérai des Pyrénées, page 421.
(2) Journal des savans, 1768.

dans les haldes des cristaux de plomb verts : il ajouta que des échantillons sur lesquels il y avoit déja des cristaux de mine de plomb verte, ayant été exposés dans un temps humide, sur un toit de maisons, ces cristaux y avoient grossi et s'y étoient multipliés.

M. de Trébra entre dans des détails intéressans sur les baritels (1) à eau. Je rapporterai à cette occasion plusieurs observations que j'ai faites au Hartz sur quelques-unes de leurs parties. Du temps de M. Jars (2), on s'y servoit de chaînes de fer ordinaire : les anneaux de ces chaînes se rompoient souvent ; les tonnes chargées retomboient dans le fond des puits, au grand danger des remplisseurs et au détriment des mines. Aussi Délius (3) préféroit-il les cordes aux chaînes, quoiqu'il n'ignorât pas qu'elles fussent d'un entretien plus dispendieux. On les auroit sans doute adoptées de nouveau au Hartz, si on n'y avoit éprouvé que des anneaux de chaîne de tous calibres, faits avec du fer passé à la filière, soudés très-attentivement, rendoient les accidens, sinon nuls, au moins infiniment rares. Seulement il faut observer de proportionner leur grosseur à la charge des tonnes qu'elles doivent élever. Les causes de cette supériorité sont trop sensibles, pour que j'aie besoin de m'y arrêter ; mais je ne puis trop recommander de veiller sans relâche à la perfection des soudures.

Les roues à refrain des baritels à eau étoient autrefois arrêtées au Hartz (4) par une seconde petite roue adaptée à l'arbre tournant ; mais on lui avoit substitué, lors de mon dernier voyage, cette machine à modérateur ou à refrain,

---

(1) Lettres de Trébra, page 216 et suivantes.

(2) Voyages métall. tome II, page 3o3.

(3) Traité sur l'exploitation des mines, tome I, §. 428, page 455.

(4) Jars, Voyage métall. tome II, p. 3oo.

décrite par Délius (1), où deux piliers perpendiculaires
et mobiles à leur base, échancrés dans la partie qui doit
serrer la roue, s'appliquent, au moyen d'une croix mue
par une bascule, à un cercle saillant de deux pouces sur
la circonférence de la roue.

Les tonnes sont disposées de la manière la plus ingé-
nieuse au Hartz ; elles se vident d'elles-mêmes. Le chien
du Rammelsberg descend la montagne, et se renverse par
son propre poids, tandis qu'un autre remonte pour retourner à la fosse. Ces machines, dont Calvoer nous a
laissé le détail, n'exigent pas de plus ample description.

Puisque je viens de rapporter quelques-uns des moyens
imaginés pour rendre l'exploitation plus facile et moins
dangereuse, je ne dois point omettre que M. Steltzner,
Bergmeister (2) célèbre, vient de détailler, dans les
écrits des Curieux de la nature de Berlin (3), de fréquens
accidens causés dans les fosses par différentes espèces de
mauvais air, et qu'il a décrit dans le même ouvrage une
machine très-commode, propre à entretenir la circulation de l'air, qui peut être placée par-tout, et mue par un
seul homme, à défaut d'eau. Les principes de M. Jars (4)
répondent à plusieurs questions que M. Steltzner présente à cette occasion aux physiciens, sur la théorie de
la circulation de l'air dans les mines, et nous pouvons
rappeler ici le ventilateur dont M. de Gensanne (5) a fait
usage aux mines de Château-Lambert.

Lorsque des odeurs fétides, de nombreux champignons

---

(1) Délius, Exploitation des mines, tome 1, §. 436, page 468.

(2) Voy. ma note aux lett. de Trébra, p. 195.

(3) 7ᵉ vol. 3ᵉ cahier, page 295-825.

(4) Mémoires de l'Acad. roy. des sciences : année 1768, page 248 et suiv.

(5) Mémoires des savans étrangers, tome IV, page 158 et 159.

sur les bois , un affoiblissement subit des lumières , et la
difficulté qu'on éprouve à respirer, indiquent que l'air est
disposé à se vicier , il seroit essentiel d'essayer le genre
de gaz dont les fosses commencent à être infectées. Lorsqu'on connoîtroit leur nature , on pourroit employer des
moyens faciles, qui souvent mettroient à portée de continuer les travaux : un danger momentané détermine quelquefois à les abandonner, par la crainte des dépenses
qu'entraîneroit l'établissement d'un puits d'airage et
des autres machines nécessaires. L'eau de chaux a été
employée à plusieurs reprises avec succès dans les fosses
que l'air fixe rendoit mortelles. Des tuyaux conduits du
fond des fosses à travers des puits élevés, ont plus d'une
fois dégagé les mines de l'air inflammable, en détermi-
nant son cours du bas en haut en vertu de sa légèreté , et
on accéléroit le courant en enflammant l'air au jour à
l'orifice extérieur de ces tuyaux.

A mon dernier passage au Hartz, je trouvai qu'on venoit
d'y changer le procédé de la fonte de la mine de plomb ;
au lieu des petits fourneaux courbes décrits par Schlütter,
on en avoit construit dont l'élévation étoit de 24 pieds
d'Allemagne : on ajoutoit à la fonte une quantité considérable de fer fondu en grenaille, et l'on avoit bâti exprès
un haut fourneau pour la fabrication de ce fer de fonte.

Les zélés partisans de cette nouvelle méthode , avoient
avancé qu'elle augmentoit de 40000 (1) quintaux , au
Hartz , la fabrication annuelle du plomb. Il est vrai que
depuis l'admission de ce procédé , on y avoit obtenu une
augmentation notable de plomb ; mais la majeure partie

______

(1) M. de Luc , lettres physiques et morales sur l'histoire de la terre , tome 3, page 349.

de

de cette augmentation provenoit de ce qu'on avoit forcé les travaux du Rammelsberg ; et voilà ce que dissimuloient les défenseurs ardens de la nouvelle méthode. D'ailleurs l'augmentation supposée de 40000 quintaux n'étoit réellement que de 15000 ; et en admettant un moment qu'elle provînt du procédé, toujours est-il certain que les 15000 quintaux, à raison de deux écus d'empire le cent, n'auroient pu accroître la recette que de 30000 écus.

Maintenant calculons ce qu'ils coûtoient. Autrefois on ne consommoit pas de fer de fonte pour la fusion ; on en charge aujourd'hui 20000 quintaux, qu'on ne paie aux hauts fourneaux qu'un écu et 13 bons gros (1), tandis qu'on pourroit le vendre au public à 2 écus et 12 gros. Ce qui occasionne sur le fer une perte de 18000 écus par an, ci. . . . . 18000 écus.

Par l'ancien procédé, le minérai étoit converti en plomb marchand à la fin de chaque semaine ; actuellement, il faut toute l'année conserver dans les magasins une grande quantité de mattes qui proviennent de la première fonte, de manière que l'intérêt du capital de cet approvisionnement monte bien à 4000 écus, ci. 4000

Il faut avoir constamment en magasin au moins pour 12000 écus de grenaille, outre la provision considérable de mines de fer : on ne peut assurément porter les intérêts de ce capital à moins de 600 écus par an, ci. . 600

TOTAL. 22600

____

(1) Un bon gros vaut environ 3 sols de France.

Enfin par l'ancien travail on obtenoit des scories fort riches en plomb qu'on transportoit à Goslar pour les fondre avec les mines du Rammelsberg. Vraisemblablement on en retiroit une quantité de plomb à-peu-près équivalente à celle qui produit aujourd'hui au Hartz supérieur l'augmentation si vantée. Aussi, par une suite de la privation de ces scories, s'est-on vu contraint à Goslar de mettre beaucoup plus d'ouvriers au Rammelsberg, et d'y construire deux fourneaux de plus pour y obtenir le même nombre de quintaux qu'on y fabriquoit lorsqu'on avoit encore les scories. Ceci me paroît constater sans replique que l'augmentation du produit en plomb dans tout le Hartz ne provient point du nouveau procédé, mais bien du travail forcé du Rammelsberg, et cela étant, loin d'avoir obtenu du bénéfice par ce moyen, on perdroit 22000 écus, et on brûleroit du fer dont le commerce ne profiteroit pas. Plusieurs des préposés aux fonderies, qui voyoient cette opération sous le point de vue que je viens de présenter, proposoient de substituer le fourneau de reverbère à ces fourneaux si élevés ; ils se flattoient par ce moyen de pouvoir retirer à la fin du mois la totalité des métaux renfermés dans le minérai qu'on fond pour l'ordinaire en un mois de temps, tandis qu'il s'écouloit plus d'une année, avant que par des opérations secondaires, on eût pu extraire toutes les substances métalliques contenues dans les résidus de la fonte aux hauts fourneaux. On comptoit économiser un tiers de grenaille, et des frais d'entretien d'usine ; les essais avoient été commencés, mais les briques n'avoient pas résisté à l'action du feu, et j'ignore quels ont été les résultats définitifs.

Le roi d'Angleterre retiroit cependant un petit avantage de la fonte par les hauts fourneaux. Les fonderies de Goslar sont communes entre ce Prince et le Duc de Brunswick, et ce dernier participoit au bénéfice qui provenoit des scories riches du Hartz supérieur, lorsqu'on les transportoit encore aux fonderies de Goslar.

Il faut convenir aussi qu'avant les changemens faits aux fourneaux du Hartz, les fondeurs y étoient tourmentés de coliques et devenoient perclus ; aujourd'hui ils ne sont plus exposés à ces accidens.

Aux fonderies de Goslar, on rejetoit ci-devant immédiatement dans le fourneau le peu de matte de plomb qui provient de la fonte des mines du Rammelsberg : cette matte arsenicale et ferrugineuse consommoit du plomb et de l'argent ; aujourd'hui on la laisse séjourner long-temps sur la matière coulée, ce qui opère un ressuage sur la matte ; la majeure partie du plomb qu'elle contient s'en sépare, et se réunit au métal qui est au dessous. On m'a assuré que par ce moyen, non-seulement la quantité de plomb étoit sensiblement augmentée, mais qu'on obtenoit encore cent marcs d'argent par quartier de plus qu'auparavant. On verra, je pense, avec plaisir l'état n°. II, que je joins ici des produits obtenus au Hartz dans les années 1779, 1780, 1781.

J'ai apperçu pendant mon séjour au Hartz plusieurs petits vices dans les détails de l'administration des mines. Il ne sera pas inutile pour les personnes qui conduisent de grandes exploitations que j'en cite ici quelques-uns.

Le triage des déblais appartient aux mineurs. N'est-il pas sensible que ceux-ci font conduire aux haldes bien des quintaux qui devroient être livrés des fosses aux fonderies, parce qu'ensuite ils les trient dans ces haldes pour les vendre. Il faut que je l'avoue , j'ai vu **MM.** les préposés tolérer trop sensiblement cet abus. Ils pensent qu'il est bon d'améliorer par ce moyen le sort des mineurs, sans réfléchir à la défiance que cela doit inspirer aux actionnaires. Ne vaudroit-il pas mieux augmenter la paie des mineurs , que de les autoriser à la fraude ?

La méthode usitée au Hartz , de faire faire au mineur un nombre de trous toujours égal et déterminé durant son tour de huit heures , quelle que soit la nature du rocher , me paroît mal entendue : si le roc est trop dur , on n'exige pas que la tâche ainsi fixée soit remplie , et l'on a la condescendance de faire accord avec le mineur : si au contraire le roc est tendre , le mineur finit avant le tems , et le reste de sa journée est perdu pour les actionnaires. Il y a un assez grand nombre de préposés , ils savent si bien leur métier, qu'ils pourroient très-facilement fixer le travail suivant la nature du rocher.

Les voituriers font constamment la loi à l'administration des mines du Hartz ; et ce mal , qui n'est que trop commun dans différens établissemens du royaume, est fortement enraciné dans ce canton de mines. Ces gens y font corps, ils ont le droit exclusif de fournir toutes les voitures pour le transport des minérais aux différens ateliers, et du métal marchand aux magasins. Ils sont nombreux, grossiers, prompts à s'ameuter , et capables de faire manquer le service , si quelque chose leur déplaît. Je dois rendre aux administrateurs cette justice, de convenir qu'ils cherchoient les moyens de remédier à cet ancien abus.

En 1781 , l'administration du Hartz sortant de sa longue léthargie, s'avisa de faire tout-à-coup la visite des

caisses ,

caisses , opération qu'on n'avoit pas faite depuis vingt ans ; la plupart des comptables se trouvèrent reliquataires de fortes sommes. Ces comptables étoient des préposés ; et des préposés qui agissoient eux-mêmes contre le bon ordre, pouvoient-ils espérer de le maintenir ? MM. les Intendans des mines me paroissoient occupés d'empêcher que de pareils abus ne se renouvellassent à l'avenir.

Mais je m'apperçois que cette digression m'a entraîné loin de l'objet principal de mes observations sur le plan de M. de Veltheim. J'en ai déja fait quelques-unes (1) sur le tableau n°. VIII, dans lequel l'auteur nous a tracé la théorie des montagnes. Celles que ce même tableau va nous fournir, termineront ces réflexions.

M. de Veltheim range le gneiss au rang des montagnes simples argileuses ou secondaires. Il est aujourd'hui démontré au plus grand nombre des Naturalistes, que le gneiss est une variété du granit. M. Charpentier (2), M. Schreiber, plusieurs autres auteurs et moi, nous avons eu de fréquentes occasions de remarquer le passage du granit dans le gneiss et réciproquement. Nous savons aujourd'hui que le gneiss ne diffère du granit que par sa forme schisteuse ; il me paroît indubitablement appartenir aux montagnes granitiques primordiales.

Les pétrifications n'existent pas dans les pierres calcaires fines et grenues des montagnes qu'on nomme primordiales. En parcourant l'espèce de montagnes qui forme la troisième classe du tableau de M. de Veltheim,

---

(1) Page xxvj et suiv.
(2) Géographie physique de la Saxe, pag. 199, 202, 239, 240, 391 et suivantes.

l

j'y ai trouvé des pétrifications dans la pierre à chaux écailleuse, comme dans la grenue. Jamais je n'en ai rencontré dans les pierres à chaux *salines* (1).

M. de Veltheim avance qu'on ne trouve point dans les montagnes stratifiées des pays méridionaux, des produits des pays septentrionaux, tandis que l'inverse a lieu. Pour que ce fait demeurât prouvé, il faudroit que les recherches dans les pays méridionaux eussent été poussées aussi loin qu'en Allemagne, et dans les parties septentrionales de l'Europe; mais je ne pense pas que celles qui ont été faites jusqu'à présent dans les régions méridionales, soient suffisantes pour nous permettre d'en inférer quelque principe systématique.

Enfin, d'après des observations faites par M. le commandeur de Dolomieu (2) aux îles de Lipari et aux îles qui en sont voisines, il n'est plus douteux que plusieurs volcans ne se soient fait jour au travers des montagnes primordiales, ce dont M. de Veltheim n'admettoit point encore de preuves; et quand même ces observations n'existeroient pas, ceux des volcans de l'Auvergne et du Vivarais, dont les éruptions ont pénétré le granit, ne permettroient plus de doutes à ce sujet (3).

J'ai fait placer ici, sous le n°. 3, une carte générale du Hartz, l'une des contrées de l'Europe la plus intéressante pour les physiciens : cette carte servira à la plus grande intelligence de l'ouvrage de M. de Trébra. Je desire qu'elle ajoute encore au plaisir qu'auront les Minéralogistes à le lire.

____

(1) Voyez mes Notes aux Lettres de M. Ferber, page 3.
(2) Dolomieu, voyage aux îles de Lipari fait en 1781.
(3) Faujas de Saint-Fond, volcans éteints du Vivarais, page 364.

PLAN

D'UNE

HISTOIRE GÉNÉRALE

DE LA MINÉRALOGIE,

PAR M. DE VELTHEIM,

Ancien Intendant des Mines du Hartz.

A V I S.

Les Notes et les Additions faites à cet ouvrage par
M. le Baron de Diétrich, sont désignées chacune par
cet astérisque*.

AVERTISSEMENT.

Dès l'année 1775, j'avois esquissé un plan de minéralogie, que de nouvelles découvertes ont un peu étendu. Je ne l'écrivois alors que pour moi : de petites infidélités l'ayant fait transpirer dans un état informe, je me proposai de hâter l'exécution de ce plan ; mais différens obstacles m'ont forcé de la remettre à un temps plus favorable. Aujourd'hui je crois pouvoir m'en occuper : je suis bien-aise d'en communiquer le tableau , pour m'appuyer de l'approbation des personnes instruites, et profiter de leurs conseils dans la marche que je me propose de suivre.

PROJET.

J'adopterois à-peu-près, dans la description des fossiles, la méthode que M. Werner a suivie dans son excellente traduction de Cronstedt (1) ; conséquemment j'en citerois les espèces, les variétés, les caractères extérieurs, les parties constituantes ; je décrirois les montagnes ou les contrées dans lesquelles on sait qu'il s'en trouve , je détaillerois l'emploi le plus commun de ces fossiles dans les usages ordinaires de la vie , leurs dénominations essentielles et triviales, etc. d'après les auteurs les plus

---

(1) M. Werner avoit publié dès l'année 1774 , un traité sur les caractères extérieurs des fossiles, tels que la couleur, la cohérence, la figure, le brillant extérieur, celui de l'intérieur, la texture, la forme de la fracture, la transparence ou l'opacité, le trait , la *décoloration*, la dureté ou la mollesse, la densité, la roideur, la souplesse ou l'élasticité, le *happement* à la langue, le son, la fluidité, l'onctuosité, la pesanteur et la légéreté, l'odeur et le goût, le froid au toucher. Cet auteur a ensuite appliqué cette théorie au système de Cronstedt, en 1780. *

authentiques et ma propre expérience. La partie qui doit
traiter des gîtes des minéraux, seroit précédée d'une carte
pétrographique de toute la terre, fort incomplète sans
doute au commencement ; mais j'emploierois pour la
dresser les observations des Born, des Ferber, des
Arduini, des Pallas, des Charpentier et d'autres naturalistes : j'y joindrois une carte minéralogique complète
du Hartz, et mes propres observations.

Dans la partie qui traiteroit des principales théories sur
la formation de ces gîtes, je tâcherois de rapprocher en
peu de mots l'extrait de chaque théorie particulière, et je
hasarderois d'y ajouter la mienne.

Enfin dans la quatrième partie, je ne citerois pas
indistinctement tous les auteurs qui ont écrit sur la minéralogie, ou sur quelques-unes de ses branches; je préfé-
rerois ceux qui, en qualité d'auteurs classiques, me paroissent essentiellement nécessaires à l'étude de cette science,
ou ceux qui nous apprennent à en connoître les progrès
depuis les tems les plus anciens, et je ferois de leurs écrits
un extrait plus ou moins abrégé, suivant les circonstances.

Tel est le tableau d'après lequel on peut juger mon
plan, qui, je l'avoue, n'est encore qu'une esquisse impar-
faite. Je prie le lecteur de me dire si sa disposition, sa
marche générale, méritent d'être entièrement exécutées.

Il me paroît que l'ordre le plus convenable à la science
de la minéralogie, est de classer les fossiles selon leurs
parties constituantes (1).

Je conviens que cette classification, lors même qu'elle

____

(1) Cronstedt a le premier classé les minéraux d'après leur analyse chimique. Son exemple
a été suivi par MM. Bergmann, Sage, Kirwan, Gerhard, etc. *

n'occasionne pas de confusion, conserve toujours quelque
chose d'arbitraire, mais je crois que celle que j'ai choisie
aide beaucoup à la mémoire. Je pense qu'étant une fois
d'accord sur les quatre terres fondamentales (1), nous regar-
derons comme une suite nécessaire, les classifications
établies pour les terres composées de deux, de trois et de
quatre espèces ; alors il sera aisé de transporter avec plus
d'exactitude d'une classe dans une autre tels ou tels minéraux. Dans les tableaux des gîtes de minérai qui se
trouvent dans les montagnes, jai placé quelques-unes
des observations générales les plus connues, uniquement
pour donner quelques exemples.

Ces observations seroient rangées ensuite dans un ordre
convenable : j'en accroîtrois le nombre, et j'y ajouterois
enfin les observations particulières faites sur les principales chaînes de montagnes connues. De plus, je nom-
merois dans des notes seulement, pour ne point interrom-
pre le fil du texte, les auteurs ou les amateurs de cette
science, auxquels je devrois telle ou telle remarque.
J'expliquerois les mots techniques, en faveur de ceux qui
sont peu versés dans cette matière.

Je ne dissimule pas qu'on ne puisse rencontrer dans ce
plan des fautes que je tâcherois de corriger dans l'ouvrage. Enfin on trouveroit indiquées par un point d'in-
terrogation, quelques propositions fort hasardées, dont
je me réserve de rendre raison un jour.

Je me suis cru autorisé à classer séparément quelques
minéraux, que des auteurs, estimables d'ailleurs, ont décrit
sous une même espèce ; par exemple, le *minéral de lait de*

---

(1) Les Chimistes admettent aujourd'hui généralement cinq terres fondamentales. Voyez
le Discours préliminaire, page xxiij. *

beurre (1) et *d'argent arsenical* : le premier n'est qu'une chaux d'argent, tantôt blanche, tantôt bleue, qui se trouvoit autrefois abondamment à *Andréasberg* au Hartz. *Calvoer* nous en a donné un détail assez étendu dans ses mémoires historiques du Hartz, page 77. J'ai séparé de même le schorl, le basalte et les scories ressemblans au schorl. Je suis très-convaincu que le basalte doit son existence aux laves; mais je ne crois pas qu'il doive sa figure à la lave encore en fusion (2); j'en déduirai les rai-

(1) Je tiens de M. de Trébra un échantillon de cette variété, où de petites pellicules mattes, blanches, couleur d'argent, sont dispersées dans et sur une ocre de couleur isabelle. Dans d'autres échantillons ces pellicules sont jaunâtres. M Gmélin, Minéralogie de Linné, tome IV, page 307, range le minérai de lait de beurre, au nombre des mines d'argent antimoniales. Il définit celui qu'on tiroit des fosses de Saint-George au Hartz, comme un composé de pellicules très minces, tissues pour ainsi dire dans un spath calcaire grenu : c'est la mine d'argent butireuse de M. Kirwan. M. Gerhard la regarde comme une sorte d'argent natif, parce qu'elle n'est mêlée que de très-peu de cuivre, sans soufre ni arsenic.

J'ai fait, à la page 99 des Lettres de M. de Trébra, quelques observations sur le prétendu argent arsenical. *

(2) En parcourant les descriptions des basaltes connus, j'en vois un grand nombre qui s'étendent des côtes dans la mer. M. Forster a observé plusieurs fois cette circonstance dans la mer du sud, aux environs des volcans : je pense depuis long-temps que la forme régulière des basaltes est due à la retraite que lui ont fait prendre, par un refroidissement subit, ou les eaux, ou l'atmosphère.

Les raisons que je viens d'alléguer me font paroître plus vraisemblable la première de ces causes. Pour connoître les différentes opinions sur l'origine et la figure des basaltes, il faut lire le Mémoire de M. Desmarets, inséré dans les Mémoires de l'Académie pour l'année 1771; les divers articles des Lettres de M. Ferber qui y ont rapport; l'Ouvrage de M. de Faujas sur les Volcans éteints du Vivarais, et les articles relatifs au basalte dans les Ecrits de M. Gerhard.

M. Bergmann a discuté les diverses opinions sur l'origine de la forme des basaltes, dans sa lettre à M. Troil, datée de Stockholm, le 12 Juin 1776. M. Guettard, *dans le Mémoire sur les basaltes anciens et modernes*, inséré à la page 256 du second volume de son Recueil sur différentes parties des Sciences et des Arts, avoit combattu l'opinion de ceux qui attribuoient au basalte une origine volcanique; mais ensuite il changea d'avis, parce qu'il découvrit dans le voisinage de Montelimart, des basaltes qui le conduisirent aux volcans dont ils provenoient, comme on peut le voir à la page 516 du huitième volume du Journal de Physique, année 1775. Dans mes Notes aux Lettres de Ferber, page 78 et suiv., j'avois fait différentes remarques qui tendoient à détruire les raisons dont s'appuyoient ceux qui prétendoient que le basalte n'étoit pas dû au feu. M. Charpentier, dans sa Géographie minéralogique de la Saxe, page 407 et suiv., paroissoit pencher pour l'ancienne opinion de M. Guettard. M. Voigt, dans ses Lettres sur la connoissance des Montagnes, page 39 et 40, cite de nouvelles preuves que le basalte n'est autre chose que de la lave. *

sons

sons dans l'ouvrage même. Peu de personnes, je pense, soutiendront que le véritable schorl soit dû aux volcans. Je suis persuadé que ce qu'on trouve dans les laves , et qu'on a jusqu'ici presque toujours appelé schorl , n'est autre chose que cette matière qu'on produit aisément en fondant des pyrites, c'est-à-dire des scories auxquelles un refroidissement subit fait prendre exactement la figure et la cristallisation du schorl ; ou bien ces grains blancs de quartz et de feld-spath, qui dans les fontes violentes se trouvent abondamment dispersés dans les scories , mais dont les parties constituantes de chacune de ces substances sont très-différentes de celles du schorl. Personne ne doute plus que les parties constituantes du schorl, ne diffèrent essentiellement de celles du basalte auquel Agricola a rendu son véritable nom dans son traité *de natura ossilium* publié en 1546. C'est ce même basalte que Strabon cite pour avoir servi à faire des mortiers , et dont Pline décrit un morceau représentant un groupe d'enfans qu'on voit encore à Rome de nos jours. Je n'ignore pas qu'il se trouve du vrai schorl (1) , soit à la surface des laves, soit dans leurs fissures, mais je le regarde comme une pierre parasite des laves. Par l'electrum (2) , dont j'ai fait men-

---

(1) Dans mon mémoire sur les volcans du Brisgaw , inséré dans le tome X des Mémoires étrangers de l'académie royale des sciences , j'ai dit à la page 462 , qu'on pouvoit distinguer les schorls volcaniques d'avec ceux qui ne le sont pas , par la propriété qu'ont les premiers d'être attirables à l'aimant, propriété que je n'ai pas encore rencontrée dans les seconds. M. Voigt (*loc. cit.* pag. 44 et suiv.) soutient qu'il n'existe dans aucune lave du véritable schorl. Il dit que les substances volcaniques d'Italie , ainsi que les laves d'Allemagne qu'il a vues , ne renfermoient que des cristaux de hornblende au lieu de cristaux de schorl. *

(2) Ce mot *electrum* étoit en usage chez les Romains. Virgile s'en sert, Liv. VIII, vers. 402. *Quòd fieri ferro , liquidove potest electro.* Et, comme je l'ai observé dans mon Discours préliminaire, page xvj et xvij, Pline (livre 38, chap. 4 , page 496, de sa nouvelle édition françoise et latine in-4°.) a donné le nom d'*electrum* à un mélange de quatre parties d'or et d'une partie d'argent. *

n

tion en parlant de l'argent, j'entends un très bel argent natif, que l'on ne trouve que très rarement près de Kongsberg (1). La quantité d'or qu'il contient lui donne une couleur d'un jaune pâle.

Ce que j'ai dit de la classification des principales espèces de montagnes, ne doit pas porter à croire qu'elles soient toujours situées à côté les unes des autres en chaînes parallèles, ni qu'on puisse fixer précisement leurs lignes de démarcation, et que ces espèces n'aient pas de différence entre elles : la nature ne pouvoit pas agir aussi mathématiquement, et avec autant de simplicité dans les grandes révolutions qui ont produit ces montagnes. Il faut toujours se rappeler ce qu'a dit à ce sujet M. de Born dans sa vingt-unième lettre à M. Ferber, et ce que celui-ci en a écrit dans ses additions à l'histoire de la minéralogie de la Bohême, pag. 32 et suiv. Il m'a toujours paru qu'on avoit jusqu'ici fait une faute essentielle dans la minéralogie, en n'y réunissant pas la doctrine des gîtes des minérais; parce que sans elle il est absolument impossible que le mineur atteigne le but qu'il doit se proposer. Quelques patriotes versés dans la connoissance des montagnes à mines , ont depuis quelque temps fait les plus grands efforts pour rassembler plusieurs observations et expériences, dans l'intention de découvrir par la comparaison, les principes et les théories d'après lesquels on puisse déterminer avec vraisemblance la position des gîtes dans les montagnes nobles. Ce ne sont, il est vrai que des probabilités théoriques qui quelquefois encore ont leurs exceptions ; mais qui peut se flatter de

---

(1) Cet *electrum* se trouve dans du quartz blanc, dans la minière de Sckaraschurff. *

lever jamais entièrement le voile dont la nature couvre
ses opérations? Et qui ne conviendra pas qu'il est déja
très avantageux d'avoir pu établir plusieurs observations
qui s'accordent plus souvent avec la nature qu'elles ne s'en
écartent?

Quel avantage immense n'a pas sur le mineur igno-
rant qui ne consulte que le hasard, le mineur studieux
dont l'intelligence exercée rassemble les faits, compare
les observations, répète les expériences et se décide sur
les grandes probabilités? Celui-là dissipe des sommes
immenses sans profit; celui-ci hazarde à peine une tentative; le premier a déja perdu l'espoir de continuer une
exploitation, lorsque le second découvre à peu de frais
de nouveaux trésors. Celui-ci établit de nouvelles galeries
qui faciliteront à la postérité la plus reculée l'exploitation
d'une mine; celui-là ne cherche à la conserver que le
temps de sa vie. On rencontre encore de ces gens qui ont
appris en quelques mois toute la minéralogie, dans des
livres et dans des recueils imparfaits. Malheur aux mineurs
qu'ils peuvent tromper par leurs discours présomptueux
et leurs merveilleuses promesses! L'homme instruit découvre sans peine les caractères de la charlatanerie.

Je pourrois encore ajouter ici quelques réflexions, mais
sachant combien deviennent fastidieuses les préfaces qui
sont plus longues que le texte, je finis en assurant que je
recevrai avec le plus grand plaisir les observations, les
additions et les corrections qu'on jugera à propos de me
communiquer sur mon ouvrage.

A Herbeck, le 17 Décembre 1780.

A. DE VELTHEIM.

Il faut considérer dans le Règne minéral :

I.

Les fossiles.

I I.

Les gîtes des fossiles.

I I I.

Les diverses théories sur la formation de ces gîtes.

I V.

Les auteurs qui ont traité du règne minéral.

Les Fossiles.

Sous ce nom de fossiles, on entend les productions de la terre qui n'ont aucune partie organique , et qui sont dans leur état naturel. On les distingue :

I. En métaux.

II. En sels.

III. En terres.

IV. En substances inflam-mables.

THÉORIES

SUR LES FOSSILES EN GÉNÉRAL,

ET

SUR LEURS GITES.

On peut citer, par exemple, celles des Auteurs suivans :

1. De Burnet.
2. De Woodwart.
3. De Leibnitz.
4. De Donati.
5. De Moro.
6. De Buffon.
7. De Lehmann.
8. d'Eller.
9. De Sultzer.
10. De Lomonosow.
11. De Delius.
12. De Justi.
13. d'Arduini.
14. De Bertrand.
15. De Ferber.
16. De Born.
17. De Bergmann.
18. De Pallas.
19. De Charpentier.
20. De Deluc.
21. De Guettard. *
22. De Mallet ou Telliamed. *
23. De Saussure. *
24. De Silberschlag. *

Les Auteurs qui ont traité du règne minéral, peuvent être classés comme il suit :

I.

Auteurs systématiques.

1. Georgii Agricolæ de re metallicâ Lib. duodecim ; quibus accesserunt tractatus ejusdem argumenti, *Basileæ*, 1657, in-fol.
2. Cæsalpini de Metallicis Libri tres. *Norimbergæ*, 1602, in-4°.
3. Cæsii Mineralogia. *Lugd.* 1636, in-fol.
4. Kœnigii Regnum minerale. *Basileæ*, 1703, in-4°.
5. Linnæi Systema naturæ. *Holmiæ*, 1766, in-8°. (1)

(1) Son Règne minéral traduit et augmenté par Gmelin, *Nuremberg*, 1777, in-8°.

O

6. Axel de Cronstedt, foersoek til mineralogie, eller mineral rickets upstelning. *Stockholm*, 1758, in-8°. (1)

7. Minéralogie de Bomare. *Paris*, 1762, in-8°.

8. Wallerii Systema mineralogicum. *Holmiæ*, 1772, in-8°.

9. Elémens de Minéralogie docimastique, par M. Sage. *Paris*, 1772, in-8°.

10. Minéralogie de Gmelin. *Nuremberg*, 1780, in-8°.

11. Aubenton (M. d') Tableau de Minéralogie. *Paris*, 1784. *

12. Born. Lytophilacium. *Prague*, 1772. *

13. Bergmann, Sciagraphie du règne minéral, avec des notes de M. l'abbé Mongès. *Paris*, 1784, *

14. Brunnich, Minéralogie. *Petersbourg* et *Leipsick*, 1781. *

15. Dewell, Minéralogie. *Vienne*, 1786. *

16. Démeste, Lettres sur la Minéralogie. *Paris*, 1779. *

17. Gerhard, Minéralogie. *Berlin*, 1786. *

18. Justi. *Gottingue*, 1765. *

19. Kirwan, Minéralogie. *Paris*, 1785. *

20. Monnet. *Bouillon*, 1779. *

21. Romé de l'Ile, Cristallographie. *Paris*, 1783. *

22. Sage, Concordance des trois règnes. *Paris*, 1786. *

23. Scopoli, Minéralogie. *Prague*, 1772. *

I I.

Auteurs qui n'ont traité que des parties détachées du Règne minéral.

1. Theophrastus Eresius, ex editione Aldi Manutii *Romani*, 1497, in-fol. traduit et enrichi de notes, par Baumgartner. *Nuremb.* 1770, in-8°.

2. Marbodaci, de Lapidibus prætiosis Enchiridion. 1531, in-8°.

3. *Idem.* de gemmarum lapidumque prætiosorum formis, naturis, etc. opusculum illustratum, P. Alard, Amstelred. *Coloniæ*, 1539, in-8°.

4. Conrad. Gesneri de omni rerum fossilium genere, etc. libri aliquot. *Figuri.* 1565, in-8°.

5. Boetii de Boot Historia gemmarum et lapidum. *Lugd.* 1647, in-8°.

6. Joannis de Laet de gemmis et lapidibus, libri II. *Lugd. Bat.* 1647, in-8°.

7. Schwedenborgi principia rerum naturalium. *Dresd*, 1743, in-fol.
Idem. De Ferro. *Dresd.* 1743, in-fol.
Idem. De Cupro et Aurichalco. *Dresd.* 1774, in-8°.

8. Henkel, Pyritologie. *Leipsick*, 1774, in-8°.

9. Traité des pierres précieuses, par Brukman. *Brunswick*, 1773.
Ses supplémens à ce traité.

10. Traité de Minéralogie, par Cartheuser. *Giessen.* 1773.

11. Fragmens de chimie et d'histoire

---

(1) Traduit et augmenté par Werner, *Leipsick*, 1780, in-8°.

du regne minéral, par Gerhard. *Berlin*, 1773, in-8°.

12. Essai de Cristallographie, par Romé de l'Ile. *Paris*, 1772, in-8°. Traduit en Allemand, et augmenté par Weigel. *Gerifswalde*, 1777, in-8°.

13. Torb. Bergmanni dissert. metallurgica de mineralium docimasia humida. *Upsal*, 1780, in-4°.

14. Des caractères extérieurs des fossiles, par Werner. *Leips.* 1774, in-8°.

15. Lehmann, Cadmiologie. *Koenigsberg*, 1761. *

16. Morand, du charbon de terre. *Paris*, 1768. *

17. Palissi (Œuvres de). *Paris*, 1777. *

18. Pfeiffer, du charbon de terre. *

19. Pott, Lithogéognosie. *Berlin*, 1757. *

20. Sicking, de la platine. *Manheim*, 1782. *

21. Voigt, Lettre sur la formation des montagnes. *Weimar*, 1786. *

22. Woulf, Mines de plomb spathiques de Carinthie. *Vienne*, 1785. *

I I I.

Dictionnaires où sont décrits les Fossiles par ordre alphabétique.

1. Bertrand, Dictionnaire des Fossiles. *La Haye*, 1763.

2. Dictionnaire d'hist. nat., par Valmont de Bomare. *Paris*, 1775, in-4°.

3. Schroeter, Dictionnaire des Fossiles. *Francfort*, 1779. *

I V.

Mémoires sur les collections remarquables des Minéraux.

1. Musæum Calceolari. *Veronæ*, 1622, in-fol.

2. Ulyss. Aldrovandi Musæum metallicum. *Bonon.* 1648, in-fol.

3. Mercati, metallotheca Vaticana. *Romæ*, 1719, in-fol.

4. C. G. Tessin, Musæum. *Holmiæ*, 1753, in-fol.

5. Catalogue des curiosités du cabinet de M. Davila. *Paris*, 1767, in-8°.

6. Index fossilium quæ collegit eques à Born. *Prag.* 1772, in-8°.

7. Catalogue raisonné d'une collection choisie de minéraux, etc. par Jacob Forster. *Paris*, 1769—72, in-8°.

8. Description d'une collection de minéraux, par Romé de l'Ile. *Paris*, 1773, in-8°.

9. Grunner, Catalogue des mines de Suisse. *Berne*, 1775. *

10. Sage, Catalogue du cabinet de l'Ecole royale des mines. *Paris*, 1784. *

V.

Oryctologies de quelques pays ou contrées.

1. Franciscus. Hernandez, nova plant. anim. mineraliumque Mexicananarum historia. *Romæ*, 1651, in-fol.

2. Danubius Pannonier, Mysicus observationibus perlustratus à comite Marsili. *Hagæ* et *Amst.* 1726, in-fol.

3. Baieri oryctographia norica. *Norimb.* 1758, in-fol.

4. Ignace de Born, Lettres à M. Ferber, sur les mines de Hongrie. *Francfort*, 1774, in-8°.

5. Ferber, Description des mines de mercure d'Idria. *Berlin*, 1774, in-8°.

6. *Idem.* Fragmens sur l'hist. minérale de Bohême. *Berlin*, 1774, in-8°.

7. Introduction à l'hist. nat. et à la géogr. phys. du royaume d'Espagne, par M. le D^r. Bowles. *Madrid*, 1775, in-fol.

8. Atlas minéralogique de la France. *Paris*, 1775, in-fol.

9. Guillaume Hamilton, Campi Phlegræi, sur les volcans des deux Siciles. *Naples* et *Rome*, 1775, in-fol.

10. Suppl. à l'hist. nat. de la Suisse. *Berne*, 1775.

11. Ferber, Oryctographie de Derbyshire. *Mittau*, 1776.

12. *Idem.* Mémoire sur les mines des Deux-ponts, du Palatinat, etc. *Mittau*, 1776.

13. Journal d'un voyage contenant différentes observations minéralogiques, par Collini. *Manheim*, 1776.

14. Géographie minéralogique de l'électorat de Saxe, par Charpentier. *Leipsick*, 1778, in-4°.

15. Traité des montagnes et des mines de Hongrie, par Ferber. *Berlin*, 1780.

16. Recherches sur les volcans éteints du Vivarais et du Velay. *Grenoble*, 1778, in-fol.

17. Arcet (d') sur l'état actuel des Pyrénées. *Paris*, 1776. *

18. Borch (Comte de) Minéralogie de la Sicile. *Turin*, 1780. *

19. Carosi, Voyage en Pologne. *Leipsick*, 1781. *

20. Diétrich (Baron de), Description des gîtes de minérais. *Paris*, 1786. *

21. Dolomieu, (Commandeur de) Voy. aux îles Lipari. *Paris*, 1783. *

22. Ferber, Géographie physique de la Courlande. *Riga*, 1784. *

23. Fichtel, Minéralogie de la Transylvanie. *Nuremberg*, 1780. *

24. Glaeser, Minéralogie du comté de Henneberg. *Leipsick*, 1775. *

25. Gobet, Anciens minéralogistes. *Paris*, 1779. *

26. Haquet, Oryctographie de la Carniole. *Leipsick*, 1781. *

27. Hupsch, Minéralogie de la basse Allemagne.

Allemagne. *Cologne, Francfort, Leipsick*, 1771. *

28. Juliæ et montium Subterraneæ. *Dusseldorf*, 1776 *

29. Kern, du Schneckenstein et rocher de topaze. *Vienne*, 1779. *

30. Latorre, (le Père de), Histoire du Vésuve. *Altenbourg*, 1783. *

Et plusieurs petits ouvrages qui ont traité du Vésuve. *

31. Palasso, Minéralogie des Pyrénées. *Paris*, 1781. *

32. Pini, du Mont St. Gothard. *Vienne*, 1784. *

33. Raspe, Histoire naturelle de la Hesse. *Amsterdam* et *Leipsick*, 1763. *

34. Tilas, Essai d'une minéralogie de Suède. *Leipsick*, 1767. *

35. Uebelaker, Stalactite de Carlsbad. *Erlangen*, 1781. *

36. Voigt, Minéralogie de l'abbaye de Fulde. *Dessau* et *Leipsick*, 1783. *

37. Voigt, Minéralogie du duché de Weimar. *Dessau*, 1782. *

38. Volkelt, Minéralogie de la Silésie. *Leipsick*, 1775. *

V I.

Ouvrages qui renferment des traités sur des objets relatifs au Règne minéral.

1. Orphæi Græci hymnus de lapidibus, cum notis Stephani et Scaligeri. *Leod.* 1576.

Ejusdem Argonautica, hymni, libellus de lapidibus et fragm. *Lipsiæ*, 1764, in-8°.

2. Aristotelis opera omnia, ex editione Aldi Manutii. Romani. *Mense febr.* 1497, in-fol.

Ejusdem opera, ex edit. Duvallii. *Parisiis*, 1654, in-fol.

3. Dioscoridis opera omnia comment. *Mathiolo*, L. V.

4. C. Plinii secundi hist. mundi Libri triginta septem. *Veronæ*, 1468.

Ejusdem Historiæ nat. Libri triginta septem, ex editione Harduini. *Parisiis*, 1741, in-fol.

Histoire natur. de Pline. *Paris*, 1771, in-4°.

5. Bartholomæus Anglicus de proprietatib. rerum. *Norimb.* 1483, in-fol.

6. Ferrandi Imperati Historia natur. *Napoli*, 1599, in-fol. *Venet.* 1672, 1695, in-fol.

7. Acta Academiæ Cæs. naturæ curiosorum.

8. Philosophical transactions of the Society of arts and sciences. *London.*

9. Mémoires de l'Academie royale des sciences de Paris.

10. Mémoires de l'Académie royale des sciences de Berlin.

11. Mémoires de l'Académie royale des sciences de Suède.

12. Magasins de Hambourg (ancien et nouveau).

13. Magasin de la nature, des arts et des sciences de Bern.

14. Travaux et écrits des Curieux de la nature, *à Berlin*.
15. Acta Academiæ scientiarum Imperialis. *Petropolitanæ*.
16. Académie de Dijon (Mém. de l') *Dijon*, 1783. *
17. Académie de Stockholm, tradruc. allemande. *Leipsick*, 1778 à 1786. *
18. Collection académique, partie françoise et étrangère. *Paris*.
19. Commentaires de la société royale de Gottingue. *Gottingue*, 1779 à 1786. *
20. Crell, annales, archives et nouvelles découvertes en chimie. *Helmstadt* et *Leipsick*. *
21. Cronstedt, Récréations minéralogiques. *Leipsick*, 1768. *
22. Journal de physique de M. l'abbé Rozier. *Paris*. *
23. Magasin des mines, par Lempe. *Dresde*, 1786. *
24. Mémoires d'une société de Bohême. *Prague*, 1777. *
25. Le Naturaliste. *Halle*, 1776. *
26. Transactions philosophiques, trad. allemande. *Leipsick*, 1779. *

V I I.

Auteurs où l'on trouve des Mémoires épars et des Observations sur le Règne Minéral.

1. Description des voyages, par Tavernier. *Nuremb.* 1681, in-fol.
2. Voyages en Russie, par Gmelin. *Petersbourg*, 1771.
3. Voyages en différentes provinces de l'empire de Russie, par Pallas. *Petersbourg*, 1771.
4. Observations sur un voyage en Russie, par Georgi, 1772.
5. Lettres de l'Italie au Ch[er]. de Born par Ferber. *Prague*, 1773.
   Les mêmes, traduites par M. le Baron de Diétrich, avec des Notes. *
6. Voyages d'Olaffs et de Powells en Islande. *Copenhague*, 1774.
7. André, Lettres écrites de la Suisse et d'Hanovre. *Zurich*, 1776. *
8. Bock, Histoire naturelle de la Prusse. *Dessau*, 1785. *
9. Fabricius, Voyage en Norvège. *Hambourg*, 1779. *
10. Faujas de Saint-Fond, Hist. natur. du Dauphiné. *Grenoble*. 1781. *
11. Fischer, Hist. nat. de la Livonie. *Leipsic*, 1778. *
12. Fortis, Voyage en Dalmatie. *Bern*. 1778. *
13. Gensanne, Hist. nat. du Languedoc. *Montpellier*, 1776. *
14. Giraud-Soulavie, Hist. nat. de la France méridionale. *Paris*, 1781.*
15. Hermann, Voyage en Autriche, Stirie, Carinthie, Italie, Tyrol et Bavière. *Vienne*, 1781. *
16. Pallas, Nouvelles observations dans le nord. *Pétersbourg*, 1773. *
17. Pontoppidan, Histoire nat. de la Norvège. *Hambourg*, 1779. *
18. Troil, Lettres sur l'Islande. *Upsal* et *Leipsick*, 1779. *

Nota. Le plan de M. de Veltheim se bornant à la Minéralogie proprement dite, il n'entroit pas dans ses vues de comprendre dans sa liste des Auteurs, ceux qui ont écrit particulièrement sur l'exploitation des mines, et sur ses différentes branches, aussi n'a-t-il nommé que ceux qui ont traité quelques parties dépendantes plus immédiatement de son plan.

OBSERVATIONS

SUR

L'INTÉRIEUR DES MONTAGNES,

SUR LA GROTTE DE BLANKENBOURG,

ET

SUR UNE DRUSE D'ANDREASBERG,

Par M. FRÉDÉRIC-GUILLAUME-HENRI DE TRÉBRA, Vice-Intendant des Mines de Sa Majesté Britannique dans l'Électorat d'Hanovre, Membre de la Société Royale de Göttingue, de la Société Germanique de Jena, Honoraire de la Société Économique de Leipsick, et de celle des Curieux de la Nature de Berlin.

Avec des Notes de M. LE BARON DE DIÉTRICH.

A PARIS, DE L'IMPRIMERIE DE MONSIEUR. 1787.

a

PRÉFACE.

*Q*UELS *sont les indices des contrées dans lesquelles l'exploitation des mines doit prospérer ? Où faut-il l'établir de préférence ?* De toutes les questions qui concernent l'art de l'exploitation des mines, voilà sans doute la plus essentielle. Ce fut celle que je me proposai, dès que je commençai à m'occuper de ce genre de travail. Souvent j'en demandai la solution, rarement j'obtins des réponses satisfaisantes.

Plus j'ai vieilli dans mon art, plus je me suis convaincu que la difficulté de cette question étoit égale à son importance. Dix-sept ans d'expérience m'ont appris qu'après avoir recueilli, analysé, modifié et confirmé un grand nombre d'observations dans plusieurs contrées de montagnes, qu'après avoir tiré de leurs résultats nombre de probabilités semblables, c'étoit avoir beaucoup fait que de m'être mis en état de dire en bien des cantons : *Il n'y a point ici d'exploitation avantageuse à espérer.*

Trois raisons également puissantes m'ont déterminé à publier mes observations. J'ai cru que, de la connoissance de mes premières expériences résulteroit pour le souverain, l'état et les actionnaires des mines, le double avantage d'un meilleur emploi de leurs fonds, et d'un produit plus considérable. Il m'a semblé que les extraits de mes opérations découvriroient dans les opérations antérieures, un grand nombre de fautes grossières commises par l'ignorance, ou de fraudes adroites méditées par l'avidité. Enfin je me suis persuadé que mon exemple pourroit engager quelques personnes à me suivre dans la carrière que je leur ai ouverte avec succès, et que peut-être elles essaieroient comme moi, de substituer aux simples effets du hasard, de fortes probabilités.

PRÉFACE.

Ma première lettre renferme des observations générales sur la conformation extérieure des parties de montagnes que j'ai trouvées *nobles* ou abondantes en minérai.

Je décris dans la seconde la structure des masses de rochers dans l'intérieur des montagnes.

La troisième contient des observations sur l'infiltration et la circulation des eaux dans les montagnes, sur la chaleur, les vapeurs, les dissolutions et les composés qu'elles produisent. Ici l'on remarquera que je ne suis pas de l'avis de la plupart des naturalistes, qui n'ont observé que les fortes commotions de la nature, les éruptions volcaniques et les inondations considérables. Ils ont prétendu que ces grandes révolutions avoient seules produit les changemens qu'on remarque dans les montagnes. Des observations multipliées me portent au contraire à les attribuer à l'action non moins puissante, quoique plus lente, de la chaleur et de l'humidité réunies.

Je n'ai point osé agiter la grande question de la première formation des montagnes. Je crois que les observations faites sur cet objet ne suffisent pas pour établir un système satisfaisant.

Quand j'ai parlé du passage ou de la transformation d'une pierre en une autre, je n'ai pas prétendu avancer que les terres simples se changeoient l'une en l'autre, comme la chaux en argile, et réciproquement. Seulement j'ai voulu dire que, puisqu'il n'y a dans la nature aucune substance vraiment pure, il se pouvoit que dans un mélange composé de deux parties, l'une des deux ayant été entraînée, eût laissé l'autre seule; et qu'il étoit possible encore que la partie entraînée eût été remplacée par des matières nouvelles et différentes. Au reste, je ne crois pas qu'il y ait plus de raisons pour nier la conversion des terres primitives l'une en l'autre, que pour la certifier.

Il n'y a pas long-temps que nous avons les moyens de décomposer les substances qui nous étoient inconnues auparavant : nous savons maintenant dissoudre la terre siliceuse, et même la volati-

liser

liser au point qu'elle reste suspendue dans l'air. On obtient de l'argile en décomposant le quartz pur, et ce travail réitéré sur la terre siliceuse qui reste , produit de l'argile nouvelle à chaque opération ; de manière que plusieurs naturalistes ont déja pensé que cette terre ne provenoit pas simplement d'une portion de celle qui se trouvoit contenue dans le quartz.

Je donne, dans la quatrième lettre , les pièces justificatives, ou les preuves tirées de mes propres expériences , dont j'appuie chacune de mes observations ; et j'en éclaircis encore quelques points, autant que me l'ont permis les bornes que je me suis prescrites.

Enfin, ma cinquième lettre comprend une description minéralogique des montagnes du Hartz. Elle offre encore un grand nombre de faits qui confirment les observations consignées dans mes trois premières lettres ; je laisse au lecteur le soin d'en faire l'application.

Pour compléter la description des productions du Hartz , je dois cependant ajouter ici la découverte faite nouvellement aux montagnes d'Andréasberg, de différentes espèces de zéolites (1) cristallisées , mêlées de spath calcaire et de mine d'argent rouge cristallisé (2).

Mes lettres sont suivies d'un traité fait pour recommander l'exploitation des mines. Ce traité renferme des exemples de la manière dont on peut établir des travaux de mines avec avantage

---

(1) M. de Trébra a eu la complaisance de m'envoyer de très-beaux échantillons de cette prétendue zéolite, avec galène , mine d'argent rouge cristallisée et spath calcaire. Si je ne me trompe , ce fut M. Ilsemann de Clausthal, qui, ayant examiné les échantillons, y reconnut la zéolite. Ce chimiste est trop éclairé pour ne pas savoir qu'un des caractères auxquels on croyoit pouvoir reconnoître la zéolite, ne lui est pas particulier ; j'entends celui par lequel elle forme de la gelée avec l'acide nitreux. Surement, avant d'annoncer cette substance pour de la zéolite, il aura fait sur elle d'autres expériences plus décisives. Je regrette beaucoup de ne pas les connoître , et je consacrerai mes premiers momens de loisir à l'examen des échantillons que je tiens de M. de Trébra. *

(2) L'auteur entroit ici dans quelques détails sur plusieurs des objets qu'il a fait dessiner. Cette digression nous a paru mieux placée dans le chapitre de l'explication des planches. C'est là que nous avons cru devoir restituer cet article et renvoyer le lecteur. *

pour le Souverain et les actionnaires, sur des probabilités fondées, en prenant pour base les observations contenues dans mes trois premières lettres.

L'ouvrage est terminé par une dissertation économique, d'après les principes de laquelle on a conduit, avec un avantage considérable, un district ou bailliage de mine très-vaste.

J'ose espérer que les observations de ceux qui me suivront dans la carrière, confirmeront les miennes. S'il arrivoit au contraire qu'elles les détruisissent, j'aurois du moins à m'applaudir d'avoir donné lieu à des recherches plus instructives et plus étendues.

LETTRES

A

M. DE VELTHEIM,

Ancien Intendant des Mines de l'Electorat d'Hanovre ;

Par M. DE TRÉBRA.

LETTRES

LETTRES

DE M. DE TREBRA

A

M. DE VELTHEIM.

LETTRE PREMIÈRE,

Sur la forme extérieure des Montagnes à mines.

Vous desirez, Monsieur, que vos amis vous disent leur sentiment sur votre plan de minéralogie : je me conformerai à vos intentions, autant que les fonctions de ma place me permettront d'examiner votre travail, d'approfondir vos idées, et de vous communiquer mes observations.

Votre plan, Monsieur, me séduit et m'entraîne : je desire depuis long-tems voir élever un édifice sur une pareille base. Quelques-unes de vos idées sur les minéraux seulement ne me paroissent pas s'accorder parfaitement avec mes observations. C'est de la doctrine qu'elles renferment, et particulièrement de celle qui est relative aux parties des montagnes *simples* ou *entières* (1) qui contiennent du minérai, sur laquelle je me suis le plus exercé, que je vais m'occuper. Je me bornerai à vous présenter mes observations telles qu'elles se sont offertes à moi. Discutez-les en les comparant aux inductions que vous présentez dans votre ouvrage. Après vous avoir communiqué ces observations, je tenterai d'en déduire une théorie sur la manière dont

---

(1) Les minéralogistes Allemands ont ainsi nommé les montagnes où les rochers, au lieu d'être disposés par couches, se trouvent en grandes masses continues, dans lesquelles il existe à la vérité quelques *fêlures* de séparation, mais si irrégulièrement jetées, que ces masses désunies par elles, ne peuvent être considérées comme des couches. (Note de M. le baron de Dietrich.)

A

les gîtes des minéraux se produisent, et sur les corps qu'ils renferment. Je vous abandonne d'avance cette théorie, et vous laisse le maître de l'analyser, de la mieux déterminer, de la confirmer par vos observations, ou de la rejeter en lui substituant un autre système.

La réunion de la doctrine des gîtes des minérais à la minéralogie, pour en former un tout, appartient à vous seul; et vous avez le droit de donner à ces deux sciences ainsi combinées, ne formant plus qu'un seul corps de doctrine, le nom de *Minéralogie du Mineur*, à cause de la grande utilité qu'elle peut produire (1). Cronsted, le père de cette science, ajouta à son ouvrage toujours estimable, une dissertation sur les *roches composées*; il laissa entrevoir (2) à ses successeurs la carrière qu'il leur ouvroit, sans développer son travail, et sans l'appliquer aux montagnes formées de cette espèce de roche, et aux lits de fossiles si variés qu'elles renferment. En nous montrant une méthode aisée pour reconnoître les différentes substances du règne minéral, il satisfit le simple amateur, celui qui rassemble des minéraux; mais il ne contenta pas le mineur en activité, parce qu'il ne lui indiquoit point encore de principes certains pour le conduire dans la recherche et dans l'exploitation de ces substances : il le laissa livré au pur hasard, ou, ce qui étoit pire encore, à la baguette divinatoire, dont il sentoit cependant toute la folie. Cette baguette, adoptée par la superstition et la stupidité, s'opposa long-temps aux progrès que l'esprit humain auroit pu faire dans l'étude des gîtes des fossiles. Les personnes même qui jouissoient d'une certaine réputation dans le métier de mineur, ou qui croyoient en jouir, regardoient toute doctrine sur cet objet comme une spéculation oiseuse et chimérique;

---

(1) M. Gerhard, Conseiller intime des mines en Prusse, membre de l'Académie des Sciences de Berlin, etc. a développé ce plan d'une manière très-avantageuse à l'art, dans son Essai d'une histoire de la minéralogie, imprimé à Berlin en 1781 et 1782, en 2 vol. in-8° : cet ouvrage classique mériteroit de passer dans notre langue. On peut le consulter sur plusieurs des objets que M. de Trebra traite dans ses lettres. (N. de M. le B. de D.)

(2) Dans une note du paragraghe 277.

et quand les ressources de leur foible génie étoient épuisées, elles recouroient toujours, soit en secret, soit ouvertement, à la puissance bien incertaine de la baguette magique. Laissons-les multiplier les faux pas dans le sentier de l'erreur, et sans nous en embarrasser, essayons de parvenir à notre but, en étudiant la nature, et en suivant la trace du petit nombre d'observations qui existent.

En ne comprenant sous le nom de *gîtes de minéraux* que les lieux où la nature a placé les minéraux, on donne à ce terme le même sens que le mineur uniquement occupé de l'utile, attache à celui de *points à minérai*. Il lui importe de trouver ces points, soit que la nature les ait placés dans les montagnes primitives à filons, soit dans celles qui sont formées *par couches*. L'objet que l'on doit exploiter étant connu, il est aisé de l'attaquer avec avantage. Quelque importante que soit cette connoissance, les difficultés particulières qui lui sont propres, avoient mis obstacle jusqu'à présent aux recherches des endroits où l'on pouvoit espérer avec quelque vraisemblance de trouver des minéraux. On disoit bien depuis très-long-temps, que c'étoit dans les montagnes à pente douce qu'on trouvoit les meilleures mines; qu'un filon seul n'étoit jamais noble ou riche, et qu'il ne le devenoit que lorsque plusieurs filons y aboutissoient. Cette opinion vague et indéterminée passoit, comme toutes les opinions vulgaires, de père en fils, sans qu'on cherchât à l'approfondir ou à la rectifier. Communément il se glisse à côté de ces sortes d'opinions quelque chose de fabuleux, de miraculeux, qui captive long-temps les esprits, dispensés par-là de recherches pénibles, et qui empêche la lumière de se répandre. A peine y a-t-il quinze ans qu'un directeur des mines en Saxe, où chaque mineur acquiert cependant quelques notions sur la recherche des filons, demanda en ma présence à une des personnes les plus versées dans cette partie: Qu'entendez-vous par *montagne à pente douce?* On discuta très-superficiellement cette question, à laquelle on répondit d'une manière très-peu satisfaisante. J'ai vu faire, et j'ai fait pousser moi-même des recherches sur des filons, vers des points où d'autres filons les croisoient, dans l'espérance de trouver du minérai riche à leur réunion, et il ne s'en trouva point, soit que les filons se partageassent en plusieurs veines, soit qu'ils changeassent d'inclinaison ou de direction, soit qu'ils fussent accompagnés d'une *roche pourrie* : en un mot, on ne trouva point de minérai à leur jonction; ils y étoient stériles lors même que chacun d'eux avoit renfermé des mines riches dans d'autres points de la montagne.

C'est à l'académie des mines de Freyberg, qui a répandu tant de jour sur l'exploitation des mines, et qui lui a été si utile en Saxe et au dehors, que l'on doit un examen plus réfléchi des principes, une discussion plus approfondie des opinions, vagues ou déterminées jusqu'alors; c'est par elle, et à l'instigation du savant conseiller des commissions des mines, *M. Charpentier*, que les cartes qui indiquent en même temps, et l'exacte situation des contrées montagneuses, et le tissu intérieur de leurs filons, sont devenues plus communes, du moins pour les montagnes de la Saxe. On observa plus attentivement la forme extérieure des montagnes dans lesquelles on exploitoit, ou dont on avoit exploité des mines. La baguette fut rejetée; on chercha à lui substituer quelque chose de plus certain, et qui fût plus susceptible d'explication. On y parvint par des observations recueillies dans les différentes contrées d'où l'on avoit ci-devant tiré, ou d'où l'on tire encore avec avantage un abondant minérai, et par la comparaison des conséquences qui furent, ou rejetées, ou adoptées comme principes, après avoir été mûrement examinées. Les opinions vulgaires sur les montagnes à pente douce, sur la richesse des points de réunion de plusieurs filons, furent analysées de plus près par la plupart de ceux qui, ne se bornant pas à philosopher sur les formes de la nature, cherchoient sérieusement à en tirer avantage.

Les mineurs Saxons avoient depuis long-temps généralement adopté pour principe, qu'un filon seul n'étoit jamais noble, qu'il falloit se servir d'un filon pour en trouver d'autres; ou, ce qui revient

revient au même, diriger ses travaux sur des endroits où plusieurs
filons se réunissent. On agissoit même constamment en conséquence dans toutes les opérations, sans faire mention du motif,
ou sans l'annoncer positivement; soit que ce silence partît de cet
esprit de mystère dont étoient possédés, il y a vingt ans, les gens
de notre métier; soit qu'on ne pût encore se fonder que sur un
très-petit nombre d'observations, dont jusqu'alors on ne s'étoit
guère occupé de rechercher la cause. J'ai dirigé moi-même des
ouvrages de recherches d'après ces principes; souvent j'ai cru
trouver du minérai dans le point de réunion de plusieurs filons
que j'atteignois, et plus d'une fois trompé dans mon espérance,
j'ai senti que ce n'étoit point à cette circonstance seule qu'il falloit
attribuer leur ennoblissement. Je consultai alors en même temps
la forme extérieure des montagnes; je m'attendis à trouver des
filons enrichis à leur réunion dans les montagnes à pente douce,
et j'y réussis quelquefois. Il s'en trouva cependant aussi dans des
contrées de montagnes escarpées: mais en observant avec attention
ces mêmes contrées, je remarquai que telle montagne fort escarpée
du côté de la vallée principale, étoit souvent, à l'endroit même (1)
où se trouvoit le point riche du filon, et pour l'ordinaire dans sa
direction, coupée par un petit vallon, qui s'élevoit de la vallée
avec la montagne; et que les deux pentes de la montagne,
escarpées du côté de la vallée principale, s'inclinoient doucement
vers ce vallon (2). J'observai qu'en rencontrant souvent des filons

---

(1) Comparez les planches V et VIII.

(2) Dans le comté du ban de la Roche en Alsace, qui appartient à mon père, les mines
de fer qu'il y fait exploiter pour l'alimentation de ses forges de Rothau, se tirent d'un grand
nombre de filons qui se trouvent presque tous dans des montagnes escarpées du côté de la
vallée de la Brusch. Ceux de ces filons qui sont situés dans ces croupes escarpées, ne sont
guère que des coureurs de gazon; ils pénètrent à peine de cinq à six toises dans la montagne,
où le rocher se réunit et efface jusqu'à leur trace. A mesure que ces filons se rapprochent
des pentes douces de ces mêmes montagnes, qui aboutissent à des vallons latéraux, ils se
soutiennent, et l'on en trouve de bons tout le long de ces vallons. Ces filons sont tous dans
de la roche de corne ou dans du granit. Il est bon d'observer néanmoins qu'on ne doit pas
considérer comme montagnes escarpées celles qui ne le paroissent qu'à l'œil: il faut avoir
égard à l'inclinaison plus ou moins forte des couches; et c'est lorsque celle-ci est en rapport
avec la pente extérieure d'une croupe escarpée, qu'on ne doit guère se flatter d'y rencontrer
des filons nobles. Un aspect escarpé provient souvent d'une cause accidentelle, comme d'une

riches dans cette sorte de vallons, on les y trouvoit rarement au milieu, mais qu'ils côtoyoient ordinairement l'une ou l'autre de ces pentes douces. Cette amélioration des filons placés dans les vallons peu rapides, s'est souvent soutenue et même accrue par d'autres filons parallèles à la vallée principale, qui croisoient les premiers. D'autres fois, le filon le plus riche, auquel on a donné, à cause de sa richesse, le nom de maître filon, étoit dans la même heure que la vallée (1), situé dans la pente escarpée qui aboutissoit à cette vallée, et il devoit sa richesse à sa réunion avec ces filons placés dans des vallons qui partoient de la vallée et s'élevoient doucement sur les montagnes qu'ils traversoient. Je tiens ici le langage du mineur, qui fixe son attention exclusivement sur la recherche des points où la nature a déposé le minérai, et qui remarque les différentes circonstances qui s'y présentent. Il n'en est pas moins vrai que le minérai riche ne se rencontre que dans les points de réunion de différens filons, ou du moins à leur plus grande proximité (2).

Lorsque des filons puissans, dont le cours s'étend au loin dans les montagnes, sont placés dans des vallées et de grands vallons, comme on le voit ordinairement, ils contiennent du minérai dans les points où des filons venant des vallées latérales et des petites gorges qui aboutissent aux vallées principales et aux grands vallons, coupent le maître filon. Comme il arrive communément qu'un grand nombre de vallées latérales et de vallons, aboutissent en descendant à la vallée principale, et que leurs filons coupent le maître filon, et l'enrichissent en plusieurs points souvent assez rapprochés, le mineur attribue cette richesse exclusivement au maître filon, tandis qu'elle n'est ordinairement due qu'à des points communs à plusieurs filons, c'est-à-dire, à leur réunion. Ces

---

avalanche qui peut avoir détruit la pente naturellement plus douce d'une montagne; et l'on sent que dans ce cas on auroit tort de prononcer, sans examiner la position des rochers dont la montagne est formée. Voyez à ce sujet l'Histoire de la Minéralogie de M. Gerhard, §. 119. (N. de M. le B. de D.)

(1) Voyez planche VI, où la partie riche du filon se trouve dans une pente douce d'une montagne d'ailleurs escarpée.

(2) Voyez planche V.

filons latéraux, qui ennoblissent ainsi le maître filon, sont enrichis à leur tour par les filons qui les croisent, avec la différence, que dans ces points latéraux, la masse des parties enrichies est moins considérable que ne le sont celles des maîtres filons.

Les vallons, comme toutes les vallées, ne suivent pas précisément une seule et même direction ; les unes et les autres forment souvent des angles, et les filons qui les parcourent suivent assez exactement ces variations. Ils sortent souvent de leur heure, et je puis dire n'avoir jamais rencontré de maîtres filons qui tinssent rigoureusement leur heure en ligne droite, à de très-petites distances, et dans les points même de leur richesse.

J'ai vu quelquefois des maîtres filons puissans traverser des parties de montagnes saillantes (1) dans la vallée, ou quelque côté à pente douce ; mais s'ils conservoient dans ce cas leur richesse, un vallon peu rapide traversoit en même temps, et dans la même direction qu'eux, cette partie de montagne, ou s'étendoit au moins depuis la vallée inférieure jusqu'à l'endroit où le filon étoit enrichi ; tandis que lorsque de pareilles parties ou angles saillans de montagne étoient d'une largeur assez considérable, continues et point séparées par des vallons (2), de gros filons les traversoient à la vérité, mais ils perdoient de leur épaisseur ; leur gangue devenoit dure et stérile, ou du moins leur minérai se trouvoit moins riche (3). J'ai rencontré des maîtres filons qui s'étendoient de cette manière à plusieurs milles au travers des montagnes, mais jamais en ligne droite, jamais nobles dans toute leur étendue, jamais d'une valeur uniforme et d'une épaisseur égale dans les parties abondantes en minérai. Ils dévioient par exemple de huit à neuf ou à onze heures, revenoient à neuf heures, etc. selon qu'ils parcouroient des vallons peu

---

(1) Voyez planche V et n°⁵. 20, 21 et 22 de la planche VIII.

(2) Voyez planche V.

(3) Consultez les planches V et VIII. Le désordre qu'on observe à la surface des montagnes sur la direction d'un filon, un changement subit dans l'inclinaison des bancs de rochers, et dans la nature de ces rochers, sont encore des marques extérieures qui peuvent faire craindre l'appauvrissement des filons. Gerhard, l. c. §. 137. (N. de M. le B. de D.)

rapides, ou des vallées profondes qui interrompoient la continuité des montagnes : ils pénétroient au travers d'une partie de montagne élevée, continue, et s'ennoblissoient par la jonction de filons situés dans les vallons et dans les vallées latérales, en changeant alors absolument de direction. J'ai trouvé, et cela arrive souvent dans les mêmes montagnes, des vallées et des vallons dirigés sur toutes les heures de la boussole du mineur ; et alors les filons se soutenoient aussi, dans quelque direction qu'ils fussent. J'ai vu du minérai très-riche dans des points où des filons, aboutissant de toutes les heures de la boussole, se réunissoient. Le mineur Allemand exprime cette circonstance, qui lui est si avantageuse, par le terme *Rammeln* (1). Souvent des ruisseaux et des rivières prennent leur cours dans des vallées que des filons parcourent sur des étendues plus ou moins grandes. Les sources qui entretiennent ces rivières (2) naissent dans les gorges peu rapides, et décèlent souvent les filons qui y sont situés (3). C'est sur ces filons, ou du moins très-près d'eux, que les sources se fraient leur issue au jour. Dans les lieux sur-tout où l'exploitation des mines n'a pas encore entièrement bouleversé les montagnes, j'ai souvent remarqué, lorsque ces sources sourdoient au dessous de la crête de la montagne, qu'à leur naissance, et presque toujours sur les filons, le terrain étoit marécageux ; qu'au-dessous de la terre végétale et au-dessous de la pierraille (4) qui suit immédiatement le gazon, la roche étoit

---

(1) Le mot *Rammeln* signifie proprement *caresser*, *folâtrer* ; pour rendre cette expression des mineurs Allemands, il faudroit dire : Plusieurs filons se caressent. (N. de M. le B. de D.)

(2) Voyez planche VIII, n.os 6 et 7.

(3) Les ravins formés par les ruisseaux décèlent en effet la plupart des filons, et mon voyage dans les Pyrénées m'en a fourni un très-grand nombre d'exemples ; cela me paroît d'ailleurs facile à expliquer. Les filons se trouvent assez communément dans les enfoncemens et les ravines, dont la formation a vraisemblablement une analogie avec celle des fentes qui renferment les minérais ; or les eaux qui découlent des plateaux se réunissent en torrent dans ces ravines, lavent et entraînent la terre végétale qui couvre ailleurs les rochers, et mettent ainsi à nu les affleuremens des filons. (N. de M. le B. de D.)

(4) J'entends ici par *pierraille* ce que les Allemands comprennent sous les noms de *gems*, *kummer*, *gerulle* ; c'est-à-dire, les premières roches qu'on rencontre immédiatement sous le gazon. Elles ne sont point adhérentes, se laissent rompre avec la main ; et

crevassée

crevassée et divisée en petits morceaux d'argile, ou entièrement argileuse. Dans des contrées de montagnes plates et unies sur des étendues considérables, non coupées par des vallons, et éloignées des pentes qui dominent une vallée, je n'ai jamais trouvé un grand nombre de filons ; et si par hasard un maître filon les traversoit, il n'étoit jamais noble dans une pareille conformation de montagne.

J'ai vu à plusieurs reprises que lorsque des vallons sortoient d'entre les pentes de montagnes qui aboutissent à une vallée inférieure, en montant vers ces croupes plates qui se trouvent à leur sommet, les filons, quelques nobles et puissans qu'ils fussent dans ces vallons, diminuoient d'épaisseur, contenoient peu de minérai, se divisoient en très-petites veines dans un rocher excessivement dur, ne se retrouvoient plus facilement, et *souvent point du tout*, quand on avoit atteint les parties où les vallons se terminoient à l'extérieur de la montagne (1).

En vous demandant pardon de ma prolixité, permettez-moi, Monsieur, de vous faire part, dans mes lettres suivantes, de mes observations sur l'intérieur des montagnes, et sur les dépôts des minérais.

---

quoiqu'au premier coup-d'œil elles ressemblent à la roche solide qui est au dessous, elles sont beaucoup plus tendres : elles ont subi une décomposition par l'infiltration des eaux, etc. Lorsque des têtes de filons aboutissent au jour, il se forme aussi à leur surface de la pierraille qui provient de leur gangue. Cette pierraille est souvent entraînée par les eaux à d'assez grandes distances. En cherchant à remonter à sa source, on découvre quelquefois les filons dont elle provient. Les mineurs du banc de la Roche ont donné à la pierraille de cette espèce le nom assez expressif de *versure* du filon. (N. de M. le B. de D.)

(1) Voici encore une observation que je trouve confirmée au banc de la Roche, que je cite de préférence, parce que j'ai la structure de ces montagnes et la marche de leurs filons parfaitement présentes. Des galeries ont été poussées avec avantage dans un de ces vallons sur de bons filons de mines de fer. Après avoir pénétré à une distance assez considérable du jour, et à-peu-près au point où le vallon aboutissoit extérieurement à la crête qui joint les deux pentes qu'il avoit séparées, la pyrite a pris la place du minérai : d'abord cette pyrite étoit puissante ; peu-à-peu le rocher devenant plus sauvage, la resserroit, la séparoit en petites veines, et la faisoit disparoître totalement en se réunissant. Maintenant je fais poursuivre une entaille dans une pareille position, qui est à-peu-près à quatre-vingt toises du jour : il y a trois et quatre pieds de pyrite. On en trouve à la base, au plancher et devant l'entaille ; mais, d'après l'expérience, j'ai lieu de penser que l'issue de ce travail sera conforme à ce que nous avons éprouvé dans ceux dont je viens de parler. (N. de M. le B. de D.)

C

LETTRE SECONDE.

Sur la structure intérieure des Montagnes.

Vous savez, Monsieur, combien il est difficile d'acquérir une connoissance sûre et parfaite de l'intérieur des montagnes à mines. On ne perce à travers les rochers durs et compactes qu'elles renferment, qu'avec une peine extrême, que par un travail opiniâtre, dont les frais immenses ne permettent de faire que les dépenses qui procurent une prompte recette.

Lorsqu'on sait trouver du minérai, on n'épargne rien pour se frayer un chemin jusqu'à lui. A-t-on besoin de pierres à bâtir? on ne regrette pas les dépenses que cause le rocher inutile qui précède une carrière de bonnes pierres; mais on abandonne les parties des montagnes qui ne contiennent ni minérai, ni pierres à bâtir. Une connoissance plus exacte des contrées que nous croyons absolument stériles, pourroit nous être très-instructive; cependant en exploitant les filons, les couches minérales et les autres gîtes des fossiles, qui sont proprement notre atelier, nous suivons, dès que nous les connoissons, les chemins les plus courts, pour parvenir aux points les plus riches et les plus abondans. S'il étoit possible de dépouiller les montagnes des enveloppes qui les couvrent, et de se représenter leur intérieur comme des rochers nus de toute part; s'il étoit possible de décomposer ces masses immenses pièce par pièce, jusques dans leurs parties les plus profondes, nous ne tarderions pas à acquérir des connoissances parfaites de leur construction intérieure : il seroit fort aisé d'établir une théorie du tissu des filons, de rechercher leur origine dans la roche de leurs parois, et de découvrir leur formation d'une manière certaine. Pour suppléer à ces moyens qui nous manquent, nous devons considérer de toute part les rochers à découvert; observer çà et là un point en creusant un puits; suivre les profonds sillons formés par les averses, les rives élevées des fleuves ; faire attention au mélange de terre et de morceaux de roches qui se trouvent enclavés dans les racines des arbres abattus par les vents ; aux chemins creux, aux éboulemens des terres ; examiner de près les traverses dans les galeries et les extensions, objets de très-peu d'étendue comparés à une montagne entière ; enfin visiter souvent les filons, les couches minérales, les crevasses et les mines en masse dans toute l'étendue des fouilles qui y sont faites, et en général apporter dans nos recherches autant d'attention que de patience. Obligés de croire que les mêmes circonstances donnent par-tout les mêmes résultats, pour obtenir en quelque sorte un tout, nous appliquons fidèlement aux lieux que nous ne pouvons ni atteindre ni voir, les observations par nous faites sur des lieux moins impénétrables. Notre pouvoir ne s'étend pas plus loin. D'après ce préambule, jugez les résultats suivans de mes observations sur l'intérieur des montagnes.

Nulle part nous ne rencontrons parfaitement entières, dans de grandes étendues, les masses de rochers dont les montagnes et les chaînes de montagnes sont entassées et liées les unes aux autres (1); car, ou ces rochers sont séparés en grandes et petites masses, suivant toutes les directions possibles, ou du moins ils contiennent des espaces vides dans telle ou telle direction (2), ou des fentes isolées qui, sans se toucher, se prolongent au loin dans une même direction. Si cela ne se voyoit qu'aux rochers découverts, nous pourrions en attribuer la cause à l'air, qui corrode continuellement les corps ; mais nous remarquons la même conformation dans l'intérieur des montagnes ; souvent même on voit en plusieurs contrées de montagnes (3), des rochers bien plus en désordre (4), à de grandes profondeurs, et divisés en parties beaucoup plus petites qu'elles ne le sont aux sommets et aux rochers extérieurs qui ont été, pendant tant de siècles, exposés à l'air, sans s'être

---

(1) Voyez les vignettes et la planche I.
(2) Vignette de Hubischenstein, et figure, n°. 1, pl. I.
(3) Planche III et IV, n°s. 2 et 3.
(4) Planche I, n°. 2.

jamais couverts d'aucune terre végétale (1). Si à l'endroit où la roche est couverte de terre végétale, on en enlève un ou deux pieds, on trouve immédiatement au dessous de cette terre la roche divisée en morceaux de la grosseur d'un œuf ou environ, disposés sans ordre, enveloppés de toute part d'une terre, que l'on reconnoît à tous ses caractères provenir de la décomposition de la même roche, et qui est communément de l'espèce du rocher qui compose l'intérieur de toute la montagne. C'est ce qui arrive dans les montagnes primordiales et dans les montagnes à couches, aux rochers composés ainsi qu'aux rochers simples. La seule différence consiste en ce que toutes ces grandes et petites pierres brisées et placées sans ordre, se trouvent en diverses contrées être arrondies, parce qu'elles ont été roulées et éloignées de la place qu'elles occupoient auparavant. Ce fait s'observe sur-tout dans les vallées, sur le penchant des montagnes, et le plus fréquemment dans les montagnes à couches. On apperçoit cette couverture de la roche plus entière qu'elle n'est en dessous, en fonçant des puits, en creusant des fossés, en déblayant des carrières. On les nomme au Hartz, *kummer*; en Saxe, *gems* (2) et *gerulle* (pierrailles), et les morceaux de pierres arrondies ont par-tout été appelés, quelquefois avec raison, souvent assez mal-à-propos, *mines de transport* (3).

En pénétrant plus avant dans la montagne, les morceaux dans lesquels la roche est divisée, deviennent plus grands : la terre

---

(1) Rien de plus embarrassant dans le travail des mines, que les montagnes ainsi morcelées dans leur intérieur. Il y en a cependant de productives. Le mémoire de M. Schreiber sur les mines d'Allemont (Journal de Physique, tome 24, pages 380-389), a fait connoître aux minéralogistes, que la montagne des Chalanches est de ce genre. (N. de M. le B. de D.)

(2) Voyez ci-devant, lettre 1re., pag. 8, note 4.

(3) Le mot allemand *geschiebe*, signifie en général le transport des fragmens d'un rocher ou d'un minéral, de l'endroit de son gîte originaire en un autre. Lorsque ce mot est employé pour les mines, on peut adopter l'expression de *mine de transport ;* morceaux de mine transportés et détachés. Lorsqu'il s'agit de rochers, on peut employer l'expression de *roche de transport ;* quand l'une ou l'autre espèce a été émoussée par les eaux, et arrondie, on peut l'appeler *mine* ou *rocher de transport roulé.* (N. de M. le B. de D.)

formée

formée par la décomposition des morceaux de la roche , et dans laquelle ils étoient comme enveloppés sous la terre végétale , n'est plus si abondante ; les morceaux sont plus rapprochés , et l'on n'apperçoit plus que çà et là , sur les surfaces par lesquelles ils se touchent , une poussière fine , toujours humide , souvent agglutinée en forme de ciment , par lequel elle acquiert une certaine cohérence , mais qui cède à une très-médiocre force extérieure , se divise et éclate très-facilement par les fentes précédentes encore visibles : c'est ce qui a lieu aux endroits où la roche est couverte de terre végétale. Quand la roche se montre à nu, on la trouve gercée et séparée comme elle l'est plus avant au dessous de la terre végétale ; ses séparations , ses fentes , ses fissures , prennent toutes les directions possibles , l'horizontale, la perpendiculaire ; elles forment entre elles toute sorte d'angles, s'étendent horizontalement vers toutes les parties du monde , ou se prolongent au loin dans l'intérieur de la montagne ; soit qu'elles aient plus ou moins de longueur , ou que , dans ces deux cas , elles se réunissent en se touchant , ou en se traversant ; soit que , dans le premier cas , elles n'aient aucun arrangement, ni aucune cohérence entre elles. Communément on rencontre ces fissures dans les rochers près de la superficie : dans certaines contrées (1) elles sont , à quelque profondeur que nous ayons pu pénétrer , aussi nombreuses et plus nombreuses encore qu'on ne les trouve ailleurs près de la surface.

Quelques espèces de pierres des masses des rochers dont sont formées les montagnes , sont sans mélange : par-tout elles offrent une homogénéité constante, en quelques petites parties qu'on les réduise. Tels sont le gypse , la chaux , la roche argileuse , etc. d'autres sont visiblement mêlées de plusieurs sortes de pierres très-différentes les unes des autres , plus ou moins grosses , plus ou moins pesantes , en plus ou moins grande quantité , comme le granit, le gneiss, le porphyre, le grès gris du Hartz, le basalte et les

____

(1) Voyez les planches II, III et IV.

D

autres roches mêlées, de cette nature. Une partie de ces différentes espèces de pierres de roche, mêlées ou non mêlées, n'ont
aucune figure déterminée ; en quelques petits morceaux qu'on
les casse, leur figure est toujours irrégulière : une autre partie
de ces mêmes pierres a une figure décidée, principalement la
feuilletée; chacun de ses morceaux se fend aisément en tablettes,
et plusieurs en tables rhomboïdales ; ou du moins quand on les
casse, on voit distinctement des lames toutes unies ou rudes,
tortues ou droites, couchées parallèlement les unes contre les
autres, et comprimées de manière à former un tout. Tels sont les
schistes de toutes les espèces, le gneiss en plusieurs endroits, le
schiste calcaire, sablonneux et argileux, avec ou sans mélange
de mica.

Dans plusieurs des espèces de pierres qui forment les
montagnes, ainsi que je l'ai observé plus haut, les séparations
innombrables qui les divisent en grands et en petits morceaux,
se prolongent dans les rochers, suivant toutes les directions.
Cependant quelques-unes de ces séparations nous frappent particulièrement dans différentes espèces de pierres, soit dans les
rochers qui sont à nu, soit lorsque nous avons déblayé la pierraille sous la terre végétale, à une plus grande profondeur, en
creusant des puits et des galeries. A la vérité, ces séparations
suivent aussi toutes les directions, si l'on compare plusieurs
montagnes ensemble ; cependant leur cours est plus égal
entre elles, il se soutient dans la direction qu'il a prise une fois:
un plus grand nombre de ces séparations suit la même direction,
ou du moins une direction approchante dans un espace quelquefois très-considérable. On a donné le nom de *bancs*, de *lits
de pierres* aux masses de rochers, séparées les unes des autres par
les fissures que nous venons de décrire. Nous trouvons la plupart
de ces bancs ou masses de rochers, coupés par d'autres fentes qui
croisent presque à angle droit la direction des fissures qui divisent les lits de pierres, ou du moins qui s'étant réunies à ces
dernières, ne se prolongent ensemble qu'à de petites distances,

s'en séparent bientôt pour reprendre une direction opposée, et changent en général plus souvent et plus sensiblement leurs directions que les fissures de séparation de banc, quoiqu'elles conservent quelquefois encore une sorte de rapport avec la première direction qu'elles avoient à leur origine. En général leur direction est aussi variée, en les considérant entre elles, que dans leur rapport avec la première espèce de séparations de rochers.

On appelle tout simplement *crevasse* ces séparations ; et pour mieux les distinguer, on donne le nom de *crevasses à couches* (1) à celles de la première espèce qui séparent les lits ou les bancs de pierres. Dans les rochers schisteux, la différence des crevasses aux fissures qui en coupent de grandes masses, s'apperçoit facilement : la structure feuilletée des rochers schisteux les divise en lames minces, et les fissures de séparation de leurs couches sont dans la même direction que ces lames ; mais quoique d'abord ces fissures de séparations de couches semblent n'être autre chose que les fentes du schiste même, on les distingue en ce que les masses, entre lesquelles ces fissures s'étendent, sont pour la plupart posées les unes sur les autres d'une manière tout à fait détachée, tandis que les feuilles du schiste sont réellement cohérentes, quoiqu'on n'apperçoive pas le moyen qui les unit ; quoiqu'elles soient fermes et solides dans les espèces même dont les tables ne paroissent être réunies que par une simple compression.

Dans les espèces de rochers qui ne sont pas communément d'une nature schisteuse, telles que le granit, le grès gris, le porphyre, quelques roches calcaires, etc. la différence des crevasses et des séparations de couches est plus difficile à saisir, et ne s'apperçoit même pas dans quelques unes d'elles, ou du

---

(1) Puisque nous avons adopté les mots de *fissures*, *de séparations de bancs*, pour exprimer ce que l'auteur entend par *crevasses à couches*, je pense qu'il sera plus simple de les conserver. (N. de M. le B. de D.) .

moins on ne la remarque que près de la superficie, ou seulement
en plusieurs contrées de montagnes qui en sont formées. Dans ce
cas les bancs sont plus courts et plus épais que ceux des schistes ;
ils approchent plus de la forme cubique, tandis que les premiers
offrent des lames plus minces.

Nous ne pourrions constater l'universalité des divisions des
masses de rochers de toute espèce en bancs, qu'autant qu'il
seroit possible d'examiner de toute part, et de toutes les manières,
les rochers, même dans les plus grandes profondeurs, de les
retourner, de les séparer, et de les replacer dans leurs anciennes
jointures. La plus grande partie des granits montre seulement
dans les rochers nus quelque rapport aux bancs ou couches de
pierres qui s'étendent régulièrement (1) ; mais ces masses de
granit n'ont jamais beaucoup de longueur ; il est très-rare qu'elles
en aient plus que de hauteur. Le grès gris n'offre que très-peu
de ces bancs, et on ne les distingue qu'aux endroits où il est
posé près du schiste ; alors son grain est fin ou peu compact (2).
A l'égard du faux porphyre, et du porphyrello, il est rare qu'on en
trouve un banc marqué dans un certain espace ; plusieurs montagnes calcaires n'en montrent aucun (3). Il est même des contrées
où le gneiss se présente en une seule masse, comme un bloc de
fer coulé sans séparation ni banc, sur des espaces considérables.

Mais il ne faut pas négliger d'observer les divisions des masses
de rochers ; car on les trouve en différentes contrées de montagnes, dans plusieurs espèces de pierres : elles servent à faire
mieux connoître le tout dans la multitude de ses variétés ; et à
exploiter le rocher avec plus d'avantage, dans les travaux des
mines.

La position des bancs de rochers, ou l'angle de leur séparation
avec la ligne horizontale ou perpendiculaire est très-variée. Souvent ces séparations sont absolument horizontales ; elles varient

---

(1). Voyez la figure du frontispice.
(2) Planche I , n°. 2.
(3) Voyez la figure du frontispice , et la planche I , n°. 1.

dans

dans plusieurs contrées, en formant mille sortes d'angles différens : elles deviennent aussi parfaitement perpendiculaires, et l'on dit dans ce cas, *que le rocher est posé sur sa tête.* Souvent elles ont une position parallèle à la pente extérieure de la montagne, et suivent ses contours ; souvent aussi elles ont une direction toute opposée : dans plusieurs districts étendus, elles paroissent conserver une seule et même direction, tandis qu'en d'autres contrées elles changent leur direction dans chaque montagne, et souvent dans la même montagne elles ne la conservent pas, même à de très-petites distances. Quelque infinie que soit la nature dans ses variétés, elle ne nous offre cependant jamais une liaison rectangulaire à une grande distance dans l'intérieur des montagnes : à la position horizontale succède tout de suite un angle aigu, et immédiatement après, la ligne perpendiculaire. Partout la déclinaison ne se fait que peu-à-peu, et par des courbures dont les points initiaux sont difficiles à déterminer dans les rochers découverts : il se trouve bien parfois quelque chose de semblable à ce qu'on vient de décrire ; mais je n'ai rien vu dans des montagnes entières, qui pût être comparé aux rectangles et aux angles tranchans que les hommes forment en entassant leurs pierres de taille. Ici je ne puis m'empêcher de témoigner encore les regrets que j'ai manifestés au commencement de cette lettre ; il est difficile à cet égard de donner des observations justes, et d'établir par conséquent une règle sur des principes certains : on peut seulement assurer que jamais la masse des rochers d'aucune montagne, n'est parfaitement entière. Ou tout y est réellement en pièces, assez régulières dans plusieurs masses, fort irrégulières dans d'autres ; ou cette masse est séparée çà et là par des fentes qui ne s'entrecoupent pas et ne se touchent pas toujours ; ou enfin la continuité de ces masses est du moins interrompue par des cavités plus ou moins grandes, qui, au premier aspect, s'étendent plus ou moins loin, dans une grande irrégularité.

Reposez-vous un peu, Monsieur, après cette longue dissertation

E

sur les séparations, les fentes, les crevasses à couches et tout ce qui s'ensuit : je desirerois que vous pussiez vous délasser, en parcourant le tableau que je vais vous tracer des objets intérieurs des montagnes, rangés par classes. Ils doivent vous intéresser, ces objets, vous qui le premier m'avez appris à les connoître. Je me suis attaché à donner une forme nouvelle et suivie, à la classification que je vous présente. La nature a été mon guide : je ne me flatte pas d'avoir pu la suivre par-tout ; mais du moins je vous dirai dans quel ordre se trouvent placées ses productions intérieures. Je tâcherai d'établir en ce genre de connoissances, je ne dis pas un système, mais une méthode d'interprétation. Je pense, Monsieur, que des recherches plus approfondies, et sur-tout vos remarques, pourront beaucoup avancer la perfection de cette méthode devenue nécessaire.

J'ai nommé *fissures de la pierre* les divisions de rocher dont j'ai décrit jusqu'à présent les variétés, telles que les crevasses et les séparations de couches ; et je suis d'autant plus porté à faire cette distinction, que cette expression paroît très-propre à désigner ce qui n'est qu'une simple division d'un tout en ses parties, quand on ne considère pas l'intervalle entre les parties de ce tout divisé. Mais nous trouvons dans les rochers qui forment les montagnes, des séparations ou fentes qui nous présentent aussi un intervalle entre les parties désunies ; et cet intervalle est quelquefois entièrement plein. Les séparations de cette espèce, considérées par rapport à celles qui ont déja été décrites, prennent à la vérité une direction particulière, mais de manière qu'elles se prolongent tantôt et communément avec les crevasses, et tantôt avec les fissures de séparations de bancs ; elles engloutissent l'une ou l'autre de ces dernières, ou toutes les deux ensemble, tant qu'elles se trouvent dans leur direction ; ou plutôt elles forment avec plusieurs de ces crevasses une espèce de chaîne, et leur donnent une plus grande étendue qu'elles n'auroient eu chacune séparément. Ces séparations ou fentes se prolongent à travers le rocher, en faisant de petits contours et des détours, et néanmoins suivant une direction principale qui leur est propre. Il nous reste toujours la difficulté de déterminer précisément où elles commencent et où elles finissent, à quelle longueur elles s'étendent exactement, sur-tout si nous admettons que la ligne de leur direction principale soit une ligne droite à la rigueur. Elles se réunissent dans le rocher sous la forme de séparations peu considérables ; et après s'être cependant prolongées à plusieurs lieues, elles se perdent de même. Si l'on embrasse d'un coup-d'œil une étendue de montagnes entières, et que l'on suive les courbures de ces fentes et leurs sinuosités par des lignes parallèles brisées, ou seulement courbées ; on voit qu'elles s'enchaînent l'une à l'autre comme les fissures qui séparent et traversent les bancs, et qu'elles occupent de cette manière de vastes montagnes (1), en quoi elles ont toujours le plus de ressemblance avec le cours des rivières.

L'espace qui se trouve entre les rochers séparés, cet espace qui provient de leur interruption de continuité, n'est jamais égal à lui-même dans son étendue : tantôt il est plus ou moins grand à de petites distances, et ses deux parois s'étendent très-rarement sans inégalités dans une ligne rigoureusement droite (2). Jamais il ne se trouve de fentes de cette nature, isolées dans les masses de rochers des montagnes ; on en rencontre toujours plusieurs (3) où il s'en est déja trouvé, quelquefois dans une sorte de parallèle et à côté les unes des autres à de petites distances, mais jamais

----

(1) La Planche V en offre une exemple très-instructif.
(2) Voyez les fig. des Pl. II, III, IV, n°s. 1, 2 et 3.
(3) C'est cette réunion de plusieurs filons dans une même montagne, et dans une même contrée, qui rend plus facile l'exploitation des mines, et devient un moyen puissant d'instruction pour cette exploitation. Les circonstances, les accidens qu'il a observés dans une montagne, le mineur studieux les prévoit, les attend pour ainsi dire en travaillant les filons voisins. Cette étude locale est supérieure à toutes les théories. Une contrée où l'on a rencontré des coureurs de gazon, doit rendre le mineur circonspect : un canton où les filons se soutiennent, lui permet de se livrer davantage. Une gangue stérile dans une montagne est productive dans une autre. L'observation empêchera le mineur de la poursuivre dans le premier cas, et il se permettra de hasarder des travaux dans le second, quoique la gangue paroisse stérile au jour. Je ne finirois pas, si je voulois citer tous les avantages des observations locales. (N. de M. le B. de D.)

dans une parallèle rigoureuse, de manière qu'elles se touchent souvent et qu'elles s'éloignent de nouveau. Dans le premier cas, elles agrandissent l'espace entre les masses séparées du rocher; elles le diminuent dans le second. Le mineur a donné à ces fentes le nom de *filons* : et lorsque l'espace qui est entre les parties séparées du rocher n'est pas proportionné dans sa longueur (ce que le mineur appelle *puissance* ou *épaisseur*), et ne s'étend pas au loin, il le nomme simplement *crevasse de filon*; et *filons principaux* ou *étendues principales de filons*, lorsque cet espace augmente, lorsque plusieurs de ces fentes s'étendent au loin à côté les unes des autres et ensemble, sur-tout dans la longueur et la profondeur des montagnes. Il les nomme *nids*, *rognons*, *mines en masses*, suivant le rapport de leur largeur à leur longueur, lorsqu'il y a beaucoup moins de longueur et plus de largeur que dans le rapport de celles de ces fissures auxquelles il a adapté le nom de *filons* et de *crevasses de filons*.

Je ne fais point ici de classes particulières des séparations ou fentes qui, occupant également un intervalle de la totalité de la masse divisée, s'étendent dans leur direction, à des distances de peu de longueur, et quelquefois aussi à de très-considérables, entre les masses des rochers. Il y a de même des crevasses de filons qui, quoique dans un intervalle souvent très-grand, ne s'étendent cependant pas fort loin, et ne se trouvent pour la plupart que près de la superficie des montagnes, c'est pour cette raison que Délius les a nommés *coureurs de gazon* (1). Ces deux espèces de fentes sont presque toujours dans le voisinage des filons, avec lesquels elles s'unissent souvent. Souvent aussi elles

---

(1) J'ai vu de ces coureurs de gazon présenter au jour le plus bel espoir et tous les caractères de filons bien réglés; j'en ai rencontré qui avoient quatre pieds et même une toise d'épaisseur, des lisières et des épontes bien marquées, une gangue qui promettoit, un toit et un mur bien décidés : je les ai vus disparoître, se terminer en forme de coins au bout de deux, trois et quatre toises; des affleuremens très-riches sont même assez souvent une indication du peu de continuité d'un gîte de minérai. Les Pyrénées en général, les environs de Baigorry, la basse Navarre, ne fournissent que trop d'exemples de ces filons trompeurs. (N. de M. le B. de D.)

poursuivent

poursuivent leur route avec eux dans la même direction, et font par conséquent ici partie des filons, s'il m'est permis de m'expliquer ainsi. Mais si l'on ne veut pas avoir égard à cela, on peut néanmoins les ranger dans la classe des filons, et des crevasses de filons, parceque, si l'on en excepte leur courte durée, ou la petitesse de l'angle que leur position forme avec la ligne horizontale, elles en ont d'ailleurs toutes les propriétés. Le mineur distingue ceux de ces filons qui sont peu inclinés à l'horizon, par l'épithète très-propre de *filons planans*.

Il est rare que les espaces entre les masses de rochers séparées se trouvent entièrement vides, et plus rare encore qu'ils soient dans une longueur et une largeur considérable; j'en excepte cependant ce qu'on nomme dans les montagnes stratifiées (1), *les grottes calcaires* que je consens à appeler, si on le veut, *masses vides*. Ces espaces entièrement vides que le mineur appelle alors *druses* ou *trous de druses* (2), lorsqu'ils se présentent de la grandeur d'un empan, d'un pied ou tout au plus d'une toise, sont déja enchassés par les corps dont on trouve que le tout est rempli; ou bien ils sont comblés, en quelques endroits seulement, des corps de remplissage. Ceux-ci, en quelques endroits aussi, adhérent fortement, tantôt à l'un, tantôt à l'autre des côtés de l'espace vide, sans toucher le côté opposé : quelquefois ils y sont tout-à-fait détachés en grands ou petits morceaux, dont quelques-uns sont réunis entr'eux, ou adhérens par très-peu de points seulement aux parois du rocher qui environne le trou caverneux. Aux côtés où les corps de remplissage tournés vers l'espace vide sont pour la plupart cristallisés, ils représen-

---

(1) Ces grottes ne sont pas particulières aux montagnes calcaires à couches stratifiées, ou de seconde formation; il y en a dans celles de ces montagnes qui se trouvent parmi les montagnes considérées comme primordiales. Dans le comté de Foix, par exemple, je ne crois pas que les montagnes calcaires de Bedeilhac et de Combrives, où se trouvent renfermées de vastes grottes, soient d'une formation postérieure aux montagnes de granit qui les avoisinent. (N. de M. le B. de D.)

(2) Le mineur François, celui au moins de toute la France méridionale, nomme *craque* ce qu'en Allemand on appelle *druse ;* en Dauphiné on les nomme *poches*. (Note du même.)

F

tent des cristaux réguliers d'une variété infinie ; ou ils sont au moins crénelés et dentelés, quoique sans forme régulière. De même les corps de remplissage non adhérens dans cet espace vide, sont souvent cristallisés dans tout leur pourtour. Ils forment des cristaux réguliers ; souvent ils ne sont finis que d'un côté, tandis que l'autre est encore brut, hérissé, mais sans aucunes figures régulières ; et la plupart du temps, des parties de cristaux, et des cristaux isolés des matières de remplissage, de nature très-différente, s'y trouvent, chacun avec l'espèce de cristallisation qui lui est propre.

Ces corps, que nous rencontrons dans les espaces entre les parties de rocher séparées, dans les filons et les crevasses de filons, dans les nids, les rognons et les mines à masses, diffèrent beaucoup, ou toujours en quelques points, de l'espèce des pierres dont sont formées les masses entières des montagnes, sur-tout dans l'éloignement de ces différens gîtes de minérai. C'est justement cette différence qui a fait donner le nom de *gangues* aux corps qui ne se trouvent que dans les intervalles des séparations de rochers, et celui de *rochers* (1) aux pierres qui composent le reste des montagnes. Pour mieux distinguer le *rocher*, on peut appeler *rocher des parois*, ou *rocher latéral* ce qui est le plus près des filons, et qui s'y trouve souvent entrelacé, et *rocher transversal*, ce qui en est le plus éloigné : car ces deux espèces de corps, c'est-à-dire, les rochers et les gangues s'entremêlent quelquefois si imperceptiblement, qu'en en mettant des échantillons à côté les uns des autres sur la même ligne, on trouve une ressemblance indicative de leur voisinage mutuel. Cette ressemblance empêche de déterminer positivement une ligne de démarcation qui décide le point où l'un commence, où l'autre cesse. Tel un trait d'encre de la chine, en lavant les ombres les plus obscures, s'adoucit au point de se fondre dans la partie la plus éclairée. A l'endroit

______

(1) Le mineur François ne connoît d'autre expression que celle de *rocher*, pour désigner le mot allemand *gebirgart*. (N. de M. le B. de D.)

même où ces deux corps, la gangue et la roche stérile des parois,
portent des caractères très-distincts, ils conservent très-souvent la
trace de l'espèce voisine adhérente à leurs parois extérieures (1).
On peut observer tout ceci dans les filons mêmes, lorsqu'ils sont
encore unis à la masse entière de la montagne ; on peut suppléer
à cette observation, en rappelant dans sa mémoire, ou en ran-
geant sur une même ligne, ce qu'on a successivement trouvé dans
l'un ou l'autre endroit d'un filon. Par cette méthode nous trouvons une suite de ressemblance, qui nous induit beaucoup à ne
considérer la gangue que comme une transformation du rocher.

Souvent une crevasse de filon, ou un filon, n'est rempli que
d'une espèce de rocher décomposé, d'une terre glaise bleue,
dans les montagnes de schiste argileux, et dans les montagnes
de gneiss ; mais dans ces dernières la glaise est d'un gris plus
cendré, tirant sur le jaune pâle blanchâtre, et elle y est mêlée,
sans aucune adhérence, de mica et de grains de quartz, qui sont
les autres parties constituantes du gneiss. Dans les montagnes de
granit, la glaise qui remplit quelquefois les crevasses de filons et
les filons, est presque toute blanche, souvent rouge, aussi mêlée
de grains de quartz, et renferme encore des traces de mica : on
trouve souvent très-distinctement le passage du grès gris, du
gneiss et du granit, au quartz : ce quartz semble s'être séparé de
tout le mélange de ces espèces de rochers, et s'être rassemblé
dans les filons où il est réuni en un corps particulier. L'argile
durcie que nous trouvons si souvent aglutinée dans les filons,
avec des traces de mica, lorsque le mélange de la roche stérile
en contient, doit tenir le milieu entre les gangues et les rochers décomposés, les quartz plus solides et les spaths de toute
espèce et de toute sorte de mélanges. Souvent ces gangues
solides, sur-tout les spaths, ont encore si peu de cohérence,
qu'on peut aisément les briser entre les doigts : ils sont accolés
en filets minces, à l'argile, qui n'est effectivement que le produit

____

(1) Voyez la planche III.

de la décomposition de toute la substance du rocher devenu friable, et dont la couleur est changée. Les gangues enchassent l'argile sous une forme solide, ou ne la touchent que d'un côté. Le lieu où l'on peut le mieux faire des observations de cette nature, est celui où plusieurs filons ou crevasses de filons se prolongent à peu de distance l'un de l'autre dans les montagnes, et se rassemblent enfin en un point. Dans ce cas, on trouve renfermés entre les crevasses de filons, et les filons, des coins de rochers enveloppés d'espèces de gangues qui ont encore une ressemblance avec le rocher, et qui ne sont même autre chose que lui, à en juger par toutes leurs parties constituantes; néanmoins ils sont très-changés par rapport à la couleur, à l'adhérence et à la proportion des parties du mélange, lorsque ce rocher est une roche composée. Quand de pareils filons et crevasses de filons qui se sont rejoints, occupent un grand espace, ou, pour me servir de l'expression du mineur, quand ils sont puissans, on y rencontre plusieurs grands et petits morceaux du rocher comme éboulés, qui paroissent aussi à l'œil avoir subi quelque altération, quoiqu'ils conservent encore beaucoup de ressemblance avec la roche transversale. Plusieurs morceaux de ce rocher sont aussi pénétrés de filets de gangue fort différens, qui s'y dispersent et s'y confondent. En vain chercheroit-on ici dans la nature une uniformité parfaite; les variétés que l'on rencontre de point en point sont infinies. C'est parmi les gangues qu'on trouve ces corps importans du règne minéral, que le mineur cherche avec tant d'ardeur, c'est-à-dire, les minérais des métaux, des demi-métaux et des substances inflammables, et quelques-uns même des métaux déja dans leur forme métallique parfaite. Ces substances se trouvent cristallisées entre les gangues par-tout où elles sont caverneuses : elles adhèrent aux gangues qui les enveloppent sans se mêler avec elles. Des lignes de minérai pur traversent le milieu des gangues, se perdent sur leurs côtés, y sont simplement enchâssées dans de certaines parties intimement mêlées avec la gangue. Souvent ces minérais ne sont que superficiels à la

gangue,

gangue, en feuilles très-minces, et quelquefois sous la forme de la poussière la plus fine, et comme la couleur très-atténuée d'un trait léger de pinceau. On les voit ainsi sur les spaths, les quartz, les roches de corne et les autres gangues, que le mineur nomme *gangues stériles*. On trouve même ces minérais et ces métaux sur ou près du rocher, lorsque celui-ci est renfermé par de petites veines de gangues. Quelquefois le minéral est dans le rocher en grains si fins, que l'œil peut à peine les découvrir. On voit par fois les rayures du minérai pur, former une section assez distincte d'avec la gangue qui enchâsse leurs parois, que le mineur appelle dans ce cas *lisière*. Cette gangue se perd insensiblement dans le rocher, où elle est même distincte par une section assez sensible, de manière cependant qu'elle y est encore adhérente.

En plusieurs autres cas, la gangue qu'on trouve auprès du minérai est séparée du rocher auquel elle est adossée ; et quelquefois aussi une glaise occupe un intervalle très-mince entre la gangue et le rocher. Souvent le mélange du minérai, de la gangue et du rocher est si confus, qu'on ne peut reconnoître leur ligne de démarcation. Souvent aussi ce mélange remplissant le filon, ces matières ont entre elles des limites distinctes. Il est moins commun de trouver les minéraux purs occuper, sans mélange de pierres stériles, toute l'épaisseur du filon, et être accolés immédiatement au rocher, par des surfaces très-lisses et souvent aussi brillantes qu'un miroir (1). Une raie étroite de glaise fait fréquemment séparation entre le minérai placé dans des gangues solides et le rocher ; souvent aussi ce minérai est légérement disséminé dans une raie d'argile, qui est appuyée contre une bande de quartz, de spath, ou de toute autre gangue solide ; et dans cette gangue solide, le minérai n'est placé que superficiellement, soit entre les

---

(1) Quelquefois deux surfaces lisses de minéral sont infiniment serrées l'une contre l'autre. Les mines de plomb de Derbyshire en fournissent un exemple. Le mineur, au moment où il les sépare avec ses outils, occasionne par leur écartement une explosion, qui y a fait donner à la galène de cette espèce, nommée *galène spéculaire*, le nom de *krakleore*. Au Ramelsberg il y a de la pyrite martiale de la même nature. (N. de M. le B. de D.)

feuilles de spath, soit dans les gerçures du quartz, ou même il n'y a point du tout de minérai. La série des variétés est infinie ; ce seroit faire une vaine tentative que d'entreprendre la description des principales d'entre elles. On remarque généralement par-tout, que rien n'est en ligne rigoureusement droite (1), et on ne trouve même que rarementt des lignes droites festonnées, s'il m'est permis d'employer cette expression. On rencontre autant de festons aigus et fortement repliés, autant de sinuosités plus douces, autant de détours et même de cercles, qu'il y a de différences entre ces objets : la plupart serpentent avec des ondulations, de la même manière que nous voyons les stalactites calcaires, ou le sable fin déposé par les flots en forme d'ondulations, dans les lits des ruisseaux ou des rivières où l'eau est peu rapide, où le courant est un peu rallenti par quelque obstacle. On voit de toute part très-abondamment des tranches arrangées à côté les unes des autres, suivant l'inclinaison des filons d'une seule ou de plusieurs espèces de gangues, comme de quartz, de spath fusible, de chalcédoine, de spath calcaire, de jaspe, ect, et de minérai : des bandes d'une ligne, d'un pouce et plus d'épaisseur, qui ont des lignes de démarcation sensibles entre elles, toujours ondulantes, suivant toujours par des courbures la direction principale. Ces tranches, dans la variété de leurs couleurs, sont souvent aussi belles que les fleurs les plus éclatantes de nos jardins. A la première inspection de ces rochers et de ces minérais si différens, entassés les uns sur les autres dans les filons, on est frappé de la vérité de cette remarque, que nulle part la pesanteur spécifique de ces corps n'a eu la moindre influence sur la position et sur la place de leurs tranches ; du moins je ne l'ai vu dans aucun endroit. Les rayures de ces corps (2) sont pour la

---

(1) Excepté le filon de plomb du Pontpeau, qui se soutient en ligne rigoureusement droite, sur une étendue de plus d'une lieue, sans qu'on en ait atteint la fin. Ce filon, communément très-mince, donne de distance en distance des massifs de minérai, dont le produit paie les frais d'un long travail, presque stérile sur le petit cordon qui sert de guide. (N. de M. le B. de D.)

(2) Planche IV, n°. 3. Planche II.

plupart disposées suivant l'inclinaison du filon, quoiqu'elles ne
lui soient pas rigoureusement parallèles : elles vont quelquefois
en serpentant, touchant tantôt le toit, tantôt le mur ; quelquefois
elles sont en arcs de différente grandeur, mais jamais elles ne
font d'angle droit avec l'inclinaison du filon ; ou lorsque la position de ce filon est perpendiculaire, elles ne sont jamais horizontalement entassées, du point profond jusqu'au point le plus élevé.

L'observation la plus importante que l'on puisse faire sur les
gangues, est que les minérais, de quelque nature qu'ils soient,
même les grandes masses de spath, de quartz et d'autres gangues
communes ou stériles, ne se trouvent abondamment que lorsque
plusieurs filons ou crevasses de filons se réunissent (1) ; mais
qu'on n'en trouve point du tout, ou seulement en petite quantité,
et très-rarement, à une distance considérable de ces points (2).
Je parle ici en général, et je n'avance rien que d'après les expériences que j'ai été à portée de faire moi-même, ou d'après celles
que j'ai trouvées dans des auteurs dignes de foi. Il est vrai
qu'on ne se représente pas toujours les filons tels qu'ils sont
réellement dans la nature ; et alors il arrive qu'on n'en trouve
point où il y en a effectivement, ou qu'on ne sait pas en trouver
plusieurs dans les endroits où l'on ne peut nier qu'il en existe un.
On ne s'apperçoit pas toujours du point de la réunion de plusieurs
filons, ou du point où ils se croisent : dans ce cas, il faut pour
s'en convaincre, chercher les filons au-dehors de ces points de
réunion. Cependant plusieurs points, même la plupart, font voir
distinctement comment des filons s'approchent les uns des autres,
comment ils suivent la même route, et comment ils se traversent

---

(1) Quel exemple plus frappant pourrois-je donner au mineur François de la réalité de
ce principe, que l'enrichissement prodigieux produit à Baigorry en Basse-Navarre, par la
réunion des filons des Rois, de Sainte-Marie et de Berg-op-zoom? (Voyez ma Description
des gîtes de minérai des Pyrénées et les anciens minéralogistes, tome 2, page 609.) (N. de
M. le B. de D.)

(2) Voyez sur ce chapitre le mémoire que M. de la Chabeaussière, ingénieur des mines
de Baigorry, a fait insérer dans le journal de Physique, tome 24, page 421 à 427. (N. de
M. le B. de D.)

réciproquement : ils produisent alors, dans ces points communs, des changemens qui peuvent servir à faire connoître, que plusieurs filons sont réunis dans des contrées où il n'y a pas de marques distinctes de jonction. Ces caractères sont, 1°. de grandes masses de gangues de quartz, de spath, de roche de corne, etc. 2°. plusieurs petites veines ou crevasses de filons, dont est formé le filon principal ; une plus grande épaisseur de ce filon ; plusieurs désordres dans la roche latérale ; en général plus de variété dans son tissu, son mélange et ses couleurs, qu'il n'y en a dans les points où ne se rencontrent pas plusieurs filons rassemblés. Les filons ne demeurent jamais, au point de leur réunion, dans la ligne de continuité qu'ils ont au-dehors de ces points, tant dans leur longueur que dans leur profondeur ; d'où l'on peut présumer que plusieurs se sont rassemblés, quand même on n'en auroit point d'autres preuves visibles ; car souvent l'un ou l'autre des filons réunis ne se trouve plus à l'un ou à l'autre point final de la ligne commune.

Le minérai n'est pas toujours directement et uniquement au centre de la réunion des filons, ou de la ligne commune qu'ils forment réunis ; mais il est toujours très-près de ces points de réunion sur l'un ou sur l'autre de ces filons qui se réunissent, ou du moins jusqu'au point de réunion, quand même ils ne se trouvent pas dans ce point. Les minérais, quand ils sont directement sur les points de réunion de plusieurs filons, paroissent communément être enveloppés par les gangues stériles de quartz, de spath, etc. souvent dans une assez grande étendue ; d'abord dispersés entre la roche stérile, décomposée (1) dans les filons,

---

(1) On a observé, principalement dans la mine de Wenceslaws, près de Wittichem, dans la principauté de Furstemberg, que le rocher latéral, qui est du granit rose, devient comme ailleurs à l'approche des filons, infiniment moins rude et plus fin, et qu'aux endroits où il y de la galène et des minérais peu riches, le mica, l'une des parties constituantes de ce granit, se voit encore, quoiqu'en très-petite quantité, dans ce rocher latéral ; mais que ce petit nombre de particules de mica a été entièrement décomposé, et disparoît totalement de ce rocher, aux parties de ce filon où il y a de la mine d'argent, et particulièrement de l'argent natif. (N. de M. le B. de D.)

ensuite

ensuite plus réunis. Dans ces points il y a de petites parties de minérai qui sont d'abord plus éloignées les unes des autres ; puis elles se rapprochent et deviennent plus grandes jusqu'aux points les plus riches ; et il n'est pas rare de trouver placés de cette manière, les minérais des matières combustibles et des demi-métaux dispersés dans les gangues autour des minérais des métaux, et mêlés avec eux dans les points les plus riches de ces derniers. Si les minérais sont placés au-dehors des points de réunion de divers filons, ils en sont pour la plupart très-voisins, et le plus riche minérai s'y trouve accumulé et se perd peu-à-peu en s'en éloignant davantage : à cet éloignement les filons sont rarement remplis d'autre chose que de roche stérile décomposée, ou simplement de glaise pénétrante, de parties isolées de spath, de quartz, ou d'autres gangues stériles ; et ils sont communément alors très-étroits. Une vérité que je ne dois pas cacher, quelque désagréable qu'elle soit au mineur, c'est que les points de minérai, qui sont dans la ligne commune de plusieurs filons, deviennent alternativement pauvres et riches. Quand, dans un espace de dix à vingt toises de profondeur perpendiculaire, le produit a été abondant, il diminue peu-à-peu, et souvent à la trentième toise, on ne voit plus aucune trace du trésor qui étoit plus haut ; mais en avançant, il se rétablit quelquefois peu-à-peu dans son état précédent ; il faut s'attendre alors à le voir diminuer de nouveau (1).

Je suis, etc.

---

(1) L'enrichissement de la mine de Baygorry et son appauvrissement, offrent encore un exemple frappant de ce que nous dit ici M. de Trebra. (N. de M. le B. de D.)

H

LETTRE TROISIÈME.

Sur la circulation des Fluides dans les Montagnes.

J'AI vu les eaux pénétrer les parties les plus intérieures des montagnes ; je les ai vues circuler dans la masse des rochers : elles ont tant de fois arrêté mes pas, elles m'ont opposé tant d'obstacles, qu'il a bien fallu, malgré moi, que je les observasse (1). Souvent elles ont pénétré de part en part mon habit de mineur ; souvent j'ai épuisé toutes les ressources de mon art, pour les repousser loin des travaux qu'elles inondoient. N'ont-elles pas plus de part qu'on ne le croit ordinairement, aux changemens qu'on remarque dans les montagnes ? Adopterai-je l'opinion de ceux qui attribuent au feu, comme cause unique et générale, les effets que j'ai vu produits par les eaux d'une manière aussi sensible, et si fréquemment ? Seroit-il raisonnable d'abandonner une cause présente, pour recourir à une cause cachée, sous le vain prétexte que celle-ci peut produire les mêmes effets, et en produit réellement de semblables en d'autres montagnes, mais dans des cas tout différens ? N'est-il pas plus sage d'établir, entre ces deux systèmes opposés, un système, pour ainsi dire *médiateur*, qui les rapproche et les concilie ? On verra, dans cette lettre, comment nous considérons *le feu* et *l'eau*, ces deux puissans agens de la nature ; et comment nous devons les reconnoître tous deux combinés dans différens degrés.

Tout est humide dans les rochers ; l'eau qui pénètre leurs

---

(1) Si l'écoulement des eaux des mines n'est pas sans cesse facilité, si les travaux sont interrompus, les eaux s'y accumulent, et bientôt elles en rendent l'accès impossible, ou du moins très-difficile. Combien de dégoûts de ce genre n'éprouvons-nous pas ? Nous nous transportons aux minières, nous n'épargnons ni soins ni peine pour y arriver, nous avançons dans la vase et dans l'eau jusqu'à mi-jambe ; un puits plein d'eau se rencontre au sol de notre route, et nous empêche de poursuivre ! il faut revenir sur nos pas, avec le vain regret de la perte du temps.

parties les plus intérieures ne se montre pas toujours en gouttes,
et cependant l'humidité se fait sentir de toutes parts. Elle s'y fait
sentir aux plus grandes profondeurs, même après que, par des
ouvertures horizontales (ou conduits souterrains) pratiquées de
la vallée dans la montagne, l'écoulement des eaux a été facilité;
même après que, pour leur épuisement, les machines nécessaires
ont été établies. On peut sur le champ s'en convaincre, en visitant
seulement une fois l'intérieur d'une montagne avec le mineur; et
même on ne taille point dans un rocher de cave, si peu étendue
qu'elle soit, qui n'en fournisse la preuve. A quelque profondeur
qu'on ait pu atteindre jusqu'ici, on n'a rien trouvé qui contredise
cette observation. De quelque côté qu'on se tourne dans l'intérieur des montagnes, il ne faut que toucher la pierre du doigt,
en casser chaque morceau détaché aussi menu que l'on veut, la
preuve de l'humidité s'y fera toujours voir et sentir. Dans les
endroits même où la masse de rochers est solide, sans fente, si
compacte et si dure, que la main la plus exercée et la plus vigou-
reuse n'en sauroit, avec le meilleur acier, détacher que de très-
petits morceaux; dans les endroits, dis-je, où, à force de frapper
sur les outils, on réduit à peine quelques parties de la masse en
une poussière fine et nuisible, il existe toujours de l'humidité; si
bien que la poussière qui vole de toute part pendant le travail,
se colle successivement à la surface de la masse de rocher dont
elle vient d'être détachée (1). Pour peu que l'on suspende le
travail, cette poussière en couvre tellement les parois, au moyen
d'une plus grande affluence de l'eau dont toute la masse étoit
imprégnée, que souvent on n'apperçoit plus les traces que l'outil
avoit laissées dans le rocher. On est bientôt convaincu de la vérité

––––––––––––––––––

(1) M. Schreiber observe que l'air, qui pénètre jusques dans les mines les plus profondes,
se combine avec une portion considérable d'eau, sur-tout lorsqu'il est chaud; l'eau peut, d'après
les observations de M. de Saussure, se charger de vingt gros d'air par pied cube. Cet air, en se
refroidissant, ou en touchant des corps plus froids que lui, laisse échapper une partie de son
eau sous la forme d'une rosée, qui, si elle rencontre la poussière de rocher dont l'auteur parle
ici, peut former avec elle une sorte de bouillie ou de vase; et M. Schreiber pense que c'est
ici le cas. *

de ce que je viens de dire, quand on cherche à examiner attentivement la couleur, le mélange des parties constituantes, le tissu,
la structure du rocher, dans le lieu même où il se forme. Il est
difficile de prononcer d'une manière satisfaisante sur ces objets,
à leur première inspection. On est obligé de faire de nouvelles
cassures, en détachant plusieurs morceaux de rochers ; encore
faut-il se contenter de travailler sur un petit espace à la fois : car
on n'avanceroit point de la largeur d'un demi-pied, sans que la
plus grande partie se recouvrît aussitôt d'une nouvelle croûte de
poussière. Aussi est-il très-difficile de dessiner sur le papier, de
pareilles observations. On ne peut voir que peu-à-peu, et en très-
petites parties, tout ce qu'on veut dessiner, et il faut se représenter l'objet tel qu'il seroit, si on pouvoit l'embrasser d'un coup-
d'œil et le dessiner de même.

Cette croûte, que les eaux forment si subitement sur le rocher,
est sur-tout incommode (1) dans les montagnes qui renferment
les minérais des métaux précieux, parce que ces métaux ne s'y
trouvent que rarement en grandes masses, et le plus souvent en
filons d'un pouce, et même d'une ligne d'épaisseur, qui s'étendent
comme des cordons très-fins entre les masses des rochers. Il ne
faut pas négliger dans cette circonstance les fentes les plus déliées
du rocher ; elles ne produisent rien par elles-mêmes ; mais elles
conduisent fréquemment aux meilleurs minérais. Il m'est souvent
arrivé de découvrir, avec peu de travail, les meilleurs minérais,
en suivant des crevasses presque imperceptibles, que le mineur
qui les avoit traversées, avoit à peine remarquées, et qu'on
appercevoit par hasard en revenant sur ses pas, lorsque le travail
par lequel on les avoit coupées étoit déja poussé à un grand
nombre de toises au-delà. J'ai tiré bon parti de plusieurs événe-

---

(1) Je puis aussi attester l'incommodité de ces dépôts sur les parois des travaux, moi qui
par état suis principalement occupé à visiter d'anciens travaux ; à connoître les motifs qui les
ont fait abandonner ; à rechercher des traces du filon dans leur toit, ou dans leur mur, à leur
tête, à leur sommet ou à leur sol. Par-tout je trouve la nature masquée de cet enduit qui
la défigure, et qui m'arrête. *

mens

mens de cette nature dans le district de Marienberg, situé dans le
cercle de l'Ertzgeburg des montagnes à mines en Saxe.

Un rocher qui n'est imprégné que de cette quantité d'eau qui
donne lieu à l'humidité que je viens de décrire, auquel le mineur
donne encore le nom de *rocher sec*, ne se rencontre que dans
le plus petit nombre de ses ateliers, par exemple dans les
rochers transversaux éloignés des filons, totalement dépourvus
de fentes, de séparations, de crevasses et de filons ; ou dans les
parties où les filons sont très-étroits, où les matières qu'ils renferment ne font qu'une seule et même masse avec le rocher, sans
aucune trace de séparation. Enfin les comparaisons que j'ai faites
de l'extérieur des montagnes avec leur intérieur, dans les routes
que se fraie le mineur, m'ont prouvé que le degré d'humidité
dont il est ici question, a lieu seulement dans les parties élevées
des montagnes. Les parties situées dans les vallées, ou près
d'elles, en sont toujours exemptes.

L'affluence des eaux est plus considérable dans la plupart des
points de ces passages du mineur dans l'intérieur des masses de
rochers : il se forme à leur surface des gouttes, petites quand les
eaux ne font que suinter, plus grosses lorsque leur quantité
augmentant la poussée, les réunit ; dans ce dernier cas, elles
s'écoulent comme si elles sortoient d'une éponge surchargée d'eau.
L'eau se trouve en quantité plus ou moins grande, même dans
les masses de pierres qui n'ont aucune espèce de fentes : j'en ai
rencontré dans toutes les espèces de masses de rochers que j'ai
été à portée de parcourir ; soit que ces masses fussent formées de
couches petites ou grandes, minces ou épaisses, distribuées avec
régularité, entassées les unes sur les autres, ou placées à côté les
unes des autres ; soit qu'elles fussent compactes, sans aucunes
fissures qui aboutissent l'une à l'autre ; soit qu'elles fussent formées
de roches composées ou simples, de couches uniformes, ou d'une
nature différente.

C'est sur-tout aux diverses séparations des masses de rochers,
décrites et classifiées avec détail dans ma seconde lettre,

I

que les eaux se réunissent ; c'est là qu'on les voit en gouttes
qui se chassent successivement , ou qui ruissèlent en torrens ,
et souvent même jaillissent avec plus de force , et se préci-
pitent à grands flots à travers les rochers , suivant l'espace
que leurs parties plus ou moins séparées laissent entre eux , et
qu'un plus grand nombre de séparations se rencontrent dans un
même point , et suivant leur affluence et leur pression. Toutes
ces variétés se font remarquer dans les passages par lesquels on
suit l'exploitation des mines. C'est sur-tout dans le temps des
grandes pluies ou de la fonte des neiges , c'est principalement
dans les vallées et aux pieds des montagnes , près de la superficie
de la terre , que les eaux sont abondantes dans son intérieur ;
accumulées à l'extérieur des montagnes , elles pénetrent au dedans
par la force de la pression. Dans les observations que j'ai souvent
faites sur cet objet , je me suis toujours convaincu que les eaux
des fonds provenoient des points supérieurs , et non dans le sens
inverse. L'action violente des eaux , qui paroissoient faire effort
du bas en haut , comme dans les fontaines , auroit pu me tromper
d'abord ; mais un examen plus scrupuleux , m'a fait connoître que
cet effort provenoit , de la pression d'un point très-voisin et plus
élevé. Une expérience uniforme et constante m'a convaincu que
les eaux ne pénétroient pas dans les montagnes , dans les premiers instans d'une inondation causée par de grosses pluies ou
par une fonte de neiges considérable ; mais qu'elles y paroissoient
seulement quelques jours après ; d'abord dans les parties supérieures des travaux , et peu-à-peu dans la profondeur : preuve
certaine que l'affluence des eaux vient du dehors des montagnes
et de l'atmosphère. L'abondance de l'eau continue aussi pendant
quelque temps en dedans des montagnes , après que l'atmosphère
a cessé d'en fournir à leur surface. Quand le temps est sec , les
eaux sont moins abondantes au dedans , et elles diminuent tant
que la sécheresse dure , mais jamais elles ne tarissent entièrement.
En été , lors même qu'il y a des pluies fortes et de longue durée ,
les eaux n'abondent pas dans les montagnes ; c'est qu'alors les

plantes, à la végétation desquelles une quantité plus considérable de ce fluide vivifiant devient nécessaire , n'en laissent pénétrer qu'une moindre partie dans l'intérieur des rochers (1).

Vous savez comme moi, Monsieur, que tout ce que je viens de dire est le résultat constant d'une expérience généralement faite par les mineurs praticiens ; que tout homme actif prend les précautions les plus convenables pour garantir ses exploitations du ravage des eaux. On a grand soin de ne pas étendre les travaux que la grande affluence des eaux a surchargés, et surtout de ne pas pousser ces travaux dans les points où l'on connoît, où l'on soupçonne plusieurs filons et de puissantes crevasses. On évite de passer, principalement à une médiocre profondeur, au dessous des vallées (2), sur-tout lorsque des rivières les baignent. Des mines très-riches ont été perdues, parce que des mineurs inattentifs avoient négligé de prendre cette importante précaution.

Pour se préserver des eaux surabondantes et continues, on construit des machines hydrauliques, dont on ne fait usage que lorsque la saison des pluies arrive. On a grand soin de faciliter l'écoulement des eaux de la superficie des montagnes, en pratiquant des canaux de débordement dans les endroits les plus convenables , tandis que dans l'intérieur on emploie tous les moyens possibles, pour retenir dans les travaux supérieurs les eaux qui y pénètrent malgré cette précaution, et pour les conduire toutes, s'il est possible, par des galeries, dans la vallée la plus prochaine. Ces galeries sont construites de manière à ne pas laisser échapper l'eau qu'elles ont une fois reçue ; elles bouchent hermétiquement les filons , les crevasses et les autres fentes du rocher qu'elles traversent, et dans lesquels l'eau pourroit pénétrer et s'écarter. On y laisse même du minérai à une certaine épaisseur, pour empêcher l'infiltration des eaux , et leur épanchement dans les travaux plus profonds.

---

(1) L'évaporation, beaucoup plus forte en été , est une seconde cause puissante de cette différence. *

(2) L'exploitation de Baigorry, en basse Navarre, nous en fournit plusieurs exemples. *

Il est cependant des circonstances où le mineur, loin de craindre les eaux, desire ardemment leur rencontre. Quand, par exemple, il pratique des galeries ou de semblables percemens horizontaux dans la roche transversale, ou sur des filons, pour en découvrir de nouveaux, il voit avec plaisir les eaux se montrer peu-à-peu, lorsqu'il n'en avoit point apperçu auparavant sur les crevasses ou fissures de son travail; il juge, par leur augmentation, qu'il rencontrera bientôt de nouvelles crevasses ou filons; et si son travail est déja sur un filon, il espère trouver du minérai à la réunion des deux filons.

L'événement justifie la première de ces espérances : il constate que les crevasses, les filons et toutes les espèces de fissures sont les réservoirs et les conduits des eaux, dans les montagnes. La seconde attente se réalise aussi fréquemment ; je l'ai souvent éprouvé avec satisfaction ; elle s'effectue cependant plus rarement aux endroits, où l'eau survient en trop grande abondance et trop violemment. Lorsqu'il y a de grandes poches ou fours dans les filons, les eaux dont ils sont remplis mettent souvent les ouvriers en danger. Il arrive quelquefois que le mineur qui perce ces poches ou fours, d'un coup de fleuret, en fait jaillir les eaux si abondamment (1), qu'elles ne tarissent que plusieurs jours après. Ces fours sont souvent garnis des plus belles cristallisations et de riches minérais.

Par-tout j'ai rencontré les eaux dans les montagnes : cependant j'avoue que l'action de la matière du feu, répandue dans l'intérieur de la masse des rochers, quoique plus foible, s'y fait toujours sentir, par la douce chaleur qu'elle y répand, sur-tout en hiver. Dans nos montagnes paisibles et non volcaniques, cette chaleur peu considérable est toujours plus égale que les eaux courantes ; du moins ses degrés ou ses variations sont moins

---

(1) M. de Ferber, dans ses Additions à l'Histoire minéralogique de Bohême, page 74, parle d'un accident semblable.

La mine d'asphalte de Bechelbrunn, près de Sully en basse Alsace, en a fourni un exemple consigné dans le Journal des Savans, année 1759. *

sensibles.

sensibles. Lorsqu'en hiver nous éprouvons au dehors de nos
montagnes un froid de glace, nous sentons bientôt une température plus douce en entrant dans les mines; et quand nous
pénétrons assez dans leur intérieur, pour que l'air extérieur n'y
circule plus librement, nous jouissons d'une chaleur agréable,
au lieu du froid dont nous étions saisis au dehors. Cette expérience est suffisamment constatée, et l'on en retire, depuis long-
temps, plusieurs avantages considérables pour les exploitations
des mines. Lorsqu'on emploie les eaux extérieures, amenées
souvent de fort loin sur la superficie des montagnes, pour mouvoir les machines dont les roues sont placées à l'extérieur de la
terre, il s'y forme en hiver, en peu de temps, une si grande
quantité de glace, que leur usage devient très-difficile; quelquefois même leur mouvement est totalement suspendu, quand on
n'a pas pris assez de précaution pour obvier à cet inconvénient.
Un mineur actif et expérimenté prévient ce mal pour toujours,
s'il parvient à conduire les eaux refroidies, au moins sur une
étendue médiocre au travers des rochers, par un canal souterrain
qu'il nomme *raesche* ou *roesche*, et s'il les fait tomber sur les roues
immédiatement à la sortie des rochers. Les eaux sont réchauffées
de cette manière dans leur passage souterrain, et elles ne forment
plus de glace sur la roue. Quand ce moyen est impraticable, on
cherche dans l'intérieur des montagnes, des sources dont on
conduit les eaux sur la roue : quand ces eaux, toujours médiocrement chaudes, sont assez abondantes, elles échauffent celles
qui sont au dehors, au point d'empêcher la formation des
glaçons.

Nos sens seuls nous indiquent ici une différence graduelle de
chaleur, entre ces eaux qui se font jour dans les endroits bas de
la surface des montagnes : elles sont toutes sensiblement chaudes
en hiver; quelques-unes d'elles ne gèlent pas même dans le froid
le plus violent. Aux endroits où elles jaillissent, il reste souvent
de la verdure entre la neige, et en y trempant la main, on s'apperçoit qu'elles ont de la chaleur; mais plusieurs eaux ne conservent

K

cette propriété que pendant l'hiver : en été, au contraire (1), elles
sont plus froides que celles qui coulent sur la surface des montagnes ; ce qui paroît être à-peu-près le premier degré de chaleur
de ces eaux, qui soit du moins sensible à nos sens. Pour le second
degré, on peut admettre la chaleur de certaines eaux minérales,
que la main sent très-bien, même en été, quoiqu'elle soit très-
foible. C'est celui qui se fait sentir aux eaux minérales de Wisenbad,
dans le cercle des montagnes minérales de Saxe, et j'ai trouvé
plus chaude la fontaine minérale de Wolkenstein, près de Marienberg. Les eaux minérales de Toeplitz en Bohême, beaucoup
plus chaudes encore, ont le degré de l'eau bouillante (2). Cette
source, ainsi que celle des bains voisins de Carlsbad, semble
approcher beaucoup du degré de chaleur des volcans, dont je ne
prlerai pas d'après ma propre expérience, mais que les meilleurs
écrivains ont déterminé d'une manière qui paroît certaine.

Puisque nous trouvons de toute part, dans l'intérieur des
montagnes, l'eau et le feu en mouvement dans des degrés très-
différens ; puisque plusieurs causes les font varier de tant de
manières en divers temps, il est clair que du concours de ces
deux agens créateurs doivent résulter des vapeurs, productrices
de quelques autres agens non moins puissans, dont l'action agissant
plus profondément, cause et entretient la fermentation et la pourriture (comme il vous plaira la nommer), ce qui doit nécessairement produire quantité de disjonctions, de séparations, de
nouvelles compositions, et même tant de diverses sortes d'air, par
lesquels le travail continuel des transformations, peut toujours être
entretenu dans l'atelier de la nature. Nous en trouvons des traces
visibles de tous les côtés dans l'intérieur des montagnes. On voit

---

(1) Il seroit à desirer que ces observations fussent appuyées d'expériences faites avec le
thermomètre. Assez souvent ce changement de température des sources, est aussi illusoire que
celui des souterrains profonds qui paroissent chauds en hiver et glacés en été, quoique leur
température soit la même dans les deux saisons. *

(2) On ne finiroit point si on vouloit faire mention ici de toutes nos eaux thermales de
France, et des autres eaux thermales de l'Europe ; elles abondent par-tout. *

sortir de nos puits, par lesquels l'air s'échappe, des vapeurs très-distinctes (1); et dans les mines, où l'air ne circule pas vivement, on remarque distinctement des vapeurs épaisses autour de la lumière; souvent on peut presque les toucher avec les mains. Je conviens que notre travail et l'usage de la poudre peuvent exciter une partie de ces vapeurs; mais il seroit faux de dire qu'ils les produisent toutes, puisqu'on en voit une assez grande quantité s'exhaler de nos puits, où nous ne travaillons point.

Souvent une odeur très-forte nous prouve un mouvement intérieur dans les parties constituantes des masses de rochers, sur-tout dans les travaux nouvellement débarrassés des eaux qui les avoient inondés long-temps. Cette insupportable infection (2), semblable à celle qu'exhaleroient des cadavres déja corrompus, m'a souvent incommodé. Elle ne provenoit pas du boisage ou du cuvelage, car il y avoit généralement peu de charpente, et celle-ci ne pourrit pas quand elle est entièrement sous l'eau. J'ai trouvé dans des travaux remplis d'eau pendant des siècles, le bois d'étaie encore si sain, qu'il pouvoit rester en place, ou être employé à de nouvelles charpentes; mais après que les eaux avoient été enlevées, tout se couvroit souvent à la hauteur de plusieurs pouces, d'un limon visqueux, d'où provenoit cette forte odeur, qui duroit jusqu'à ce que le limon fût enlevé, ou qu'un courant d'air y eût circulé pendant long-temps. Le mouvement intérieur dans les parties constitutives des masses de rochers, est constaté par ce fait connu, que les morceaux de ces masses, détachés près des filons, ou des filons eux-mêmes, quelque durs qu'ils soient d'abord, se décomposent dans la suite, et tombent en poussière.

---

(1) M. Schreiber observe qu'il est question ici de ces exhalaisons qui s'élevent en forme de bulles; qui ne sont composées que d'eau et d'air, qu'on voit également se former comme des nuages subtils à la surface de la terre, et déposer de même leur eau sur les corps froids, en se condensant. *

(2) Cette mauvaise odeur n'a lieu que dans les fosses où l'air ne circule pas librement; mais elle existe assez généralement dans les circonstances dont l'auteur fait mention ici: obligé de faire épuiser de vieux travaux pour les reconnoître, j'éprouve fréquemment cet accident. *

A une distance médiocre des filons (car très-loin d'eux le roc
est trop compacte et trop dur), la roche fournit de bonnes pierres
à bâtir, dont les surfaces sont unies, à cause de la quantité de
fissures qui s'y trouvent, et qui soutiennent très-bien leur solidité
à l'air. Mais les pierres détachées du rocher latéral, et plus proches
du filon, ou celles d'un filon même, quoique d'une très-bonne
qualité pour bâtir, ne peuvent cependant pas être employées,
parce qu'elles se décomposent très-vîte à l'air.

C'est à ce mouvement intérieur qu'on doit attribuer les différentes sortes d'air qui s'engendrent dans les montagnes. Je ne
vous parlerai que de l'air inflammable et de l'air fixe. Ce dernier
nous a fortement tourmentés l'été dernier, dans la suite principale
des travaux des mines de la Communion, dans la fosse
nommée la Maison de Hanovre et de Brunswick, appelée ci-devant
Stuffenthals glück et *Prêtre Aaron*. On remplit une bouteille de cet
air, qu'on examina à Gottingue. Toutes les expériences auxquelles
on le soumit, prouvèrent que c'étoit de l'air fixe, que l'on obtient
le plus pur, comme on sait, des corps en fermentation.

Vers la fin de l'année 1778, on communiqua à *Andreasberg*
par la galerie de *Hirschler*, dans les anciennes mines de *Wein-
traube*, situées dans la montagne de *Beerberg*. D'abord les eaux
coulèrent en abondance; elles se ralentirent dans la semaine du
nouvel an, et l'air devint mauvais dans la galerie : afin de le purifier, on tint ouverte une porte d'airage qui se trouvoit à portée.
Des maîtres mineurs entrèrent à diverses reprises dans cet endroit,
pour y examiner le mauvais air; mais ils s'en retournèrent bien
vîte, quand ils virent que la flamme de leur lumière commençoit
à diminuer; ils sentoient leurs poitrines se serrer, en respirant
une mauvaise odeur (1).

Le 12 Janvier 1779, quelques maîtres mineurs hasardèrent

---

(1) A la suite de l'éruption d'eau qui se fit à la mine de Bechelbrunn , dont j'ai fait
mention ci-dessus , il y eut des accidens pareils qui provenoient également de la déto-
nation de l'air inflammable : en décrivant les mines d'Alsace , je rapporterai ce fait tout
au long. *

d'aller

d'aller voir à quelle distance le mauvais air pouvoit s'être purifié, derrière la porte d'airage. Ils fermèrent cette porte sur eux , et s'avancèrent hardiment : à peine avoient-ils marché l'espace d'environ vingt toises, que les flammes de leurs lumières prirent une couleur bleuâtre , diminuèrent et s'éteignirent. Au moment où ils se disposoient à s'en retourner , l'air qui les environnoit s'enflamma avec une explosion violente : ils crurent que leurs vêtemens brûloient, mais le feu n'y fit que quelques trous ; l'un fut blessé au pied ; l'autre se brûla les mains en voulant éteindre le feu qui étoit à ses habits ; la porte d'airage sauta en éclats, et les morceaux en furent lancés à quatre toises : les parties nues de ces maîtres mineurs, comme les mains et le visage, étoient brûlées, leurs cheveux et leurs sourcils grillés. J'ai été témoin d'un pareil accident à Freiberg.

En 1769, dans une crue d'eau, la Mulde s'enfla considérablement aux environs de la fonderie de Halsbruck ; elle dégagea probablement du sein des eaux , des gaz qui croupissoient dans les minières de Halsbruck, abandonnées depuis long-temps. Ces gaz cherchèrent une issue, et se jetèrent dans la cave d'un mineur, située fort près de là (1). Cet homme, qui n'avoit dans sa cave ni bière ni autres liqueurs fermentatives , fut étonné de voir , à travers les fentes de sa porte, sortir des exhalaisons semblables à de la fumée : il ouvrit sa porte , et dès qu'il eut approché sa lumière , les exhalaisons s'enflammèrent avec explosion , mais elles ne lui firent d'autre mal que de griller ses cheveux et les poils de son bonnet.

Je mets aussi dans la classe des airs inflammables un phénomène que le mineur Allemand nomme *auswitterung* (2) : ce sont des exhalaisons qu'on voit sous la forme d'une flamme plus ou

____

(1) M. Schreiber se trouvoit alors à Halsbruck : il entra , un instant après l'évènement , dans la maison et dans la cave. *

(2) On désigne par ce mot une exhalaison sous forme de fumée ou de flamme, qu'on observe dedans et au dessus des mines , et qu'on attribue à la décomposition des minéraux : ce sont des feux follets. *

L

moins grande, que l'on dit être semblable à celle de l'esprit de
vin enflammé. Je n'ai jamais été témoin de ce phénomène ; mais
des gens très-dignes de foi assurent qu'on apperçoit quelquefois
ces vapeurs, le matin ou le soir d'un jour très-chaud d'été et de
printemps, sur la surface des montagnes, et au dedans des fosses
où il y a des filons qui contiennent du minérai. Le mineur, toujours disposé à croire le merveilleux, croit souvent voir, dans
l'intérieur des fosses, son terrible fantôme des mines (1), quand il
apperçoit de ces flammes ; et il se persuade qu'il lui a imprimé les
marques brunes et bleues qu'il trouve quelquefois sur son corps, après
de semblables apparitions. Dans le courant d'Août 1776, le premier
maître mineur de la mine du *jeune Fabien Sébastien* à Marienberg,
vit de ces exhalaisons métalliques avant quatre heures du matin,
dans le crépuscule, sur la surface de la montagne où étoit sa fosse,
dans un point où, quelque temps après, son fils, âgé d'environ
quatorze ans, menant la brouette avec plusieurs jeunes gens,
apperçut dans l'intérieur de la fosse une lumière, et, à ce qu'il
crut, un mineur sous la figure d'un spectre. Ce point étoit à peine
à seize ou vingt toises de distance de l'endroit où l'on avoit découvert, en 1769, les minérais dont on va parler, qui s'échauffèrent
au point de fumer dans le magasin où on les avoit retirés ; et après
l'apparition de ces exhalaisons métalliques, on tira du même point
beaucoup de minérais riches en argent, qui eurent tous la propriété de se décomposer en s'échauffant (2).

On trouve suffisamment de preuves que ce mouvement interne,
qui produit ces différentes exhalaisons, donne lieu à des dissolutions et des divisions formant de nouveaux composés ; je dis
plus, il doit y donner lieu. La décomposition m'a fait perdre
nombre de beaux échantillons de mine d'argent rouge, et d'autres mines d'argent de Saxe. A la minière du jeune Fabien
Sébastien, le minérai dont j'ai parlé plus haut, composé de

---

(1) *Le petit mineur* des François. *

(2) M. Schreiber remarque que tout le minérai qu'on obtint du travail, étoit de la même
nature. *

pyrites, d'arsenic testacé, de mine d'argent rouge et vitreuse
et d'argent vierge, se décomposoit si vivement, qu'on ne pouvoit
le garder long-temps en magasin, ni même le laisser à nu au
filou, sans souffrir une perte considérable en argent (1) : il s'échauffoit et s'embrasoit souvent dans le magasin au point de fumer (2);
et en le laissant attaché au filon, il se décomposoit et se réduisoit
quelquefois en bouillie noire. Nos eaux cémentatoires du
Rammelsberg, celles qui se trouvent dans les mines en masse
d'Altenberg en Saxe, et dans plusieurs autres exploitations,
contiennent du cuivre (3) qu'elles ont enlevé à quelques corps
en destruction, et qu'elles ne déposent qu'en s'emparant du fer
qu'on leur présente. Le vitriol, qui se forme en si grande quantité
au Rammelsberg, est aussi une dissolution et une nouvelle
composition. Les guhrs, connus de chaque mineur et dans
toutes les mines, sous la forme d'une terre très-fine de toutes les
couleurs, mélée avec de l'eau, en bouillie et sans solidité, sont
évidemment des dissolutions de corps qui ont été solides auparavant ; leurs couleurs décèlent même des métaux. Les guhrs
rouges et noirs sont ferrugineux ; les verts contiennent du cuivre (4).

---

(1) M. Schreiber a vu souvent mettre dans des tonneaux du minérai, et le recouvrir d'eau,
aux travaux de la montagne de Saint-George de Marienberg; par ce moyen le minérai s'échauffoit
moins, et par conséquent on diminuoit la prétendue perte en argent. M. Schreiber trouve,
comme moi, qu'il est très-difficile de rendre raison et de concevoir comment cette perte est
possible. L'air atmosphérique étoit le destructeur de ce minérai, puisqu'en empêchant son
contact par l'intermède de l'eau, la décomposition n'avoit plus lieu : il ne faut donc point
l'attribuer à un mouvement interne et spontané du minérai. M. Schreiber ne croit pas à la
destruction de l'argent; il pense qu'au plus il pourroit se calciner, mais qu'il doit se revivifier
dans la fonte. Ne seroit-il pas possible que l'argent s'unisse plus particulièrement avec l'arsenic
en s'échauffant, et que la perte qu'on éprouvoit fût provenue de ce que l'arsenic, en s'envo-
lant, entraînoit avec lui une portion de cet argent? L'expérience nous prouve qu'il est difficile
d'obtenir la totalité des métaux contenus dans les minérais très-arsenicaux, ou mêlés de beaucoup de blende dans la fusion, quelque fixes que soient les métaux par eux-mêmes. *

(2) Voyez page 119 et suivantes des explications que j'ai données, en 1770, de la carte
des mines, sur la partie la plus importante des montagnes, dans le district des mines de
Marienberg.

(3) Tout le monde sait que ces eaux ne tiennent le cuivre en dissolution, que par l'intermède de l'acide vitriolique. *

(4) Ou du kupfernikel, mais communément la chaux verte du kupfernikel est plus blanchâtre que celle du cuivre. M. Schreiber a trouvé aux Chalanches des fleurs de cobalt et de
nikel toutes blanches. *

Les guhrs blancs, teints d'un vert léger, de manière que le tout paroissoit d'un vert-pomme clair un peu sale, m'annonçoient qu'en les suivant dans les montagnes de Marienberg, je trouverois du kupfernikel, du cobalt, de l'argent vierge et d'autres riches minérais d'argent (1). Ces sortes de guhrs sont, dans plusieurs montagnes, les seuls indices qui décèlent les crevasses presque imperceptibles, derrière lesquelles il y a souvent le meilleur minérai, comme je l'ai observé plus haut. On a vu de même, dans ma première lettre, que les eaux de source qui sourdent à la surface des gorges et des vallons à pente douce, y déposent assez souvent une graisse, ou même des guhrs ou des ocres d'un jaune foncé. Ces guhrs et ces ocres sont des indices qui décèlent la présence de quelque filon dans cet endroit. Cette activité utile des eaux, répare le tort qu'elles nous font par le dépôt des matières qu'elles contiennent sur le rocher, qu'il nous importe de voir à découvert, comme je l'ai déja dit, dans cette lettre. Le dépôt si universel dû aux eaux, prouve que, même lorsqu'elles paroissent limpides et pures, elles tiennent quelques substances en dissolution ; et l'on reconnoît dans les guhrs fluides, ou du moins encore mous, la décomposition de quelque autre substance.

On trouve, en pénétrant davantage dans l'intérieur des montagnes, de nouveaux composés dus à ces guhrs, qui ont déja repassé de leur état de mollesse ou de fluidité, à un état solide. Ces nouveaux composés, que le mineur appelle stalactites et stalagmites de toutes les espèces, se rencontre en plus grande abondance que les guhrs. La plupart sont calcaires, et plus multipliés dans les montagnes, qui sont elles-mêmes de cette nature; ils se trouvent aussi en assez grande quantité dans toutes les autres espèces de rochers. Les stalactites sont solides, souvent si compactes, qu'elles peuvent recevoir le plus beau poli : souvent elles

---

(1) M. Schreiber a constaté cette observation aux Chalanches : les efflorescences vertes de kupfernikel lui ont presque toujours indiqué la mine ; il en a fait la remarque très-fréquemment. *

approchent

approchent naturellement de ce poli, et elles sont la plupart
du temps d'une cristallisation parfaitement régulière (1). Comme
on voit ces stalactites se former sous nos yeux par la coagulation
et par la précipitation des parties, suspendues ou dissoutes fort
souvent d'une manière imperceptible dans les eaux, on pourroit
en conclure avec assez de probabilité, qu'une grande partie des
autres cristallisations s'est formée comme nos stalactites, quoique
ces cristallisations n'en aient plus les caractères, et que la nature
ne nous les présente que lorsqu'elles sont finies, et jamais pendant qu'elles se forment : je ne voudrois cependant pas adopter
cette idée pour toutes les cristallisations. J'ai dans ma collection
des groupes de toutes les cristallisations, même des plus dures,
telles que celles de quartz, qu'on peut soupçonner n'être que les
restes d'un corps solide détruit et corrodé par les eaux, qui, après
en avoir entraîné une portion, ont poli ses restes, les ont purifiés,
et leur ont donné leur figure cristallisée, peut-être au moyen
d'une sorte d'effervescence ou de fermentation.

Quelques-unes de ces cristallisations semblent devoir leur
formation à ces mêmes agens, qui paroissent avoir formé un
tout cristallisé de substances non cristallisées, disposées au commencement sans ordre, et simplement en contact ensemble, en
les réunissant plus fortement par l'interposition successive d'autres
corps. La nature emploie une infinité de méthodes différentes
pour produire ces corps si variés du règne minéral. Nous en avons
une preuve dans le spath gypseux parfaitement cristallisé, dont
vous m'avez remis, Monsieur, de très-beaux échantillons, que
vous trouvâtes dans le Vieil-homme de la mine de Schwartzgrube
à l'Authenthal. Cette cristallisation devoit certainement son origine
aux eaux; car lorsque vous la trouvâtes, les cristaux en étoient

---

(1) M. Schreiber observe avec raison, que les substances formées à la manière des stalactites,
reçoivent un nom différent lorsqu'elles sont cristallisées régulièrement, et qu'elles prennent
alors celui de spath calcaire, etc. M. Schreiber pense que pour former la stalactite proprement
dite, il ne faut qu'un mélange, une suspension, tandis qu'une vraie cristallisation suppose une
parfaite dissolution de la matière. *

M

encore si mous, qu'en les touchant du doigt, plusieurs tombèrent par eux-mêmes en une goutte d'eau (1), quoique rien n'indique actuellement qu'ils se soient formés à la manière des stalactites.

Je vous ai envoyé un échantillon de mine pour votre belle collection ; il m'a fourni une observation qui a du rapport avec la vôtre : je l'avois trouvé à Marienberg dans la mine de *Palmbaum.* Ce morceau, composé de spath pesant couleur de chair, de spath fluor bleu, sur lesquels il y avoit de la mine d'argent rouge et vitreuse, étoit encore garni de petits groupes fort singuliers de mine de cobalt tricotée, encore si mous lorsque je les détachai, que mon haleine suffisoit pour les faire plier et les déformer. Je craignois alors de ne pouvoir vous envoyer cet échantillon sans l'endommager ; mais l'ayant exposé quelque temps à l'air sec, la mine de cobalt tricotée se durcit assez, pour souffrir le transport sans danger. Nos brillantes mines de plomb blanches spathiques superficielles, si légèrement adhérentes à leur magnifique base de malachite, de la fosse de *Glucksrad,* près *Schulenberg* dans la Communauté au Hartz, m'ont souvent fait naître la pensée que, semblables au givre des arbres, les vapeurs se coagulant à l'instant où elles s'appliquent aux rochers dans les fosses, produisoient des cristallisations et les multiplioient à l'infini : je me borne à conjecturer la possibilité de cette formation, car je n'ai jamais pu saisir la nature sur le fait, quoique j'aie vu, dans quelques-unes de mes visites, sur les parois des routes qui nous conduisent dans le sein de nos montagnes, des cristaux de mine de plomb spathique et d'autres, précisément collés comme la neige et le givre à la surface de la terre ; soit que ces parois fussent encore couvertes en partie, ou tout-à-fait à nu.

A la grotte dite *Baumanshohle,* j'ai acquis tout récemment

---

(1) Ces cristaux se sont affaissés et détruits par le contact, parce que sans doute ils n'étoient pas encore solides ; et c'est figurément que l'auteur dit ici qu'ils se convertirent en une goutte d'eau. Il seroit difficile de concevoir comment les parties gypseuses auroient pu être précipitées par le simple contact de l'eau qui les tenoit en dissolution, et qui s'étoit déja assez condensée pour prendre la forme de cristaux. *

la preuve que dans l'intérieur de nos montagnes, des parties se séparent, se dissipent et se perdent, pendant que des substances nouvelles se forment par la décomposition d'un autre corps. Les stalactites et les stalagmites sans nombre de cette grotte , assez compactes pour être susceptibles du plus beau poli, d'un blanc d'autant plus éblouissant qu'elles approchent plus de la cristallisation, enveloppent, entre autres objets , tous les morceaux de marbre qui s'y trouvent détachés et épars. A peine ces stalactites ont-elles une teinte isabelle : cependant les marbres décomposés par les eaux dont ils proviennent, sont presque entièrement noirs, ou gris obscur , à l'exception de quelques taches plus claires approchant du blanc que figurent les conchites. La substance colorante du marbre a donc nécessairement été soustraite dans la stalagmite (1). On ne sauroit douter qu'il ne manque que du phlogistique à la plupart des mines de plomb spathiques de Glucksrad, qui font partie du chaînon des mines de Stuffenthal, pour redevenir de la galène (2), à la décomposition de laquelle il est très-vraisemblable qu'elles sont dues.

Je pourrois vous citer encore nombre d'exemples de cette nature, et vous prouver de plus que le contraire arrive quelquefois , quand la décomposition d'une substance donne lieu à un nouveau composé , c'est-à-dire qu'il s'unit au dernier des parties qui n'existoient pas dans le corps composé dont il provient; mais il est temps que je vous dise un mot de la végétation des minérais.

Vous savez que cette expression *végétation* n'a pas , dans le

---

(1) M. Schreiber pense que c'est une substance grasse qui colore ce marbre, et qu'elle se volatilise peu-à-peu : il ajoute que le feu produit le même phénomène. Il s'est servi de cet agent pour décolorer des cristaux de roche noire, devenus par ce moyen parfaitement clairs et transparens. Il desireroit savoir si le marbre calciné de la grotte dite *Baumanshohle* donne une chaux blanche. *

(2) Je ne sais si une simple addition de phlogistique régénéreroit de la galène : il faut du soufre dans son mélange, et je crois que les mines de plomb spathiques sont dépouillées d'acide vitriolique, de manière à ne pas en pouvoir fournir au phlogistique, pour produire le soufre nécessaire à la formation de la galène. Au simple contact de la flamme d'une bougie , plusieurs mines de plomb spathiques se réduisent en véritable plomb, et point en galène. *

règne minéral, le même sens que dans le règne végétal proprement dit ; et comme elle pourroit induire en erreur, choisissons
plutôt un autre mot ; substituons-lui celui de formation des minérais. Plusieurs physiciens nient la formation actuelle des minéraux,
et il y a fort peu de temps que beaucoup d'entre eux n'en vou-
loient plus admettre la possibilité (1), parce que, disoient-ils,
les ateliers de la nature dans l'intérieur des montagnes, étoient
absolument fermés. Cependant, forcés d'admettre des décom-
positions et de nouveaux composés dans le règne minéral, pourquoi nous ferions-nous scrupule de les étendre aux minérais des
métaux, des demi-métaux et des substances inflammables ? Je ne
me bornerai pas à vous en administrer des preuves philosophiques,
vos sens pourront les saisir.

Aux caractères des stalactites des mines, appelées *sinter* par
les Allemands, et concrétions calcaires cristallisées, ou pierres
formées dans l'eau, par M. Valmont de Bomare, on reconnoît
généralement qu'elles proviennent de la décomposition d'autres
substances. Les substances inflammables nous fournissent des
exemples d'une semblable formation. J'ai dans ma collection
même quelques beaux morceaux de pyrites stalactitiformes (2).
Nous reconnoissons la même formation dans la calamine blanche
de Carinthie, dans la belle mine de plomb spathique vérte de
Hofsgrund dans le Brisgaw (3), dont je possède de très-beaux
morceaux. Comment expliquerions-nous la conversion totale ou
partielle des pétrifications en minérais, ou simplement l'adhérence du minérai aux pétrifications, si nous ne pouvions nous
décider à admettre comme vraie, la production continuelle des
minérais, ainsi que des autres rochers ? Ce n'est toujours dans le

---

(1) M. Schreiber observe que M. Delius est de ce nombre. *

(2) Quelles que soient les pyrites, on ne les met point au rang des inflammables, quoiqu'elles fournissent de ces substances. M. Schreiber observe que leur surface a toujours une
forme déterminée, qui consiste communément dans la réunion d'un grand nombre de pyramides,
dont les bases se trouvent à la surface des mamelons de cette espèce de pyrites. *

(3) Et dans la mine de zinc blanche de la même minière. *

fond

fond qu'une transformation d'un corps en un autre, faisant partie
de la série des corps qui existent une fois dans le cercle de la
nature. Vous m'avez donné du bois du Rammelsberg changé en
très-belle mine de fer (1) : j'ai des feuilles du même endroit,
qui paroissent avoir été des feuilles de chêne, et qui sont actuellement de la mine de fer : il n'y a pas long-temps que j'ai trouvé
au Jour, aux côtés extérieurs de cette fameuse montagne (2),
à quelque hauteur des ouvertures de ses puits, (au dessus des
cadres des tourniquets, comme dit le mineur) mais loin
de son sommet ; j'ai trouvé, dis-je, plusieurs couches assez
fortes composées d'une quantité de coquillages, environnés de
toute part de pyrites sulfureuses et cuivreuses, de galène et de
blende. Les coquilles ont conservé leur nature calcaire ; elles
font effervescence avec l'eau forte ; tandis que le reste de la
roche dans laquelle elles sont, est de la nature du quartz mêlé
de mica, et donne beaucoup de feu sous les coups de l'acier.
J'ai pareillement trouvé près de l'Iberg, dans la pierre à
chaux, des coquilles accolées à de la poix minérale compacte,
et tout proche de la galène ; mais, afin de ne point passer les
bornes que je me suis prescrites, je me contenterai de vous
rapporter encore la preuve d'un argent et d'un minérai d'argent
nouvellement formé, en joignant ici un procès verbal de la visite
générale d'une des mines de Marienberg. Il fut dressé par le
conseil de ces mines : vous le trouverez ci-après, page 56. Je
passe à d'autres objets, pour achever cette longue lettre.

Je ne vous dirai rien des cavernes, des poches et autres creux
qui se trouvent dans les masses de rochers, sur-tout dans les
filons, quelquefois loin d'eux, principalement dans les montagnes
calcaires. Je ne vous retracerai point les couches placées à côté
ou au dessus les unes des autres, de tant d'espèces différentes de
rochers et de minérais dans les filons, leurs lignes courbées ou

---

(1) En 1771, on me montra à Hanovre un morceau de bois d'étaie du Hartz, recouvert
et pénétré de pyrite martiale et cuivreuse. *
(2) Voyez la planche VI.

N

dentelées , les cristallisations qui se trouvent dans les cavités, ou qui sont renfermées dans des masses contiguës, ni plusieurs autres objets qui prouvent tous que les eaux , en fermentant (1) , traversent et pénètrent les masses de rochers : je vous renvoie , à ce sujet, à ma seconde lettre. Je passe directement à la théorie que je crois pouvoir admettre , comme un résultat de toutes ces observations réunies sur la formation des gîtes des fossiles des minéraux , et des corps si variés qui s'y trouvent. Vous êtes le maître de donner à cela le nom de *rêve de théorie*. Il s'en faut beaucoup que j'aie réuni assez d'observations pour être en état de vous donner une explication certaine et admissible en tous points, de tous les cas qui peuvent se présenter sur ces objets.

Premièrement, parmi tous les phénomènes que l'on voit dans l'intérieur des montagnes qui n'ont pas décidément une origine volcanique, je n'admets pas les grandes causes actives, telles que les tremblemens de terre et autres choses semblables. Je crois, au contraire , que la nature se sert de moyens moins violens , qui, opérant d'une manière plus lente, transforment peut-être plus radicalement les corps. Ces moyens me semblent être la fermentation et la putréfaction, ou quelque nom que l'on veuille donner à cet agent de la nature , qui met tout l'intérieur en mouvement dans le règne minéral , que la chaleur et les eaux produisent et entretiennent sans cesse en différentes proportions. Puisque ces causes actives existent encore aujourd'hui, puisqu'elles existeront tant que la circulation aura lieu dans l'espace immense de la nature , je suis intimement convaincu que les transformations, les destructions et les nouveaux composés que ces opérations produisent de toute part au dedans des montagnes, subsistent encore actuellement et subsisteront autant que le monde. Mais aussi j'admets entièrement ces causes , dont les forces vivement

---

(1) Ce ne sont point les eaux qui fermentent ; mais les substances que leur humidité pénètre et échauffe , occasionnent , par le concours de l'air, ce mouvement interne , l'une des principales causes de la formation et de la décomposition des minéraux. *

comprimées ne font qu'une action momentanée plus sensible à nos sens : les submersions totales ou partielles de la surface du globe, les secousses qui semblent dues à un suprême degré d'effervescence, telles que les embrasemens de volcans, et les violens tremblemens de terre qui en sont inséparables, et par lesquels les masses des rochers sont brisées et déchirées. J'accorde que ces causes ont contribué dans leurs temps aux étonnantes révolutions opérées dans l'intérieur du globe et à sa surface. Je conviens qu'elles en produisent encore de nos jours; mais leurs effets ne se sont fait sentir qu'à l'époque même de ces grands événemens, et seulement dans une étendue de pays limitée; elles n'ont même pas tout opéré dans l'étendue que le Créateur leur a circonscrite. Les agens qui leur ont succédé, ont produit d'une manière moins sensible, parce qu'elle a été plus lente, les mêmes effets que ces causes violentes; ils ont contribué autant qu'elles aux transformations radicales des corps soumis à leur action.

Souffrez que je nomme fermentation ce mouvement interne et spontané que la nature emploie sans secousse, pour opérer des transformations radicales dans l'intérieur des montagnes : je la crois suffisante, d'après ma théorie, pour changer des masses entières de rochers, pour transformer le granit en gneiss. Le gneiss ne diffère du granit que par sa structure schisteuse, par les couches plus régulières et plus étendues qui résultent de cette forme feuilletée, et par le changement du feld-spath (1) en argile dans son mélange. Je crois cette fermentation capable de transformer le grès gris du Hartz en schiste argileux, qui se convertit peut-être en jaspe en se durcissant (2). Lorsque la proportion du grès gris est très-diminuée, ou qu'il a été entièrement décomposé, je lui

---

(1) M. Schreiber pense que la présence du feld-spath n'empêche pas certaines roches d'être du gneiss : il est tenté de croire néanmoins que ce prétendu feld-spath n'est qu'un schorl du genre des schorls argileux. *

(2) Le jaspe est ordinairement composé d'argile, de terre siliceuse et martiale colorante. M. Schreiber croit qu'il y a du jaspe entièrement composé de terre siliceuse et d'une très-petite portion de terre martiale colorante; quant à moi, je ne crois pas pouvoir admettre de jaspe, sans mélange d'argile dans sa composition. *

accorde le pouvoir de changer des corps quartzeux, le quartz en argile, la pierre à chaux en quartz, et même de préparer de tous les rochers en général des corps plus importans, tant par l'urgente nécessité dont ils nous sont, que parce qu'ils existent en moindre quantité, tels que les matières combustibles, les sels, et même les minérais des métaux et des demi-métaux. J'attribue enfin à cette fermentation la production, l'entretien et le pouvoir de perfectionner les gîtes de ces fossiles importans, les minéraux dans ce qu'on appelle les montagnes primordiales, et quelques espèces de minéraux dans les montagnes à couches. Je regarde comme principal moteur dans certains points déterminés et particuliers des montagnes, les eaux dont un si grand nombre de causes modifie si diversement le choc, et qui, descendant de très-haut, continuent d'exercer leur pression dans les lieux plus profonds. Je considère en conséquence les gîtes de minéraux comme des parties dans les masses de rochers, où, par un mouvement interne produit par l'affluence des eaux, la roche, avec les corps étrangers du règne animal et végétal qui s'y trouvent souvent, a été changée en minérai et en espèces de pierres différentes de cette roche.

Je pense qu'à l'aide de ce principe, qui me paroît assez général, je pourrois réunir des descriptions, et même des définitions convenables et intelligibles à chaque mineur, de toutes les dénominations qu'il a appliquées aux divers gîtes de minérai, telles que des chaînons ou suites de mines, des filons, des mines en couches, des nids ou rognons et des mines en masses, etc. lorsque j'y aurai ajouté de courtes descriptions de l'espèce de rocher de la contrée, et de la structure des montagnes, sur-tout de celles qui renferment les couches de mine de cuivre schisteuse. Il faut tâcher de nous rendre généralement intelligibles au mineur, et de contribuer par des descriptions, ou même par des définitions plus exactes, à la connoissance réelle des gîtes de minérai.

Quand, dans les montagnes d'une grande étendue, les bancs des masses de rochers de la même espèce sont à-peu-près

parallèles,

parallèles, quand leur situation est presque horizontale, et lorsque
les gîtes des minéraux que nous y trouvons coupent les bancs de
roche à angle droit, ou approchant, nous sommes tous d'avis
que ces gîtes doivent être considérés comme des filons; mais sont-
ils les seuls auxquels on doive appliquer cette dénomination? et
ne devons-nous pas l'admettre pour les gîtes de minérai qui se
trouvent dans un rocher, dont les bancs varient dans leur inclinaison, dont l'espèce de pierre se trouve tantôt d'un côté, tantôt
de l'autre côté du gîte de minérai, dont les masses posées de
champ s'approchent de la perpendiculaire, et qui dans cette
situation s'étendent, soit par intervalles, soit constamment, en
ligne parallèle avec ces gîtes? En refusant à ceux-ci l'honneur
d'une dénomination qui leur a été généralement accordée par les
mineurs, nous ne ferions que nous rendre inintelligibles pour
eux. Nous serions accusés de former, sans utilité, de nouvelles classes de gîtes qui hérisseroient notre métier de nouvelles
difficultés.

Je propose, pour tout concilier, de nommer filons de la première
classe, ceux que j'ai décrits les premiers; d'appeller filons de la
seconde classe, ceux qui ont été décrits ensuite: et peu m'importe
qu'on donne la dénomination de filons de la troisième classe à
ces gîtes auxquels on a donné jusqu'à présent le nom de *crains*
ou sauts dans les montagnes à couches. Par ce moyen, on aura
rangé sous un même nom et distingué convenablement tous
les gîtes qui ont quelque ressemblance, sans être parfaitement
pareils. De cette manière, nous pouvons, ce me semble, éviter
les équivoques à la foule des mineurs qui, depuis des siècles,
donnent le nom de filons aux gîtes du minérai, sans que nos
profondes connoissances en souffrent le moins du monde. Un
écrivain qui veut être utile, doit parler le langage des ouvriers,
et se garder d'introduire despotiquement et avec emphase des
nouveautés superflues.

Quand nous nommons filons les gîtes des minéraux du
Rammelsberg, et que nous donnons le nom de mines en masses

à la totalité de l'espace qu'occupent ces filons , n'est-il pas vrai , Monsieur , que chaque mineur nous entend ? Mais si nous voulions nommer couche minérale ce chaos de minérai , parce que la direction et l'inclinaison des gîtes dont il est formé sont parallèles aux bancs des roches latérales , bien loin de les couper , et parce que le rocher du mur est composé de schiste argileux d'un bleu noirâtre ; tandis que celui du toit , d'une espèce de pierre toute différente , qui dans son mélange approche davantage du grès gris du Hartz , fait feu au briquet , et renferme même des couches mêlées de coquillages calcaires , les mineurs nous demanderoient avec raison ce que nous avons prétendu dire par-là.

De pareilles subtilités nous feroient non-seulement manquer notre but , mais elles nous opposeroient encore un obstacle pour y parvenir. M. Voigtel, ingénieur des mines d'Eisleben, d'ailleurs très-habile , s'avisa d'abolir la division de la toise de mine en huitièmes , pour y substituer celle en dixièmes, infiniment plus commode pour les opérations du calcul. Cette division nouvelle et utile n'ayant été adoptée qu'aux seules mines d'Eisleben, il en est résulté, que loin de faciliter le travail aux ingénieurs des mines de ce pays-là , ceux-ci, forcés de diviser leur toise en dixièmes, étoient contraints d'apprendre et de s'accoutumer à calculer, et même à lever les plans avec la toise divisée en huitièmes, afin d'entendre et de se faire entendre des ingénieurs étrangers, et de pouvoir réussir dans les emplois qui leur seroient confiés hors de chez eux.

Vous trouverez en général bien des objections à faire contre ma théorie, je le présume au moins : usez de la liberté que je vous ai donnée à ce sujet au commencement de ma première lettre. Au reste , les observations qui l'ont précédée dans mes trois lettres sont parfaitement exactes. Je puis vous montrer diverses copies de la nature, qui servent de preuves à plusieurs de ces expériences. La faute seroit uniquement dans les conséquences , peut-être trop précipitées , que j'en ai tirées, ce que je

crois très-possible. Car, et j'en suis convenu plusieurs fois avec
vous, nous n'avons pas, à beaucoup près, assez d'observations
pour établir une théorie stable et applicable à tous les cas. Ce
qui m'a inspiré plus de confiance en cette théorie, c'est que
m'étant dirigé d'après elle dans les travaux des montagnes, tout
m'a toujours parfaitement réussi, ainsi que vous le verrez par les
preuves que je vous en donnerai ci-après.

Je suis, etc.

PROCÈS VERBAL

De la Visite générale faite par l'Intendance des Mines de Marienberg, le 18 Juin 1777, de la fosse de la mine découverte dans Dreyweiber, située dans la montagne de Stadtberg.

ASSISTANS.

M. de TRÉBRA, intendant des mines.
M. TAUSCHER, juré.
M. TAUSCHER, ingénieur des mines,
Et le maître mineur UHLIG : ces deux derniers en qualité d'administrateurs.

L'INTENDANCE des Mines voulant prendre connoissance du minérai nouvellement découvert dans le puits à machine hydraulique qu'on établit dans la mine des Dreyweiber, dans un endroit où le filon a été anciennement exploité, il fut résolu de faire cejourd'hui la visite générale de ladite mine. Pour cet effet, M. de Trébra, intendant des mines; MM. Jean-Chrétien Tauscher, juré du canton; Chrétien-Godefroy Tauscher, ingénieur des mines, en qualité de régisseur; le maître mineur Uhlig, tous les deux préposés à cette mine, et le soussigné, descendirent par les puits à machine hydraulique de cette mine jusqu'au sol de la galerie de *Weisse-taube* (pigeon blanc), et dix-huit toises au dessous de celle-ci, dans le puits qui est sur le filon de *Schwarze-mohr* (du nègre), où est placée la machine à colonne d'eau (1), jusqu'au point où les minérais ont été découverts de la manière suivante. Dans ces dix-huit toises de profondeur, sous la galerie de Weisse-taube, il y avoit, au rapport du maître mineur Uhlig, un ancien puits trop étroit et trop court, qu'il étoit nécessaire d'élargir et d'alonger, pour établir le puits à machine hydraulique, qui renferme

______

(1) Cette machine est décrite dans l'ouvrage de Cancrinus, planche 56, figure 208 et 220.

aujourd'hui

aujourd'hui cet ancien puits. En approfondissant ce travail, on a trouvé quatre *estaimples* (1) appartenant à la charpente de l'ancien puits, appuyées au toit sur une longueur horizontale de vingt-deux pieds environ, derrière lequel toit il existoit encore une veine de six à huit pouces d'épaisseur, composée de spath (2) couleur de chair, de spath fusible vert et blanchâtre ; en sorte qu'il est vraisemblable que dans l'ancienne exploitation, qui date de plus de deux cens ans, ces quatre estaimples ont été placées vers le toit, pour étayer cette veine du toit du filon. M. Uhlig assure avoir trouvé autour de ces quatre estaimples, et immédiatement à l'endroit où le spath de cette veine environnoit le bois, de la mine d'argent vitreuse superficielle, et de l'argent vierge, de la mine d'argent noire et du cobalt, l'un et l'autre en feuilles très-minces, à-peu-près semblables à de l'écume, des fleurs de cobalt et des efflorescences vertes de cuivre (3). Ces minéraux étoient principalement rassemblés et abondans au point de contact de la pièce de bois avec le rocher, et jusqu'à une distance de deux pouces ; au delà le mineur Uhlig n'en avoit trouvé que fort peu, et à une plus grande distance il n'en avoit plus apperçu de traces dans les fissures, quoique le spath y fût aussi beau qu'auprès des estaimples et dans leurs entailles. Les officiers des mines trouvèrent dans leur visite trois de ces estaimples déja enlevées, ainsi que les minérais qui étoient à l'entour, et remplacées par d'autre boisage. La quatrième de ces estaimples existoit encore à la paroi du puits du côté du Sud-Ouest, de manière qu'on y reconnoissoit parfaitement les traces de minérai, avec toutes les circonstances indiquées par le maître mineur Uhlig.

Voici quel étoit l'état des choses : la figure première (4) représente l'estaimple ou l'étançon en travers, vue du haut en bas ; et la figure 2, sa perspective de côté : on y voit qu'elle étoit posée

---

(1) Etançon de traverse fixé dans le chevet ou le mur, et qui soutient le toit. *
(2) M. Schreiber croit que c'étoit du spath pesant. *
(3) M. Schreiber est convaincu que ces efflorescences étoient de la chaux de nikel. *
(4) Planche IV, n°. 4.

P

dans le toit du filon A , contre une veine de six à huit pouces d'épaisseur de ce filon : cette veine étoit composée de spath couleur de chair, en partie à grandes feuilles, et de spath fusible verdâtre.

L'entaille a. a. a. a. étoit creusée dans le spath même, et sa surface, qui étoit en contact avec l'estaimple, se trouvoit garnie du meilleur minérai de mine d'argent noire, de fleurs de cobalt et d'un vert qui peut provenir de la décomposition du kupfernikel. Depuis cette surface de l'entaille, jusqu'en b. b. b. b. b. b., la matière ferrugineuse noire et brune que les eaux déposent sur le vieux-homme qu'on en voit si souvent enduit, garnissoit les gerçures et les interstices des feuilles de spath. Elle renfermoit beaucoup de mine d'argent vitreuse et d'argent vierge en feuilles extrême-ment minces, comme appliquées avec un pinceau; et la mine d'argent vitreuse se perdoit insensiblement dans la mine d'argent noire. Il y avoit même des paillettes isolées d'argent vierge en feuilles, et de la mine d'argent vitreuse sans matière noire sur une des surfaces du spath; mais plus vers le toit en c. c. c. c. c. c., plus loin de l'estaimple vers D. D. D. D., le spath étoit entièrement dénué de minérai, quoiqu'il parût aussi beau que celui entre les feuilles duquel il y en avoit. On remarquoit encore, dans l'espace qu'occu-poient les trois autres estaimples, des *crevasses matinales* (1) (morgen-klüffte) qui se réunissoient au filon du côté du toit dans la direction de trois à quatre heures. Plus bas dans le puits, sous

---

(1) *Crevases matinales* ou du *levant* , voyez la traduction de l'art des mines de M. Delius, § 23, tome 1ᵉʳ., page 28. Je préfère la distinction de M. Delius, des filons, en veines du nord, du levant, du midi et du couchant, à celle des Saxons, qui est proprement la même, mais dont les expressions me paroissent moins simples; ils appellent *stehende gange, filons droits*, ou *veines*, ou *filons du nord*, ceux dont la direction est entre douze et trois heures. Les veines ou filons dirigés entre trois et six heures se nomment par les Saxons et par M. Delius : *veines du levant.*

Les veines dirigées entre six et neuf heures, les veines du midi de Delius, se nomment en Saxe : *veines tardives*, ou *spate gange.*

Et les veines courantes entre neuf et douze heures, ou les veines du nord de Delius, sont appellées par les Saxons : *veines obliques.* Ceux qui connoissent la *géométrie souterraine* conçoivent facilement que c'est à l'usage de la boussole, et à la position de l'aiguille dans ses diverses directions, que se rapportent ces dénominations Saxones; mais les autres me paroissent plus simples. *

ces estaimples, la veine du filon contre laquelle elles étoient posées,
étoit composée de spaths fluors verdâtres et blancs, grenus, et si
friables qu'on ne pouvoit en enlever un morceau sans le briser.
On n'apperçut pas la plus légère trace de minérai dans le puits
au dessous des estaimples. On ordonna au maître mineur de ne
pas toucher à l'estaimple qui existoit dans le puits à la paroi du
sud-ouest, ni à la mine qui l'environnoit, et de l'y laisser encore
un certain temps.

La direction du filon principal dans ce puits est sur douze
heures. Son inclinaison est orientale. Ce filon, composé de diverses
veines de spath fluor vert et blanc, de spath pesant couleur de
chair et de glaise bleue, a jusqu'à deux toises d'épaisseur. Il est
entièrement exploité dans les deux parois du puits sur toute
cette épaisseur. A une toise au dessus du point où se trouvoient
les estaimples, est une vieille extension tant vers le nord que vers
le midi; en dessous l'ancien puits se prolonge pareillement plus
loin; et il y a même à côté de ce dernier puits, un autre vieux
puits dans le mur ou chevet.

Le vieux bois qui a été continuellement dans l'eau est encore
très-bon; il y en a même de si dur, qu'en y portant la hache il en
sort des étincelles (1).

La visite faite, les assistans s'en retournèrent au sol de la galerie
de Weisse-taube, et ils sortirent des travaux par les puits de
Dreyweiber. Ils trouvèrent au magasin, dans la provision de
minéraux, un échantillon sur lequel on voyoit encore l'empreinte
de l'entaille qui embrassoit l'estaimple. Ce morceau de mine
consistoit en spath pesant couleur de chair et en spath fusible,
et autour de l'entaille il y avoit, entre les feuilles du spath, du
cobalt, de la mine d'argent vitreuse et de l'argent vierge en
feuilles minces superficielles. On trouva encore un échantillon

---

(1) M. Schreiber pense que ces étincelles provenoient dé petites pierres qui peuvent dans
de certaines circonstances avoir pénétré le bois; il ne croit pas que dans le cas présent il y
eût déja un commencement de pétrification, auquel on pourroit attribuer ces étincelles;
j'avoue cependant que cette dernière opinion me paroît la plus vraisemblable. *

qui portoit l'empreinte d'une *flache* ou planche d'écorce, et dans cette empreinte on voyoit des fleurs de cobalt et de mine d'argent vitreuse superficielle.

On découvrit pareillement des morceaux de spath couleur de chair, tel qu'il avoit été absorbé dans le voisinage des estaimples, dont les fissures étoient remplies de cette matière rouge ferrugineuse qu'on trouve communément dans le vieux-homme ; et au milieu de ce rouge il y avoit de la mine d'argent vitreuse, et de l'argent vierge superficiel, en feuillets très-fins.

Quatre de ces morceaux de mine furent portés à l'Intendance des Mines, pour servir de pièces justificatives au contenu de ce procès-verbal : et il fut résolu qu'ils seroient conservés aussi long-temps que la décomposition, qui paroissoit prochaine, le permettroit.

Signé ,

ANDRÉ-FRÉDÉRIC KLOTZSCH,
Secrétaire des mines.

LETTRE QUATRIÈME.

Preuves des Observations précédentes.

DANS mes trois premières lettres, Monsieur, je vous ai détaillé les observations que j'ai faites dans l'intérieur des montagnes, afin d'engager quelques autres à suivre le même travail : les preuves que je vais vous présenter ici, je vous prie de vouloir bien les comparer avec les gravures et ma cinquième, lettre qui comprend la description minéralogique du Hartz.

Je rapporterai deux pièces justificatives de mes observations, savoir : la description de la galerie principale de Gédéon à Marienberg et de ses dépendances, et un traité intitulé, *Exemples de diminutions avantageuses des dépenses des mines.* Le petit avertissement qui précède ce traité, fait voir comment j'ai pu le placer ici, et ce qui y a donné lieu en général. Sa conclusion contient le tableau de l'augmentation progressive du produit des exploitations du canton des mines de Marienberg, la partie supérieure de l'Ertzgebürge, que j'ai conduite, dans l'intention d'élever ses produits conformément aux principes résultans des expériences dont je vous ai entretenu dans les trois lettres précédentes. De pareils succès semblent autoriser à admettre comme certains les principes d'après lesquels on les a obtenus. Peut-être ces principes ne sont-ils applicables qu'aux montagnes de Marienberg ; et c'est ce qui m'a fait desirer que d'autres communiquassent comme moi, leurs observations et les expériences qu'ils ont faites dans d'autres montagnes, afin de les comparer avec les miennes, pour en déduire, s'il est possible, des principes dont l'application fût plus générale. Quoi qu'il en soit, plusieurs des expériences que j'ai eu occasion de faire dans les mines de Saxe, ont été constatées aussi au Hartz. J'osai, pour la première et unique fois, annoncer d'une manière assez déterminée, dans mon traité de la galerie principale

Q

de Gédéon, d'après des principes de probabilité que je présentai fort au long, les endroits où l'on pourroit espérer des minérais dans cette mine; et l'événement justifia mes conjectures. En lisant cet article, vous verrez, Monsieur, quelle a été ma manière de raisonner; vous jugerez si elle est généralement solide : il ne seroit pas surprenant que vous y trouvassiez des endroits foibles, puisque je n'ai recueilli jusqu'à présent qu'un très-petit nombre d'observations, puisque j'ai rencontré mille obstacles dans l'exécution. Je desirerois bien actuellement m'être fixé imperturbablement au premier point que j'avois choisi pour creuser le puits, n°. 7 de la planche VIII; et je me persuade que la quantité d'eau qui devoit nécessairement y aboutir n'auroit pas dû m'en faire départir : mais il se seroit peut-être présenté dans l'exécution, des obstacles insurmontables, ou de grandes difficultés qu'on n'auroit vaincues que par des moyens très-dispendieux. Dans l'exécution d'un plan reçu, on a toujours ses imperfections sous les yeux ; au lieu que le plan rejeté ne laisse entrevoir qu'une partie de ses difficultés. Il résulte delà que ceux qui avancent hardiment, qu'en tel cas une méthode étoit préférable à l'autre, se trompent souvent. Néanmoins j'avoue que la plus ou moins grande perfection existante, après un travail achevé, doit déterminer notre jugement; et si alors, pour excuser les défauts de la méthode employée, nous n'avons d'autres moyens que d'alléguer les défauts de la méthode contraire, on peut sans injustice prononcer contre nous (1).

C'est à vous, Monsieur, qui êtes habile dessinateur, à juger du mérite des planches jointes à cet ouvrage. J'ai choisi, pour

---

(1) J'ai fait, autant qu'il m'a été possible, enluminer les planches d'après nature ; mon intention n'a pas été de donner des gravures brillantes pour frapper davantage les yeux ; mais j'ai voulu rendre plus sensible la comparaison des objets. A l'exception de deux rochers nus près du Hartz, représentés par la première planche, figure 1 et 2, j'ai mis les rochers les plus remarquables dans des vignettes, tant pour ne pas accumuler le nombre des gravures qui se monte déja à huit, que pour remplir d'ornemens utiles les espaces vides des titres et des fins d'articles. Si quelqu'un desiroit avoir séparément ces vignettes, il pourroit s'adresser à la caisse des fonds pour les savans et les artistes à Dessau, où on les lui livreroit à un prix modique. (Note de l'Auteur.)

représenter le granit, ceux de ces rochers qui approchent le plus de la régularité des couches qu'on lui dispute ordinairement.

Tous les rochers nus des cinq vignettes, et ceux de la première planche, prouvent ce que j'ai dit de la structure des masses de rochers dont sont formées les montagnes. Je n'ai pas trouvé fort exacts les dessins qu'on nous a fournis jusqu'ici ; il ma semblé que des copies fidelles de la nature, quand même elles ne seroient pas aussi agréables que je pourrois le desirer, auroient toujours le mérite précieux de donner des idées plus justes de cette sorte de structure.

Je ne puis m'empêcher de parler encore des filons représentés sur les planches II et III ; leurs gangues sont du spath calcaire blanc, mêlé d'un peu de quartz, dont une partie est teinte en rouge dans l'échantillon de la troisième planche : couleur que lui donne le feu dont on se sert pour exploiter cette mine. Cette gangue renferme de la galène, et le morceau de la planche III contient aussi de la blende brune. Vous savez combien il est difficile de représenter un filon exactement tel qu'il est dans la nature. Il est impossible de le dessiner dans sa grandeur naturelle ; le dessin toujours réduit ne peut rendre tous les caractères du filon avec la netteté qui seroit nécessaire. Les parties courbes et tortueuses de l'original sont presque en lignes droites dans la copie, ou elles se rapprochent tellement les unes des autres, qu'elles finissent par se confondre. Souvent les petites échelles ne permettent pas d'indiquer les nuances nécessaires à l'intelligence et à la clarté des objets. Pour obvier à cette imperfection inévitable, j'ai donné sur la planche II, d'après une échelle réduite, le dessin d'un filon tel qu'on le voit dans un travail en gradins, échelons ou *strosses* ; et dans la planche III j'ai représenté dans sa grandeur naturelle un échantillon traversé de petites veines, qui représentent assez exactement la manière dont se comportent les filons en grand. En coupant l'espace vide de l'encadrement de la planche II, et en remettant la bordure sur les marques faites au bord de la représentation de l'échantillon, on trouvera

assez de rapport entre ces deux dessins, le premier de grandeur
naturelle dans la planche III, et l'autre sur une échelle réduite
environ à la vingtième partie dans la planche II. Par là on pourra
comparer l'effet d'un dessin de grandeur naturelle, relativement
à la représentation exacte d'un filon, et l'effet d'un dessin réduit
à la vingtième partie. Dans ce dernier toutes les lignes approchent
déja beaucoup de la direction droite; au lieu que dans la figure
de grandeur naturelle, on ne peut méconnoître les inégalités
recourbées de toute part. Les parties de roche comprises dans
les veines s'entremêlent ou courent les unes à côté des autres,
en décrivant des lignes courbes comme ces veines elles-mêmes;
et des raies de gangues, fines comme des fils, les environnent en
plusieurs endroits. La même chose, mais dans des proportions
plus grandes, arrive positivement dans les filons. On voit ces
mêmes fils ou cordons y aboutir de toute part à leurs côtés : on
nomme ces cordons *veines joignantes* ou *partantes* et *veines laté-*
rales (1). En examinant plus attentivement ces deux figures, on
y trouvera la preuve de tout ce que j'ai dit dans ma seconde
lettre sur les filons, les gangues et les minérais qu'ils contiennent,
et sur le rocher. Je me flatte sur-tout que quelques parties de la
figure de grandeur naturelle, rendront distincte la manière dont
les mélanges de minérais et de gangues s'étendent et se confondent
avec le rocher latéral, dont j'ai parlé aussi dans ma seconde
lettre. Ce passage de minérai en rocher n'induit-il pas à penser
que la gangue avec ses minérais n'est autre chose que le rocher

---

(1) J'établis entre les veines (trummer :) qui aboutissent aux filons, une distinction
nécessaire : j'appelle *veines joignantes* celles qui, en aboutissant à un filon, forment avec sa
direction un angle aigu, dont l'ouverture est du côté de l'entrée de l'extension ou de la galerie
pratiquée sur ce filon.

J'appelle *veines partantes* celles qui, en aboutissant à un filon, forment avec sa direction un
angle aigu, dont l'ouverture est en sens contraire de celle des veines joignantes, c'est-à-dire
du côté du champ intact vers lequel on poursuit les travaux. Il en résulte qu'une veine croisante
peut être joignante et partante, et qu'il n'y auroit d'embarras pour la distinction que dans le
cas où elle feroit absolument angle droit avec le filon qu'elle croise, soit du côté du mur, soit
du côté du toit; mais cette parfaite régularité n'est pas dans la nature. L'auteur a lui-même
distingué les veines aboutissantes des *veines latérales* : *gefæhrte* ou *nebentrum*. Celles-ci
accompagnent le filon, soit du côté du toit, soit du côté du mur, sans y aboutir. *

lui-même

lui-même transformé ? Ne nous porte-t-il pas à croire qu'un mouvement intérieur occasionné par l'affluence des eaux, a transformé la masse des rochers, et produit dans les filons les corps que nous y trouvons (1)?

Je ne puis croire que ces filons, ces crevasses, etc. aient absolument été des fentes ouvertes, produites par des tremblemens de terre, remplies ensuite peu-à-peu par d'autres matières. La grande continuité suivie en ligne droite uniforme que nous nous représentons dans les filons, quand nous en esquissons les figures sur une petite échelle, nous a trompés. Sans le savoir, nous avons pris ce que nous voulons représenter tout autrement que cela n'est dans la nature. Les mots ont été choisis pour exprimer ces choses; et tandis que nous sommes forcés de continuer à nous en servir, nous restons fermement attachés aux images fausses que nous a d'abord fait prendre l'usage de ces mots. Avec quelque précaution qu'on emploie les mots *fissures*, *fentes*, *séparations*, ils n'en tiennent pas moins de près à cette idée fausse que nous nous sommes formée. Si, en les employant, on ajoutoit que ces séparations, ces fentes, ces fissures ont été produites par l'effort des eaux, et que l'espace qui paroît avoir été vide, a été rempli en même temps par la roche stérile, qui peu-à-peu s'est transformée en gangue sur sa place, on s'écarteroit moins de la nature, et l'on éviteroit les erreurs. Ainsi nous trouvons autour et près des

---

(1) Je voudrois que le lecteur pût comparer ces idées de M. de Trébra avec celles que M. Gerhard a publiées dans les §§. 143–148 de son Histoire de la minéralogie. M. Gerhard réfute, au § 147, l'opinion très-généralisée de M. de Trébra : je n'ai malheureusement pas le loisir de donner ici un extrait de son travail à ce sujet; il passeroit d'ailleurs les bornes d'une note. *

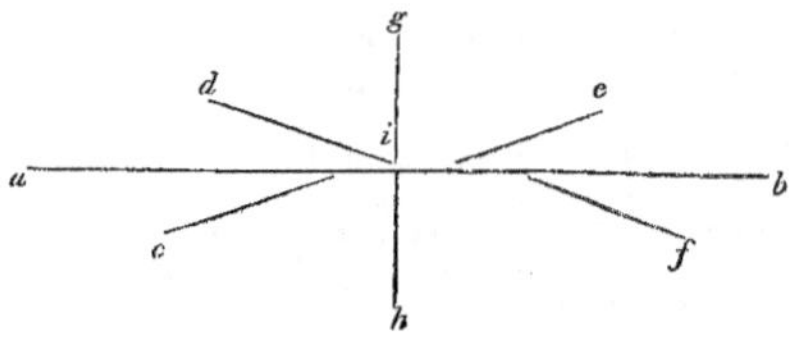

R

veines puissantes qui accompagnent les filons , toute la roche
entrelacée d'autres veines bien plus minces ; comme si pendant
l'ébranlement des tremblemens de terre qui ont produit ces
fentes ou veines , toute la roche dans laquelle ces veines se
trouvent, avoit pareillement été ébranlée, bouleversée, fracassée
en grands et en petits morceaux ; ce qui en effet auroit dû nécessairement arriver. Mais comment ces petits morceaux , qui ne sont
souvent que de la grandeur d'un pouce cubique , restèrent-ils en
place ? Comment ne se précipitèrent-ils pas dans l'espace vide du
filon principal ? comment enfin ne le remplirent-ils pas entièrement avant que la gangue pût le combler , ce qui, sans aucun
doute, ne s'est pas fait sur le champ ? Nous trouvons en plusieurs
endroits quelques-uns de ces grands et petits morceaux de roche,
enveloppés dans la gangue des veines puissantes qui accompagnent
les filons ; pourquoi ces morceaux ne tombèrent-ils pas plus bas ?
Pourquoi ne furent-ils pas suivis d'un plus grand nombre de morceaux ? Pourquoi toute la prétendue fente ouverte ne fut-elle pas
comblée par ces morceaux de roche , avant que la gangue l'eût
remplie de manière à ne laisser vides que quelques interstices
étroits , et à mettre cette fente dans l'état où nous trouvons à
présent le rocher latéral des filons ? J'accorde volontiers que dans
les contrées où les tremblemens de terre sont fréquens, les rochers
peuvent se rompre , et qu'il peut s'y former des fissures qui se
remplissent peu-à-peu de corps étrangers , et acquièrent de la
ressemblance avec nos filons ; mais j'ai peine à croire que nos
filons, et tous les filons, aient été formés ainsi, et que cette opération soit conforme à la nature. Je ne prétends pas nier non plus
que dans les filons, et en général dans l'intérieur des montagnes,
des espaces vides très-considérables ne soient la suite du lavage
des eaux, et ne puissent être remplis par le passage continuel des
mêmes eaux. On en trouve des preuves incontestables dans les
montagnes : telles sont les poches ou craques des filons, la grande
caverne d'une montagne schisteuse à Joachimsthal , dont parle
M. Ferber dans ses additions à l'histoire minéralogique de

Bohême, page 74 (1), et toutes les grottes des montagnes calcaires. Il peut aussi s'être détaché de grands et de petits morceaux de rochers qui se sont précipités dans ces cavernes creusées par les eaux; ils peuvent avoir été de nouveau enveloppés dans la gangue, ou avoir été transformés eux-mêmes, au moins en partie, en gangue ; mais il est impossible d'en inférer que tout le filon ait été un espace vide ouvert de cette manière.

On peut encore faire plusieurs observations utiles sur la figure de l'échantillon de mine de grandeur naturelle (2), représenté à la planche III, en le regardant, soit horizontalement, soit perpendiculairement. Dans ces deux cas, elle représente assez fidèlement la direction et l'inclinaison des filons. Si je considère la veine de quartz blanche étroite, qui est à la droite, comme un

---

(1) On sait que la plupart des grottes souterraines n'ont été trouvées jusqu'à présent que dans les montagnes calcaires (*) : mais j'ai des relations certaines de la découverte d'une grotte d'une grandeur assez considérable, faite le 13 septembre 1772, dans la montagne à mine formée de schiste argileux de Joachimsthal, à la profondeur de deux cents cinquante toises, dans un rocher continu et solide. La société de la minière de *Hohe-Tanne* découvrit cette grotte par la cinquième galerie de décharge, qui fut poussée à l'ouest sur le filon d'André. Peu de temps auparavant on avoit trouvé du minérai d'un pouce et demi jusqu'à trois pouces d'épaisseur; mais tout-à-coup les mineurs ayant fait un trou au sol, vers le chevet ou mur du filon, un choc violent chassa le fleuret de leurs mains, l'eau jaillit abondamment avec une grande force et beaucoup de bruit, non-seulement par le trou qui venoit d'être fait, mais encore par toutes les crevasses qu'on n'avoit pas apperçues, et qui étoient sèches auparavant; elle se répandit sur toute la strosse, et força les mineurs à prendre la fuite. Dans la suite les eaux se ralentirent au sommet de la galerie ; mais elles jaillissoient avec la plus grande violence par le trou du fleuret à plus de trois toises dans la galerie de décharge, et la machine hydraulique se trouva insuffisante pour élever tant d'eau. En conséquence il fallut construire une nouvelle roue. Lorsqu'on eut vaincu les eaux à l'aide de cette machine, on découvrit une grotte longue de onze toises et large de neuf. Son sommet étoit peu solide, et son sol comblé de blocs de pierres et plein d'eau, ce qui empêcha alors d'en sonder la profondeur. Aujourd'hui que la sixième galerie de décharge est achevée vers cet endroit, on assure qu'on n'a pas encore trouvé le fond de cette grotte.

(2) J'ai dans ma collection un grand nombre d'échantillons de cette nature, dont on peut tirer des inductions très-instructives; il est rare de trouver de pareils échantillons dans les cabinets, parce qu'ils flattent peu les yeux, et ne sont propres qu'à l'étude. Il seroit à desirer que les jeunes gens qui s'attachent à la science du mineur y fissent attention, et ne se bornassent pas uniquement aux morceaux attrayans par leur forme et leur couleur. *

(*) M. Ferber comprenoit sans doute les montagnes gypseuses sous la dénomination générale de montagnes calcaires ; il n'ignoroit surement pas qu'on trouve, dans les rochers gypseux, un grand nombre de grottes, communément remarquables par le froid vif qu'on y ressent, et qui paroît leur être propre. Je me contenterai de citer, d'après Pallas, les grottes de Barnuckowa, tome 1, page 57; celle d'Ilezkaja Sastchita, *ibid.* pages 237 et 238; celles des rochers de gypse d'Iuderskiegory, *ibid.* page 404, et celle de Kitschigin et d'Itkul, tome 2, pages 321 et 322. Les rochers gypseux paroissent renfermer beaucoup de cavités qui n'aboutissent pas au jour, et qu'on ne reconnoît que par les affaissemens de terrains, *erdfælle*, qui sont assez fréquens dans de certains cantons gypseux. *

filon dans le sens de sa direction, sur lequel on puisse pousser une galerie de A en B, je trouve que le filon, à cette distance, conserve assez bien sa direction principale, excepté à son milieu, où, dans le roc, plusieurs crevasses qui se joignent au filon, lui font prendre une direction un peu courbée. En B ces crevasses interrompent encore plus la marche du filon, et le font sortir brusquement de la ligne de sa direction. C'est justement le cas que vous observez avec tant de précision dans votre plan de minéralogie, savoir qu'un filon (1) auquel un autre filon qui le traverse a fait faire un saut ou un écart, doit être recherché du côté de l'angle obtus, et non de l'angle aigu. Le même cas est évident en C et en D; car si on pouvoit retrouver du côté de l'angle aigu le filon qui a fait un saut, il faudroit rétrograder sur le filon qui croise et qui a fait sauter l'autre, et par conséquent aller de D, où le cas est le plus sensible, en C : mais de ma vie je n'ai rencontré de filons qui m'aient fourni un pareil exemple. Ce fait même me semble prouver de plus en plus que l'affluence et l'écoulement des fluides, secondés de la fermentation, ont la plus grande part aux filons, aux crevasses, etc. ; car dans le cours ordinaire de la nature, un courant d'eau affluente prend ses contours à angles obtus, mais ne sauroit être replié, ni refluer à angles aigus.

Cette même partie de l'échantillon de mine de la planche III, si je la suppose perpendiculaire, et si je regarde ce petit filon de quartz dans le sens de son inclinaison, sur lequel on veuille approfondir un puits de A en B , ce filon sera à la vérité au commencement assez droit ; mais en B on sera embarrassé de savoir de quel côté on doit creuser pour suivre sa direction ; à l'extérieur de la montagne il finit en ce point. Un *ruschel*, suivant le langage du Hartz et l'expression Saxonne, *une veine planante* sort du chevet et dérange ou détruit entièrement le filon au toit.

---

(1) C'est ainsi que s'exprime le mineur ; il attribue une action à chaque objet, en prétendant uniquement indiquer par cette expression la nature et la situation des objets. Ainsi quand il dit qu'un filon a fait sauter un autre filon en le traversant, il ne prétend pas pour cela que cette action ait été effectivement telle, et même il ne le croit pas.

A

A la vérité un autre filon entre par le chevet dans le filon, mais son inclinaison n'est pas semblable à celle qu'avoit le filon dans le puits depuis le jour. Maintenant si en B, on se décidoit à descendre par ce puits plus bas dans la gangue, qui se prolonge encore un peu dans le sens que le puits avoit depuis le jour, on le trouveroit bientôt sans gangue dans le rocher stérile ; ou l'on arriveroit au filon étroit qui existe plus en avant au toit. On n'y découvriroit point de minérai, et on abandonneroit peut-être la fosse, en jugeant qu'un ruschel a d'abord fait sauter le filon, et l'a ensuite entièrement détruit : ou bien, si on ne l'abandonnoit pas d'abord, mais qu'après avoir fait une tentative inutile assez profonde dans le toit, on examinât en B encore une fois le filon dans le chevet, on le retrouveroit bientôt ici en C dans sa position précédente, et on diroit alors que le filon s'est entièrement rétabli. Mais à présent il reviendroit en C une veine planante ou un ruschel qui renverseroit l'inclinaison du filon jusqu'en D, et delà un autre ruschel ramèneroit le filon à-peu-près dans la pente qu'il avoit depuis le jour. Je doute que le travail fût continué jusqu'en D, si une pareille circonstance se présentoit en grand dans les exploitations, comme cela est possible ; si avec des changemens aussi variés un filon ne se trouvoit pas riche en minérai productif, il seroit certainement bientôt abandonné, uniquement parce qu'il ne resteroit pas assez constamment en ligne droite, dans la même direction et inclinaison où nous voulions qu'il fût. Que si on y trouvoit de riches minérais, on le quitteroit quelquefois, désespérant de le retrouver, et on ne suivroit certainement sa véritable route, qu'après l'avoir ainsi délaissé à plusieurs reprises, qu'après avoir inutilement dépensé beaucoup d'argent à rechercher ce filon, en suivant une ligne non interrompue ; mais si, sans se laisser induire en erreur, on restoit continuellement depuis le jour sur l'inclinaison naturelle du filon, ce seroit alors le cas dont j'ai fait mention dans mon traité sur la galerie principale de Gédéon, où la mécanique a fourni des moyens de construire des machines parfaites dans des puits irréguliers et mixtilignes.

S

Le même échantillon de mine offre encore un exemple évident de la manière dont les deux espèces de roche et le schiste sont mêlés l'un dans l'autre dans nos montagnes , quelquefois même sans aucun ordre , sur-tout à côté des filons. Le gris clair représente du grès gris du grain le plus fin , qui sur-tout se présente bien au point C; et à partir de ce point, il passe entre le schiste et descend du côté droit , étant entrelacé ainsi que ce schiste, de petites veines de filon.

J'ai encore donné dans la planche IV trois dessins de filons à la tête des travaux. Le n°. 1 est un filon de la montagne calcaire d'Iberg, dont il sera parlé dans la cinquième lettre; il est composé de galène et de pyrites cuivreuses , de mine de fer spathique de couleur isabelle, et d'un peu de spath calcaire , avec de la poix minérale au toit. Il est absolument inhérent au rocher des parois, qui est une masse solide sans aucune fente. Le n°. 2 est un filon dans du schiste de Saint-Andréasberg , où le schiste qui forme les parois a les mêmes positions que les crevasses et les veines qui le traversent. Ce filon contient de la galène et de la mine d'argent blanche, dans du spath calcaire blanc.

Le n°. 3 est un filon dans les montagnes schisteuses et de grès gris , quoiqu'il n'y ait ici que du schiste aux parois du filon. Les bancs de ces parois sont absolument parallèles à la ligne tant soit peu courbée de l'inclinaison du filon , qui renferme de la galène dans du quartz et du spath calcaire blanc. Au reste, on ne voit dans ces figures aucune lisière qui soit d'une roche particulière; il s'en trouve même rarement dans la nature de cette espèce. La figure du n°. 3 nous montre ce qu'on nomme communément lisières; des raies étroites de quartz blanc et de spath calcaire sont accolées des deux côtés à la roche des parois, et forment ici la lisière des deux raies de galène qui suivent immédiatement ; et celles-ci servent à leur tour de lisières au quartz et au spath calcaire qui sont entre elles. Quelquefois cependant la pierre des lisières est d'une espèce de gangue différente de celles qui se trouvent dans le filon, ou au moins dans la même partie du filon

dont elle forme la lisière; ce qui a donné lieu à plusieurs minéralogistes de prendre en quelque sorte la dénomination de
salband ou lisière, pour une sorte de pierre particulière, et
d'enrichir la minéralogie d'un nouveau corps appelé *lisière*. Les
craques, fours, poches et druses, plus ou moins étendus, dispersés dans les filons, sont représentés dans l'échantillon de mine
de la planche III, en F, à gauche au dessus; et dans la planche II,
en G, H, I; mais ici les gangues ne sont pas cristallisées; aussi les
cavités de filons ne renferment-elles pas toujours des cristallisations, et celles qu'elles contiennent n'ont pas toujours des formes
régulières.

Les deux cartes, planches V et VIII, représentent l'extérieur, et la planche VI l'intérieur des montagnes où résident
des filons qui contiennent des minérais. Ces cartes appartiennent
aux trois premières lettres, où on a renvoyé par des notes: elles
offrent le tableau des contrées qui, par le bénéfice considérable
qu'elles ont donné, méritent bien d'être examinées plus d'une
fois. J'ai fait connoître le bénéfice exact qu'a donné la contrée
représentée par la planche VIII, dans le tableau des profils que
j'ai joint au mémoire sur la galerie principale de Gédéon: et pour
prouver la richesse du canton tracé sur la planche V, il me suffira
de rapporter dans la lettre suivante la somme des bénéfices de
soixante-quatre années qu'a rendue la seule petite partie de la
suite des mines de Bourgstadt, où sont situées les fosses de la
Dorothée, de la Caroline et de la nouvelle Bénédicte, qui se sont
si bien montrées. Il est impossible de découvrir et de fixer avec
certitude le bénéfice de la fameuse montagne de Rammelsberg,
près de Goslar, depuis le commencement des exploitations. Le
profil de cette montagne est représenté planche VI, dans la ligne
qui fait un angle droit avec la ligne de direction de ses gîtes de
minérai; mais il est hors de doute qu'elle a produit bien des
millions: car les travaux durent depuis plusieurs siècles. On en a
déja exploité une grande étendue, et encore à présent, le produit
net se monte annuellement à près de cinquante mille rixdales.

Ne trouvez-vous pas, en jetant les yeux sur les trois cartes des planches V, VI et VIII, que les contrées à filons qui contiennent du minérai, ont bien le caractère que je leur ai attribué dans ma première lettre sur la forme extérieure des montagnes ? Et ne croyez-vous pas qu'en voyant des contrées pareilles, on ne puisse en tirer une induction fondée en probabilités sur leur richesse intérieure ? J'accorde volontiers que les probabilités tirées de l'extérieur des montagnes ont encore peu de solidité ; mais ne peuvent-elles pas en acquérir davantage par des observations soutenues, et quelqu'un seroit-il tenté de leur préférer la baguette divinatoire ?

La planche VII représente une contrée pleine de filons découverts avec la baguette, par un de ces hommes merveilleux (1). Elle a été tracée par le géomètre souterrain qui l'accompagnoit, suivant la méthode enseignée dans la géométrie souterraine d'Auguste Beyer de Freyberg, figures 1 et 2. A-t-on jamais trouvé une montagne si richement parsemée de filons ? Je n'en dirai pas davantage sur un objet dont la fausseté est trop frappante. L'académie des mines de Freyberg a beaucoup contribué à détruire en Saxe le misérable préjugé de cette baguette divinatoire. Il n'y a pas cinquante ans que les résolutions les plus importantes étoient encore déterminées par le dire d'un juré tourneur de baguette. C'est dans ces temps obscurs qu'a été tracée la figure de la planche VII. Il existoit encore quelques vestiges de cet usage après la création de l'académie ; mais elle a aidé à l'extirper entièrement. La géométrie nous fournira des moyens tout-puissans d'acquérir de plus grandes probabilités sur le rapport de la forme extérieure des montagnes, avec leur richesse ou leur pauvreté intérieure. Elle mesurera un grand nombre d'élévations et d'enfoncemens de la superficie des montagnes productives en

---

(1) Des cartes tracées sur des indications de Bleton, paroîtroient tout aussi extraordinaires aux connoisseurs, que la planche VII de cet ouvrage ; je ne me permettrai aucune autre réflexion à ce sujet. *

mines ,

mines , comme j'ai hasardé de le faire planche VI et VIII, et elle comparera avec ces cartes les dessins des contrées qui ne renferment que peu ou point de minérai. Attendons tout du temps à cet égard. Les vingt dernières années ont été très-favorables à l'exploitation des mines ; peut-être les années sui-vantes le seront-elles encore davantage , si j'en juge par le zèle qui anime maintenant les naturalistes. Le cercle de nos connois-sances s'agrandira peu-à-peu, et nous deviendrons mineurs plus heureux, à mesure que nous serons plus familiarisés avec la nature, et plus affranchis de préjugés.

Je suis , etc.

LETTRE CINQUIÈME.

Description minéralogique du Hartz.

JE terminerai notre correspondance par les observations que j'ai faites sur les diverses espèces de roche dont les montagnes du Hartz sont composées. Je vous les décrirai avec autant de briéveté qu'il me sera possible, de manière cependant que vous puissiez juger si, dans mes recherches, j'ai suivi la méthode que vous m'avez indiquée. Parmi ces substances singulièrement variées, il en est une qui m'a d'autant plus intéressé, que je ne me souviens ni de l'avoir rencontrée ailleurs, ni d'en avoir vu la description dans aucun auteur. C'est un grès de couleur grise (1) qui, alternativement avec le schiste argilleux, constitue la plus grande partie de nos montagnes à filons, comme le gneiss ou le granit feuilleté constitue celles de Saxe. Ces deux espèces de roches ne sont pas semblables par-tout; tantôt elles occupent séparément une grande étendue; tantôt ce sont des couches de schiste plus ou moins épaisses, que limitent des masses très-considérables de grès. Quant au grès, il n'est point du tout divisé (2) en couches régulières, à moins que des couches de schiste n'aient donné lieu à cette disposition, ce qui est très-rare. Outre ce mélange qui est assez singulier, on trouve dans plusieurs de nos montagnes du Hartz, des masses plus ou moins considérables de schiste et de grès gris mêlés avec une telle confusion, qu'on ne peut assigner la place qu'ils occupent l'un et l'autre; on ne peut même pas déterminer avec exactitude la ligne de démarcation qui les sépare. Souvent on trouve des morceaux de grès gris de la grosseur de la tête, et quelquefois plus considérables, enveloppés dans du schiste; comme aussi du

---

(1) Le Hartz n'est pas l'unique pays où les mines se trouvent dans les grès. Les mines des Vosges, et particulièrement celles de Geromanie, de Sainte-Marie et de la Croix aux Mines, nous en fournissent de nombreux exemples. *

(2) Voyez la planche I, n°. 2.

schiste dans du grès gris ; avec cette différence que le premier se
divise en tables et en feuillets, (propriété qui est commune à
toutes ces sortes de roches) au lieu que le dernier se casse en
parties sphériques et cubiques informes.

Les parties constituantes du grès gris sont du quartz et de
l'argille d'un bleu foncé tirant sur le noir : le grain de ce
mélange tel qu'on le trouve en grandes masses dans les montagnes, et sur la disposition duquel la pesanteur spécifique
n'influe pas plus que dans le granit, le gneiss et les autres espèces
de pierres composées, est ordinairement fin, de la grosseur
d'une tête d'épingle. Les deux parties constituantes sont si intimement liées ensemble, que l'œil ne peut souvent les distinguer.
Le quartz y est plus abondant que l'argille bleue, qui ne s'y trouve
que dans la proportion nécessaire pour lier et envelopper légèrement le quartz ; de sorte qu'il résulte de ce mélange un tout plus
compacte. La finesse du grain de la masse fait qu'on est tenté de
la regarder simplement comme un quartz gris tirant sur le bleu,
sur-tout lorsqu'il est à une profondeur considérable et éloigné
des filons, où ces parties constituantes se trouvent comme fondues
ensemble. Il me semble que dans ces circonstances, le grès gris ne
diffère pas essentiellement d'une pierre mélangée que les minéralogistes désignent sous le nom de *porphirite*, *pseudoporphire*, ou
roche porphirique, qui est communément composée d'une argille
ferrugineuse plus ou moins rouge, dont la dureté égale celle du jaspe,
et qui renferme des grains de quartz isolés. Toute la différence qu'on
remarque, c'est qu'il y a moins d'argille dans ce grès gris, presque
à proportion qu'il y a moins de quartz dans la roche porphirique.
L'argille d'un bleu foncé, se présente quelquefois sous la forme
de petits feuillets minces de schiste, interposés entre les grains
raboteux de quartz, dont les interstices ont été remplis par une
petite quantité d'argille, sans laquelle ils seroient restés vides en
grande partie : c'est par cette structure de l'argille, que cette espèce
de pierre diffère encore du rocher porphirique.

D'après la description détaillée que je viens de donner du grès gris et de ses principes, il doit être rangé parmi *les roches porphi-riques* (1), dont il n'est qu'une variété ; c'est le moyen de ne pas augmenter inutilement la suite des espèces, qui d'ailleurs sont déja trop multipliées en minéralogie. Telle est en général la composition fondamentale du grès gris que je viens de décrire. Le mélange que je vais vous faire connoître n'en est qu'une variété : on peut la rencontrer dans les rochers de granit, de gneiss, etc. Les parties constituantes de cette variété de grès gris, renferment des grains de quartz plus gros, et des morceaux de schiste argilleux d'un bleu foncé, de la grosseur d'une lentille ou d'un gros pois. Ceux-ci pour l'ordinaire y sont clair-semés, ou bien ils s'y trouvent en plus grande quantité, sur-tout à la surface de la terre, où ils sont de la grosseur de petites fèves. J'ai aussi trouvé cette variété des grains de quartz et d'argille de la grosseur des pois, à une profondeur de quatre-vingt toises près des filons et entre les veines. Quoique les grains de quartz soient ici d'un plus gros volume, ils sont toujours plus nombreux que les fragmens de schiste. Ces deux différens fragmens de quartz et de schiste varient dans leurs angles solides, qui sont émoussés et tronqués : lorsqu'on les détache, ils laissent toujours l'empreinte de leur forme sur la base qui les contenoit. Le quartz n'a point ce brillant parfait, ni ce coup-d'œil vitreux dans sa cassure, comme dans les rochers porphiriques ; quelquefois laiteux et opaque, il est plus ordinaire-ment mat et tout au plus demi-transparent : on le trouve souvent

---

(1) M. Schreiber, directeur des mines de *Monsieur* à Allemond, aime mieux mettre le grès gris de M. de Trébra au rang des roches sableuses, et le distinguer des pierres de sables ordinaires par la dénomination de *grès primitif*. Il croit que ce grès provient du *detritus* de montagnes granitiques, et qu'il est semblable au grès des montagnes stratifiées qui renferment du charbon fossile, auquel il attribue la même origine. Selon lui, le schiste se formant des parties les plus atténuées de ces détrimens, doit constamment accompagner le grès à gros grains de notre auteur, et il lui semble probable que le mica qui existoit dans le granit, ne se voit plus dans le grès et dans le schiste du Hartz, parce qu'il peut avoir été détruit, converti en argille, être devenu sous cette forme le gluten qui a réuni les parties quartzeuses, ou s'être changé en schiste.

Les empreintes de plantes et les coquillages découverts par M. de Trébra dans le grès gris du Hartz, ne nous permettent pas de le désigner sous le nom de *grès primitif* ; mais j'adopte avec plaisir l'idée que M. Schreiber a conçue de sa formation. *

enveloppé

enveloppé d'une croûte argilleuse isabelle, et plus fréquemment
encore toute sa masse paroît être sur le point de se décomposer
en argille. On apperçoit dans celui dont le grain est plus grossier,
sur-tout près des filons et entre les veines, des masses d'argille
blanche de forme quartzeuse, et quelquefois ce quartz est argille
d'un côté ; quelquefois une croûte argilleuse le recouvre entièrement. Cette argille paroît provenir de la décomposition totale
du quartz, qui a passé à l'état de terre de porcelaine. *Le granit*
nous fournit quelquefois des exemples d'une semblable métamor-
phose. On y reconnoît le *feld-spath* changé en tout ou en partie,
en terre à porcelaine. Même dans le composé où les deux principes sont d'un grain fin, le quartz se change en argille blanche :
alors, si l'on n'examine pas attentivement le rocher, on lui trouve
beaucoup de ressemblance avec une espèce de lave, provenante
des côteaux volcaniques du vieux Brisach, dont mon ami, M. le
Baron de Dietrich, m'a envoyé un échantillon pour en faire la
comparaison. Toute la différence que j'y trouve, c'est que le grès
gris est, dans cet état, plus pesant que la lave, et que les grains
de quartz non décomposés ont un coup-d'œil plus grenu ; au
lieu que la matière qui remplace le quartz dans la lave paroît
plus compacte et plus dense, et celle qui occupe la place de
l'argille bleue a ici plus d'éclat, et est parfaitement semblable
au mica.

Parmi les gros grains de quartz dont cette seconde variété est
parsemée, on trouve quelques grains de quartz verdâtre ; mais
cela est rare : ceux que j'ai vus avoient quelque chose du chatoie-
ment des chrysolites. J'ai pareillement rencontré en quelques
endroits, des parties quartzeuses rougeâtres, dont l'extérieur
faisoit illusion au point que j'aurois pu les prendre pour du feld-
spath, si je ne les eusse plus scrupuleusement examinées. Si l'on
veut nommer *brèche* ce grès gris entremêlé de gros fragmens
quartzeux et schisteux, j'y consens ; mais il faudroit ajouter que
toutes les montagnes ne sont pas formées de cette brèche, et
qu'elle n'y est pas distribuée par couches particulières, ni par bancs

suivis. Un tel mélange n'a quelquefois que la largeur d'une main,
d'un pied ou d'une toise d'étendue; il occupe toujours un espace
peu considérable, au-delà duquel le mélange principal continue
avec ou sans grains de quartz plus petits que des lentilles : il n'y
a pas le moindre indice de séparation; il fait avec cette brèche
un tout continu. Aux endroits où le grès gris se mêle au schiste
argilleux, son grain est plus fin; on n'y apperçoit presque plus de
ces petits grains de quartz qui se distinguent ailleurs : on voit des
raies de grès gris de l'épaisseur d'une ligne ou d'un pouce, limitées
par des feuilles de schiste; la séparation de ces deux substances
est assez nettement prononcée pour qu'on les distingue l'une et
l'autre au premier coup-d'œil. Souvent le grès gris est comme tissu
ou entrelacé avec le schiste sans limites visibles; et à ce point on
n'apperçoit, même avec la loupe, rien autre chose que du schiste
d'un gris clair et d'une texture parfaitement feuilletée, forme qu'il
n'affecte jamais lorsque son grain est plus gros. A ces mêmes
endroits on retrouve toujours, à l'aide de la loupe, les principes
sous forme de points blancs et bleus, mais dans l'état de schiste,
c'est-à-dire feuilleté. Dans les grandes masses divisées en bancs par
le schiste, on trouve des parties dans la couleur grise-claire, d'où
partent des traits déliés, qu'on diroit avoir été tracés avec un pinceau
trempé dans de l'encre de la Chine. Ces raies sont schisteuses,
et leurs directions sont très-peu courbées; elles se dispersent à la
fin dans le gris-clair du grès gris, ou elles se réunissent et forment
une raie plus épaisse, et déterminent ainsi séparément une partie
de schiste. C'est cette dernière disposition de la roche qui, après
plusieurs considérations, m'a fait soupçonner que le grès gris peut
subir un changement analogue aux transformations qui ont lieu
dans les autres espèces de roches. L'humidité, conjointement avec
la chaleur intérieure des montagnes, ne peut-elle pas en effet
changer le grès en schiste, à l'aide d'une fermentation insensible
qu'elle ne manquera pas d'exciter?

Ce qu'on remarque de plus singulier vers les limites qui séparent le grès gris du schiste, ce sont des figures de roseaux et

d'autres espèces de gramens (je me sers du mot *figures* pour un moment, parce que plusieurs ne sont effectivement rien autre chose). Je suis cependant tenté de regarder la plupart de ces phénomènes comme de véritables empreintes des corps, dont je les ai nommés les figures, à cause de leur parfaite ressemblance avec eux (1). Néanmoins je ne prononcerai pas encore sur ce point, parce que je ne les trouve qu'aux endroits où le grès gris paroît avoir été changé en schiste, et qu'ils ne se présentent pas toujours sous les caractères distinctifs d'une empreinte parfaite. Peut-être ces figures ont-elles été produites comme plusieurs autres minéraux, qui se sont cannelés et articulés au moment où le grès gris s'est changé en schiste. J'en possède deux morceaux très-beaux; l'un ayant la ressemblance d'une pomme de pin, est sans doute l'empreinte d'un épi de roseau; l'autre, que j'ai trouvé moi-même, se présente sous la forme d'une baguette ronde de six lignes d'épaisseur, articulée et cannelée tout autour, et conservant l'écorce qui l'enveloppe. Cette empreinte n'est, suivant moi, qu'une tige de jonc dont le creux aura été rempli par le grès gris; les articulations proviennent peut-être des jets annuels. Si l'on prétend que toutes ces formes sont de simples jeux de la nature, si l'on suppose qu'elles ont été produites par le hasard, comme dans plusieurs autres corps du règne minéral, ou par le rapprochement lent des molécules, comme les cristallisations dissoutes; que dira-t-on des coquilles et des cornes d'ammon changées en pyrites (2), que j'ai trouvées aux endroits où le

---

(1) Si nous admettons la formation du grès telle que la suppose M. Schreiber, il faudra croire avec lui que les montagnes en destruction auxquelles cette substance doit son origine, étoient couvertes de plantes, et que ces plantes, enfouies lors de la révolution, ont produit de véritables empreintes.

On ne manquera pas de nous faire cette objection, qu'en général peu de plantes croissent sur les montagnes qui se trouvent dans l'état de destruction. Nous répondrons que les montagnes se conservent et ne tombent plus en ruine, lorsque la végétation est une fois bien établie à leurs sommets. Or, il ne s'agit pas ici d'une destruction lente et progressive, mais d'une révolution prompte et terrible; rien dans cette supposition ne me paroît s'opposer au système de M. Schreiber. *

(2) Des coquilles converties en pyrites ne sont plus de simples empreintes : il est possible qu'il soit resté sur l'empreinte une feuille pyriteuse, par laquelle l'auteur a jugé que le coquillage auquel l'empreinte étoit due, avoit lui-même subi ce changement. *

schiste alterne avec le grès gris dans nos montagnes? ne prouvent-elles pas incontestablement que le grès et le schiste ne peuvent appartenir aux rochers primitifs de granit et de gneiss, qui ne renferment aucun corps animal ou végétal? Je ne puis m'empêcher de faire encore mention d'une petite couche de poix minérale impure, mêlée de terre (1), (d'une ligne d'épaisseur) ayant l'aspect du charbon fossile (2) qui se trouve souvent sur ces empreintes d'herbes, ou seule aux endroits où le schiste confine avec le grès gris. Quoique cette poix, qui ne donne aucune odeur, ne fasse que pétiller et s'éclater au feu, je l'ai rangée parmi les bitumes, depuis que j'ai trouvé dans le grès gris de la véritable poix minérale coulante, s'épaississant peu-à-peu à l'air libre, et depuis que j'ai rencontré, dans les montagnes de Lautenthal, un schiste alternant avec ce grès, qui donne une odeur de soufre, et brûle devant le soufflet comme du charbon de pierre.

Dans la description que j'ai faite du grès gris, je n'ai pas parlé du mica qu'on trouve dans la plupart des pierres de roches, parce que je n'en ai jamais apperçu la moindre parcelle dans le schiste, ni dans le grès gris de nos hautes montagnes métalliques de Clausthal, d'Altenau, de Zellerfeld, de Lautenthal, de Wildeman et de Grund. J'ai quelquefois vu des morceaux de schiste, qui, exposés au soleil, avoient l'éclat du mica; mais en examinant les parties fines qui réfléchissoient la lumière, je me suis apperçu que ce n'étoient que les surfaces unies du schiste. Plus d'une fois aussi j'ai cru remarquer dans le grès gris du Hartz supérieur, une parcelle de mica; mais après un moment d'attention, je me suis convaincu de même que cet effet étoit dû à la réfraction de la

---

(1) Argilleuse sans doute? *

(2) Cette observation confirme l'opinion de la plupart des naturalistes, qui attribuent l'origine des charbons de terre à la destruction des végétaux.

M. Schreiber remarque que les plantes étant légères, ont dû rester suspendues dans le fluide qui les charioit, plus long-temps que les grains de pierre dont le grès à gros grains est constitué. Ces plantes, ajoute-t-il, ne se sont déposées qu'avec les parties terreuses très-fines, et c'est par cette raison qu'elles se trouvent en plus grande abondance entre le schiste et le grès, qu'autre part. *

lumière.

lumière. Cependant dans le grès gris que fournissent les montagnes plus basses, qui se joignent aux montagnes à couches de
schiste cuivreux, près de Lauterberg, j'ai trouvé du mica en petites
feuilles argentines, composé parfaitement des mêmes principes
que celui du Hartz supérieur : il n'étoit jamais en grande quantité
mais j'en découvrois assez fréquemment. Le schiste qui, dans les
montagnes attenantes à la plaine, alterne, comme au Hartz supérieur, avec le grès gris, est très micacé : le mica y est mêlé en
très-petites feuilles minces argentines ; et le schiste moins bleu,
tirant sur le gris jaune, n'affecte aucune empreinte d'herbe. Du
côté opposé, dans les montagnes basses du Hartz, près Goslar,
sur le Rammelsberg, j'ai trouvé une espèce de roche qui approche
beaucoup du grès gris de Lauterberg, avec la seule différence
que le grain du mélange est ici plus fin, plus serré, la couleur
grise plus claire, et que la texture en est quelquefois feuilletée ;
il y a pareillement beaucoup de mica fin (1). Dans toute la
montagne de Rammelsberg, cette espèce de rocher alterne aussi
avec le schiste d'un bleu foncé, mais c'est toujours en grand. La
cinquième partie de la montagne, qui y constitue la base et le
chevet des gîtes de minérai, consiste en schiste argilleux, propre
à couvrir les toits quand il est solide ; même dans le gîte du minérai
on en trouve des traces, et le toit de ce gîte, ou les $\frac{4}{5}$ de la
montagne vers sa cime, sont composés de ce rocher semblable au
grès gris. Je ne fus pas peu surpris, l'automne dernier, d'appercevoir dans cette montagne de grès gris, à environ deux cinquièmes
de la hauteur totale du Rammelsberg, et conséquemment au toit
du gîte de minérai, plusieurs couches de quelques pieds et plus
d'épaisseur, remplies de coquilles et de coraux. Ces êtres, qui ont
autrefois appartenu à la mer, étant en divers endroits couverts de
galène, de blende et de pyrites, ne sont caractérisés qu'aux limites
des bancs ; vers l'intérieur ils sont intimement mêlés et confondus
avec le rocher. On ne les reconnoîtroit pas pour ce qu'ils sont,

---

(1) Voyez la planche VI.

X

si des caractères qu'ils ont conservés aux confins des couches ne les distinguoient : ils font beaucoup d'effervescence avec les acides, tandis que l'espèce de grès gris qui les renferme, rend des étincelles très-vives au briquet.

Dans le grès gris et dans le schiste de nos montagnes métalliques du Hartz, le changement de couleur et de densité a lieu, comme dans le granit, dans le gneiss et dans toute autre espèce de rochers. Je n'y ai jamais rencontré, non plus que dans les filons, ni schorl, ni blende cornée, ni grenats, etc. comme dans le gneiss et dans le granit. J'ai trouvé plus d'une fois dans le schiste, aux crevasses et séparations, près des filons principaux ou éloignés, dans le simple rocher, de la glaise bleue, qui n'est autre chose que ce schiste décomposé. J'ai pareillement trouvé dans le grès gris, comme dans le schiste, de la moëlle de pierre, avec de la blende d'un rouge foncé et briqueté, de la mine de fer spathique jaune, quelques parties dispersées de spath calcaire, et quelques boutons et des écailles de galène. Parmi ces matières, le hasard m'en a depuis peu fait découvrir une qui a fixé mon attention. Dans un morceau de grès gris qui renfermoit de la pyrite, de la blende et de la galène, j'apperçus une matière blanche, que je pris d'abord pour de la moëlle de pierre ; ce morceau provenoit du rocher, à cinquante toises de profondeur de l'une des extrémités de la galerie principale de Georges, où l'on avoit rencontré beaucoup de fissures peu considérables dans le rocher. La blende me parut avoir de la ressemblance avec la blende rouge de Scharfenberg, et je vis, en l'essayant au curedent, qu'elle rendoit comme celle-ci une lueur phosphorique ; mais cette lueur étoit foible, et j'en attribuai la cause aux matières qui étoient mêlées dans ce morceau. Je m'en fis apporter plusieurs autres contenant seulement de la blende ; je n'en obtins aucune lueur, de quelque façon que je m'y prisse : je revins alors à mon premier échantillon, dont je considérai avec soin les endroits phosphoriques. Les étincelles sortoient de cette matière blanche, que d'abord j'avois regardée comme une moëlle de pierre ordinaire, parce qu'elle ne faisoit point effervescence avec les acides. Après

un examen plus exact à la loupe, je trouvai que c'étoit un talc en
écailles très-fines (1), d'une blancheur éblouissante, suivant ses
caractères extérieurs. Je me suis procuré par la suite plusieurs
échantillons de ce nouveau corps minéral : ils étoient solides,
demi-transparens, d'une couleur nacrée, et tirant quelquefois un
peu sur le verdâtre ; quelques-uns se trouvoient moins écailleux
et peu friables : tous ont la propriété phosphorique dont je viens de
parler, mais en frottant les corps plus denses, il faut appuyer
davantage, ou même se servir d'une épingle au lieu d'une plume.
Suivant les expériences de notre laborieux chimiste M. Ilsemann,
cette matière donne de l'alun ; il faut en conséquence la placer
parmi les moëlles de pierre, quoiqu'elle appartienne, suivant ses
caractères extérieurs, à la classe des talcs. Je pense que le nom
de *talc phosphorique et alumineux*, exprimant à-la-fois les deux
caractères de ce nouveau corps minéral, lui convient parfaitement.

Après vous avoir décrit la principale espèce de rochers dont
nos montagnes à filons sont composées, je passe à ceux qui sont
moins remarquables ; et pour mieux saisir le tout, je vous décrirai
ces montagnes dans l'ordre qu'elles suivent entre elles, depuis le
point le plus élevé jusqu'au point le plus bas. Le point le plus
élevé est la montagne à deux sommets, connue de tout le monde
sous le nom de *Brocken* (2), qui forme la pierre angulaire de toutes
les montagnes du Hartz, aux limites les plus reculées du côté du
nord : l'un de ces sommets s'appelle *le grand Brocken* ; il est situé
à l'est, et après une pente très-rapide qui s'étend jusqu'à la vallée
de Wernigerode, il se réunit à des montagnes peu élevées, qui se
perdent enfin dans la plaine de Halberstadt et de Quedlimbourg.

---

(1) Selon M. Schreiber, cette substance est absolument pareille à la craie de Briançon, ou
au talc de Venise. *

(2) Il y a plusieurs descriptions de la montagne du Broken : je crois que M. Deluc est le
seul auteur qui en ait fait mention dans notre langue. On en trouve quelques détails à la page
258 du troisième volume de ses Lettres physiques sur l'Homme et les Montagnes. M. Bernoulli
en a donné une notice dans le cinquième volume du recueil de ses voyages, et M. Schraeder
en a publié à Dessau, en 1785, une description en 2 volumes in-8°.

De l'autre sommet appelé le *petit Brocken*, s'étend à l'ouest la crête très-élevée, que nous nommons *Bruchberg*, presque à angle droit avec le méridien; elle partage toute la suite des montagnes du Hartz en deux parties à-peu-près égales. Je suivrai cette division naturelle dans ma description : je commencerai par le *Bruchberg;* je prendrai ensuite la partie qui est à son midi, puis celle du nord ; enfin je suivrai pas à pas chacune de ces parties de l'est à l'ouest.

La maison du pont de l'Oder, (*Oderbrücken-haus*) est située proche le plateau le plus élevé du Bruchberg, d'où s'étend, du côté du nord, une plaine tourbeuse (1) et marécageuse d'une

---

(1) Depuis environ quinze ans, les étrangers ont essayé diverses manières de tirer de leur tourbe un charbon plus ou moins bon, qu'ils emploient, suivant sa qualité, à différens usages ; peut-être ne sera-t-on pas fâché de trouver ici la note de leurs expériences, que l'on pourra comparer à celles qui ont été faites dans le royaume à cet égard.

En général on peut distinguer trois espèces de tourbe : la fibreuse, *stechtorf*, qu'on coupe et qu'on lève en mottes formées en briques; la marécageuse, *moortorf*, que l'on pêche et qu'on moule ; enfin la terreuse, *erdkohl* ou *dras*, qui approche beaucoup de la terre d'ombre.

La tourbe fibreuse n'est pas, dans toutes ses variétés, également propre à se convertir en charbon : celle qui, entiérement formée de petites racines, est jaunâtre et très-légère, donne un charbon qui n'a point de consistance et ne paie pas les frais de l'opération. Celle au contraire qui est dense et compacte, qui a des fibres rares et une couleur brune noirâtre, produit, ainsi que la tourbe marécageuse, d'excellent charbon. Seulement il faut, avant d'employer la tourbe fibreuse, avoir soin de la bien presser pour la rendre plus compacte ; l'une et l'autre de ces deux espèces de tourbe , lorsqu'on les destine à être converties en charbon, doivent être parfaitement sèches , et telles que jetées dans l'eau, elles ne s'en imbibent qu'après un assez long espace de temps.

M. Pfeiffer , dans son petit traité sur la manière de généraliser l'usage du charbon de terre et de la tourbe, publié en 1775, nous donne, à la page 47, la méthode de dessécher, avant même de la tirer, la tourbe qui se trouve dans les terrains plats, où il est impossible de se procurer une pente pour faire écouler les eaux. Il observe que sous la couche de tourbe, il se trouve toujours une couche d'argille, et plus bas une de sable. Il conseille, d'après sa propre expérience, de creuser dans le marais à tourbe, et jusqu'à la couche de sable, un ou plusieurs puits, suivant l'étendue du terrain. En décrivant la construction de ces puits , il indique aussi le moyen d'empêcher qu'ils ne se bouchent ; les eaux des tourbières s'y rendent et se perdent insensible-ment dans le sable.

En Hollande , on convertit la tourbe en braise, à feu ouvert, en la recouvrant lorsqu'elle est embrasée : cette braise ne sert guère qu'aux chaufferettes des femmes.

En Allemagne , on a employé trois procédés différens pour charbonner la tourbe : d'abord on l'a disposée en meules ; ensuite on s'est servi de fourneaux, sans recueillir aucune des subs-tances qui s'évaporoient pendant l'opération ; enfin on a disposé les fourneaux de manière à recueillir toutes ces substances. Messieurs Cramer et Schreiber ont publié les deux premières de ces méthodes : M. Pfeiffer décrivit la dernière en 1777.

Le premier , et en même temps le plus simple de ces procédés , étoit usité dans le comté de

demi-

demi-lieue de largeur environ, jusqu'au *Communion-Torfhaus*, maison de tourbe de la Communion ; et à-peu-près d'une

---

Wittgenstein ; il consiste à former des meules, dont le diamètre ne doit pas excéder douze pieds, et la hauteur trois pieds ou trois pieds et demi au plus.

Ces meules doivent être conservées sèches, et placées pour cet effet sous un hangar où l'air circule librement. La meule se forme en élevant autour d'un pilier de bois qui leur sert de centre, des couches parallèles de briques de tourbe : on y met le feu, on couvre la meule, et à mesure qu'il s'y forme des affaisemens auxquels la tourbe est sujette, on remplit le vide avec de la nouvelle tourbe, en observant de conduire le feu comme celui des fourneaux à charbon de bois. M. Cramer pensoit qu'on obtenoit autant de charbon par cette méthode, que par celle des fourneaux dont nous allons parler. Le charbonnage de la tourbe dans les fourneaux, étoit encore en activité au *Bruchberg*, à mon passage au Hartz en 1781. M. le comte de Stolberg y avoit fait établir des fourneaux en fer, qu'on pouvoit distinguer des fenêtres de la vice-intendance des mines de Zellerfeld. Ces fourneaux, que les neiges m'empêcherent d'aller voir, étoient de la hauteur de douze pieds, composés de trois pièces cylindriques de fonte de fer, dont la première étoit posée sur une base, au centre de laquelle on remarquoit un trou qui pouvoit se fermer par une porte. A la partie supérieure de cette première pièce, on voyoit un rebord fait pour recevoir la seconde, et il en étoit de même à la partie supérieure de celle-ci, destinée à supporter la troisième, sur laquelle s'adaptoit un couvercle.

Pour charbonner la tourbe, on mettoit quelques barres de fer sur l'ouverture de la base ; on recouvroit cette espèce de grille, de paille et de copeaux ; on remplissoit ensuite le fourneau par l'ouverture de la troisième pièce : on mettoit le feu ; et dès que la tourbe étoit embrasée, on fermoit la porte adaptée au trou de la base, et on la lutoit hermétiquement.

A mesure que la flamme pénétroit, la tourbe s'affaissoit, et on continuoit à remplir le fourneau de nouvelle tourbe, jusqu'à ce qu'il ne s'affaissât plus, ayant soin de mettre à chaque fois le couvercle. Enfin on couvroit le tout, ainsi rempli, de poussier de charbon ; on lutoit hermétiquement le couvercle : en dix ou douze heures la tourbe étoit charbonnée, et il ne falloit pas moins de temps pour refroidir le fourneau. Cette opération réduisoit ordinairement la masse de la tourbe à moitié, et trois mille briques rendoient environ cinquante-deux pieds cubes de charbon.

M. Cramer a proposé de construire ces fourneaux en pierre, et de les revêtir intérieurement de ciment, pour que l'air n'y pénètre pas.

M. Pfeiffer, instruit du travail de Becher sur la manière de dépurer le charbon de pierre, et d'en retirer le goudron, a décrit un four propre à en obtenir successivement toutes les substances qui s'en dégagent pendant la dépuration ; et cet auteur se sert du même fourneau pour le charbonnage de la tourbe, dont il a obtenu des produits semblables à ceux du charbon de pierre, mais en moindre quantité.

Il blâme le procédé des meules, parce que, dit-il, le charbon déja foible de la tourbe, fabriqué pour ainsi dire en plein air, peut difficilement conserver quelque utilité. Il rejette les fourneaux de fer, parce que les liqueurs qui s'évaporent pendant l'opération, les corrodent et les détruisent. Il condamne tous les fourneaux qui laissent perdre les liqueurs qui s'évaporent de la tourbe pendant la dépuration. Enfin, il substitue son fourneau, dont la description très-détaillée passe les bornes d'une note : il en obtient un charbon beaucoup plus solide que par les autres procédés, et de plus, du goudron, des huiles propres à tanner les cuirs, comme il les avoit obtenus en grand du charbon de pierre, long-temps avant que Milord Dundonald eût publié ses opérations comme une découverte.

Tous les auteurs que je viens de citer, avancent que le charbon de tourbe ne donne aucune odeur. Celui qu'on fabrique en meule est très-friable ; il ne peut supporter le transport, et se détériore beaucoup à l'humidité : celui des fourneaux, et sur-tout de ceux de M. Pfeiffer, est plus solide. Cet auteur nous donne, à la page 19 de la petite brochure qu'il a publiée en 1777,

lieue en longueur vers l'est, jusqu'au pied du petit Brocken.
De l'Oderbrücken-haus il faut deux bonnes heures pour arriver à
la plus haute cime du grand Brocken, qui, suivant les observations faites avec le baromètre de l'infatigable naturaliste M. de
Luc, est élevée au dessus du même Oderbrücken-haus de 172,93
de toises, et de 264,86 de toises au dessus de Clausthal,
suivant la même méthode.

Toute cette contrée est composée de granit (1), de quartz, de
mica noir et de feld-spath presque blanc, tirant tant soit peu sur le
couleur de chair. Le feld-spath et le quartz y sont à-peu-près en
parties égales, mais le mica s'y trouve en moindre quantité : le
granit de ces trois principes est d'une finesse moyenne. Les
échantillons qui m'ont servi à reconnoître ce mélange ont été
détachés d'un rocher isolé du grand Brocken, appelé *Teufels-
Kantzel*, et des grands blocs qui avoient été découverts par l'enlè-
vement de la tourbe. Ce rocher isolé étoit dans sa décomposition;
sa couleur et sa solidité paroissoient proportionnées, les blocs se
trouvoient plus compactes, quoique le feldspath de leur superficie
s'approchât aussi de l'état de terre de porcelaine; de sorte que
ces masses, au milieu de la terre noire de tourbe, offroient dans
le lointain l'aspect des rochers gypseux. Le petit Brocken, situé à

---

un moyen fort simple de distinguer, par une expérience peu coûteuse, lesquelles de ces substances sont les plus susceptibles d'être dépurées avec bénéfice. M. le comte de Vernigerode a
fait employer avec succès son charbon de tourbe du Bruchberg, à la fonte des mines de fer.
Dans le comté de Wittgenstein, on s'en est dégoûté pour cet usage, parce qu'il revenoit trop
cher, relativement à l'effet qu'il produisoit, et au bas prix du charbon de bois.

On a cru remarquer que la tourbe, dont on s'est servi dans les hauts fourneaux, augmentoit
la quantité de fonte de deux jusqu'à quatre pour cent, par le fer qu'elle fournit; mais comme
ce fer qu'elle contient est quelquefois de mauvaise nature, il convient de ne l'employer qu'avec
précaution, et après l'avoir essayé, pour qu'il ne communique pas son vice à la fonte. Le rapport
de la tourbe aux mines de fer en marais, dont le défaut ordinaire est d'être cassant à froid, me
fait présumer que c'est la sidérité qui vicie ce métal qu'on retire de la tourbe.

On s'est servi avec succès du charbon de tourbe, dans les ateliers des différens ouvriers en fer.
Les expériences faites à Paris constatent ce fait, et il paroît que le meilleur charbon de tourbe
qu'on ait apporté dans cette capitale, donnoit de fort bonnes chaudes, mais qu'à travail égal,
on en consommoit en volume un tiers de plus que de charbon de bois. *

(1) Les granits des sommités et des plateaux élevés du Hartz, ainsi que ceux de toutes les
montagnes de ce genre, se recouvrent d'un lichen rouge, qui exhale, quand on le frotte, une
odeur de violette très-agréable. Les habitans du Hartz, croyant que cette propriété étoit due à la
pierre elle-même, ont appelé pierre de violette, *violenstein*, les granits rougis par ce lichen. *

l'ouest du grand plus élevé, en est séparé par un vallon large et
peu profond, dans lequel il y a des couches de tourbe. Ce vallon
a une pente assez forte du côté du nord, où la rivière d'*Eker* prend
sa source, de même que du côté du midi, où une partie de celle
de *Bude* naît à une certaine distance au dessous de son sommet.
Cette dernière rivière se forme des sources plus considérables
qui sourdent déja auprès du petit Brocken. L'Ecker coule autour
du grand Brocken vers l'est, et la Bude se dirige d'abord au midi,
ensuite elle se tourne auprès d'*Elend*, aussi vers l'est. Les deux
sommets des petit et grand Brocken sont isolés ; en conséquence
leurs surfaces s'inclinent de tous côtés : la pente de celle du grand
Brocken est plus rapide, principalement au nord. On ne trouve
sur les deux Brocken que peu de rochers nus d'une hauteur fort
médiocre; ils sont fendus en tous sens, et menacent de s'écrouler.
Toutes les surfaces du grand et du petit Brocken paroissent être
composées de blocs de granit détachés et dispersés confusément.
A en juger par ce qui est sous mes yeux, j'aimerois mieux croire
que ces blocs de granit tirent leur origine du détriment des
rochers nus et isolés, que d'admettre que ces fragmens aient été
lancés ici par des volcans, dont je n'ai pas apperçu la moindre
trace, depuis les montagnes volcaniques de *Dransfeld* jusqu'au
Brocken, qui en est éloigné de dix milles d'Allemagne. Il est aussi
difficile de croire, avec quelques naturalistes, que l'humidité qui
se trouve dans les masses et dans la terre de tourbe qui naissent
entre les masses de granit, dont la surface du grand Brocken est
composée, provient des vapeurs qui s'élevent des grands réservoirs d'eau que ces mêmes naturalistes placent au centre du
Brocken. Il est plus naturel d'attribuer cet effet aux nuages et aux
brouillards dont la montagne est presque toujours environnée.
Leur humidité se communique aux masses et à la terre tourbeuse,
qui s'en imbibent comme des éponges, et la retiennent même
long-temps après que les nuages se sont dissipés. Voilà pourquoi
la tourbe est toujours humide; c'est à cause de cela que les sources
dont les rivières se forment, ne tarissent jamais entièrement, et

qu'il peut y avoir des fontaines perpétuelles près de la cime la plus élevée du Brocken, mais jamais au dessus.

Retournons maintenant par le Brockenfeld à l'*Oderbrücken-haus*, d'où s'étend la plaine tourbeuse et marécageuse dont il a été parlé plus haut, dans la largeur d'ici au Communion-Torfhaus, environ une lieue à l'ouest jusqu'à la montagne de grand Sonnenberg. Dans tout ce terrain, qui n'est que du marais, de la tourbe et du sable provenant du détriment du granit, on peut facilement ramasser le quartz, le feld-spath et le mica. Il ne croît pas le plus petit arbrisseau au Brocken, et ce n'est que dans ce marais qu'on recommence à appercevoir par-ci par-là quelques petits sapins rabougris, qui existent peut-être depuis un siècle. Il n'y a que de la mousse et de la bruyère entre et sur les blocs de granit qui couvrent ce terrain, et le rendent périlleux pour ceux qui se hasardent à le gravir. C'est sur ce terrain rarement entrecoupé par des élévations peu considérables, qui a au plus une lieue de largeur et deux de longueur, qu'on pourroit regarder comme la seule et unique plate-forme du Hartz, et dans laquelle on pourroit, si on vouloit, comprendre encore la surface du Bruchberg; c'est sur ce terrain, dis-je, que la Bude, dont j'ai fait mention plus haut, prend sa source, ainsi que la Sieber. La rivière de *Radau* y prend aussi son origine, près le Communion-Torfhaus, d'où elle se dirige au nord; et l'Oder s'y rencontre, tout près et au dessous de l'*Oderbrücken-haus*, où le premier vallon remarquable, venant du midi, se joint à cette plate-forme. Cette rivière fournit déja de l'eau au grand *Oderteich* (grand étang d'Oder); de là elle court au midi entre de profonds vallons; et après avoir changé son cours environ à la moitié de son chemin, elle se dirige à l'ouest vers *Lauterberg*.

Le grand Sonnenberg est à-peu-près au milieu de la chaîne que j'appelle le *Bruchberg*, qui traverse le Hartz, et qui commence au pied du petit Brocken, se dirigeant à l'ouest, où se réduit, en se rétrécissant, la plaine ou la plate-forme en question. C'est à ce grand Sonnenberg que le granit cesse, et que commence une

espèce

espèce de schiste bleu moins foncé, si compacte qu'on pourroit lui donner le nom de jaspe schisteux. Il conserve sa texture feuilletée, donne beaucoup de feu au briquet, et paroît vitreux dans sa cassure : du moins c'est ainsi que je l'ai trouvé au jour, ou à la surface de la montagne. J'ai aussi rencontré en abondance sur le granit cette espèce de rocher en morceaux de transport, accompagnés de fragmens de granit, dans le vallon appelé *Sommerthal*, qui s'étend du midi au nord jusqu'au Bruchberg, à l'endroit où ce vallon s'élève par une pente douce vers le plus haut point : ce qui me fait soupçonner que cette espèce de rocher repose immédiatement sur le granit, d'autant plus que j'en ai vu plusieurs exemples dans d'autres contrées du Hartz (1). Plus loin, vers l'ouest, sur le sommet du Bruchberg, le schiste est moins dense, au moins les morceaux détachés ont une couleur d'un jaune brun. Cette espèce de schiste ne renferme point de grès gris, non plus que la variété plus dure. Depuis le point où ce schiste tendre commence, la surface du Bruchberg est parsemée de pics enracinés et de masses isolées de pierre de sable, ou grès d'un grain fin ; semblable à celle de Pirnau en Saxe, elle est entremêlée d'un peu de mica en quelques endroits. Les pics, en plusieurs points, reposent visiblement sur le schiste, avec lequel ils se confondent. On peut rapporter à ces derniers les *Iwenkopfe* et les *Soseklippe*, situés sur le penchant septentrional du *Bruchberg*, ainsi que le pic isolé appelé le *Hanskuhnenbourg*, qui se trouve au milieu de cette montagne ; et dont la vignette du titre du dernier mémoire de cet ouvrage est la représentation. Depuis le pic de *Hanskuhnenbourg*, la crête du Bruchberg n'a pas beaucoup plus de suite à l'ouest ; elle s'y réunit aux cimes de différentes montagnes moins élevées, qui s'abaissent peu-à-peu et se joignent enfin aux montagnes à couches de schiste cuivreux et calcaire, près du bourg de *Herzberg*.

---

(1) Cette conjecture a été justifiée par l'observation que j'ai faite depuis au *Rehbergerklippe*, au canal de Rehberg. On y voit le jaspe schisteux d'un bleu noirâtre, sous un angle aigu, recouvrir et être intimément lié avec le granit. Les limites de ces deux pierres se distinguent très-bien, et les fentes perpendiculaires du schiste se prolongent dans le granit. (Note de l'auteur).

La longueur totale de cette crête, si remarquable dans nos montagnes du Hartz, peut être de quatre lieues au plus, depuis la base du petit Brocken, jusqu'à son côté extérieur près de Herzberg. Pour éviter la multiplicité des noms, je comprends sous la dénomination de Bruchberg toute cette étendue, quoiqu'on ne désigne ordinairement par ce nom, que le milieu de cette crête. On appelle la partie voisine du petit Brocken, *Brockenfeld*; et *Acker* la partie extérieure vers le plat pays du côté de Herzberg. Toute cette crête n'est interrompue ni traversée en entier par aucun vallon ni gorge, quoiqu'il y en ait beaucoup qui se terminent au bord du plateau venant des montagnes voisines, très-élevées et fort escarpées, mais moins hautes que cette crête. Comme on n'y a jamais exploité de mines, on ne connoît de son intérieur que ce que j'en ai déja rapporté en partie, c'est-à-dire que la petite moitié supérieure, qui touche le petit Brocken, consistant en granit, et la moitié inférieure en schiste. Au pied où cette crête se joint aux montagnes voisines, ce schiste alterne avec du grès gris, ou avec une espèce de rocher argilleux, verdâtre, entremêlé de horn-blende; et sur ces espèces de rochers qui constituent cette moitié inférieure dans l'endroit où elle approche des montagnes à couche, il y a de la pierre de sable. Le sommet de cette crête qui est un plateau très-inégal, à cause des blocs de pierre couverts de mousse qui y sont dispersés comme au Brocken, s'incline considérable-ment depuis le petit Brocken jusqu'à sa pointe occidentale; mais cela paroît insensible quand on considère cette montagne dans son entier.

Je retourne aux deux Brocken, par lesquels j'ai commencé, pour reprendre la description des montagnes situées au midi de ces deux cimes et du Bruchberg. Plusieurs groupes de rochers granitiques s'étendent de là, et principalement depuis le petit Brocken, passant à côté du village de *Schirke* jusqu'à *Elend*. Le granit y est de la même nature que celui du Brocken, à l'exception que le feld-spath est ici beaucoup plus rouge. En 1781 et 1782, on construisit près d'Elend une nouvelle fabrique de fer; et pour se procurer les pierres nécessaires, on établit une carrière dans un de ces groupes de granit nus qui étoit le plus proche (1). C'est dans ces pierres à bâtir que j'ai non-seulement découvert du schorl noir et vert prismatique en aiguilles très-fines, mais aussi dans le quartz, des cristaux de roche les plus purs et les plus parfaits, accompagnés de cristaux de feld-spath rouge et blanc laiteux, de la plus petite sorte de ceux qui se trouvent dans le quartz de Baveno. Lors de ma découverte, je n'avois pas encore lu la description claire et exacte des cristaux de feld-spath dans le granit italien, par M. le professeur *Pini* de Milan; en conséquence je ne détachois que quelques morceaux au hasard ; je les mettois de côté avec les autres pierres que je me proposois d'examiner plus attentivement dans un autre temps. Les occupations de mon emploi m'en ayant empêché, ce ne fut qu'après avoir lu cette description du feld-spath cristallisé de Baveno, que j'examinai mes morceaux, dans lesquels je trouvai des groupes de cristaux de feld-spath et de quartz parfaitement semblables à ceux dont parle M. Pini, quoique les groupes fussent moins beaux. Je découvris même dans ces morceaux quelques échantillons de spath fluor en cristaux cubiques.

Est-il déraisonnable de croire que ces changemens des parties constituantes du granit ont été occasionnés comme ailleurs, où elles ont été réduites en sable, par l'humidité et le soleil, qui pendant tant de siècles, ont pour ainsi dire rongé ces rochers nus, et peut-être produit, dans l'intérieur de leurs parties, une effervescence ou fermentation? Il m'a paru qu'il y avoit moins de ces changemens vers l'intérieur de ces rochers, du moins quant au schorl vert.

Dans le voisinage de cette carrière, au-dessus de Schirke, sur

---

(1) La vignette qui est au titre du mémoire de la galerie principale de Gédéon , est la représentation de cette carrière, autour de laquelle j'ai pareillement trouvé du jaspe schisteux d'un bleu noirâtre, toujours en fragmens répandus, dont quelques-uns étoient liés à du granit. Aux rochers enracinés de cet endroit, je n'ai pas encore découvert les limites ou séparations de ces deux espèces de pierre. (Note de l'auteur).

la montagne de Bahrenberg, sont encore situés les rochers de *Schnarcher*, dont on peut voir le dessin au frontispice de cet ouvrage. Le granit de la surface de ces deux rochers, dont j'ai détaché des morceaux, est de la même composition que celui dont on vient de parler; il contient aussi un peu de schorl vert, mais le feld-spath y est moins rouge, et tire déja un peu sur le jaune; ce qui provient peut-être de ce que la surface étant plus exposée à l'air, a été plus décomposée.

Les montagnes au dessus de la nouvelle fabrique de fer d'Elend sont composées de schiste très-micacé, qui probablement repose encore ici sur le granit, quoique je n'aie jusqu'à présent pu découvrir les limites où ces deux espèces de rochers se touchent. Quelques morceaux de ce schiste, où les parcelles fines de mica se trouvent intimément liées avec l'argille, sont en jaune-brun; on y apperçoit quantité de points noirâtres, qui, à la loupe, paroissent être de petits grenats. Les montagnes d'ici jusqu'à la *Rothenhutte*, près d'*Elbingerode*, sont composées du même schiste d'une couleur différente, tirant sur le bleu, n'ayant que peu ou point de mica dans son mélange. A Elbingerode commencent les montagnes calcaires, dans lesquelles on exploite et des filons, et des couches très-épaisses de mine de fer : elles s'étendent le long de la Bude jusqu'à *Blankebourg*, et renferment plusieurs sortes de beaux marbres, entre lesquels on trouve beaucoup de grottes, dont la fameuse *Baumanshole* (1), située au dessus de *Rubeland* est la plus remarquable. On apperçoit une grande différence dans le mélange de ces rochers calcaires, qui ne sont pas du marbre. Une espèce est composée d'une quantité immense

---

(1) La grotte de Baumanshole a été décrite par Frédéric-Chrétien Lesser, dans une petite brochure allemande, publiée en 1745. Cet Auteur a tâché d'expliquer de quelle manière les stalactites s'y forment, pourquoi les lumières n'y brûlent pas facilement, et comment le bruit d'un coup de pistolet y est distinctement répété par l'écho.

M. de Trébra a fait insérer dans le Magasin de Leipsick, année 1782, p. 178, une description de cette grotte; il y fait mention des os fossiles qui s'y rencontrent, et de la supercherie que se permettent les gens du pays, qui y jettent eux-mêmes des ossemens, pour les faire ramasser par les étrangers. En parlant des stalagmites et stalactites qu'il a trouvées dans cette grotte, il fait des calculs intéressans sur l'espace de tems que leur formation a exigé. *

de

de petites coquilles blanches ou jaunes, et de parties rouges ferrugineuses, susceptibles d'un certain poli; en conséquence cette espèce appartient à la classe des lumachelles. L'autre a une couleur de fleurs de pêcher entremêlée de blanc; elle est aussi ferrugineuse, et sa texture est feuilletée. On nomme dans ce pays les deux espèces de pierres calcaires, et plusieurs autres, *kuhriemen*, et l'on s'en sert de préférence dans les fontes de fer, comme fondans ou castines, parce qu'elles contiennent quelques livres de fer par quintal, dont on tire parti dans la fonte. Une autre espèce est un mixte de terre argilleuse verdâtre, et de spath calcaire d'un rouge pâle qu'on y apperçoit en points de différente grosseur: tout le mélange est un peu feuilleté, et renferme des pyrites près des filons. C'est cette espèce de rocher qui constitue les montagnes d'*Arendfelde*, au dessus de la Rothenhutte et du Bruchberg, où l'on exploite de la belle mine de fer sur des filons très-épais; ses gangues sont principalement un jaspe rouge très-dur, très-beau dans ses couleurs, quelquefois attirable à l'aimant, et du quartz. On y voit très-rarement du spath calcaire, qu'on préféreroit cependant à ces deux premières gangues, qui sont aussi difficiles à extraire qu'à fondre. En poussant la galerie de *Bomshey*, pour couper des couches épaisses de mine de fer situées au dessus d'Elbingerode, on a quelquefois rencontré un rocher semblable au grès gris à petits et à gros grains, avec pointes de spath calcaire blanc. Toute la différence qu'on remarque, c'est qu'il y a dans celui à gros grains plus de schiste jaunâtre que de quartz, et que l'autre est chatoyant comme l'opale.

Depuis la nouvelle fabrique de fer d'Elend jusqu'au village de *Braunlage*, appartenant au duché de Brunswick, le schiste continue à l'ouest. Il renferme plus ou moins de mica, ou n'en contient quelquefois point du tout; de là il s'étend le long des montagnes granitiques, vers l'Oderbruckenhaus jusqu'à la petite auberge qui est sur la route, et qu'on nomme *Konigs-Kruge*: ce schiste couvre ces montagnes depuis leur base jusqu'à moitié de leur hauteur. C'est près de cette auberge que le granit reparoît. Il se peut qu'à

A a

une certaine distance au dessous de cet endroit, le schiste dont les montagnes basses sont composées, soit assis sur le granit qui constitue les montagnes plus élevées. Je n'ai cependant pu voir le point de réunionde ces deux substances; mais en revanche, j'ai découvert dans les pierres, au bord du chemin, un morceau de granit, avec jaspe noir schisteux, de la variété de celui dont j'ai fait mention à l'occasion du Bruchberg. En ayant fait scier et polir un échantillon, j'y ai apperçu des grains fins de felds-path, qui s'y font remarquer comme à travers d'un verre mat ou trouble. Je n'ai jamais rencontré de morceaux où le passage d'une espèce de pierre à une autre, fût si visible que dans celui-là. Plusieurs morceaux de transport de cette pierre noire y étoient répandus; et à en juger par leur poli et par toutes les autres propriétés, c'étoit du véritable jaspe noir. L'extérieur de cette espèce de rocher étoit recouvert d'une croûte brune argilleuse, ce qui prouve sa décomposition. Un peu au-delà, et à l'est de Konigskruge, s'élève au dessus des montagnes voisines un pic isolé, appelé l'*Achtermanshöhe*, dont la forme extérieure me faisoit soupçonner qu'autrefois il avoit vomi du feu; mais l'espèce de roche dont ce pic étoit composé m'a désabusé. Elle est très-quartzeuse, d'un gris clair et d'un grain moyen, sans mélange de différentes parties constituantes. Elle ressemble presque au grès gris le plus dense, et elle a plus de pesanteur que le basalte, ou que toute autre matière volcanique; elle donne beaucoup d'étincelles quand on la frappe avec l'acier. Il me semble que tous ces caractères n'appartiennent ni au basalte, ni à aucun autre produit volcanique. Ce rocher se décompose pareillement à son extérieur, et se couvre d'une croûte brune argilleuse. Peut-être les morceaux de transport de jaspe noir, dans les environs du Konigskruge, sont-ils une transformation de cette espèce de roche : peut-être aussi se sont-ils détachés de l'*Achtermanshöhe*, qui est plus élevée, et qui pose elle-même sur le granit, ou du moins confine avec lui.

Le granit continue depuis le Konigskruge jusqu'à l'Oderbruckenhaus; puis de-là jusqu'au grand Oderteich, et enfin il s'étend encore une bonne lieue en ligne droite vers l'ouest, en longeant

le Bruchberg plus élevé, jusqu'aux montagnes schisteuses d'Andréasberg. Les montagnes que ce granit constitue sont le petit et
le grand Sonnenberg, de même que le Rehberg. On a jadis exploité
quelques filons cuivreux au pied du Sonnenberg, proche le Bruchberg, dans le grès gris et dans le schiste, qui vraisemblablement
sont adossés au granit, puisqu'en dessus toute la montagne en est
composée, dans toute la contrée qui est au midi du Bruchberg.
C'est dans ce point seul, et sur la pente occidentale du petit
Sonnenberg, situé au midi du grand, que j'ai vu du grès gris de
l'espèce si abondante au nord de cette crête de montagnes. Dans
le Sonnenberg on pousse actuellement encore une galerie de
recherche vers un point, où on a trouvé ci-devant dans le granit,
entre du quartz cristallisé, des cristaux de schorl noir, qui avoient
neuf lignes de longueur sur six d'épaisseur, et qu'on a quelquefois
débités pour des cristaux de mine d'étain. J'ignore si ce schorl s'est
trouvé sur de vrais filons, parce que je n'ai pas visité cette mine. Sur
le canal de Rehberg, à la montagne du même nom, on continue,
dans le granit, une pareille galerie sur des veines de terre glaise
qu'on appelle filons : ces veines sont entremêlées d'une ocre martiale noire, et renferment du granit altéré, dont le feld-spath a
passé à l'état d'argille. En descendant ce canal, par lequel on
conduit les eaux de l'Oderteich aux mines d'Andréasberg, j'ai
remarqué que le granit de la partie méridionale de ces montagnes,
ainsi que celui autour de l'Oderteich, étoit très-décomposé, la
majeure partie du feld-spath s'étant changée en terre de porcelaine.
J'ai observé en plusieurs endroits de ce canal, que non-seulement
différentes espèces de rochers porphiriques y alternent avec le
granit, mais qu'il s'y trouve aussi, dans un espace considérable,
une espèce de roche très-semblable à celle d'Achtermanshöhe.
Lorsque ce granit ne fait pas un tout, lorsqu'il n'est ni décomposé,
ni entièrement dissous en sable, il se présente communément
en grandes masses cubiques, et se montre entrecoupé de fissures
qui n'ont pas beaucoup de suite dans la même direction. Avant
d'arriver au Röhrenberg, par où les eaux du canal de Rehberg

passent dans un conduit souterrain, on trouve une mine de fer qu'on veut secourir par une galerie qui est dans le granit. Cette mine est vraisemblablement dans le schiste, ou peut-être sur les limites où cette pierre se joint au granit : ces deux espèces de rocher doivent se réunir dans ce canal ou conduit souterrain, puisqu'il a son entrée à l'est sur le Röhrenberg dans le granit, et sa sortie dans le schiste de l'autre côté de la montagne, à l'ouest, où commencent les montagnes nobles et métalliques de Saint-Andréasberg.

Le rocher de ces montagnes si riches en argent, est formé d'un simple schiste d'un bleu foncé : ses couches affectent diverses inclinaisons; quelquefois elles sont perpendiculaires, mais jamais horizontales; et toujours posées de champ. Ce schiste est souvent si dense, que s'il n'étoit pas feuilleté, on pourroit le prendre pour du jaspe. Malgré cette texture feuilletée, il est toujours très-difficile à extraire. Les filons y adhèrent généralement (1) au roc, même dans les endroits où ils sont très-riches, et par conséquent leur extraction exige beaucoup de travail et de peine, de la part du mineur. Aux montagnes d'Andréasberg qui renferment ces riches mines d'argent, je n'ai jusqu'ici point trouvé de grès gris, ni dans les fosses, ni dans les rochers nus isolés, ni en morceaux roulés, tel qu'on en rencontre au nord du Bruchberg, et dans les montagnes de Lauterberg. La direction des filons dans ce schiste est dans les heures 6, 7, 8, 9, 10 jusqu'à 11 de la boussole des mineurs. Ils se joignent dans ces heures; des crevasses nobles les croisent et les traversent. Ils consistent quelquefois en plusieurs veines, et les points les plus riches sont toujours au penchant de la montagne, vers les vallons peu profonds, ou dans les vallons mêmes. Il est rare qu'ils s'étendent et qu'ils soient riches dans les

---

(2) Des épontes bien marquées réunissent de grands avantages, que les mineurs savent bien apprécier. La gangue se détache des parois qui la renferment avec bien moins de peine, que lorsque le rocher latéral est confondu avec elle. Souvent il arrive que le peu de puissance d'un filon rend son exploitation embarrassante; alors des épontes décidées servent de guides certains, et sans elles on se détermineroit difficilement sur la route à tenir. *

montagnes

montagnes élevées et continues ; mais ils ont toujours leur direction le long de ces vallons. Les filons qui courent dans les heures
6, 7 et 8, ont communément une inclinaison moyenne septentrionale ; quelquefois pourtant cette inclinaison est méridionale.
Ceux qui ont la direction dans les heures 10 et 11, sont inclinés
à l'orient, mais cette règle admet aussi des exceptions. Leur
inclinaison et leur direction sont souvent dérangées par les filons
et les crevasses qui les traversent et s'y joignent : le numéro 2
de la planche IV en offre un exemple. Les bancs du schiste sont
souvent, ou parallèles à l'inclinaison et à la direction des filons,
ou coupés tantôt sous un angle droit, tantôt sous un angle aigu,
et déclinant de toutes les manières entre eux. On les trouve quelquefois épais de deux, trois à quatre pieds ; rarement ils le sont
davantage : ils s'étendent, en tenant du minérai, à une longueur
de cent toises et plus, sans qu'on remarque une grande variation
dans leur épaisseur, et ils se soutiennent jusqu'à deux cents soixante
toises de profondeur, mais avec une aussi grande diversité de
richesses que dans leur direction. Leurs gangues sont de la sélénite
et du spath calcaire, dont la majeure partie est blanche, une autre
partie couleur isabelle et jaune, tirant quelquefois sur le bleu ;
et quand il est pur et transparent, il double, comme le cristal
d'Islande, les objets qu'on regarde à travers. Les gangues, dont
il seroit trop long de donner ici la description, se présentent en
groupes magnifiques cristallisés. La forme de ces cristaux la plus
commune est le prisme hexaèdre (1) de différens volumes ; elle
va jusqu'à quelques pouces de longueur sur deux de grosseur.
Dans les cristallisations dont les parties constituantes sont mixtes,
celle qui est cunéiforme est sur-tout remarquable (2) ; elle se
présente sous l'aspect de deux tables engagées l'une dans l'autre

---

(1) Ces prismes sont tronqués horizontalement ; mais il s'élève au dessus de la troncature un
hexagone plus petit, communément de l'épaisseur d'un quart de ligne, qui semble avoir été
superposé au prisme principal. C'est, je crois, cette espèce que M. Romé de l'Isle a décrite
à la page 517 du premier volume de sa Cristallographie. *
(2) Voyez la Cristallographie de M. Romé de l'Isle, page 299, tome II. *

B b

suivant leurs côtés longs, et une sorte de ces cristaux est terminée par quatre triangles (1) qui se réunissent au centre de l'axe commun des deux tables engrenées, et y forment une pointe. Une autre espèce, qui est plus rare, consiste pareillement en deux tables engagées l'une dans l'autre, coupées de biais des deux côtés, de sorte qu'au milieu de cette cristallisation, il se forme une croix en lignes. Quoique ces cristaux se trouvent ordinairement sur du spath calcaire, ils ne font point effervescence dans l'acide nitreux, mais ils s'y dissolvent en partie. Les parties non dissoutes sont de nature siliceuse, et celles qui ont été dissoutes sont calcaires. C'est M. *Ilseman*, chimiste, qui en a fait l'analyse ; il m'a opposé ces résultats, voyant que j'insistois à vouloir placer ces cristaux parmi les matières quartzeuses, parce que j'étois parvenu à en tirer quelques étincelles avec le briquet.

Les minérais des métaux et des demi-métaux contenus dans ces gangues, sont des blendes, des pyrites, sur-tout beaucoup de celles qui sont arsenicales ; quelquefois de l'arsenic testacé en grande quantité, de l'orpiment sur du spath calcaire en feuilles superficielles, du kupfernickel, du cobalt, des pyrites cuivreuses, de la mine de cuivre grise, de la galène en assez grande abondance, de la mine d'argent grise ou blanche cristallisée en tétraèdre, très-peu de mine d'argent vitreuse, plus souvent de l'argent natif en cheveux, en feuilles, et sous mille autres formes, mais communément en pointes irrégulières. Une espèce qu'on nomme ici *Buttermilcherz* (2) (mine de lait de beurre), qui est un argent dissous en ses plus petites parties, et que je voudrois qu'on nommât *Silberweisse* (blanc d'argent), par opposition à la *Silberschwärze* (noir d'argent), qui se trouve en Saxe, et qui provient de la décomposition de la mine

---

(1) M. Romé de l'Isle a décrit cette cristallisation à la page 299, sous le nom de *hyacinte blanche cruciforme*. M. Schreiber croit que cette dénomination lui convient à juste titre. Les particules calcaires qu'elle contient ne sauroient affoiblir cette opinion, puisque M. Bergmann a trouvé par l'analyse, que l'hyacinte colorée contenoit 25 parties calcaires, 40 parties d'argille, et 13 parties de terre siliceuse. Cette analyse nous indique en même tems pourquoi cette cristallisation, qui fait effervescence avec les acides, jette des étincelles sous le briquet. *

(2) Voyez ma note au sujet de cette mine, dans le tableau de M. de Veltheim. *

d'argent vitreuse , y est remarquable ; de même que l'argent arsenical (1), contenant depuis quarante jusqu'à deux cents marcs de ce métal au quintal, et n'ayant pour mélange que de l'arsenic. Cette dernière mine se trouve, tantôt en écailles comme la galène, tantôt en couches concentriques comme la mine d'arsenic testacée, ou en masses irrégulières. Elle est blanche , mais plus souvent jaune, et se rencontre dans le voisinage de la mine d'argent rouge, qui se trouve toujours en plus grande quantité dans ces exploitations.

---

(1) Il paroît que le minérai qu'on nomme actuellement au Hartz argent arsenical, y étoit autrefois connu sous le nom d'argent cobaltique. Cancrinus, p. 159 de sa Description de diverses exploitations de mines, nous dit que le cobalt d'argent est blanc , grenu à l'œil, et très-arsenical ; et M. Weigel, dans la troisième partie de la Chymie physique de Wallerius, page 140, nous apprend qu'on appelle à Andréasberg , *cobalt* d'argent, une espèce de mine d'argent blanche. M. Werner , Inspecteur de l'Académie de Freyberg, a publié en 1778 une courte Description de ce minéral. Henkel, page 50 de l'édition allemande de sa *Mineralogiæ redivivus ,* ou page 84 de l'édition françoise de cet ouvrage, parle d'une espèce d'argent vierge trouvé à la minière de Catharina Neufang d'Andréasberg au Hartz, qui avoit, comme le bismuth, un œil rougeâtre , dont la fracture nouvelle étoit grise, et qui étoit presque de part en part de l'argent natif. M. Werner ajoute à ces caractères extérieurs, indiqués par M. Henkel, que sa cassure est lamelleuse , et son tissu grenu.

M. de Zukert, dans son Histoire naturelle et Constitution des mines du Hartz supérieur, imprimée à Berlin en 1762, pag. 140, dit qu'il se trouvoit à Andréasberg une espèce de minérai régulin, qu'on y nommoit *argent* natif, mais qu'il ressembloit beaucoup à de la pyrite arsenicale, ou au mispikel.

M. Werner a appelé ce minéral argent arsenical , parce qu'il se rencontroit communément avec de l'arsenic natif, et que l'arsenic donne à l'argent en fusion cette couleur grise que ce minéral affecte dans sa cassure. Il le reconnoît aux caractères suivans.

Sa couleur est d'un blanc d'étain ; elle jaunit un peu en le conservant, et prend la teinte de l'argent. On le trouve massif ou dispersé, quelquefois en pisolites et en rognons, et cristallisé en colonnes hexagones , et en pyramides hexagones à sommet tronqué. Son intérieur a beaucoup plus d'éclat que sa surface. Les lames qu'il offre dans sa cassure sont ou droites ou obliques ; il éclate en fragmens anguleux uniformes, est tendre, doux, et d'une pesanteur extraordinaire.

On l'a trouvé dans les minières de *Samson* et de *Bergmannstroste* , à Andréasberg, dans du spath calcaire , avec de l'arsenic natif, de la galène et de la mine d'argent rouge. M. de Trébra m'en a envoyé qui réunit ces accessoires : la mine de *Wenceslaus ,* près de Vittigen , dans la principauté de Furstemberg, en a produit mêlé d'argent natif dans du spath pesant.

Selon M. Bergmann , (Laboratoire portatif d'Engenstroem, p. 130) l'argent arsenical est plutôt un argent, souillé par un mélange d'une très-petite portion de régule d'antimoine.

M. Sage, Elémens de Minéralogie, tome II, page 323, espèce VII ; Demeste, tome II, page 445, espèce VIII ; et M. Romé de l'Isle, tome III, page 460, ont nommé cette espèce mine d'argent blanche antimoniale. M. Schreiber pense que cette épithète , *antimoniale* est très-convenable : il m'écrit qu'il a trouvé des aiguilles d'antimoine dans un échantillon de cette nature, que lui a envoyé notre auteur. Celui-ci a découvert du même minéral dans les fosses de George Guillaume à Andréasberg : le filon qui le renfermoit contenoit un à deux pouces de spath calcaire, qui servoit de gangue à cette espèce de minéral d'argent. Sa moindre richesse étoit de cinquante marcs d'argent au quintal. Voyez le récit du voyage de M. de Trébra à Blankenbourg. *

Andréasberg est le pays natal de la mine d'argent rouge; elle s'y présente en cristaux magnifiques, sous toutes les formes qui lui sont propres, tantôt en couleur brune, tantôt en couleur rouge-clair comme du cinabre.

Je vous prie de faire attention, dans les filons de ces montagnes si riches en argent, à la grande quantité de spath calcaire et aux stalactites calcaires, dont la masse est un schiste argilleux, sans aucun autre mélange. Elle se distingue encore des autres montagnes métalliques, en ce que la galène y est toujours la principale gangue des mines d'argent les plus riches, consistant en argent natif, et sur-tout en mine d'argent rouge, dont on ne voit aucune trace du côté septentrional du Bruchberg, non plus que de l'arsenic, qui est si abondant dans les montagnes situées au midi du Bruchberg.

Les montagnes plus élevées, qui, depuis les environs d'Andréasberg, s'étendent au nord vers le Bruchberg, renferment des filons de fer, et on y extrait beaucoup d'hématites. Avant que ces montagnes se joignent au Bruchberg, elles s'abaissent jusqu'à la vallée de *Silberthal*, qu'environnent de toutes parts des montagnes de grès gris, de l'espèce qui est entremêlée d'un peu de mica : on travaille de tous côtés dans ces montagnes sur des filons de fer.

Plus au bas d'Andréasberg à l'ouest, avant d'arriver à Lauterberg, où ce grès gris micacé constitue la plus grande partie des rochers, il y a des filons magnifiques de cuivre, qui ont été exploités avec grand bénéfice, jusqu'à la profondeur de cent soixante toises. Actuellement encore on en extrait une quantité considérable de cuivre. Quelques-uns de ces filons sont exploités par les sociétés de Louise Christiane, de Neuer Lutterseegen et de Neuer Freudenberg : ils ont deux et trois toises d'épaisseur, et plus encore aux endroits où plusieurs de ces filons se réunissent. Leur direction est de neuf à douze heures, et le peu d'inclinaison qu'ils ont est orientale ; ils traversent toute la montagne dans laquelle on les exploite. Leur gangue est un mélange de quartz, de spath calcaire et de spath pesant. Ces substances sont si friables vers le jour, où l'on l'on exploite à présent ce filon, qu'il ne représente en bien des endroits qu'une masse de sable à gros grains. C'est dans cette masse de sable que la mine se trouve en blocs et en rognons. Elle consiste en pyrites cuivreuses souvent colorées ou à queue de paon; en mine de cuivre hépatique; en vert de montagnes souvent satiné, presque toujours semblable à la malachite; en mine de cuivre vitreuse rouge, qui renferme quelquefois, mais rarement, du cuivre natif. Dans des échantillons caverneux de ces mines, j'ai vu du spath pesant, pur et transparent, cristallisé en tables, ainsi que du spath calcaire d'un brun clair ressemblant à de la blende. Il y a dans ces montagnes d'autres filons qui ne sont pas travaillés pour le présent, et qui ont ci-devant rendu des blendes jaunes et de la mine de cuivre résineuse très-riche. L'objet le plus remarquable que j'aie rencontré dans la montagne nommée *Mittelberg*, où les trois sociétés mentionnées plus haut ont leur exploitation, est un banc de porphire placé entre le grès gris et le schiste, au penchant de la montagne vers le nord-ouest. Le banc de porphire continue aussi au nord dans la montagne, à l'opposite, appelée *Baerenthal.* Dans cette contrée, on a établi sur ce porphire une carrière; c'est là que je l'ai observé, et que je l'ai trouvé parfaitement analogue à celui de *Zehren*, près de Misnie, entre le granit auquel il étoit adhérent. Il a les mêmes parties constituantes que celui de Misnie, c'est-à-dire une argille rougeâtre, qui a presque la dureté du jaspe, des feuilles de feld-spath tirant sur le jaunâtre, et des grains de quartz vitreux dans leur cassure. On apperçoit dans ce mélange des taches blanches de la figure des grains de feld-spath et de quartz, occupées par une matière argilleuse qui paroit tirer son origine des parties de ces matières dures décomposées. Ce même porphire du Hartz se distingue de celui de Misnie, en ce qu'il y a dans le premier quelques couches et des masses isolées d'une matière argilleuse d'un blanc jaunâtre, dans laquelle on apperçoit de petits grains de quartz, mais point de feld-spath. J'y ai remarqué aussi des fissures qui paroissoient indiquer des couches particulières posées de champ, ce qu'on ne

C c

remarque pas dans celui de Misnie. Avec le granit de Misnie et le porphire qui est attenant, ainsi que le porphire de Lauterberg, le seul que j'aie pu découvrir au Hartz, et les rochers porphiriques qui s'y trouvent, on peut, comme je l'ai indiqué dans ma seconde lettre, facilement former une suite d'objets, dans laquelle on voit évidemment le rapport que ces substances ont entre elles. Dans cette série, on prendra certainement les deux chaînons les plus voisins pour la même chose, à une légere différence près; et en parcourant ainsi cette suite, on appercevra la liaison intime de tous ces objets; mais en comparant des chaînons très-éloignés on n'y verra plus ce rapport, qui existe cependant entre eux. Pour moi, quand j'embrasse cette chaîne d'un coup-d'œil, je suis de l'avis de M. Charpentier, qui dit, page 50 de la Géographie Minéralogique des états de l'électeur de Saxe, que le granit, le porphire et les rochers porphiriques mêlés avec du feld-spath, ou seulement avec du quartz, ou avec tous les deux ensemble, peuvent bien n'être que des variétés d'une seule espèce.

Plus loin au nord, vers le Bruchberg, il y a encore des filons de fer dans les montagnes appelées *Knolle*. L'hématite y abonde : elle rend à l'essai en petit quatre-vingt livres de bon fer au quintal; mais on n'en peut ajouter qu'une petite quantité à la fonte dans le grand fourneau, car elle produiroit alors un mauvais fer. C'est à cause de cela qu'on néglige par-tout la mine de fer de Knolle, malgré sa grande richesse (1); on peut cependant espérer que par des expériences réitérées, on découvrira le moyen de la traiter d'une manière convenable à sa nature, et alors on sera bientôt dédommagé du temps qu'on aura employé à faire des essais.

---

(1) En général l'hématite rouge ne peut être chargée au haut fourneau qu'en très-petite quantité; elle nuit à la fonte et à la qualité du fer. L'hématite brune et noire peut y être employée en plus forte proportion, et cependant avec ménagement. On fond très-aisément l'hématite noire dans l'espèce de fourneau qu'on nomme en Allemagne *blaufeuer*, ou feu bleu, et dans les feux des Pyrénées, dont le procédé est le même, mais infiniment perfectionné. Je crois que l'hématite noire est déja trop près de l'état de fer, et que le long séjour de cette mine dans le haut fourneau *surcémente* le métal, qui en devient intraitable. Trop d'hématite noire dans le feu du comté de Foix rend de même le masset intraitable, sans doute parce qu'il est combiné avec une trop grande quantité de charbon : c'est du moins ce qu'on doit présumer, d'après la belle théorie de MM. Bertholet, Monge et Vandermonde. *

Au dessous de ces montagnes abondantes en mines de fer, à
l'ouest, il y a encore une mine dans le grès gris et dans le schiste;
c'est la dernière qu'on trouve en-deçà des limites où les hautes
montagnes à filons se joignent aux montagnes à couches de
schiste cuivreux et de pierre à chaux; c'est même la seule, dans
la partie du Hartz que je décris, où il y ait du spath fluor; particularité qui lui a fait donner le nom de *mine fluor* (*Flussgrube*).
Il est démontré par les pics nus et isolés des rochers, dans les
environs de *Neuhof*, et en différens autres endroits de la vallée
principale où coule l'Oder, que le rocher est ici également formé
de grès gris alternant avec le schiste, tous les deux de la nature
de ceux qui se trouvent dans nos montagnes basses du Hartz. Il
est également démontré qu'ils s'étendent davantage encore, et
que les montagnes calcaires attenantes du côté du pays plat, se
tirent le long de ces montagnes plus loin à l'ouest. Ce filon dans
cette mine se dirige de l'est à l'ouest : le changement peu considérable qu'il éprouve dans sa direction, est occasionné par des
veines joignantes; il n'a que plus d'inclinaison au midi, et son
épaisseur est au plus de trois pieds. Le rocher qui touche immédiatement le filon, est un schiste argilleux d'un jaune gris, et
au-delà il est calcaire. C'est peut-être à ce filon qu'il faut attribuer
la différence de ce rocher à celui dont la totalité des montagnes
de cette contrée est composée. Ce filon consiste en spath fluor
bleu tirant sur le vert, cristallisé en beaux cubes et en veines de
spath pesant rouge, qui traversent le premier. On trouve dans ces
deux substances des rognons de galène, de mine de cuivre pyriteuse, vitreuse et azurée. La recherche sur ce beau filon n'est
guère avancée; à peine y est-on parvenu à une profondeur de
trente toises.

Des montagnes à couches calcaires gypseuses et marneuses se
trouvent adossées à la base de ces montagnes à mines, un peu
plus à l'ouest, au revers de la principale vallée, qui entoure ou
circonscrit tout le Hartz, dans la direction du sud au nord, et
dans laquelle se jettent, près de Lauterberg, l'*Oder*; et près de

Herzberg, la Siéber : deux rivières descendues des montagnes supérieures du Hartz. Cette espèce de montagne, ainsi adossée, se soutient jusqu'à Nordhausen, et traverse aussi la vallée près de Scharzfeld, et en bas près de Herzberg, en s'étendant dans les bords de la Siéber, et se réunissant vers l'est aux montagnes du Hartz. Quelques-unes de ces montagnes, près de Lauterberg, sont composées d'une pierre calcaire poreuse à gros grains, d'un brun clair. On y trouve des filons qui ont à peine quatre pouces d'épaisseur, avec des veines étroites de galène, depuis un jusqu'à deux pouces d'épaisseur. Leur gangue est pareillement une pierre calcaire comme celle de la montagne, avec la seule différence qu'elle a le grain plus fin, et qu'elle est plus compacte et plus foncée. Quoiqu'on ait fait divers travaux sur ces filons, ils n'en ont pas eu un meilleur succès, parce que le minérai ne s'y trouvoit qu'en veines très-minces : cependant il rendoit quatre-vingt livres de plomb au quintal, lorsqu'il étoit bien trié, et contenoit à peine une demi-once d'argent. En cet endroit, et jusqu'en bas près de Herzberg, on a fait des tentatives pour découvrir des couches de schiste cuivreux : des indices décisifs ont engagé à faire des travaux qui ont été infructueux jusqu'à présent.

Il y a beaucoup de tas de déblais, et de trous provenant d'une exploitation anciennement faite sur une couche de schiste cuivreuse, dans la montagne de *Silberhey*, au dessus et à l'est de Herzberg, tout proche des montagnes du Hartz. Depuis peu on a approfondi un puits par lequel on a rencontré la couche : j'y suis descendu moi-même, et j'ai trouvé des empreintes de poissons dans le schiste qui sert de couverture à la couche, et des vestiges de mine de cuivre sablonneuse dans son sol. La couche étoit trop pauvre dans ce puits; elle contenoit un peu de mine de plomb comme celle d'*Ilmenau*, et elle me parut trop près du jour, au dessous duquel je la trouvai à environ trois toises, encore étoit-ce vers la cime de la montagne. Un second point de recherche établi plus bas, au penchant de la montagne, n'a pas eu plus de succès. D'abord on l'approfondit de quinze toises ⅛ dans la pierre

calcaire ,

calcaire, dont les couches varioient à la manière ordinaire des montagnes à couches minérales ; on arriva enfin à une petite veine maigre, presque horizontale, renfermant des pyrites en feuilles superficielles, au dessous de laquelle la pierre calcaire cessa. Un vrai schiste argilleux de la variété de celui dont nos montagnes basses du Hartz, vers le plat pays, sont composées, la remplaça : ce schiste étoit ferrugineux, rougeâtre, et par-ci par-là calcaire dans les fissures.

Il y a dans ces montagnes calcaires plusieurs grottes remarquables, telles que la *Knochen-hoele*, *l'Einhorn-loch*, etc. où l'on a trouvé autant d'os de différentes grosseurs entre les pierres calcaires, que dans la *Baumanshoele*. De toutes ces cavernes ou grottes, je n'ai visité que le *Weingartenloch*, situé près du village d'*Osterhayn*, aux environs de Lauterberg. Dans cette visite pénible et dangereuse, je me suis assuré que ces cavernes ne sont autre chose que des espaces vides creusés par les eaux, qui, en s'infiltrant dans le rocher calcaire, ont encore causé des éboulemens des parois. Un bloc de pierre s'est entassé sur l'autre, a formé ces grottes, et produit à la surface de la montagne les enfoncemens connus de tout le monde sous le nom d'*erdfälle* (1)

---

(1) Les collines gypseuses sont principalement sujettes à ces affaissemens considérables, à ces ouvertures subites du terrain de leur surface. A trois lieues de Paris, dans les terrains de la maison de campagne de *Maison-blanche*, près de Neuilly-sur-Marne, dont M. Girard est Seigneur, et dans les environs, on voit plusieurs traces d'anciens affaissemens de cette nature. Il y a quelques années qu'il se fit subitement, dans le jardin même de Maison-blanche, une ouverture circulaire très-considérable, dans laquelle l'eau se montra d'abord avec grande abondance, puis se ralentit, et se perdit successivement. On sait que les bancs gypseux des environs de Paris s'étendent jusqu'à Lagny, et au-delà, beaucoup plus loin que Neuilly.

Le 22 avril 1782, il se fit une ouverture de la même nature, et l'on entendit un bruit semblable à celui de la grêle et d'un tourbillon violent, à une lieue et demie d'Osnabruk, sur le chemin d'Iker et de Venne. Cette ouverture s'agrandit successivement : le 29 avril le grand diamètre de ce nouveau gouffre étoit de 87 pieds, et son petit diamètre de 70. L'à-plomb qu'on plongea dans le milieu de cette ouverture descendit de 123 à 133 pieds d'Osnabruk, au dessous de la surface de l'eau, qui s'étoit élevée jusqu'à 13 pieds de la superficie du terrain. Le pied d'Osnabruk a environ 10 pouces 4 lignes et ⅔ du pied-de-roi, où il est dans le rapport de 1293 à 1440. Cet évènement a été rapporté par M. le docteur Reinhold d'Osnabruk.

M. Krauss de Veimar a publié une petite description d'un évènement de la même nature, arrivé en juillet 1780 : les eaux avoient successivement formé une grande excavation dans les couches inférieures et gypseuses de la montagne de *Dolenstein*, près Kahla, sur la Saale, dans (chûtes ou affaissemens de terrain). Le mineur des montagnes stratifiées donne le nom de *Kalkschlotte* ou grottes calcaires, aux cavernes dont je viens de parler.

Je reviens une seconde fois au Brocken, pour faire la description des montagnes situées au nord du Bruchberg, d'où le granit s'étend le long de l'*Ecker*, à l'est un peu plus loin que lui (le Brocken), et se perd bientôt aux environs de *Harzbourg*, où se joignent d'abord du schiste argilleux, puis des montagnes calcaires qui continuent jusqu'au pays plat, vers *Halberstadt*. Un des endroits les plus élevés dans cette contrée, mais dont la hauteur est de beaucoup au-dessous de celle du Brocken, est une montagne appelée le *Brand*, très-escarpée du côté de l'*Ecker*. Le granit dont elle est composée ne diffère de celui du Brocken, qu'en ce qu'il est ici d'un grain un peu plus gros, et que le feld-spath est un peu plus rouge. Au penchant septentrional de cette montagne, au point où les deux vallons, le *Stubchenthal* et le *Kalkthal*, venant des côtés opposés, se réunissent à environ quarante ou cinquante toises au dessous de la cime de la montagne, on voit au jour un beau filon dans le granit. La gangue consiste en mine de fer, en pierre de corne brune, en jaspe rouge, brun et jaune, qui tantôt est tacheté, tantôt veiné par du quartz blanc, ayant l'apparence de l'opale (peut-être de la calcédoine). L'épaisseur de cette gangue est d'environ une toise; elle forme un corps isolé et élevé au-dessus de la surface de la terre. A quelque distance de cette singulière masse de gangue, en descendant sur le penchant de la montagne au nord-ouest, s'appuie contre le granit

---

le duché d'Altenbourg. L'ouverture qui se forma détruisit l'équilibre, et le sommet de là montagne écroula dans la Saale.

M. Voigt, dans sa Description des montagnes connues sous le nom de *Rhoenberge*, nous cite un fait pareil arrivé à la montagne du Tagstein, près de la ville de Kaltennordheim. Dans le voisinage du village de Wessel en Bohême, près d'Aussig, il y eut, le 5 janvier 1770, un évènement pareil, dont M. le professeur Bekmann de Gottingue possède la gravure.

J'ai lu dans un papier public, qu'à Baigneux-les-Juifs, le 30 août 1779, après une grande pluie, il s'étoit formé subitement une ouverture de 150 pieds de profondeur. Enfin je dois observer qu'on voit de nombreuses traces de pareils affaissemens, aux environs d'Osterrode, dans les collines gypseuses qui précèdent le Hartz.

le Bruchberg, composé de schiste argilleux dont les couches sont presque perpendiculaires. Cette montagne a une pente très-rapide du côté du nord jusqu'au vallon, qui y est très-profond : c'est immédiatement dans ce vallon que les montagnes calcaires à couches se réunissent. Il est vraisemblable que c'est dans le voisinage ou sur les limites mêmes de ces deux espèces de pierres, que se trouve la source des eaux salées qu'on évapore sans être graduées, dans les salines de Juliushalle, établies au pied de la montagne, et qui fournissent le plus beau sel pour tout le Hartz.

De l'extrémité extérieure des montagnes granitiques dont j'ai parlé plus haut, et qui sont beaucoup moins élevées que le Brocken, vers le plat pays à l'est, le granit se prolonge à côté du Bruchberg encore deux lieues à l'ouest, et se dirige au nord en descendant jusqu'à l'*Ocker* ; de là il continue à travers cette rivière, au dessus de la fabrique de laiton, environ une lieue à l'ouest, et va plus loin dans les rives septentrionales de l'Ocker. Dans toute cette étendue de montagnes granitiques, en total beaucoup moins élevées que le Brocken, et même que le Brockenfeld, qui est le commencement du Bruchberg, on a fait peu de recherches. On a exploité quelques mines de fer, dans les déblais desquelles on trouve encore de la très-belle mine en partie attirable à l'aimant, avec du jaspe rouge. Cette contrée est couverte de beaux bois, et le granit y est d'une toute autre nature que celui qui existe au midi du Bruchberg. Celui de *Weisserberg*, de *Haselbruch* et du *Sandveg* étoit très-semblable au gneiss de l'Erzgebürge en Saxe, sur-tout par la couleur. En différens endroits, il étoit mélangé de beaucoup de quartz et de mica, avec des points dispersés de feld-spath blanc, renfermant même des parties de pierre ollaire. Le grain s'en trouvoit plus fin qu'à l'ordinaire, mais il n'étoit pas feuilleté, quoique les fragmens en fussent moins cubiques et sphériques que ceux du granit commun. Quand on en cassoit des morceaux, il en résultoit bien des pièces avec des surfaces unies, ressemblant presque à du schiste ; mais le total n'avoit pas la structure de cette substance. J'y ai aussi apperçu des grenats ferrugineux ; et dans un endroit appelé la *Paste*, où étoit un trou qui paroissoit avoir été une espèce de puits, j'ai remarqué dans le petit tas de déblais, une stéatite verdâtre contenant beaucoup de mica jaune, et des parties imitant l'or et l'argent par leur couleur. Celles-ci ont peut-être été l'objet des recherches de ceux qui prétendent trouver de l'or dans tout ce qui brille. Dans un autre endroit de cette contrée, on a trouvé des cristaux de roche tirant un peu sur le vert; ils approchent, par cette propriété, du béril (1) de Sibérie, et présenten tun prisme hexaèdre terminé par un plan hexaèdre, très-oblique à l'axe du prisme. A *Tiefenbach*, du schiste bleu et dur s'adosse à ces montagnes granitiques; il tient un peu du jaspe dont j'ai fait mention plus haut, en parlant des environs du *Königs-Krug*. Il y a une autre espèce de rocher qui ne se trouve dans aucune autre montagne du Hartz, excepté à *Spitzenberg* et sur l'endroit appelé le *Wildenplatz*, où les jumens et les poulains de Harzbourg restent pendant l'été. Cette espèce de rocher est très-dure et fort pesante; mais elle ne donne que très-peu d'étincelles au briquet. Sa couleur est olivâtre, et ses caractères extérieurs indiquent que c'est un talc entremélé de parcelles de feld-spath blanc. Je ne puis dissimuler combien je desirerois qu'on examinât plus attentivement ce canton : quelquefois je me persuade que ces montagnes granitiques, les plus voisines du pays plat, renferment autant de riches minéraux que celles de *Scharfenberg* en Saxe, avec lesquelles elles ont beaucoup de rapport. Au bord de l'Ocker, où le granit traverse cette rivière, son grain est beaucoup plus grossier qu'au Brocken, et le feld-spath a une couleur isabelle. Dans la proximité de ce canton où le schiste se réunit au granit, le grain du premier est plus fin, et plus dense qu'à l'ordinaire ; il est presque semblable à celui d'Andréasberg, et je n'ai jamais vu alterner ce schiste avec le grès gris. Il y a du marbre répandu en bloc et en masses assez élevées sur ce schiste,

---

(1) M. Schreiber croit que les cristaux dont il est ici question, pourroient bien être analogues à ceux de Maronne, du Fresney et de l'Armentière en Dauphiné, qui doivent leur couleur verte à un peu de stéatite verdâtre qu'ils renferment, et dans lesquels il n'est pas rare de trouver des cristaux de roche terminés par une pyramide hexaèdre, composée d'une face très-large, et de cinq autres presque imperceptibles.

près

près du rivage de l'Ocker, qui coule dans une vallée profonde ; ce marbre, susceptible d'un très-beau poli, est d'un mélange assez agréable. Il est tacheté de noir et de blanc ; le noir paroît y dominer, et le blanc est distribué de manière qu'il semble former des couches de l'épaisseur d'une ligne, et même plus minces, qui traversent le noir de la longueur d'un pouce, en s'épaississant ou en s'amincissant. Ces couches ou veines sont, ou presque parallèles, ou se rapprochent, ou se croisent. Les taches blanches en forme de raies renferment souvent une ou deux stries plus blanches et plus éclatantes dans leur milieu, et sont d'une nature quartzeuse ; elles sont plus dures que le marbre, et prennent un plus beau poli. C'est apparemment à la nature quartzeuse de ces parties blanches qu'elles doivent l'avantage de résister aux ravages du temps, et c'est aussi ce qui donne à ces blocs et à ces pics un aspect très-hideux, tandis que les parties noires de ce marbre sont rongées et minées. Le mineur n'a fait aucune tentative dans cette contrée, à l'exception d'une petite fouille dans le schiste près du granit, où l'on a découvert quelques vestiges de cuivre. Le granit a encore une certaine étendue vers l'est (1), où il est remplacé par le schiste qui alterne avec le grès gris. C'est à ces espèces de roches que se réunissent les montagnes calcaires aux environs de l'*Okerhutte*, où l'on fond de la mine du *Rammelsberg*, et ces montagnes renferment une quantité prodigieuse de pétrifications de toutes les espèces. Pareillement, du côté du nord, les montagnes schisteuses et de grès gris se joignent au granit, et continuent jusqu'au Rammelsberg près de Goslar.

Le Rammelsberg est unique dans son espèce (2) : je n'en rapporterai que les objets les plus remarquables. Il commence à la porte dite Clausthor de la ville de Goslar, qui est à son nord

---

(1) M. de Vaughan, Anglois, trouva dans cette partie, près et sur les limites, du schiste du schorl noir en aiguilles dans du granit ; il découvrit même des entroches dans le schiste près du granit. Ce schiste paroît être très-mélangé de sable, et même doit se convertir par degrés en pierre de sable, dans laquelle il se trouve un grand nombre de pétrifications, dont il sera bientôt question. (Note de l'auteur.)

(2) La planche VI représente la coupe de cette montagne remarquable.

tirant un peu à l'est ; de là il s'éleve rapidement sous un angle de quatorze degrés quinze minutes, jusqu'à la hauteur perpendiculaire de 12 toises $\frac{1}{8}$, sur une longueur horizontale de quarante-sept toises $\frac{7}{8}$; il continue ensuite avec une pente douce de quatre cents quatre-vingt toises jusqu'à la naissance de la montagne. Dans cette distance, qu'on peut regarder comme une plaine montagneuse, il n'augmente en hauteur que de trente-deux toises et demie. Cette plaine se prolonge à l'est par une pente presque insensible, ayant les montagnes d'un côté et la ville de Goslar de l'autre, et va joindre la principale vallée, qui est bornée par le *Sulmerberg* composé d'une matière calcaire très-poreuse, formant un assemblage de gros grains et de beaucoup de pétrifications jetés sans ordre. C'est sur cette plaine que le Rammelsberg, dont l'aspect est si sauvage, s'élève à-peu-près dans la direction de sud-est, en partant de la ville, jusqu'à la hauteur perpendiculaire de cent trente-sept toises $\frac{1}{8}$, sur une longueur horizontale de quatre cents vingt-quatre toises $\frac{3}{4}$ (1). Je n'ai jamais vu une montagne plus rapide renfermer autant de minérai, et produire autant de bénéfice. On peut diviser toute la hauteur de cette montagne en cinq parties : la première, qui est un peu moins que le cinquième de la hauteur totale, n'est pas à beaucoup près si escarpée que les quatre autres, quoiqu'elle ait pour base presque la moitié de la longueur de toute la montagne. Ce premier cinquième, qui forme la base du Rammelsberg, s'élève jusqu'à l'endroit où sont situés les puits qui conduisent dans son intérieur, de cent vingt-cinq toises obliquement sous un angle de onze degrés vingt-cinq minutes, sur une base de cent vingt-deux toises $\frac{3}{4}$ (2). Depuis l'endroit où la première élévation finit, le premier cinquième continue horizontalement jusqu'aux trois cinquièmes suivans. Cette petite plate-forme a soixante-sept toises $\frac{3}{4}$ de large, et est couverte

---

(1) D'après ce qui suit, le nombre de 424 $\frac{3}{4}$ Lachtern est composé de 122 $\frac{3}{4}$ + 67 $\frac{3}{4}$ + 99 $\frac{3}{4}$ + 135 ; conséquemment il est = à 425 $\frac{1}{4}$, et non à 424 $\frac{3}{4}$. *

(2) M. Schreiber a fait le calcul de la hauteur perpendiculaire de cette partie ; il l'a trouvée de 24 toises $\frac{7}{8}$. *

des décombres de la mine ; il peut même y avoir eu un petit enfon-
cement. Les deuxième, troisième, et quatrième cinquièmes s'élèvent sur une longueur horizontale de quatre-vingt-neuf toises $\frac{1}{4}$,
de soixante-quinze toises $\frac{1}{4}$ perpendiculaires, sous un angle de
trente-sept degrés vingt-huit minutes (1) ; et le dernier cinquième
s'élève encore de trente-sept toises, suivant une longueur de cent
trente-cinq toises, par un angle de quinze degrés vingt minutes,
jusqu'à la cime de la montagne.

La petite plaine de la base renferme les minéraux, ou plutôt
les minéraux l'occupent entièrement. La direction dans laquelle
ils s'étendent le plus, en suivant celle de la montagne même, est
dans l'heure 5 de la boussole du mineur ; et dans l'intérieur la
limite de la masse de minérai a une inclinaison méridionale, vers
le chevet, de quarante-deux degrés trente minutes : celle du côté
du toit se prolonge aussi sous un angle de vingt-six degrés au midi ;
par conséquent ces minérais ont leur direction principale dans les
quatre derniers cinquièmes, à-peu-près de l'est à l'ouest, et leur
inclinaison du nord au sud ; deux filons ou veines en font la limite
au toit et au chevet. J'ai déja fait mention du rocher dont cette
montagne est composée. Les couches ou bancs approchent de la
ligne horizontale vers son sommet ; au côté du toit et dans le
chevet des minérais, c'est-à-dire vers le midi, ces bancs sont posés
de champ sous un angle de quarante degrés cinquante minutes.
Ces bancs sont, à très-peu de différence près, parallèles à la
direction et à l'inclinaison principale de la masse du minérai. On
peut se représenter cette masse comme un corps rhomboïdal (2),

____

(1) M. Schreiber ayant calculé cet angle, ne l'a trouvé que de 37 degrés une minute, au
lieu de 37 degrés 28 minutes. Le calcul de M. de Trébra avoit été fait sur des données différentes de celles de son édition. Je trouve dans le manuscrit qu'il m'avoit communiqué 98 $\frac{3}{4}$ de
base, au lieu de 99 $\frac{1}{4}$, et 75 $\frac{3}{4}$ de hauteur, à la place de 75 $\frac{1}{4}$; et son calcul étoit juste dans cette
supposition. *

(2) Il ne paroît pas qu'on puisse appeler corps rhomboïdal la masse de minérai du Rammelsberg, puisque les faces qui la terminent ne sont point rhomboïdales. En supposant le plan par
lequel cette masse se termine dans la profondeur, parallèle à celui qui lui sert de limites, près
de la surface de la montagne, M. Schreiber préféreroit le nom de prisme à celui de rhombe,
si on ne vouloit pas s'en tenir à la dénomination simple de masse de minérai.

qui a trois cents toises de longueur horizontale et quarante de largeur, lequel, suivant la direction et l'inclinaison que je viens d'indiquer, est interposé dans la montagne, de manière qu'il est terminé de biais à ses extrémités de l'est à l'ouest. Ainsi il s'approche dans la profondeur de plus en plus de la principale vallée, qui sépare à l'occident le Rammelsberg du Herzberg son voisin, dont la hauteur est égale à la sienne.

Il ne faut pas s'imaginer que cet immense rhomboïde soit un massif de minérai; il y a, dans l'espace limité par les deux veines, des masses de schiste stérile de l'épaisseur de vingt toises plus ou moins; le minérai même n'est pas entiérement sans mélange de substances inutiles. Lorsqu'elles s'y trouvent disséminées par taches, comme il arrive le plus souvent, on l'appelle roche de *kniest* (1). En employant le nom de *masse rhomboïdale*, pour désigner ces minérais, je n'ai plus besoin de me servir, ni du mot *filon*, ni de celui *couche minérale*, ni de celui *amas de mines*, ce qui est plus commode. Sa gangue consiste en spath calcaire blanc, en quartz et quelquefois en gypse spéculaire, dont il y a des cristaux magnifiques qui se forment presque toujours dans les anciens déblais, ou sur le minérai qu'on voit près des anciens travaux. Les matières inflammables, et les demi-métaux qu'on y trouve, sont du soufre (2) et de l'arsenic en grande quantité, de même que du zinc en blende brune : et les métaux dont on tire parti, sont du plomb, du cuivre, de l'argent et de l'or. On rencontre rarement de la galène en boutons (mamelonnée) et en écailles,

---

(1) Le *kniest* du Rammelsberg est une roche spatique et schistheuse, traversée par de petites veines de pyrite cuivreuse. On s'en sert pour addition dans la réduction des mines de cuivre; il produit le double avantage de ralentir la fonte de ces mines trop fusibles ou trop chaudes, et de fournir lui-même un peu de cuivre, qui augmente le produit; mais il faut avoir soin de n'en point trop ajouter. La proportion doit être telle que le laitier puisse se clarifier, et que la matte puisse se réunir. *

(2) M. de Trebra ne substitueroit-il pas ici le mot de soufre à celui de pyrite, cette dernière étant très-abondante au Rammelsberg? ou voudroit-il parler du soufre artificiel que forment nécessairement dans les fosses, les feux par le secours desquels on en arrache le minérai? J'aurois desiré que l'auteur nous eût dit sous quelle forme l'arsenic se trouve dans les mines du Rammelsberg : il ne s'y montre peut-être que sous celle de minéralisateur. *

mais

mais plus souvent de la mine de cuivre massive (1), contenant
jusqu'à quarante livres et plus de métal au quintal. Le minérai
ordinaire est, ou un mélange de toutes ces substances à grain
fin, ou du *kniest de cuivre*, qui est la plus pauvre espèce de
mine. De toutes ces différentes espèces de mines mêlées ensemble, il résulte à la fonte un plomb d'œuvre qui contient rarement plus de trois lots d'argent au quintal. Sans employer les
boccards ou les grandes laveries (2), on extrait plus de dix marcs
d'or par an (le seul au Hartz qu'on obtienne d'environ quatre
mille marcs d'argent), de l'argent, du cuivre, du plomb, du
zinc, du soufre, du vitriol martial et cuivreux, et du vitriol de
zinc. Il n'est donc pas surprenant que dans cet espace du Rammelsberg, si rempli de mines de cuivre, il y ait des eaux cémentatoires, dans lesquelles le cuivre se précipite sur le fer qu'on y
met. La pierre atramentaire rouge et grise qu'on trouve dans
cette montagne n'est autre chose que de vieux décombres liés
ensemble et pénétrés par des eaux vitrioliques ; aussi ne s'en sert-
on que pour la fabrication du vitriol. Dans ces décombres des
anciens ouvrages, il se forme encore une autre matière que je
n'ai pas rencontrée ailleurs, et que le mineur du Hartz appelle
Misi (3) ; on l'emploie pareillement dans la préparation du vitriol :
elle a une couleur jaune de soufre, elle est légère et très-friable.
Il y a dans le Rammelsberg beaucoup de vitriol natif bleu, vert
et blanc, ainsi que de l'alun de plume et même du pétrole. Peut-
être ce dernier est-il dû au feu, ou du moins à celui qu'on emploie
si fréquemment dans cette mine, comme le seul moyen d'ouvrir
ce rocher qui résiste à la poudre et à l'acier. Il y a, dans le simple

---

(1) J'aurois encore souhaité que M. de Trébra eût déterminé l'espèce de mine de cuivre
dont il parle ; je crois que c'est de la mine de cuivre pyriteuse jaune massive ; je ne me souviens
pas d'en avoir vu d'une autre espèce, provenant du Rammelsberg. *

(2) Ce n'est que pour les débris qui tombent des gros morceaux pendant le travail, et qui se
mêlent avec les déblais appelés ici *Brandstaub*, qu'on se sert depuis quelque tems des cribles
et des laveries à tables couvertes de toiles.

(3) Le *Misi* est du vitriol effleuri ; une espèce de pierre atramentaire couleur de soufre ou
couleur d'orange, Minéralogie de Linné, traduite par M. Gmelin, tome 2, page 320. Docteur
Demeste, tome 2, page 304. *

F f

schiste, des endroits où il est d'une telle dureté qu'il faut jusqu'à six mille pointes de fleurets pour percer une seule toise. Pour essayer ce schiste revêche, j'en ai fait scier et polir un échantillon, et j'ai découvert que c'étoit du véritable jaspe. Si cette dureté n'arrête pas absolument la continuation des travaux de recherche, elle les rend au moins extrêmement difficiles. On en a poussé quelques-uns au-delà des limites de la masse de la mine rhomboïdale que j'ai déterminées; mais le minérai ne s'y est pas soutenu de manière à mériter que l'exploitation en fût continuée. Il existe dans le Rammelsberg, une espèce de schiste entremélé de pyrites qui le traversent quelquefois en forme d'ondes; ce schiste prenant facilement feu, il faut nécessairement user de beaucoup de précautions, en exploitant le minérai par le calcinage, pour qu'il ne s'embrase pas. Pour cet effet, on couvre le sol où l'on veut établir le bûcher, d'une couche d'un pied d'épaisseur de déblais et de schiste non inflammable, qu'on descend du jour dans les fosses. Il s'en faut beaucoup que cette montagne singulière et unique dans son espèce, qui a donné tant de bénéfices depuis plusieurs siècles, soit entièrement épuisée, puisqu'elle n'est pas même fouillée jusqu'à plus de cent vingt toises de profondeur perpendiculaire.

L'espèce de rocher que j'ai décrite plus haut, c'est-à-dire, le schiste argilleux et le grès gris, continue depuis le *Rammelsberg* à l'ouest, dans une direction parallèle au *Bruchberg*, jusqu'à l'*Iberg* et le *Winterberg*, situés près la ville de mines de la *Communion*, appelée *Grund*, ce qui fait au moins une longueur de trois lieues. En cette partie, il vient joindre à angle droit la prolongation du Bruchberg, et l'accompagne à plus de deux lieues au nord, jusqu'au dessous de la ville de mines de la Communion, nommée *Lautenthal*, près de laquelle commencent les montagnes basses et stratifiées. Cette espèce de roche s'adosse au granit, un peu à l'est de la ville de mines d'*Altenau*, et au *Brockenfeld* au dessous du *petit Brocken*, où commence le *Bruchberg*, et dans la vallée de l'Ocker, environ à une lieue à l'ouest au dessus de la fabrique de laiton. Immédiatement au dessus du Rammelsberg, les montagnes du Hartz offrent un vaste canton, où l'on n'a fait d'autres travaux que la fouille d'une galerie dans le Herzberg, montagne la plus voisine du Rammelsberg. Le minérai qu'on a rencontré dans cette galerie ressembleroit à celui du Rammelsberg, s'il étoit moins dur et s'il avoit un gîte plus riche. Plus loin à l'est, les montagnes, à en juger par les endroits découverts, paroissent n'être composées que de schiste argilleux. On a ouvert des carrières d'ardoise à leur base, ainsi que près de la ville de Lautenthal, et plus loin encore à l'ouest au dessus de la ville d'*Altenau*, proche du *Bruchberg* et dans le canton attenant à la fonderie de *Schulenberg*, jusqu'auprès des montagnes de *Hahnen-klée*, et même en descendant vers *Lautenthal*, montagnes où il y a déja eu des exploitations de mines; on trouve sur les plus hauts sommets, comme sur la partie antérieure du *Bruchberg* vers le plat pays, des rochers d'une pierre de sable, remarquable parce qu'elle est remplie d'une quantité prodigieuse de coquillages pétrifiés, dont je n'ai encore trouvé aucun vestige au Bruchberg, qui est à la vérité plus élevé. Aux environs de la fonderie de *Schulenberg* cette pierre de sable paroît descendre des plus hauts sommets de la montagne, vers la vallée arrosée par le torrent de *Weisse-wasser*, et constituer tout l'intérieur de cette partie de montagnes; mais en approchant de la vallée, son grain devient plus fin, il renferme beaucoup de mica et des couches schisteuses. Dans le vallon d'*Altenthal*, qui se joint à la vallée principale où coule le *Weisse-wasser*, on a fait plusieurs recherches sur des filons dans cette pierre de sable, et depuis peu on en a entrepris une sur la mine nommée *Bischof Friedrich*, pour sonder un filon épais de deux toises, composé de spath calcaire blanc et de quartz. Ce filon renferme des nids, des veines de galène, et donne beaucoup d'espérance. Dans la contrée des exploitations des mines de *Festenbourg*, tout près et au dessous de l'étang de *Schalke*, est un banc de pierre de sable, dont les fissures qui le traversent se trouvent par-tout remplies de coquillages, qui sont pour la plupart des hystérolithes, parmi lesquelles il y a quelquefois aussi des fungites et autres coraux. Ce banc est adossé au grès gris et au schiste, il en est même enveloppé, et quoique plusieurs mines y soient déja en pleine exploitation, on n'a pas encore pu découvrir par leur moyen jusqu'où il s'étend dans l'intérieur de la montagne (1). Vers les vallées de ces mêmes montagnes, on trouve plus qu'à leurs sommets, de la pierre calcaire d'un grain fin et serré, et quelquefois même du marbre de couleur grise claire, et traversé de veines plus foncées sans taches. Ce marbre s'y rencontre principalement en blocs, et dans le canton situé entre *Lautenthal* et la montagne de *Hahnenklée*, on a depuis peu rencontré, à la tête de la galerie profonde de l'Espérance de Lautenthal, à quatre-vingt-six toises de profondeur perpendiculaire, une pareille pierre calcaire d'un gris clair faisant partie d'un rocher transversal, alternant rapidement avec le grès gris et le schiste.

Plus loin, jusqu'aux limites placées au devant de l'*Iberg* et du Winterberg, la roche consiste généralement en schiste et en grès gris, mélange qui a été décrit ci-dessus; aucune autre espèce de rochers ne leur est superposée ou interposée par couches. Je dois néanmoins faire mention de fragmens détachés et de blocs nus et isolés d'un jaspe schisteux, qui se trouvent plus près du Bruchberg. Ce jaspe souvent rubané offre des zones brunes, rouges et vertes; mais je ne le regarde pas comme une espèce particulière. Je crois qu'il appartient aux schistes, et qu'il a acquis ce degré de densité au jour, à de grandes élévations (2). Les séparations des bancs et des couches dans cette espèce de rocher, soit qu'on les considère

---

(1) Si la pierre de sable n'est qu'adossée au schiste et au grès gris, on ne doit pas s'attendre à la retrouver dans l'intérieur. A la vérité, l'auteur vient de dire qu'elle en étoit enveloppée; mais je présume, avec M. Schreiber, qu'elle n'est réellement que superficielle. Cet habile Minéralogiste pense que la pierre de sable dont il est ici question, est de formation postérieure à celle du grès gris et du schiste. *

(2) Plusieurs genres de pierre durcissent à l'air; mais le schiste, loin d'y acquérir plus de solidité, s'y décompose assez communément. L'état de l'atmosphère, à de très-grandes élévations, produiroit-il sur le schiste un effet opposé à celui qu'il opère dans une moindre élévation; ou le jaspe, dont l'auteur parle ici, ne seroit-il pas un fragment de roche étrangère au rocher de la montagne, et très-indépendante du schiste? Rien n'est plus commun que des roches parasites dispersées sur les montagnes, dont la source ou le gîte originaire est inconnu. *

dans

dans leur profondeur , soit qu'on examine leur inclinaison ,
sont plus perpendiculaires qu'horizontales , comme cela a lieu
dans tout le Hartz en général. Ce n'est qu'en très-peu d'endroits
et près de la surface de la terre que j'en ai apperçu d'horizontales ou du moins qui en approchoient, mais elles n'avoient jamais
que peu d'étendue. La direction de ces séparations éprouve souvent des changemens, dont ont voit des exemples , planche I ,
figure 2, dans laquelle je donne une idée générale de la structure
des masses des rochers. Les séparations des bancs des rochers
suivant la ligne horizontale , varient de même que dans leur
étendue, principalement dans le voisinage des filons. D'après les
observations que j'ai faites jusqu'ici , je puis assurer qu'elles n'affectent aucune direction particulière et que celle qu'elles ont n'est
jamais constante.

Leur direction coupe souvent à angle droit celle des filons
vers lesquels elles s'inclinent de la manière la plus variée ; quelquefois elles sont parallèles aux filons dans la direction et l'inclinaison. Ce dernier cas a sur-tout lieu aux endroits où les filons et
leurs veines renferment du rocher, et en particulier des masses de
schiste en forme de coins d'un volume considérable. On peut en
général se représenter le tissu des gros filons, et principalement
celui des filons puissans et de leurs gîtes prolongés , ou de leur
suite, comme plusieurs espaces semblables à celui du Rammelsberg que j'ai décrit , mais d'un moindre volume , et liés ensemble
à des distances fort considérables par le filon devenu plus étroit,
moins riche et même stérile , qui les parcourt. Les planches II
et III en présentent des exemples évidens ; la dernière montre
principalement des endroits d'une puissance considérable, puisqu'elle va de quinze à vingt et même jusqu'à trente toises. Lorsqu'on peut déterminer avec quelque précision la direction principale des filons qui y sont représentés , on voit qu'elle tombe
presque toujours entre la sixième heure de la boussole ; je ne
connois que quelques cas particuliers où elle se soit tournée
jusque vers onze et douze heures. Ils s'inclinent au midi ou à

G g

l'ouest sous un angle moyen. Les parties les plus riches de ces filons se trouvent toujours dans les gorges, ou sur la pente douce des montagnes qu'ils côtoient, conformément aux principes que j'ai établis dans ma première et dans ma seconde lettre. La planche V, contenant la représentation fidelle des principales suites des mines du *Hartz*, de *Stufenthal* et de *Burgstadt*, prouve cette assertion. On appelle *Ruschel* dans ces montagnes, des petits filons de terre glaise qui ont à peine quelques pouces d'épaisseur. Leur direction se trouvant en général entre deux et cinq heures, ils sont presque planans ou n'ont que peu d'inclinaison vers le nord, encore est-elle méridionale en certains cas particuliers. Il s'en trouve dans les montagnes de *Clausthal*, d'*Andréasberg*, et même dans le *Rammelsberg*. Les principaux filons changent de direction et d'inclinaison en les rencontrant. Il arrive aussi qu'ils y finissent entièrement, qu'ils ne s'interrompent que pour un petit intervalle, ou pour le moins qu'ils y diminuent d'épaisseur. Souvent les filons perdent leur minérai en s'approchant des *Ruschels*; on a cependant vu qu'après les avoir passés en avant ou en dessous, les filons ont non-seulement repris leur direction et leur inclinaison, mais encore de la mine. On craint ces *Ruschels*, qui n'annoncent d'abord rien d'avantageux; mais il me paroît que souvent ils éprouvent le sort de tous les objets qui ont le malheur de n'être considérés que d'un côté. Si, par exemple, on pousse un travail de l'est à l'ouest, sur un filon dont la direction est six heures, et qu'on rencontre un autre filon qui se dirige sur neuf heures, on dira unanimement que le dernier a ennobli le premier, si l'on rencontre du minérai, après avoir passé le point de réunion de ces deux filons; et le mineur, suivant sa coutume, classera parmi les filons ennoblissans celui dont le cours est dans la neuvième heure. Si l'on avoit fait le travail sur le filon de six heures dans un sens contraire, c'est-à-dire, de l'ouest à l'est, on auroit trouvé du minérai riche avant d'arriver au point de réunion : à l'endroit où les deux filons se joignent, il auroit cessé. Alors chacun eût été fâché de la rencontre de ce filon de neuf heures, et on l'auroit placé sans hésiter parmi les filons qui appauvrissent les filons nobles par leur jonction. C'est le cas des *Ruschels* auxquels on fait quelquefois tort, quoique, tout considéré, ils appartiennent à la classe des êtres qu'on nomme filons et veines, ou crevasses.

Les gangues du Hartz sont pour la majeure partie, du spath calcaire blanc, du quartz et du spath pesant. Ces substances se trouvent, ou en masses solides, ou cristallisées ; le spath pesant se rencontre très-agréablement cristallisé, souvent en tables blanches et transparentes comme de l'eau. Il y a de beaux cristaux de gypse spéculaire, sur-tout dans les montagnes de *Lautenthal*, et on trouve çà et là des stalactites calcaires, et des cristaux séléniteux nouvellement formés. Les minérais consistent en pyrites sulfureuses et cuivreuses de différente couleur, en très-peu de pyrites arsenicales, et quelquefois en manganèse ; on n'y trouve que rarement des vestiges de cobalt. Dans les montagnes de *Lautenthal* il y a beaucoup de mines de fer spathique de couleur isabelle, et d'autres espèces de cette mine. Les blendes se rencontrent très-diversement variées, quelquefois elles forment de beaux cristaux, et quoi qu'on en dise, je n'en ai jamais trouvé de phosphorique. La galène se présente en très-grande quantité ; elle est en masses solides, en cristaux, en écailles, et striée, ou pure, ou entremêlée de gangue. Lorsqu'elle ne renferme pas quelque espèce de mine d'argent, elle ne contient pas plus de un jusqu'à huit lots d'argent au quintal.

De plus, ces montagnes fournissent aux amateurs de collections brillantes, des morceaux précieux de mine de plomb spathique, blanche quand il n'y a point de parties cuivreuses qui lui communiquent accidentellement une couleur verte et bleue très-vive, ou grise lorsque des parties de soufre qui y sont survenues lui ont rendu la couleur du plomb. Il y a aussi de la mine de plomb terreuse, communément d'un gris clair ou foncé, et traversée de veines de mine de plomb spathique ; dans les fissures on apperçoit quelquefois de l'azur de cuivre d'un bleu superbe. Ces mines spathiques et terreuses ne se trouvent ordinairement qu'à une profondeur peu considérable (1) ; elles ne descendent pas au-delà de quatre - vingt toises , et sont toujours accompagnées d'ocre martiale brune, jaune et noire. On ne trouve ici en mines d'argent proprement dites , que de la mine grise, appelée au Hartz mine d'argent blanche ; elle contient depuis sept jusqu'à huit marcs d'argent, et à-peu-près vingt livres de cuivre au quintal. Souvent cette mine est massive ; quelquefois elle se trouve cristallisée en belles pyramides , qui alors sont presque toujours recouvertes de pyrites, et contiennent jusqu'à environ douze marcs d'argent au quintal. Il faut encore mettre au nombre des mines d'argent de ces montagnes , une mine particulière rouge, très-souvent feuilletée , appelée *zundererz* et *blœttererz* , *mine feuilletée ;* mais l'ayant essayée , j'ai trouvé qu'elle ne contenoit pas plus de treize lots d'argent au quintal (2).

Observez , je vous prie, que si ces montagnes situées au nord du Bruchberg n'offrent pas la plus légère trace de ces riches mines d'argent vitreux ou natif, ni de cet argent arsenical qu'on trouve à Andréasberg, néanmoins elles ne le cèdent pas à celles qui sont au midi du Bruchberg. Les grandes masses de galène , dont les montagnes septentrionales sont abondamment fournies , ont produit incomparablement plus que les riches mines d'argent qui se trouvent au-delà du Bruchberg. Le petit espace qui renferme la

(1) Je crois avoir déja publié quelque part l'observation que j'ai été dans le cas de faire , relativement à la position des mines de plomb spathiques blanches et vertes. Elles se trouvent presque généralement près du jour , ou si on les rencontre à une profondeur un peu considérable , ce n'est ordinairement que dans des travaux nouvellement relevés , dans leur voisinage , ou du moins dans des lieux où l'air a un libre accès. Quelques observations semblent même prouver qu'il s'est formé des cristaux de plomb verts , au jour, dans les tas de déblais.

Les mines de Vildsberg , dans le duché de Juliers ; celles de la Croix, en Lorraine ; celles de la Quorre , dans la vallée d'Aulus, en Couserans, justifieront mon assertion. *

(2) Cette espèce de mine , que les Minéralogistes François ont nommée mine d'argent feuilletée ou foliée, porte en Allemagne le nom de liége fossile , de papier fossile , de mine en amadou. C'est un liége fossile , ou asbeste mordoré , qu'on trouve assez souvent dans les fossés de la Dorothée et de la Caroline , à Clausthal au Hartz. On la rencontre fréquemment avec de la galène et du quartz , qu'elle colore quelquefois. M. Lehmann en a le premier défini la nature , dans les Mémoires de l'Académie de Berlin , année 1758.

Voyez la minéralogie de Linné , publiée par M. Gmelin, tome 3 , page 409.

Kirvan , élémens de minéralogie, page 260.

Manuel du Minéralogiste , page 201. *

Dorothée,

Dorothée, la Caroline et la Nene Benedicta, qui n'a que trois cents toises de longueur, a donné du bénéfice depuis 1710 jusqu'à 1774, sans interruption ; c'est-à-dire, qu'en soixante et quatre années, il a produit 4,231,110 écus d'or, valant chacun un rix-daler ½. L'exploitation n'y a été poussée que jusqu'à deux cents toises de profondeur, tandis qu'en d'autres parties du Hartz, les travaux ont atteint la profondeur de deux cents soixante toises.

La forme extérieure de cette contrée où sont situées les trois riches minières dont je viens de parler, est très-intéressante. Ce n'est pas à beaucoup près une plate-forme, ainsi qu'on le voudroit faire croire de toute la contrée qui environne Clausthal et Zeller-feld ; mais ses environs ont une pente infiniment douce, et sont interrompus par un vallon latéral à peine remarquable, qui se prolonge en descendant vers la vallée principale. Ce point a été sans contredit le plus noble de tous ceux du Hartz supérieur, du moins dans les temps modernes. Il mérite d'être considéré avec toute l'attention possible sur les planches V et VB.

Comme il est extrêmement essentiel que l'endroit où l'on exploite un si grand nombre de mines, ait de l'eau pour faire jouer les machines, on a cherché à en rassembler de toutes parts sur les régions élevées, et on les a conduites dans un grand nombre d'étangs. La plus forte partie de ces eaux est amenée par un canal pratiqué le long du Bruchberg en descendant vers l'ouest ; il commence tout au haut de la montagne, près du Brockenfeld. Ainsi, non-seulement quatre rivières assez fortes, l'Eckre, la Bude, le Radau et l'Oder ont leurs sources dans la plate-forme granitique et marécageuse, située entre les deux Brockens, mais d'autres sources plus élevées fournissent encore les eaux nécessaires aux machines hydrauliques des mines exploitées tant au midi qu'au nord du Bruchberg. Cette grande quantité d'eau tarit presque entièrement, quand il fait sec, et s'augmente considérablement par les fortes pluies ; on ne peut donc raisonnablement soutenir qu'elle soit le produit de l'évaporation des vastes réservoirs qu'on suppose dans les entrailles de la terre.

H h

Dans les montagnes inférieures du Hartz, au pied du Bruch-berg, vers le nord, se trouve la *Sæse*, qui prend naissance au dessous de la *Sæseklippe :* elle coule à l'ouest, et passe près d'Oste-rode. L'*Ocker* prend aussi sa source au nord du Bruchberg, au dessus d'Altenau, et coule vers l'orient après avoir reçu le *Weis-serwasser* et les eaux des machines hydrauliques et des boccards du Schulenberg dans la Communion du Hartz. Elle reçoit pareil-lement l'*Innerst*, presque entièrement formée des eaux qui ont servi aux exploitations des mines de Clausthal et de Zellerfeld. Cette rivière d'Ocker prend d'abord son cours vers l'occident, mais bientôt après elle se tourne droit au nord vers le pays plat.

Enfin me voici parvenu à la dernière partie de mes voyages dans les montagnes du Hartz. Elle commence proche des monta-gnes d'Iberg et de Winterberg, non loin du bourg de *Grund*, s'étend du nord au sud jusqu'au Bruchberg, et fait un angle droit avec son prolongement vers l'ouest jusqu'aux environs d'Osterode, où elle se termine dans les montagnes stratifiées formées de schiste cuivreux, de pierre calcaire, de gypse et de marne. Ces deux montagnes, par lesquelles je commence, formant, à proprement parler, une seule et même masse non interrompue, ayant néan-moins deux sommets distincts, sont composées de part en part d'une roche calcaire, écailleuse, grise, compacte, tirant un peu sur le rouge. L'espace que comprend cette masse est assez grand ; sa longueur du nord au sud (1) est d'environ cinq cents toises, et sa largeur de l'est à l'ouest d'environ trois cents. Cette masse est environnée du mélange de grès gris, et de schiste dont les mon-tagnes du Hartz, décrites ci-dessus, sont composées. La dernière espèce de roche est sans contredit placée sur la pierre calcaire. C'est précisément parce que d'abord je ne voulois pas croire ce

---

(1) L'auteur a ajouté que cette longueur suivoit, du sud au nord, une ligne qui partage presque en deux un angle droit du méridien à l'équateur. Cette expression laissant du louche, je me contente de la rapporter en note. *

rare phénomène (1), que j'ai fait dessiner avec le plus grand soin, et en ma présence, la première figure de la planche I, qui en donne la preuve. Dans cette figure, a. b. est l'inclinaison sous laquelle j'ai trouvé la montagne de grès gris et de schiste, posée sur la pierre calcaire. A environ quarante-cinq toises de ce point, du côté de l'ouest, sur le penchant de la montagne, on a pratiqué un puits de dix toises de profondeur dans la première roche : ce n'est qu'après avoir percé cette roche qu'on a rencontré la pierre calcaire. Cette opération auroit entièrement fixé mon incertitude, s'il me fût resté quelques doutes après la première preuve. Cette montagne calcaire se réunit, du côté de l'orient, aux montagnes qui s'étendent plus haut vers Clausthal et Zellerfeld ; au couchant, elle s'abaisse vers le plat pays, où le grès gris et le schiste ont encore pour le moins cent vingt toises de large, où leur largeur est la moins considérable, jusqu'aux montagnes stratifiées formées de la pierre calcaire à gros grains qui s'y joignent. Au nord et au midi, la montagne calcaire se réunit aussi aux montagnes de grès gris et de schiste, qui s'étendent de même et parallèlement avec elles jusqu'aux montagnes stratifiées. J'ai cherché en vain des lits et des bancs qui fussent distribués avec ordre dans la pierre calcaire de l'Iberg et du Winterberg. J'y trouvois bien des fissures, comme on peut le voir par la figure 1 de la planche 1, et la figure du frontispice de cet ouvrage. Cette figure est la représentation du Hubichstein, qui fait limite entre les montagnes calcaires et celle de Grauwacke à l'ouest ; mais ces fentes ne paroissent dues qu'à l'action de l'air extérieur. Elles se prolongent fort peu, souvent elles n'ont qu'une toise et quelques pieds de longueur, ne conservent aucune direction réglée, et la plupart sont perpendiculaires, sans cependant se joindre. Il y a encore d'autres séparations dans cette masse de pierre calcaire ; mais il est évident qu'elles sont produites par les eaux. Elles n'ont que peu ou point de régularité,

---

(1) Les observations les plus récentes, celles que j'ai faites moi-même prouvent que ce fait cité par l'auteur, n'est plus un phénomène *.

et font presque par-tout des ouvertures vides. Les mineurs qui cherchent de la mine de fer dans l'intérieur de cette montagne, profitent souvent de ces ouvertures pour creuser à moins de frais les puits dont ils ont besoin, attendu que la pierre calcaire, lorsqu'elle est compacte, est d'une dureté presque insurmontable (1). La mine de fer que l'on trouve ici en assez grande quantité, est de la meilleure qualité. Elle consiste en hématite noire, et en mine de fer spathique. Cette dernière, quoique plus rare, est mêlée de beaucoup de poix minérale ou d'asphalte, qui souvent se trouve pure et solide, quelquefois sous forme écailleuse, et que les mineurs nomment alors très-improprement *charbon de pierre*. Il y paroît fréquemment aussi une espèce de mine de fer micacée, si légère que des morceaux mis dans l'eau y surnagent. Elle est colorante comme de la molybdène; elle s'y trouve, ou solide ou en efflorescence sur l'hématite (2). Les noms de *nids* et de *rognons* ne m'ont jamais paru convenir mieux à aucun gîte de minérai, qu'à cette mine de fer (3). L'épaisseur de ces rognons va souvent à plusieurs toises, mais quelquefois ils ne s'y soutiennent que sur la longueur de quelques toises, ils se réduisent à quelques pouces de largeur, et finissent par n'être plus que de simples fêlures dans le rocher calcaire, que les mineurs poursuivent, pour peu que le rocher ne soit pas absolument entier; souvent même elles reprennent leur première puissance. La puissance de ce minérai s'étend, tantôt horizontalement, tantôt perpendiculairement, et lorsqu'il a disparu, on le recherche, et on le retrouve dans l'une ou l'autre de ces directions. En exploitant ces nids et ces rognons, on

(1) La pierre à chaux compacte à grains fins est le fléau des mineurs. Son tissu uniforme, point feuilleté, fait qu'elle résiste à l'effort de la poudre; on ne peut guère l'exploiter que par le feu. Ce n'est pas qu'il n'y ait des roches à mines plus dures; mais leur masse étant feuilletée, ou composée de gros grains, leur continuité est détruite moins difficilement; le fleuret et la poudre les domptent. *

(2) C'est ce que M. Romé de l'Isle appeloit ci-devant fleurs d'hématite, et à présent c'est la manganèse en chaux de M. de la Peirouse.

(3) Il est très-fréquent de trouver cette espèce de mines de fer en rognons, sur-tout dans la pierre calcaire; les Pyrénées nous en fournissent de nombreux exemples. En général la pierre à chaux de cette nature renferme rarement des filons suivis. *

trouve

trouve quelquefois des fentes, ou creux en forme de druses,
assez larges pour pouvoir y entrer; et hors de la direction du
prolongement de la mine de fer, on voit distinctement les traces
de l'écoulement des eaux. Les parois de ces cavités sont souvent
garnies de belles stalactites calcaires, de cristallisations de spath
pesant, et même de cristaux de quartz, entre lesquels est la mine
de poix minérale solide. Les eaux de la plupart de ces minières
se perdent dans des grottes, dont la profondeur s'étend jusqu'à
la base de la montagne (1).

De plus, la pierre calcaire est, à côté de ces cavités, si solide
et si ferme, que les eaux infiltrées pendant les pluies dans ces
fentes, d'où elles s'écoulent très-lentement, ne peuvent entrer
dans les ouvrages, qui sont pourtant très-près de ces vides; et
dans le voisinage de ces eaux, on travaille à sec, au dessous de
leur niveau. On entre dans un vrai labyrinthe lorsqu'on parcourt
une pareille exploitation : de quelque manière qu'on s'y prenne,
il est impossible de déterminer une direction principale de ces
rognons de minérai, ou de ces fentes. On remarque que la plupart
de ces travaux se trouvent toujours sur la pente de la montagne,
et dans le voisinage de la réunion de la pierre calcaire avec le
schiste et le grès gris, comme on peut le voir, planche I, figure 1,
à la droite de cette ligne de démarcation, où l'on a représenté la
mine de fer telle qu'elle s'y est trouvée, et en se prolongeant en
forme de filon, entre la pierre calcaire et le grès gris mêlé de
schiste. Au pied de la montagne, vers l'ouest, on a pratiqué une
galerie qui traverse d'abord le grès gris et le schiste, et parvient
ensuite dans la pierre calcaire. Près du point où ces deux espèces
de roche doivent se réunir, mais que la charpente dont il est
couvert empêche de remarquer exactement, il sort beaucoup
d'eau dans le sol, sans qu'il y ait aucune espèce de filons ou de
veines, mais seulement une fente telle que je l'ai décrite plus haut.
Ces eaux sont vraisemblablement celles qui s'écoulent des exploi-

---

(1) Sans être incommodé de ces eaux, on peut poursuivre les travaux sur la mine de fer
jusqu'au niveau du pied de la montagne.

tations de mines de fer situées bien plus haut, et à un éloignement de plusieurs centaines de toises. Environ à trente toises de ce point, en avançant plus au sud-est dans la montagne calcaire compacte qui ne forme point de couches, on a trouvé , par le moyen de cette galerie, un filon et plusieurs veines qui lui sont parallèles. Ces filons et ces veines donnent de la galène, qui ne rend tout au plus que $\frac{2}{4}$ d'once d'argent au quintal ; de la mine de cuivre ; de la mine de fer spathique jaunâtre, et beaucoup de poix minérale. Le n°. 1 de la planche IV représente ce filon à la tête de la galerie, qu'on continue encore actuellement vers une ancienne mine, qui a donné autrefois de la mine de cuivre et de plomb. Les puits d'affleuremens (1) creusés à la surface de la montagne, semblent prouver que ce filon se prolonge à plus de trois cents toises sur le penchant de la montagne, près de la vallée, et dans le voisinage de la limite des deux espèces de roches, jusqu'au rocher isolé de *Hubichstein*. C'est peut-être le même filon sur lequel on a foncé un puits immédiatement avant cet obélisque naturel (voyez la figure du frontispice), et dans lequel on a trouvé des traces de mine de cuivre et de galène, outre la mine de fer. Ce filon sépare même ce rocher isolé en deux parties; on a pratiqué dessous lui des excavations assez considérables, où il est très-vraisemblable qu'il y a eu, sinon d'autres espèces de mines, du moins de la mine de fer. Observez que dans la roche calcaire de l'Iberg et du Winterberg, on trouve en plusieurs endroits, ainsi que dans le voisinage du filon, dont la figure 1, planche IV, représente la nature, dans la galerie et à plus de cinquante toises au dessous de la superficie de la montagne ; on trouve, dis-je, une prodigieuse quantité de coquillages pétrifiés et de coraux,

---

(1) Je ne connois point encore de terme dans notre langue qui exprime le mot *Schurf* que les Allemands ont donné aux trous ou commencemens de puits, par lesquels on perce perpendiculairement la surface des montagnes pour suivre les affleuremens ou premières traces de minérai, sans dessein de les creuser profondément, et seulement dans la vue d'examiner rapidement la surface d'une contrée. J'ai rendu le mot de *schurf*, par l'expression *puits d'affleuremens*, et je crois y être d'autant plus autorisé, que le verbe Allemand *schurffen*, dont le substantif *schurf* est dérivé, signifie effleurer, gratter la terre. *

tellement incorporés dans le tout, et devenus eux-mêmes pierres calcaires, que leurs traces s'effacent presque dans le mélange.

On trouve dans ce filon et dans le rocher calcaire latéral les plus belles cristallisations de spath pesant, des stalactites calcaires cristallisées en mille manières, et quantité de cristaux de quartz. Immédiatement sous la terre végétale, on rencontre en plusieurs endroits un lit d'argille rouge qui paroît n'être pas éloigné de la terre sigillée (1). La mine de fer qui s'extrait ici donne le meilleur fer, et souvent il s'en est vendu pour de l'acier commun, qui n'avoit été travaillé que comme du fer.

Depuis cette montagne particulière calcaire vers le Buchberg jusqu'au village de *Lerbach*, les montagnes sont encore composées de grès gris et de schiste, et toutes les tentatives qu'on y a faites n'ont produit jusqu'à présent que des traces de mines de fer, de pyrites cuivreuses et quelque peu de galène. A l'endroit où la *galerie profonde de Saint-Georges* passe sous le bourg de *Grund*, on a découvert une riche mine de cuivre grise, mais il n'a pas encore été possible d'y établir des travaux permanens. Dans les environs de *Lerbach*, on a jusqu'ici exploité des filons de fer, dont quelques-uns dirigés sur deux, trois et quatre heures, s'inclinent vers l'est. D'autres dirigés sur six, sept et huit heures, sont inclinés au sud : leurs minérais consistent en hématites rouges, entremêlées de beaucoup de jaspe de la même couleur. On a trouvé depuis peu dans une exploitation, environ à seize toises au dessous de la superficie de la montagne, parmi la mine de fer, des traces d'une espèce de minérai, qui contenoit deux onces d'argent, vingt-trois livres de cuivre, et seize livres de plomb au quintal. De pareils minérais seroient bien précieux, si l'on pouvoit fonder quelque espoir sur leur durée. Le schiste de ces montagnes, toujours mêlé de grès gris, approche davantage du jaspe; il s'y trouve même le plus beau jaspe rubané vert et rouge. Outre la roche verte et argilleuse entremêlée de hornblende, comme on

_____

(1) Ou terre bolaire. *

l'a vu plus haut à l'occasion du Bruchberg, on trouve ici, en couches épaisses et très-étendues, une espèce de rocher propre à cette montagne, qui, au premier aspect, ressemble à des variétés de la pierre appelée *Saxum metalliferum*, dans les mines de Hongrie et de Transylvanie. La base (1) de cette roche est une argille verdâtre, mêlée de lames de spath calcaire, de la grandeur d'une lentille, et quelquefois d'une petite féve, et ce spath est blanc ou rougeâtre. Ces deux espèces de roches forment visiblement le mur des filons de mine de fer dans cette contrée, du moins en plusieurs endroits. Lorsque la roche mêlée de spath calcaire est long-temps exposée à l'air libre, le spath calcaire se décompose, et la masse d'argille restante ressemble singulièrement à une lave poreuse.

Immédiatement au dessous de Lerbach, avant Osterode, les montagnes stratifiées calcaires, gypseuses, marneuses et de schiste cuivreux, sont posées sur les montagnes de grès gris et de schiste. La couche de schiste cuivreux repose directement sur le grès gris et le schiste, sans intermède des couches qui portent dans le pays le nom de *Weiss und roth und todt liegende* (2), comme on le voit

---

(1) M. Schreiber pense que la roche dont il est ici question, est celle qui est connue en France sous le nom de roche glanduleuse ; il croit que ses parties vertes sont de la stéatite martiale. *

(2) Les mineurs des montagnes stratifiées ont donné aux couches inférieures à celles de schiste cuivreux et de charbon de terre, les noms de *weis liegendes*, sol ou mur blanc, et de *rothtodt liegendes*, sol ou mur rouge et mort. Cette dernière épithète a sans doute été ajoutée pour exprimer la stérilité du rocher de ce sol, dans lequel les mineurs ne trouvent plus rien. Les mineurs Anglois nomment aussi roches mortes celles qui ne tiennent plus de minérai.

Le sol blanc des mines de Mansfeld se trouve immédiatement sous la couche cuivreuse ; il est composé d'une pierre de sable d'un blanc grisâtre, formée de grains de quartz et de feldspath, et mêlée de parties calcaires.

Le sol rouge mort, des mêmes mines, est de même une pierre de sable grossière, rouge, ferrugineuse, mêlée d'argille, de terre calcaire et de mica dont les grains sont arrondis. On a traversé ce rocher ; il avoit six toises d'épaisseur, et on a trouvé au dessous une brèche sablonneuse. Gerhard, histoire de la Minéralogie, tome 1, page 90. Aux mines de charbon du cercle de la Saale, le premier mur qui se trouve au dessous de la quatrième et dernière couche de charbon, est du schiste, et non de la pierre de sable blanche. Mais celui-ci est immédiatement suivi du mur rouge et mort, qui consiste de même en une pierre de sable, rouge, grossière, dont on ne connoît point l'épaisseur. Gerhard, *ibid*. page 94.

Quelquefois le premier mur offre une couleur noirâtre, et prend le nom de *schwartz liegend*, comme dans la principauté d'Halberstadt.

Le véritable sol rouge et mort des collines stratifiées voisines du Hartz, est placé immédiatement sur le grès gris qui compose les montagnes de ce district. *

clairement

clairement dans les puits qu'on a faits sur les mines de fer ; et les filons de cette espèce de mines s'étendent immédiatement, sous la couche de schiste cuivreux, dans le grès gris qui appartient aux montagnes *simples* ou *entières*. On trouve dans cette contrée, sur cette même couche, des traces d'anciens travaux ; mais j'ignore et leur succès, et leur étendue. Les affaissemens de terre (1) sont assez fréquens dans les montagnes calcaires et gypseuses en-deçà d'Osterode. Il s'en trouve même plusieurs au dessus et au nord de cette ville, dans la vallée qui touche au pied des montagnes du Hartz ; ils sont remplis d'eau, et jamais ne se dessèchent. J'ignore la raison qui leur a fait donner le nom de *Bains du Diable* (Teufelsbäder). Dans les montagnes marneuses de ce canton, principalement à peu de distance de l'ouvrage avancé nommé *Düna*, au sud d'Osterode, on a souvent déterré des ossemens de grands animaux qui n'appartiennent point au Hartz, et en faisant des recherches plus exactes, on a trouvé des fragmens de deux vieux rhinocéros et d'un jeune ; on prétend même en avoir trouvé d'un animal monstrueux inconnu. On avoit ci-devant formé le projet de commencer la galerie profonde aux environs de *Lasfeld*, village au dessous d'Osterode, où est à-peu-près le point le plus profond, et le moins éloigné de nos montagnes du Hartz, du côté du couchant. Les ingénieurs des mines, ayant marqué le point de l'embouchure de la galerie la plus profonde possible, et mesuré de ce point jusqu'à la superficie du puits d'*Altenseegen*, sur la chaîne de mines du *Rosenhof*, tout près de Clausthal, trouvèrent une hauteur perpendiculaire de cent soixante-treize $\frac{81}{100}$ de toise, ou cent soixante-scize $\frac{40}{61}$ de lachter, sur une longueur horizontale de cinq mille sept cents quarante lachter. Telle est donc la hauteur qu'atteignent nos montagnes riches en minéraux (2).

Sur cette sommité des montagnes, au dessus de la vallée la plus profonde des environs, sont les principales chaines des

---

(1) Voyez ma note, page 105. *

(2) M. de Luc a mesuré la même hauteur avec le baromètre, et il a trouvé à-peu-près le même résultat. (Note de l'Auteur.)

K k

mines situées au nord du Bruchberg. On peut regarder le point extrême de la mesure en question, comme étant à-peu-près de niveau avec Clausthal, quoique divers cantons de cette ville puissent être un peu plus élevés, et d'autres plus bas. Suivant les observations barométriques de M. de Luc, l'*Oderbruckenhaus* étoit plus élevé de quatre-vingt-onze $\frac{3o}{1oo}$ de toise que Clausthal, et le plus haut point du grand Brocken surpassoit cette maison de cent soixante-douze mille $\frac{93}{1oo}$, ce qui réuni, donne une hauteur perpendiculaire de quatre cents quarante-cinq et $\frac{3o}{1oo}$ de lachter, ou, en négligeant la fraction, de deux mille neuf cents soixante-six pieds quatre pouces, mesure de *Calenberg*, depuis le point le plus bas à l'ouest, près de *Lasfeld*, jusqu'au point le plus élevé du grand Brocken à l'est, sur une base d'environ six lieues, ou sur presque quatorze mille lachter de longueur horizontale.

La dernière observation générale qui me reste à faire, c'est la comparaison des montagnes du Hartz avec celles de Saxe. Quoique les montagnes du Hartz, dont la roche contient très-peu et même souvent point de mica, soient très-hautes, très-rapides, et entre-coupées de profondes et étroites vallées, il y a cependant des points riches de tous les métaux. Il est vrai qu'aux endroits où ces points sont situés, les montagnes présentent une pente douce; mais cette pente n'est douce que par comparaison avec les montagnes escarpées du Hartz, encore est-elle beaucoup plus rapide que celle de la plupart des montagnes de Saxe, qu'on appelle montagnes à pente douce, et qui sont nobles. Cette observation prouve que l'expression de *montagnes à pente douce*, employée par un si grand nombre de mineurs, n'a pas encore une accep-tion générale et précise.

Peut-être ai-je omis dans cette lettre plusieurs objets importans concernant le Hartz; peut-être en ai-je traité quelques autres imparfaitement; mais je vous ferai part des observations nouvelles que j'aurai lieu de faire, et je vous demande de l'indulgence pour les fautes que vous pourrez découvrir dans cet ouvrage.

GALERIE PROFONDE

DE GÉDÉON,

MINIÈRE TRÈS IMPORTANTE

DU DISTRICT

DES MINES DE MARIENBERG,

Dans la partie supérieure de l'Ertzgebürg, en Saxe.

GALERIE PROFONDE

DE GÉDÉON,

Mine importante du canton des mines de Marienberg, dans la partie supérieure du cercle de l'Ertzgebürg en Saxe. Les travaux de cette mine ont été repris en 1775 ; il y avoit alors près de deux cents ans qu'on l'avoit abandonnée, et elle étoit entièrement ruinée.

PROJET

POUR REPRENDRE LES TRAVAUX DE CETTE GALERIE.

Les mines fournissent à l'agriculture et aux manufactures la plupart de leurs instrumens; aux fabriques les matières brutes, et au commerce la meilleure marchandise, l'objet si généralement convoité, *l'argent* (1). Pourquoi donc les mines ont-elles été si long-temps négligées? Pourquoi a-t-on fait si peu de progrès dans l'art de leur exploitation (2), tandis que l'agriculture, les manufac-

---

(1) L'argent seroit-il réellement la meilleure marchandise que les mines pussent mettre dans le commerce, et ce principe n'exigeroit-il pas au moins quelques modifications? Dans un état où le numéraire abonde, les mines d'argent sont peut-être les moins utiles. Peut-être, dans ce cas, doit-on leur préférer des mines de fer, et même de simples mines de vitriol; et des mines de charbon sont sans doute beaucoup plus avantageuses à l'état, dans tous les lieux où la rareté des combustibles se fait sentir. *

(2) Lorsque M. de Trébra écrivoit ce projet, il étoit encore au service de M. l'Electeur de Saxe. M. de Trébra servoit un des états de l'Europe où les mines sont les plus florissantes, et cependant il demandoit pourquoi l'art de l'exploitation des mines avoit fait peu de progrès. Pourquoi en avoit-il fait peu en France? demanderai-je à mon tour.

Il n'y a pas très long-temps que l'art des mines étoit purement pratique en Allemagne; sa théorie n'y est pas ancienne. En France, nous n'avions pas même la pratique, et ce n'est que depuis peu que l'administration a employé quelques moyens efficaces pour y introduire une théorie salutaire.

A plusieurs époques, le gouvernement s'étoit occupé de la recherche des mines dans le royaume. La lecture de l'histoire de nos anciens minéralogistes, publiée par M. Gobet, en fait foi; mais la plupart des sujets que le gouvernement employa successivement à cette recherche, n'étoit que de simples indicateurs peu exacts, uniquement instruits de la nomenclature et de quelques caractères extérieurs des minéraux, sans connoissance qui les rendit propres à monter ou à diriger des exploitations. Nos Rois donnèrent des priviléges aux mineurs étrangers

* K k ij

tures et le commerce ont été portés au plus haut degré de perfection ? Les montagnes, du sein desquelles on a arraché d'immenses
richesses, seroient-elles entièrement épuisées, et celles qui n'ont
été que peu ou point du tout exploitées, ne renfermeroient-elles
aucuns métaux (1) ? Une connoissance médiocre de la nature de
nos montagnes de Saxe, prouve que la modicité actuelle des
exploitations des mines de ce pays, ne provient pas de ces causes.
Quelques mines très-anciennes ont été constamment exploitées
jusqu'à nous; on en a ouvert quelques autres dans des temps plus
modernes; et de nos jours enfin, des travaux depuis long-temps
interrompus ont été repris. Par-tout on a retiré des bénéfices
considérables. Il est prouvé que les richesses des montagnes de
Saxe ne sont pas diminuées; que les anciennes fosses n'ont pas
été trop approfondies; que les mines nouvelles ne sont pas dénuées
de riches métaux.

---

qui s'établiroient dans le royaume, et ces faveurs n'attirèrent que le rebut des nations voisines.

On confia l'administration des mines à des officiers qui avoient financé leurs charges, au lieu de la donner à des gens dont les connoissances auroient porté la nation à se livrer à ce genre de travail.

M. Orry sentit le premier que l'exploitation des mines ne prospéreroit jamais en France, s'il ne tiroit pas du sein de la nation, des sujets capables de l'éclairer : il fit voyager des François dans les pays où les mines étoient le plus en valeur. M. Bertin suivit son exemple, autant que le lui permirent les ministres des finances, qui ne voulurent sacrifier à cet objet que des fonds insuffisans : les sujets se trouvèrent en trop petit nombre. M. Necker établit à la cour des monnoies une chaire de minéralogie. Enfin le 19 mars 1783, sous le ministère de M. de Fleury, un Arrêt du Conseil établit une école et lui attacha des élèves. Deux professeurs furent nommés; l'un pour enseigner la chimie, la minéralogie et la docimasie; l'autre pour enseigner la physique, la géométrie souterraine, l'hydraulique, etc. Le temps des leçons fut déterminé; on fixa le cours d'étude à trois ans ; on ordonna chaque année des examens particuliers et un examen géné-ral. Les encouragemens furent promis aux élèves. Si les bienfaits de Sa Majesté s'étendoient jusqu'à procurer aux exploitations, des chefs d'ateliers dont les entrailles de la terre et le feu des fourneaux eussent développé les talens, l'art des mines seroit porté en France aussi loin que chez les nations étrangères, qui, dans ce genre, nous ont été trop long-temps supérieures. *

(1) En France, on a cru long-temps que les montagnes du royaume étoient stériles. Les recherches de la baronne de Beausoleil, celles de Malus père et fils, toujours trop vagues, et leurs indications souvent hasardées, ont entretenu pendant beaucoup de temps les adminis-trateurs dans cette erreur. M. Hellot chercha à la détruire, par l'état des mines du royaume, dont il fit précéder sa traduction de Schlütter. Mais cet état encore ne déterminoit pas assez positivement les lieux où se trouvoient les gîtes de minérai. Les voyages que le ministre fait faire annuellement à MM. les inspecteurs et élèves de l'École royale des mines, le mettent à portée de prendre une opinion juste des richesses de nos montagnes; et j'ai de mon côté fait tous mes efforts pour convaincre l'administration et le public, que la nature ne nous avoit pas moins bien traités dans ce genre, que les autres états de l'Europe. *

Vers

Vers la fin du quinzième siècle, et plus encore dans le commencement du seizième, la peste, la famine et les guerres ruinèrent les mines en Saxe. Ce ne fut qu'en 1640 et 1650 qu'on s'occupa, sur-tout à Marienberg, de leur rétablissement; mais pour obtenir des recouvremens prompts et considérables, il auroit fallu mettre en peu de temps (1) de grosses sommes dans ces entreprises. On fit tout le contraire : en ne donnant chaque année que peu d'argent, on augmenta beaucoup la somme des dépenses; et le ralentissement du travail fut le moindre inconvénient qui résulta de cette parcimonie. Il arriva même quelquefois que l'argent manqua tout-à-fait, et que les travaux furent suspendus. D'ailleurs on fit, sur des points mal choisis, des tentatives inutiles. Les mines ne sortirent de l'oubli que pour tomber dans le mépris (2).

---

(1) Ce principe est juste, toutes les fois qu'il s'agit de relever d'anciens travaux, de construire des machines et de faire des ouvrages de secours. Avec de gros fonds chacun de ces ouvrages pourra être conduit plus rapidement, et rendre aussi-tôt leur valeur à des mines, dont le produit se trouveroit arrêté jusqu'à la perfection des travaux. Mais lorsqu'il s'agit de travailler sur des filons encore vierges, il est souvent dangereux de hasarder tout de suite des avances trop considérables; il vaut bien mieux ne faire à-la-fois que les fonds absolument nécessaires à l'exploitation, de peur que l'abondance d'argent n'engage dès le commencement à des dépenses de construction, qui deviennent souvent inutiles par l'évènement.

D'ailleurs, il se présente quelquefois dans les travaux des difficultés qu'on n'avoit pas prévues; alors on regrette d'avoir employé tous ses capitaux, et souvent il arrive que les actionnaires des compagnies, fatigués par une première mise trop forte, se refusent ensuite à des appels, dont dépend souvent le succès d'une entreprise. *

(2) Plusieurs causes ont contribué à jeter en France plus qu'ailleurs une sorte de mépris sur le travail des mines.

L'usage ancien des Romains, qui condamnoient leurs criminels aux travaux des mines, a d'abord produit un sentiment d'*infamie*, dont l'impression atténuée se sera transmise jusqu'à nous, par une sorte de tradition; peut-être aussi les dangers et les peines auxquels les mineurs sont exposés, ont-ils entretenu ce préjugé si décourageant. Quoi qu'il en soit, il s'est tellement fortifié dans plusieurs de nos provinces, qu'on y est surpris de voir d'honnêtes gens se mêler des travaux des mines.

Ce qui, plus que tout le reste, perpétue ce mépris dont je me plains (a) : c'est le grand nombre de ces charlatans, qui, infectant le royaume à différentes époques, entraînèrent dans des dépenses ruineuses, non-seulement leurs actionnaires, mais encore les habitans voisins des lieux où se firent les entreprises. En effet, ceux-ci, devenus confians par la vue même des dépenses excessives qui s'accumuloient sous leurs yeux, firent, aux préposés et aux subalternes de ces établissemens, de grosses fournitures, du paiement desquelles les mauvais succès les frustrèrent. *

(a) Voyez la préface de M. Hellot, à sa traduction de Schlütter, page X.

Il étoit fort naturel que ces entreprises échouées produisissent ce sentiment dans le public : presque tout le monde regardoit comme une fable ce qu'on racontoit des bénéfices immenses qu'on en avoit tirés autrefois. Le petit nombre de ceux qui en savoient mieux l'histoire, ne nioit pas à la vérité ces relations très-fondées ; mais ils prétendoient que les points les plus nobles de nos montagnes métalliques de Saxe étoient déja découverts, et exploités si profondément, qu'il n'y avoit plus rien à en retirer ; que les autres parties de ces montagnes, quelle que fût leur étendue, ne renfermoient plus de pareilles richesses. Et si les mines ainsi négligées rendoient encore quelque bénéfice, on attribuoit au hasard les avantages que produisoit leur exploitation, qui n'étoit plus considérée que comme une loterie.

Il est étonnant qu'après tant d'entreprises échouées, que malgré tant de préjugés défavorables, l'exploitation des mines, seulement ralentie, n'ait pas été totalement abandonnée. Probablement les actionnaires qui entretinrent les travaux jusqu'à nos jours, y furent excités par des idées de patriotisme et d'humanité. Trop d'ouvriers seroient péris de misère, si on leur eût ôté le travail qui les nourrissoit.

Cependant ces actionnaires citoyens auroient senti que, pour leur intérêt personnel, ils devoient redoubler d'activité, s'ils eussent fait ces réflexions bien simples, que nulle entreprise humaine n'a la certitude physique d'une réussite toujours heureuse ; que toutes sont soumises à plus ou moins de probabilités ; que c'est la plus grande vraisemblance du succès qui doit déterminer nos plus grands efforts. Le commerce, dont les opérations sont infinies, n'a-t-il donc que des spéculations certaines ; et l'agriculture, dont les travaux sont plus constans, plus uniformes, n'est-elle pas subordonnée à l'influence des saisons qui varient ? Cependant, combien de négocians actifs s'enrichissent tous les jours ! combien de cultivateurs laborieux subsistent honorablement du fruit de leurs travaux ! Ceux-ci sèment dans leurs champs diverses espèces de grains ; ceux-là se chargent de plusieurs sortes de marchandises pour trafiquer en différens lieux : tous savent diminuer la probabilité des pertes, en multipliant les moyens du succès.

Il en seroit de même des mines, si l'on s'occupoit de leur exploitation avec intelligence et activité. Il y a quelques siècles qu'en Saxe on poussoit les travaux avec vigueur : alors il arrivoit rarement qu'on essuyât de grosses pertes ; souvent au contraire on y fit des bénéfices considérables, et nombre de familles Saxonnes doivent aux mines l'état florissant dans lequel elles sont encore.

Les moyens d'accroître les probabilités du succès dans l'exploitation des mines, sont aujourd'hui plus nombreux que jamais. Le travail des anciens a augmenté nos connoissances sur la nature de l'intérieur des montagnes ; et les fautes qu'on a faites depuis, en relevant leurs mines ruinées, nous donnent des leçons.

N'est-il pas vraisemblable qu'une compagnie qui ne pousse qu'une galerie principale, pour seconder des fosses d'autres compagnies, où l'on trouve déja des mines métalliques, ou bien où l'on en a tiré autrefois, réussira ? Et la probabilité de son succès n'augmentera-t-elle pas, si, chemin faisant, elle découvre par cette galerie de nouveaux points de minérai, qu'elle peut exploiter à titre de découverte (1) ?

Pour répandre plus de jour sur le produit du canton des mines de Marienberg, et pour en donner des preuves authentiques, on

---

(1) M. Schreiber remarque qu'en Saxe, une galerie n'est réputée principale et profonde, que lorsqu'elle a au moins dix toises et un empan de profondeur au dessous du gazon : elle jouit alors des priviléges et prérogatives de ces galeries, qui communément ne sont continuées et poussées que pour seconder les exploitations des concessionnaires des filons. Une société qui entreprend une pareille galerie, est obligée de se contenter de certains droits que lui paient, pour la dédommager de ses dépenses, les autres mines, dans lesquelles cette galerie a déja percé, ou auxquelles elle doit encore parvenir. Elle ne peut pas s'étendre avec ses travaux sur des filons qui sont déja concédés, et elle ne peut entreprendre des ouvrages que sur les filons qu'elle a découverts dans sa route, dont elle est devenue concessionnaire, et qui n'étoient ni connus ni exploités auparavant. En conséquence, il y a grande différence entre une entreprise d'une galerie principale et une exploitation d'un filon en qualité de concessionnaire : les compagnies qui ouvrent les galeries profondes, deviennent concessionnaires des filons nouveaux que cette galerie découvre. *

a ajouté à cet ouvrage un extrait tiré des registres de la direction des mines. Il offre le montant des produits d'un seul filon, exploité seulement à une profondeur médiocre. Ce filon, qui porte le nom de Sainte-Élisabeth, donna pendant trente-deux années consécutives, et en général pendant quarante-neuf ans, des bénéfices qui montèrent à la somme de 254,930 écus Saxons (1). Il y eut des quartiers où il produisit de grosses sommes, d'autres où il n'en donna que de très-petites. Cette mine n'a pas été exploitée au-delà de l'étendue qui a donné du profit. Toute la longueur des travaux qui furent utiles, ne contient que vingt-six mesures au-delà de l'étendue d'une concession ou fosse de découverte; ce qui fait en tout sept cents soixante-dix lachter (2). La plus grande profondeur à laquelle les travaux de cette fosse aient été poussés, est tout au plus de cent vingt toises. Ne peut-on pas avancer, avec quelque vraisemblance, qu'en partant de ce point, on pourroit exploiter encore une fois, une longueur et une profondeur pareilles, au dessous des parties fouillées par les anciens; et qu'il suffiroit pour obtenir des produits égaux à ceux de nos ancêtres, de s'occuper des moyens salutaires et peu dispendieux de parvenir au sol le plus bas des vieux travaux, et *foncer* au dessous d'eux, autant que nos prédécesseurs avoient eux-mêmes approfondi leurs ouvrages. Ces moyens sont possibles, et la preuve qu'ils peuvent conduire à mon but, c'est que quelque peu générales que puissent être les règles de l'art des mines, il est néanmoins constaté par nombre d'expériences, que *sur les mêmes points où de riches minérais se sont montrés à une médiocre profondeur, il s'en trouve pareillement à une profondeur plus grande* (3).

---

(1) L'écu qu'on nomme en Saxe *species-thaler*, vaut 5 liv. 2 sous. *

(2) Le lachter de Clausthal vaut, selon Kaestner, *Géométrie souterraine*, *page* 20, 853, 54 de lignes de Paris, c'est-à-dire, que le lachter a dix lignes et demie de Paris moins que la toise. *

(3) La règle est ici générale pour les filons réguliers, qui s'étendent à des longueurs de quelques milles. Elle ne peut concerner en aucune manière les mines en rognons, ou les coureurs de gazon. *

Dans

Dans les montagnes du canton de Marienberg, aux chaînes de minières où l'on a pu établir le plus aisément des galeries profondes et des machines hydrauliques, les travaux ont été poussés jusqu'à une profondeur de deux cents cinquante toises au moins, profondeur plus que double de celle de la mine de Sainte-Elisabeth : cependant ces mines ont toujours été exploitées avec des profits considérables. Dans les montagnes de Bohême, contiguës aux nôtres, à *Joachimsthal*, on exploite déja actuellement les plus riches filons de mine d'argent, à la profondeur de trois cents cinquante toises, et toujours avec avantage. En général, on trouve les travaux les plus considérables des mines, beaucoup au dessous des galeries d'écoulement ouvertes dans les vallées les plus basses qui avoisinent les montagnes à mines. La galerie la plus basse de Joachimsthal a été prise à la profondeur de cent quatre-vingt-dix toises. Il existe des travaux de trois cents cinquante toises de hauteur, c'est-à-dire plus bas de cent soixante toises, que la galerie la plus profonde de ce canton. Dans les vingt-unième et vingt-deuxième mesures de la *chaîne* de mines de Sainte-Elisabeth, dans lesquelles étoient vraisemblablement les exploitations les plus profondes, la galerie de Gédéon ne seroit qu'à cent trois lachter de la superficie, et il seroit possible d'ouvrir, dans une vallée voisine plus basse, près du torrent de Zschopa, et à cinq cents toises seulement de l'ouverture de la galerie de Gédéon, une autre galerie plus profonde de quarante lachter. Si l'on prétendoit que l'exploitation des montagnes de Marienberg ne sauroit excéder la profondeur déja atteinte à Joachimsthal (ce qui n'est rien moins que certain), il resteroit encore à exploiter une profondeur presque aussi considérable que celle des points les plus bas de la chaîne de mines de Sainte-Elisabeth ; et ne doit-on pas s'attendre à ce que cette profondeur, une fois plus grande que celle des Anciens, ne produise au moins autant que la partie qu'ils avoient exploitée ?

En avouant que toute la chaîne du filon de Sainte-Elisabeth

M m

a produit des richesses considérables à ses actionnaires , soit
pendant quelques années , soit pendant tout le temps qu'il
a été travaillé avec succès , on m'objectera peut - être que
ce filon , concédé partiellement à diverses compagnies , différentes de ses portions produisirent des bénéfices considérables , tandis que d'autres n'en donnèrent que de médiocres ,
et même point du tout. Je répondrai que le résultat général
des travaux faits sur ce filon , a été très-avantageux, et qu'il est
libre à une compagnie d'entreprendre seule toutes ces portions
pour en tirer tous les profits. A la vérité, une portion ou une
possession aussi petite que celle qu'on accordoit autrefois (1) sur
un filon , avoit cet avantage précieux, que des chefs d'ouvriers
et des régisseurs particuliers inspectant facilement un petit nombre
de travailleurs , tous les points de chaque partie pouvoient être
fouillés avec plus d'attention ; mais une compagnie, seule en possession de plusieurs fosses, peut également donner à chacune d'elles
un chef d'ouvriers et un régisseur particulier. Aujourd'hui le travail
de ces préposés est plus aisé , par la connoissance des anciens
travaux , et celle des parties les plus utiles de cette chaîne de
mines, si bien qu'on peut y déterminer d'avance chaque point de
minérai. Les ordonnances des mines demandent , il est vrai, que
chaque fief, chaque mesure ou partie possédée par une compagnie, soit exploitée, quand il n'existe aucune cause importante,
aucun empêchement au dessus des moyens des associés. Cette loi
est nécessaire, pour que les exploitations se suivent avec vigueur
et ne soient fermées à personne. Mais l'activité que l'on exige dans
l'exploitation des mines, ne sauroit nuire aux compagnies ; au
contraire, elle ne fait qu'accélérer les avantages ; et ce seroit un
bien qu'une compagnie qui posséderoit tous ces fiefs, et par conséquent autant de fosses particulières, les exploitât tous ensemble.
On ne manquera pas de m'objecter ici qu'il faudroit dépenser des

---

(1) M. Schreiber observe qu'anciennement, la mesure qu'on accordoit à une société sur un
filon , consistoit en une fosse de découverte , *fundgrube*, et deux *maas* ou mesures ; et quelquefois seulement en deux ou trois *maas*. A Marienberg , une fosse de découverte contient
quarante-deux toises , et une mesure vingt-huit toises de longueur, sur la largeur du filon. ∗

sommes très considérables pour attaquer en même temps tous ces différens fiefs, puisqu'il faut déja beaucoup d'argent (1) pour relever une seule portion d'une minière entièrement ruinée. On m'observera encore qu'en pareil cas on ne sauroit compter sur une prompte recette, parce qu'il faut d'abord franchir un long espace exploité par les anciens, dans lequel on ne peut se flatter de rencontrer rien de profitable. Je conviens qu'avant de tirer aucun bénéfice, il faut employer, pour rétablir ces mines, plus d'argent que n'en avancèrent ceux qui les découvrirent ; mais aussi nous avons sur eux ce grand avantage, que les points, à la recherche desquels nous employons nos fonds, sont déja reconnus comme points de minérais. Les bénéfices qu'on en a jadis retirés en sont les preuves : nous ne courons aucun risque, tandis que les anciens s'exposoient à perdre toutes leurs avances.

Dailleurs, le législateur ayant senti qu'il étoit impossible d'attaquer tous les points en même temps avec un égal succès, a consenti que, sur la reconnoissance des officiers, on suspendit les travaux de la partie qui ne pourroit pas encore être attaquée avec avantage, et que cette partie demeurât toujours en la possession de la compagnie, jusqu'à ce que les obstacles, qui s'opposoient à une attaque plus heureuse, fussent détruits ou diminués. Souvent il

---

(1) Quelle comparaison on peut établir, et que de réflexions se présentent à faire sur la nature des concessions en Allemagne et sur celle de nos concessions en France !

Là, un seul filon est concédé à plusieurs compagnies, et l'auteur craint de s'exposer à quelque objection, en proposant de faire exploiter en entier les différentes mesures ou portions qui se trouvent concédées sur un même filon. Il faut déja beaucoup d'argent, dit-il, pour travailler une seule portion.

En France, au contraire, des entrepreneurs, séduits par l'appât du gain, ont fait comprendre dans l'étendue de leurs concessions, des diocèses, des provinces entières, qui ne leur ont été accordées que parce qu'on ignoroit encore l'abondance des minéraux qu'elles renfermoient. Impatiens d'exercer un monopole odieux, ces concessionnaires n'ont voulu embrasser une immense étendue de terrain, que pour mettre à contribution ceux qui seroient tentés de se livrer au travail des mines, qu'afin de percevoir un droit destructeur, lorsque sa Majesté elle-même a renoncé, au moins pour un temps, au droit du dixième, qu'on avoit coutume d'exiger autrefois.

Comment un seul concessionnaire, souvent absolument dépourvu de fonds, pourroit-il exploiter les minéraux de toutes espèces qui se trouvent dans l'étendue d'un diocèse, d'une province, ou même d'un rayon de quatre à cinq lieues, lorsqu'un intendant des mines de Saxe n'ose pas engager une compagnie puissante à exploiter toutes les parties d'un seul filon, dans la crainte que les fonds nécessaires à cette entreprise ne deviennent trop considérables ? *

arrive qu'en reprenant l'exploitation d'une chaîne de mines pareille à celle de Sainte-Elisabeth, où l'on commence les travaux sur l'un des points que l'extraction d'anciennes richesses auroit fait connoître pour un des meilleurs, on est en état d'attaquer une partie après l'autre, et successivement toutes celles de la suite d'un filon, avec le produit même des travaux. De cette manière on obtient du bénéfice, sans que les actionnaires aient besoin d'employer d'autres fonds que ceux qu'ils ont avancés d'abord pour l'attaque de la première partie. C'est ainsi que dans l'économie rurale, et même sans autre raison que le manque d'argent, on emploie la méthode de ne rétablir que peu à peu une terre en friche, pièce par pièce, champ par champ; de ne faire des dépenses considérables que pour l'amélioration du premier et du plus important morceau, afin de pouvoir cultiver le surplus, avec le profit même.

De tout ce que je viens de dire il résulte que, dans ces sortes d'entreprises, le point essentiel est d'avoir des fonds toujours prêts. Bien des fosses sont demeurées en perte, parce que l'argent ayant souvent manqué, les travaux ont été rarement poussés avec vigueur. J'observerai pourtant, que lors même qu'on auroit des fonds plus que suffisans, il faudroit bien se garder d'employer à-la-fois un trop grand nombre de bras. N'oublions pas que l'exploitation des mines se fait dans les rochers, et qu'il est des rochers qu'on ne perce point à force d'argent. Les fruits dont l'art a forcé la maturité, n'ont jamais autant de saveur que ceux qui furent mûris par la nature qu'on prit soin d'aider.

La suite de ce mémoire fera voir comment les probabilités d'un bon succès peuvent se multiplier dans une entreprise, qui a pour objet un filon connu par les bénéfices des temps précédens, mais dont le nouveau point d'attaque n'a jamais été fouillé auparavant. Mon but actuel étant de proposer précisément une entreprise de ce genre dans les mines de Sainte-Elisabeth, les bases sur lesquelles j'établis, dans le cas présent, la vraisemblance d'un bon succès, et les moyens d'atteindre au but proposé, consistent :

1°. Dans les notions que fournissent les mémoires des

temps

temps précédens sur les points choisis pour l'entreprise (1) ;

2°. Dans l'état naturel et actuel de ces points , comparés avec d'autres qui ont déja donné du bénéfice , et qui produisent encore maintenant des minérais en abondance ;

3°. Dans l'état des travaux à faire , dans l'estimation des dépenses qu'ils peuvent occasionner , et, autant qu'il est possible, dans la fixation du temps qu'ils exigeront ;

4°. Enfin , dans la manière de faire payer l'argent par les intéressés.

Examinons chacun de ces points en particulier.

I.

MÉMOIRES DES TEMPS PRÉCÉDENS.

Le point que je propose pour commencer l'exploitation est situé sur la chaîne des mines de Sainte-Elisabeth , dont l'importance est suffisamment démontrée par l'état coté A, que je joins à ce mémoire , des bénéfices qui ont été produits dans les endroits où ce filon a été travaillé autrefois. Nous ajouterons à cet état, sur l'importance de ce filon en général , deux relations de l'intendant des mines , un rescrit au premier maître des mines , et un extrait des rapports qui se faisoient ordinairement à l'administration de l'état des mines , lesquels contiennent des preuves de l'importance des minérais qu'on trouvoit dans le filon de Sainte-Elisabeth , et même dans la galerie de Gédéon.

---

(1) J'ai souvent fait sentir combien il est nécessaire de conserver précieusement les anciennes notices sur le travail des mines , et sur-tout combien il est important de faire dresser un procès-verbal bien circonstancié de l'état dans lequel les travaux de l'exploitation se trouvent, au moment où on les abandonne. On voit dans le mémoire de M. de Trébra , le secours puissant qu'il a tiré des anciens documens qu'il rapporte. Il scroit essentiel d'exiger de chaque concessionnaire , sous une peine pécuniaire , un plan des exploitations qu'il veut abandonner; afin que de nouveaux entrepreneurs pussent , dans la suite des temps , connoître , par les procès-verbaux et les plans , l'étendue des anciens travaux et les points où ils fournissoient des minérais. Ces pièces indicatives les mettroient à portée de diriger sûrement leurs attaques , et d'en calculer à-peu-près le prix. *

[A] *Premier Rapport de l'Intendant des Mines, folio* 59.

M o n   P r i n c e ,

Je crois devoir informer votre Altesse Électorale, qu'hier, sur les sept heures du soir, il m'a été envoyé par le premier maître des mines (loué soit Dieu), un échantillon de minérai, tiré des dix-huitième, dix-neuvième et vingtième mesures du filon de Sainte-Elisabeth; et qu'aujourd'hui, à cinq heures, j'ai reçu un morceau de mine du poids de cinquante-sept marcs, tiré du même endroit, ainsi que votre Altesse Électorale peut s'en convaincre par l'écrit et le rapport ci-joint du premier maître des mines, concernant les mines d'Annaberg et de Marienberg; ce qui nous fait espérer que Dieu daignera répandre sa bénédiction sur les mines. Voilà ce que je n'ai pas voulu cacher à votre Altesse Électorale.

Fait à Freiberg, le samedi, après la miséricorde de Dieu, de l'an 1560.

Signé, W o l f   d e   S c h o n b e r g , intendant des mines.

[B] *Rescrit au premier Maître des Mines, folio* 65.

» Bien aimé et féal, nous avons lu ta lettre, qui nous apprend
» l'état du minérai découvert dans les 18, 19 et 20ᵉ mesures de
» Sainte-Elisabeth, à Marienberg ; et quoique le rapport précé-
» dent que tu en as fait à notre intendant des mines, nous soit
» parvenu avec l'échantillon, nous n'en apprenons pas avec moins
» de plaisir, par toi, que cette nouvelle découverte se maintient
» bien : nous n'avons pas encore vu d'aussi belle matière, de
» notre règne. Que Dieu en soit loué, et qu'il daigne la conserver
» long-temps. Nous te chargeons d'ordonner au maître des mines
» de Marienberg, de continuer à nous informer de la situation
» et de l'état de ce minérai dans les fosses ; car tel est notre
» plaisir, que nous n'avons pas voulu te laisser ignorer.

» Fait à Dresde, le 11 Mai 1560. «

Quand il n'existeroit pas des preuves aussi fortes de l'importance de la chaîne des mines de Sainte-Elisabeth, on pourroit cependant en juger par cela seul, que vers l'an 1560, temps auquel toutes les fosses de cette chaîne de mines rendoient encore du bénéfice, on commença une galerie profonde, pour seconder ses exploitations, à un endroit éloigné de mille sept cents cinquante-quatre toises de la plus proche fosse des mines de Sainte-Elisabeth. On savoit très-bien qu'une galerie profonde, commencée à une distance aussi considérable, et conduite jusque dans les fosses où le minérai abondoit, coûteroit beaucoup de temps et d'argent. Se seroit-on déterminé à faire une entreprise aussi dispendieuse, si ces fosses n'avoient pas été de la plus grande importance? Voici les notices que j'ai trouvées de cette galerie.

[C] *Second Rapport de l'Intendant des Mines, folio* 43.

MON PRINCE,

J'ai l'honneur d'informer très-humblement votre Altesse Électorale, que m'étant fait rendre compte dans les villes de mines de l'Ertzgebürge, je n'y ai, graces à Dieu, point trouvé de désordre; il n'y a rien de particulier concernant le minérai dans les fosses : nous espérons que Dieu y donnera sa bénédiction. Nous avons, il y a quelque temps, détaché dans les vingt-unième et vingt-deuxième mesures de Sainte-Elisabeth, une conche de minérai tel que je n'en ai jamais vu. J'en envoie un petit morceau à votre Altesse Électorale; mais ce minérai a cessé, et le rocher s'est fermé, de sorte qu'on n'en a plus extrait ni apperçu de pareil.

Votre Altesse Électorale a été informée qu'on pouvoit pratiquer une galerie qui seroit d'une grande utilité aux mines de Marienberg; savoir, à Ulbersdorf, où est son entrée, et où elle a déja été poussée de quelques toises sur le filon de Sainte-Elisabeth. A mon avis, on pourroit, en reprenant cette galerie, et en la continuant pour joindre ce filon, espérer d'établir beaucoup d'exploitations dans cet endroit, et de couper par cette galerie plusieurs filons indépendans de celui de Sainte-Elisabeth.

Votre Altesse Électorale a accepté la moitié des actions de cette mine, et j'ai, de mon côté, presque complété le reste avec les autres officiers ; l'action est fixée à seize gros, à payer d'avance (1). Je supplie très - humblement votre Altesse Électorale d'ordonner qu'il soit fourni aux frais.

Fait à Freiberg, le 12 Septembre 1566.

Signé, WOLF DE SCHONBERG, intendant des mines.

[D] *Extrait d'un des Rapports envoyés par le Maître des Mines, le 16 Janvier 1571, folio 147.*

» Dans la galerie de Gédéon à Ulbersdorf, on a rencontré,
» autour du sol d'un puits, du bismuth tenant un marc et un marc
» et demi d'argent au quintal. Il se perd et reparoît successi-
» vement ; quelquefois il contient de l'argent, quelquefois il n'en
» contient pas.

» Je prends la liberté d'en envoyer quelques morceaux à votre
» Altesse Électorale ; nous espérons que Dieu nous fera la grace
» de nous donner du minérai dans cet endroit «.

On ne sauroit nier l'authenticité des mémoires rapportés ici. Ils ont été tirés, des archives du Conseil électoral des mines.

Les mémoires cotés, A, B et D, se trouvent dans un volume de ces archives, intitulé : *Etat de la mine de Marienberg, depuis 1558, jusqu'en 1576.* N°. 4, D.

Le mémoire coté C, est dans un autre volume qui a pour titre : *Affaires et comptes rendus de l'état des mines de Marienberg, depuis 1556 jusqu'en 1584.* N°. 4, D.

---

(1) M. Schreiber remarque que le gros vaut environ 3 sous 2 d. $\frac{5}{6}$; en conséquence les seize gros montoient à la somme de 2 liv. 11 sous 9 d. $\frac{2}{3}$, et la recette de cent vingt-quatre actions étoit de 321 liv. 5 d. $\frac{1}{3}$; c'étoit la somme qu'on devoit dépenser en trois mois ; car on faisoit la fixation des avances (*zubussen*) tous les quartiers. *

On

On peut consulter ces mémoires dans les originaux, aux pages que j'ai rapportées.

Il en résulte évidemment , que toute la chaîne du filon de Sainte-Elisabeth a produit des bénéfices considérables aux endroits où elle a été exploitée.

Que vers les années 1560 et 1566, on y a extrait les plus magnifiques minérais, dans les dix-huitième, dix-neuvième et vingtième mesures, et ensuite dans les vingt-unième et vingt-deuxième.

Que précisément à cause de ces riches produits et de ces excellens minérais, la galerie profonde de Gédéon , située à Ulbersdorf ou Olbersdorf, avoit déja été commencée avant l'année 1566, et qu'on avoit engagé son Altesse Électorale à y prendre part , parce que cette galerie délivroit, non-seulement les travaux du filon de Sainte-Élisabeth , qui donnoient encore des bénéfices considérables à une grande profondeur; mais aussi parce qu'avant d'atteindre ces travaux , on pouvoit couper ou rencontrer beaucoup d'autres filons et chaînes de filons importans , sur lesquels on espéroit pouvoir établir de nombreuses exploitations (1).

Que l'évènement répondit à ce qu'on s'étoit promis dès l'année 1566 , puisqu'en 1571 on avoit déja découvert des minérais, qui contenoient un marc , et même un marc et demi d'argent au quintal.

Que dans l'année 1566 , cette galerie de Gédéon avoit été poussée à quelques toises à la rencontre du filon de Sainte-Elisabeth , et que vraisemblablement les traces de minérai découvertes en 1571 dans cette galerie , provenoient déja du filon de Sainte-Elisabeth lui-même. Sur la carte des montagnes d'Olbers-

---

(1) Les mines de Géromanie , en haute Alsace , étoient abandonnées depuis plusieurs années. Les agens de M. le duc de Valentinois ont recommencé leurs exploitations sur les principes établis ici. L'évènement a justifié leur attente ; on le verra dans le compte que je rendrai de l'état des mines d'Alsace. En prenant plusieurs galeries d'écoulement pour mettre à sec les différens travaux anciens, on a découvert divers filons importans de mines de plomb, d'argent et de cuivre. Ces filons donneront lieu à de brillantes exploitations, lorsque les galeries auront communiqué aux anciens travaux. *

dorf, planche VIII, l'entrée de la galerie de Gédéon est cotée n°. 1 ; et ce qui prouve que c'est réellement la galerie dont il est parlé dans ces mémoires, c'est que dans toutes les montagnes d'Olbersdorf on ne trouve point d'autre galerie qui puisse être poussée, ou qui ait déja été conduite vers la chaîne du filon de Sainte-Elisabeth.

Que cette galerie offre tous les cáractères d'une galerie principale : elle a, à son entrée, un canal muré duquel sort beaucoup d'eau : elle est surmontée d'une galerie supérieure, conduite dans la même direction et située à vingt-trois toises plus haut près du n°. 4, sur la carte B. Enfin on la trouve située, ainsi qu'on doit l'avoir observé sur la carte, très-près de la ligne principale de direction du filon de Sainte-Elisabeth.

Tout cela prouve qu'il ne s'agit pas ici de travailler un terrain étranger et inconnu : ces montagnes donnoient autrefois de grands profits ; l'entreprise elle-même sera sur une chaîne de filon productive, mais seulement en d'autres points que ceux qui furent autrefois si utiles.

Qu'on avoit déja découvert des traces de minérai riche dans les parties que je propose d'attaquer ; mais qu'on attendit, pour les suivre, que l'exploitation eût acquis plus de consistance.

Qu'il y a encore dans cette montagne d'autres filons que l'on découvrira par la galerie de Gédéon.

Enfin, que tout y est encore entier, et qu'au moment où l'on aura atteint le minérai durable, on jouira de tous les avantages réunis, depuis la superficie jusques dans les fonds.

II.

CONSTITUTION NATURELLE ET ACTUELLE.

Il seroit sans doute fort utile de comparer le petit nombre d'observations que nous ont laissées nos ancêtres, avec les monumens de leurs travaux, existans dans nos montagnes. Sans doute il seroit important d'examiner la forme extérieure de ces riches

montagnes , dans lesquelles ils ont découvert d'abondans minérais. Nous trouverions apparemment de grandes richesses dans
les montagnes extérieurement composées, comme celles où leurs
travaux furent si heureux. N'est-il pas très-probable que les mêmes
succès nous attendent, par-tout où se rencontrera une constitution à-peu-près semblable ?

Remarquons cependant qu'il faut lire avec une extrême
précaution, les antiques relations , trop communément remplies
de récits fabuleux; remarquons aussi qu'il faut se défier davantage
encore des observations recueillies par les modernes , parce que
nos temps sont moins riches en produits que ne l'ont été les
précédens, et parce que la plupart de nos mineurs, plutôt animés
du désir de briller que de celui de se rendre utiles, ne font des
observations que loin de leurs foyers.

Les anciens observoient peut-être attentivement , mais n'écri-
voient guère ; les modernes écrivent beaucoup, mais observent
peu : aussi les lumières que nous avons acquises dans l'art de
l'exploitation sont-elles insuffisantes. Mille occasions se sont pré-
sentées de rassembler des expériences utiles ; nombre de montagnes ont été percées de part en part ; on auroit pu examiner,
constater , réfuter : trop de négligence ou de précipitation nous
a privés des fruits de l'expérience. Il seroit fort à desirer qu'on
se fît une loi d'établir des conjectures à mesure qu'on avance
dans les montagnes. Il seroit à desirer qu'on voulût bien peser
toutes les circonstances, constater tous les faits, en examiner les
résultats, et rédiger ensuite le tout par écrit. C'est ainsi que les
moindres succès augmenteroient la masse des connoissances, et
produiroient le bien général.

Le grand point est de comparer attentivement des montagnes
déja exploitées, à d'autres qui ne sont point connues , ou qui
ne le sont pas encore par des succès. Il faut en même temps
examiner leur forme intérieure et extérieure (1).

____

(1) L'auteur a démontré , dans ses lettres écrites postérieurement à ce mémoire , comment
la forme extérieure des montagnes indique leurs richesses intérieures. Il a détaillé les circons-

Quant à l'intérieur, je puis assurer que les résultats les plus importants des observations faites dans les montagnes de Saxe, sont : que jamais un filon ne produit du minérai par lui seul, mais bien dans les points où d'autres filons le croisent ; de sorte qu'on peut assurer que l'endroit où l'on voit du minérai, indique toujours qu'il s'y trouve plusieurs filons rassemblés ; mais je n'oserois certifier qu'il se trouve toujours du minérai à la réunion de plusieurs filons : peut-être dans la suite en saurons-nous plus à ce sujet.

Dans les mines de Marienberg, on trouve le plus souvent le riche minérai et même le minérai d'argent, aux points où les filons, dont la direction est parallèle au méridien, sont croisés par d'autres à angle droit, ou approchant. C'est probablement sous de pareilles circonstances, que le plus riche minérai s'est trouvé dans les mines de la chaîne de filons de Sainte-Elisabeth. La chaîne des *haldes*, ou tas de déblais, et des enfoncemens des puits placés sur les points qui ont rendu le plus de bénéfice, le prouvent.

Nos ancêtres donnoient le nom de filons transversaux à ces filons croiseurs. Un filon de cette espèce, qui traversoit celui de Sainte-Elizabeth, dans les vingt-unième et vingt-deuxième mesures, et vers la direction de la *fosse de découverte* de ces miniers, donna lui-même du gain en 1567, ainsi qu'on le voit par l'extrait du bénéfice des miniers de Sainte-Elisabeth.

Les espèces de roches dont est formé l'intérieur des montagnes, servent aussi à en indiquer la richesse. Toute la masse des montagnes qui ont produit les minérais les plus riches, et qui

---

tances qui, dans ce cas, promettent une heureuse exploitation ; j'ai cru devoir supprimer ici la répétition de tous ces principes. On me permettra cependant une observation qui me paroît essentielle : c'est que M. de Trébra a fait, dans ses lettres, une remarque qu'il développe d'une manière plus positive encore, dans ce que nous omettons ; il dit que les plus grandes richesses se sont trouvées souvent dans les points où les mines principales s'approchent davantage des vallées les plus profondes, qui ont pour la plupart une surface fangeuse, et d'où il sort des sources que les anciens ont toujours considérées comme signes certains de la richesse de l'intérieur des montagnes. Les amas de déblais, les enfoncemens de puits des anciens, ont fourni à M. de Trébra des preuves nouvelles de la réalité des principes qu'il a établis. *

en

en produisent encore, est composée d'un mélange de grains de quartz, de mica et d'une sorte d'argille appelée moëlle de pierre (1). Le mineur de Freyberg donne à cette espèce de roche le nom de *gneiss*. Dans le canton supérieur de l'Ertzgebürge, on la comprend aussi sous la dénomination commune de schiste, parce qu'elle se divise en feuilles comme lui.

Les roches que l'on rencontre dans les filons sont absolument différentes de ce gneiss, et leurs caractères sont encore marqués. Elles se trouvent pour la plupart formées d'argille, de quartz, de spath, etc. La plus grande partie de celles du canton de Marienberg est d'un spath pesant, d'un roux pâle ou couleur de chair. On peut admettre pour règle certaine, que toutes les fois qu'on trouve dans ce canton du minérai riche, sur-tout du minérai d'argent, il y a aussi de ce spath pesant (2) couleur de chair.

Jusqu'à présent l'inverse de cette règle ne nous offre que de la vraisemblance : peut-être de nouvelles observations lui donneront-elles aussi un degré de probabilité très-prochain de la certitude. Les minérais sulfureux sur-tout et les minérais des demi-métaux donnent la plus forte présomption de la présence des mines d'argent (3), qu'on ne trouve jamais sans eux. Celles

---

(1) M. de Trébra observe que le feld-spath remplace quelquefois la moëlle de pierre, dans le mélange du gneiss. Cronstedt, et d'après lui, les minéralogistes de cabinet, ont fait du gneiss une espèce particulière de roche, dans le mélange de laquelle ils ont toujours exigé, outre la texture schisteuse, la présence de l'argille ou de la moëlle de pierre ; tandis que le mot de gneiss n'est qu'une expression triviale du mineur Saxon, qu'il applique à toutes les roches schisteuses, formées de la réunion de quelques-unes des substances suivantes : le quartz, le mica, le schorl, le feld-spath et l'argille. *

(2) M. Dantz a fait connoître en France plusieurs belles variétés de ce spath pesant cristallisé : elles ne déparent pas les cabinets les plus brillans de la capitale. *

(3) La remarque que fait ici M. de Trébra, a tellement passé pour principe en Allemagne, que des filons de pyrite sulfureuse et arsenicale d'une belle apparence, suffisent communément pour déterminer à tenter des exploitations. En France, au contraire, on ne suit jamais des affleuremens de cette nature, et c'est sans doute l'ignorance de nos mineurs, à cet égard, qui fait que nous y connoissons encore si peu de mines de cobalt, et que nous n'avons jusqu'à présent découvert aucune mine d'étain. On peut voir, dans ma description des gîtes de minérai des Pyrénées, combien sont nombreux et puissans les affleuremens de pyrite martiale et arsenicale, indices ordinaires de ces espèces de minérais, en Saxe et en Angleterre ; tous les minéralogistes connoissent comme tels le *mundik* de la Cornouaille. Par-tout j'ai témoigné le regret de ne voir, dans les Pyrénées, aucune attaque suivie sur ces affleuremens, qui donneroient indubitablement lieu à d'intéressantes découvertes. *

P p

de ces substances qui donnent le plus d'espoir dans les mines de Marienberg, sont, les pyrites, la blende, le cobalt, le bismuth et le kupfernickel ; car la mine d'argent se trouve déja parmi ces substances, ou bien elle n'en est pas fort éloignée.

En appliquant ces observations au point où je propose d'entreprendre l'exploitation, dans la contrée où est située la galerie de Gédeon, que la planche VIII représente, les probabilités d'un bon succès, tirées des anciens mémoires rapportés ci-dessus, seront fortifiées par les suivantes, prises dans la constitution naturelle des lieux.

La chaîne de filon de Sainte - Elisabeth est située au dessus de l'entrée de la galerie de Gédeon, n°. 1, au point où cesse la pente la plus rapide de la montagne, près du vieux puits, n°. 5, et s'étend delà dans un terrain peu incliné, le long d'un vallon plat, comme on le voit aux Haldes, n°s. 19 et 20, où cette chaîne de filon a donné beaucoup de bénéfice.

Le sol de ce vallon est fangeux, et dans les années pluvieuses, il s'y forme des sources.

Il est vraisemblable que plusieurs filons se réunissent dans le point du vieux puits, n°. 7 ; car un vallon doux, venant du nord au sud d'un point plus profond, se joint à la vallée qui part de l'entrée de la galerie de Gédéon, n°. 1.

Le rocher, dont est formée toute la montagne, est du gneiss.

Il se trouve du spath couleur de chair, dans tous les décombres de la chaîne des miniers de Sainte-Elisabeth, autrefois exploités avec bénéfice. Il s'en trouve aussi dans les tas de déblais, n°. 1, à l'entrée de la galerie de Gédeon, de même que dans ceux des n°s. 7 et 8, qui appartiennent tous les deux encore à l'entreprise proposée.

Quoique nous n'ayons plus actuellement sous les yeux aucunes preuves de la présence des matières sulfureuses, ni des demi-métaux dans cette partie, l'ancien mémoire coté D, prouve que celle de ces matières qui donne précisément le plus d'espérance, le bismuth, a autrefois été découverte et suivie dans la galerie de Gédéon : peut-être n'y suivit-on pas la galerie assez loin, puisqu'on ne trouve rien qui indique qu'on y ait rencontré et exploité du minérai d'argent. Peut-être aussi le point où l'on découvrit le bismuth étoit-il encore trop près de l'endroit où la montagne est très-escarpée, et où par conséquent on n'auroit pu trouver, par les raisons alléguées plus haut, du minérai d'argent soutenu.

I I I.

OUVRAGES QUI SEROIENT A FAIRE, ET LEUR EXÉCUTION.

Dans les travaux des mines, la recherche du minérai est le but principal qu'il faut se proposer, et l'on doit, autant qu'il est possible, varier les tentatives faites pour y parvenir. C'est sur-tout de l'observation de ces deux principes que dépend toute la durée de l'exploitation de nos riches mines d'argent de Saxe.

Il y a trois sortes de travaux dans l'exploitation des mines, ou dans les ouvrages souterrains proprement dits : les travaux de recherche, ceux que l'on fait pour écarter les obstacles, et les travaux sur le minérai.

Les travaux de la seconde espèce doivent être dirigés de manière à pouvoir seconder les premiers. Les derniers travaux doivent être faits de sorte qu'on ne masque aucune portion du minérai existant dans les fosses, et qu'on ne soit pas gêné dans la recherche de celui qui reste à découvrir (1). Il y a deux sortes

---

(1) Soit ignorance, soit inattention des directeurs ou des maîtres mineurs, il arrive fréquemment, dans l'exploitation des filons et dans celles des couches minérales, que les ouvriers recouvrent de boisages, des minérais qui auroient dû être extraits, et que, dans la vue d'épargner pour le moment quelques dépenses pour tirer les décombres au jour, ils remplissent de ces décombres des passages qui deviendroient nécessaires par la suite à la circulation de l'air et à l'extraction des matières. Souvent aussi on ne laisse pas des piliers assez forts pour soutenir le toit des travaux, ou même on attaque ces piliers avant que tous les derrières soient pris.

Je n'ai eu que trop d'occasions de relever ces fautes, dans plusieurs exploitations du royaume. *

de travaux de recherche : ou il faut faire des percemens horizontaux dans les montagnes, tels que les galeries et les traverses;
ou des percemens perpendiculaires , tels que les puits ascendans
ou descendans. Chacune de ces deux espèces de travaux de
recherche a ses avantages, ses difficultés et ses inconvéniens, et
l'on fait toujours bien de les exécuter tous deux ensemble, quand
on le peut. La probabilité d'un bon succès en devient plus
grande.

Dans tous les points du district de l'Ertzgebürge, où l'on extrait
encore aujourd'hui de la mine, la nature est conforme à ce que
j'en ai dit ci-devant.

Mais si pour pénétrer dans l'intérieur des montagnes , on ne
veut employer que l'un des deux moyens dont je viens de parler,
les points de minérai qu'on exploite actuellement, nous offrent,
indépendamment de toutes les observations déjà indiquées, une
dernière observation très-importante , d'après laquelle seule on
doit juger s'il convient de se déterminer en faveur d'un percement horizontal ou d'un percement perpendiculaire. C'est que le
minérai ne se soutient pas toujours dans un état uniforme , lors
même que les circonstances décrites ci-devant ont lieu , soit qu'on
l'ait attaqué horizontalement , soit qu'on l'ait joint perpendiculairement. Dans l'un et l'autre sens , les parties riches et épaisses
des minérais s'appauvrissent, se rétrécissent, et souvent le minérai
disparoît tout-à-fait sur une distance plus ou moins longue ;
mais dès qu'on a passé ces points stériles intermédiaires , on le
retrouve dans son premier état, ou même de meilleure qualité.

Il est très-important d'examiner si ces intervalles stériles ont
plus d'étendue dans la ligne horizontale, que dans la perpendiculaire. Suivant les observations qu'on peut faire journellement,
c'est le premier cas qui a lieu; de manière qu'après avoir traversé
dans nos montagnes de Saxe, des points de minérais par un
travail horizontal, c'est-à-dire par une galerie, la roche stérile
interposée entre ce point et le suivant, se prolonge jusqu'à la
distance de quatre-vingt, cent, cent cinquante toises et au-delà;

tandis

tandis que dans les travaux perpendiculaires, les milieux stériles ne durent communément que l'espace de dix, vingt, trente toises, et rarement quarante.

Une autre considération rend précieux les travaux perpendiculaires. Les intervalles stériles s'étendant horizontalement, ou suivant un plan presque horizontal, et sur une grande largeur, dans les montagnes, et aux endroits où sont les points de minérais qu'ils interrompent, il peut arriver que si malheureusement on pratique dans un de ces espaces stériles une galerie horizontale, on ne découvrira que fort tard (1), ou même jamais, les minérais qui peuvent souvent abonder au dessus ou au dessous de cette galerie. Les ouvrages en puits ou perpendiculaires n'ont pas cet inconvénient; et, pourvu qu'on ne fasse pas de fautes, on ne manque jamais d'y retrouver de riches minérais (2), quelque fort que soit le milieu stérile. Avec une médiocre attention, il n'est pas possible qu'on les manque tout-à-fait, ou du moins cela arrive plus rarement que quand on emploie les percemens horizontaux (3). Mais si les attaques perpendiculaires sont plus sûres

---

(1) On recherche dans ces occasions le sol et le sommet des travaux, ainsi que leurs toits et leurs murs.

L'expérience apprend ordinairement laquelle de ces quatre parties il faut attaquer de préférence : les irrégularités des gîtes de minérais d'un même filon, ou d'une même couche, se répètent assez communément dans le même sens, sur-tout celles des couches minérales, *floctze*; et les distances de leurs écarts ou sauts se trouvent souvent égales.

J'ai déja eu occasion de dire combien les observations locales étoient importantes. C'est sur-tout dans les circontances de cette nature qu'elles sont essentielles, puisqu'elles doivent servir de guides. *

(2) Ce principe déja établi à la page 136 de cet ouvrage, qu'on ne manque jamais de retrouver des minérais en creusant un puits sur les points qui ont été productifs, et que les espaces stériles qu'il faut traverser sont toujours moins considérables en approfondissant qu'en suivant la ligne horizontale, n'a pas peu contribué à me faire croire qu'il convenoit de reprendre les travaux dans la profondeur, aux mines de Baigorry en basse Navarre. Voyez ma Description des gîtes de minérais des Pyrénées, pages 509 et suivantes. *

(3) Nous avons en Allemand trois mots pour désigner les travaux par lesquels on pénètre du haut en bas dans la profondeur de la terre : ceux de *schacht, gesencke* et *abteufen*. Le premier répond au terme de puits que nous avons adopté en françois, et indique une ouverture prise du jour au travers du rocher, soit pour procurer de l'air, soit pour servir à l'extraction du minérai et du rocher, soit pour recevoir les pompes d'une machine hydraulique, soit enfin pour servir d'entrée et de sortie aux ouvriers. Delà les noms de puits à machines, de puits d'extraction, de puits d'airage, etc.

Le mot de *gesencke* fignifie l'excavation qu'on fait en approfondissant sur le filon pour le

Q q

que les horizontales, les premières sont beaucoup plus difficiles, plus coûteuses et plus longues à exécuter que les autres d'une semblable étendue ; il n'est pas possible et il ne seroit pas à propos de prolonger ces attaques perpendiculaires dans les montagnes, sans les combiner avec les horizontales. L'affluence des eaux forme un très-grand obstacle à l'approfondissement des puits : on parvient, à la vérité, à les extraire par le moyen des machines ; mais ces machines sont dispendieuses et deviennent insuffisantes. Il faut bien à la fin avoir recours aux galeries, qui se commencent en dehors et au pied de la montagne. On ne peut donc pas à la rigueur donner la préférence à l'un de ces travaux sur l'autre ; mais il faut, autant qu'il est possible, s'arranger de manière à les employer tous les deux en même temps, à les combiner de sorte qu'ils se prêtent un secours mutuel. On doit avoir égard à toutes ces circonstances, et ne pas oublier qu'il faut sur-tout disposer toutes les entreprises de manière à présenter promptement des bénéfices aux compagnies, sans négliger des projets solides plus vastes et plus éloignés.

Je pense que l'entreprise de Gédéon doit être entamée par la continuation de la galerie profonde, sur la chaîne du filon de Sainte-Elisabeth, jusqu'aux travaux qui ont autrefois produit de si riches minérais.

Par l'excavation d'un puits sur le point coté n°. 7, sur la carte, jusqu'au sol ou niveau de la galerie profonde, et même plus bas, si on le jugeoit à propos.

Ces deux moyens sont intimement liés ; chacun d'eux sert en

---

sonder au sol des travaux, ou pour y entraîner l'air, l'eau, ou y déposer les décombres, sans avoir le dessein de continuer cette excavation.

Nous n'avons point d'expression Françoise qui réponde à ce terme ; et me trouvant forcé d'en faire une, j'adopterai volontiers le mot *foncée*, que je préférerai à celui d'*entaille en descendant*, dont le traducteur de Delius s'est servi. En effet, le mot entaille n'exprime positivement que la place où le mineur travaille actuellement. La foncée n'est, à proprement parler, qu'un puits qui n'a point d'issue au jour.

L'expression d'*abteufen* rend l'action de continuer à approfondir un puits ou un travail en échelons, ce qui se fait autant qu'on a lieu de poursuivre les travaux dans les fonds. Le mot *approfondir* est le synonyme de cette dernière expression. Dans plusieurs de nos exploitations, on nomme cheminées, les entailles ascendantes prises dans le sommet d'un travail. *

même temps à accélérer l'autre, et chacun en particulier, comme tous les deux ensemble, présente l'espoir de trouver du minérai, et d'en tirer des bénéfices long-temps même avant qu'on atteigne les anciennes fosses de Sainte-Elisabeth. *Comme on doit découvrir des filons avec la galerie de Gédéon, avant d'arriver au puits qu'il faut approfondir*, le filon de Sainte-Elisabeth peut être ennobli par ces nouveaux filons ; auquel cas plusieurs fosses peuvent être exploitées et donner du bénéfice, avant même qu'on soit parvenu aux points de minérai déja connus dans la minière de Sainte-Elisabeth. Avec le puits pratiqué au point n°. 7, qui aura quarante-trois toises de profondeur perpendiculaire jusqu'à la galerie de Gédéon, on peut trouver des minérais, si ce puits est placé sur les points d'intersection du filon d'Elisabeth avec d'autres filons, comme on a lieu de le présumer en cet endroit. Mais si, contre toute attente, on ne trouve point de minérai avec le puits même, il servira toujours à procurer un courant d'air, et un transport plus aisé des déblais de la galerie de Gédéon, lorsqu'il y sera parvenu. Par ce moyen, on pourra arriver plus aisément aux minérais découverts par la galerie de Gédéon, en perçant la distance du n°. 1ᵉʳ. au n°. 7, ou gagner plus tôt les anciennes exploitations de Sainte-Elisabeth avec la même galerie.

Examinons chacun de ces travaux en particulier.

La continuation de la galerie profonde de Gédéon.

Cette galerie doit être vidée jusqu'à l'endroit où elle a été interrompue anciennement, ce qui peut aller à trois cents toises ou tout au plus à quatre cents de longueur, si l'on en juge par la grandeur du tas de déblais, par la quantité d'eau qui en sort encore à présent, et par plusieurs autres indications.

Si ce travail est poussé avec l'activité que les circonstances permettront d'y mettre, il est possible dans toute la distance de trois cents toises, d'en faire, par semaine, trois toises qui coûteroient 6 rixdalers ; ainsi la toise reviendroit à 2 rixdalers, qui équivalent à 7ᵗ 15ˢ 6ᵈ.

Après avoir relevé les trois cents toises de galerie, si elle n'a pas été poussée plus loin, il faudroit la continuer d'environ cent cinquante toises, jusqu'au point n°. 7, où l'on a projeté d'établir le puits. En supposant au rocher une dureté moyenne, et en employant autant d'ouvriers qu'il est possible, l'on pourroit en faire trois quarts de toise par semaine, et la toise coûteroit 20 rixdaler. En attaquant cette étendue par deux points, comme cela est possible, tout l'ouvrage seroit achevé en deux ans; ainsi ensemble quatre années.

Voilà quels seront les principaux ouvrages de la galerie profonde de Gédéon ; mais il peut encore se présenter quelques travaux extraordinaires, dont on ne sauroit prévoir ni la nécessité ni les frais. J'ajouterai, à la fin du décompte de tous les ouvrages, un article particulier pour ces objets, qui pourroient consister :

Dans le rétablissement d'une foncée (1) , dont il est fait mention dans l'ancien mémoire coté D, afin de découvrir mieux les traces du minérai qu'on y a trouvé autrefois.

Dans le nettoiement d'une partie de la galerie supérieure, si l'emplacement des déblais , ou quelque autre chose rendoit ce travail nécessaire.

Dans la construction d'une trompe dont on pourroit avoir besoin , parce que la galerie doit être continuée à quatre cents cinquante toises sans ouverture supérieure ; cet objet ne peut pas coûter beaucoup plus de 20 rixdaler, ou $77^{tt} 15^{s}$.

Dans quelques tentatives sur quelques-uns des filons *matinals* qui croisent le filon *diagonal* (2) de Sainte-Elisabeth, seulement pour traverser ce filon, et en sonder le toit et le chevet à de petites distances.

La disposition et l'approfondissement d'un puits.

Il faudroit faire ce puits jusqu'à la profondeur de quarante-trois toises pour atteindre en ce point la galerie de Gédéon.

---

(1) Voyez ma note ci-dessus, page 154. *
(2) Filon matinal, *morgengaenge ;* filon diagonal ou oblique , *flachegaenge.* Voyez ma note, page 58.

Chaque

Chaque toise de roc supposé d'une dureté moyenne, coûteroit environ 5o rixdaler, ou $194^{tt}\,7^{s}$; elle pourroit être faite en quinze jours, et les quarante-trois toises en deux ans. Comme il seroit possible de suivre ce travail en même temps que celui de la galerie, le temps qui y seroit employé n'entre pas dans le calcul; ainsi les quatre années en question sont suffisantes.

Il faut encore remarquer que, dans l'espace de deux ans, le puits pouvant être creusé jusqu'à la profondeur de la galerie de Gédéon, rien n'empêcheroit de partir de là avec une autre galerie, pour aller à la rencontre de celle de Gédéon, qui avanceroit pareillement de trente-huit toises par an. Voilà comment l'on pourroit attaquer par deux points les cent cinquante toises de longueur de la galerie de Gédéon, et la percer en deux ans.

Il seroit impossible de creuser ce puits sans construire des machines propres à pomper les eaux. Il faut donc en établir une avec un assemblage de tirans de deux cents cinquante toises de longueur, parce qu'il est impossible d'approcher davantage les eaux du point n°. 7. Suivant l'estimation du maître machiniste, cette machine, propre à épuiser les eaux en tout temps et avantageusement située, coûteroit 2386 rixdaler 3 gros 3 deniers, ou $9274^{tt}\,4^{s}$, et dans l'été on peut la construire en six mois. Le temps que l'on mettra à la construction de cette machine ne doit pas être porté en compte, parce que cet ouvrage peut aussi être fait en même temps que les autres : nous n'excéderons donc point les quatre années.

Peut-être balanceroit-on à construire cette machine avant de voir bien distinctement des minérais sur le point n°. 7, où doit être établi le puits qui doit en recevoir les pompes. Mais supposé, contre toute vraisemblance, qu'on ne trouvât point de minérais dans ce puits, l'établissement de la machine procureroit néanmoins l'avantage d'épargner la continuation de la galerie supérieure à celle de Gédéon, que sans cette machine il faudroit nécessairement continuer. Car lors même qu'on pourroit se passer d'un

R r

puits, pour procurer de l'air, il faudroit nécessairement en faire un pour faciliter l'extraction, et on ne pourroit jamais pratiquer ce puits sans le secours d'une galerie supérieure, ou d'une machine à élever les eaux, à cause de leur grande abondance en ce point, et de la rapidité extrême de la montagne, qui, sur quatre cents cinquante lachter de longueur, s'élève de quarante-trois lachter perpendiculaires. Mais on doit préférer, pour deux motifs, la construction d'une machine à la poursuite d'une galerie supérieure. Le premier de ces motifs consiste en ce que, par un puits à machines, on multiplieroit les genres de travaux de recherche de minérais. Le second consiste en ce qu'on économiseroit des frais, car si l'on vouloit poursuivre la galerie supérieure n°. 4, jusqu'au point du puits des machines n°. 7, en même temps que la galerie de Gédéon, il en coûteroit pour la longueur de trois cents trente toises, dont la moitié seroit à vider, et l'autre moitié à percer dans le rocher, 3620 rixdaler, ou 14070^{tt} 18^s 9^d (1), suivant le prix fixé pour la galerie profonde de Gédéon; tandis que la machine ne coûteroit que 2380 rixdaler, ou 9251^{tt}.

Si dans l'arrondissement de cent toises de rayon, à partir du point n°. 7, on découvroit du minérai avec la galerie profonde de Gédéon ; on pourroit toujours, par le moyen des tirans, se servir utilement de la machine pour ces points, et même pour ceux qui seroient dans une plus grande profondeur au dessous de la galerie de Gédéon.

Enfin, si on n'étoit pas dans le cas d'employer la machine pour épuiser les eaux, lorsque la galerie de Gédéon aura été poussée jusqu'au puits, n°. 7, on en feroit, à peu de frais, une machine propre à l'extraction des déblais, ce qui accéléreroit considérablement le travail de la galerie profonde de Gédéon, en diminuant beaucoup la dépense.

Outre ces travaux principaux, il peut s'en présenter d'extraor-

---

(1) Nous croyons devoir prévenir ici nos lecteurs, que c'est M. Schreiber, qui a pris la peine de réduire à la valeur de nos livres tournois de France, toutes les sommes exprimées dans l'original en monnoie d'Allemagne. *

dinaires en creusant le puits ; mais on ne sauroit actuellement les indiquer avec précision. Ils consisteront peut-être :

A conduire un canal du puits n°. 7, au n°. 35, pour y faire écouler les eaux pompées par la machine, ou dans la vue de découvrir un filon, qui pourroit croiser à angle aigu, ou à angle droit, celui de Sainte-Elisabeth.

A sonder le filon de Sainte-Elisabeth à de petites distances, par des galeries horizontales, prises à différentes profondeurs dans le puits.

Une somme de 800 rixdaler, ou 3109^{tr} 12^{s}, suffira pour tous les travaux extraordinaires qui pourront se présenter, et qu'on ne sauroit indiquer d'avance. L'exploitation n'en sera pas retardée, parce que rien n'empêchera de faire toutes les tentatives imprévues en même temps que les ouvrages principaux.

300 rixdaler par an ou 1166^{tr} 1^{s} suffiroient aux appointements des officiers chargés de conduire les ouvrages, aux droits de l'intendance des mines et à ceux de l'Électeur, etc. Le salaire du contrôleur seroit de 5^{tr} 3^{s} par semaine, et celui du mineur de 6^{tr} 15^{s}.

Ainsi l'on voit qu'il faudroit une somme de 10136 rixdaler, ou 39398^{tr} 12^{s} 6^{a}, et quatre années de temps, pour relever la galerie profonde de Gédéon, la pousser jusqu'au point n°. 7, et approfondir un puits sur ce point, à l'aide d'une machine hydraulique. Et comme on ne manqueroit pas de m'objecter que l'exécution, dans les entreprises des mines, emporte souvent plus de temps et de frais que le devis ne l'annonce, je porte la somme totale de la dépense à 11000 rixdaler, ou 42757^{tr}, je demande cinq années, et à ces conditions, je réponds de l'exécution. J'observe que cette entreprise coûteroit infiniment plus, si l'on ne fournissoit les sommes que dans l'espace de dix années ; et qu'elle sera au contraire moins dispendieuse que je ne l'ai supposée, s'il arrive, comme cela est vraisemblable, qu'on découvre du minérai avant la perfection des travaux. Les probabilités du succès s'accroîtroient par les moyens que je viens de proposer ;

car je mets en usage les deux espèces de recherche, la perpendiculaire et l'horizontale:

Je fais faire les recherches principales en deux différens
points, qui comprennent entre eux un espace de quatre cents
cinquante toises.

Je fais faire de petites tentatives particulières pour examiner
des parties du filon de Sainte-Elisabeth.

I V.

DE QUELLE MANIÈRE ON DOIT FOURNIR DES SOMMES A L'ENTREPRISE.

Deux maximes doivent régler le paiement des sommes nécessaires à l'exploitation des mines; il faut qu'il y ait des fonds
toujours suffisans pour que les travaux soient poussés avec l'activité la plus avantageuse, et l'argent des compagnies ne doit pas
rester oisif dans les caisses. L'usage général de fixer la quotité
du contingent par action, chaque quartier, est parfaitement conforme à ces maximes; cependant cette méthode a encore des
inconvéniens, et pour les directeurs et pour les compagnies. Il
arrive souvent que pendant l'exécution de l'entreprise, quelques
actionnaires se dégoûtent, ce qui recule ceux qui ont la constance
de persister, et met souvent dans le plus grand embarras le directeur ou l'intendant, qui avoit compté sur l'exactitude des paie-
mens pour le bien de l'entreprise.

Dans une exploitation ruinée qu'il s'agit de relever, il faut,
avant de chercher le minérai et d'y parvenir, faire pour tous les
travaux de grands préparatifs, qui exigent toujours du temps et
de l'argent. Et si un intendant courageux, préférant un avantage
sûr à l'espoir trompeur d'un succès tardif et très-douteux, ne
vouloit entreprendre qu'après avoir demandé un temps long, et
déterminé une somme d'argent considérable, et qu'une partie
des actionnaires effrayés ne continuât pas à fournir des fonds,
les travaux se ralentiroient, ou même seroient totalement abandonnés;

donnés; ce qu'on ne manqueroit pas d'imputer à celui qui les auroit proposés. Aussi MM. les intendans des mines, qui ne veulent pas courir ce risque, traînent-ils un grand nombre d'exploitations pendant des demi-siècles, et même pendant des siècles entiers, sans s'embarrasser si les hasards qu'ils auront fait courir, ne produiront pas parmi les citoyens un sentiment de défiance, et un découragement préjudiciable à l'exploitation des mines.

La crainte engage MM. les intendans à cacher aux actionnaires les frais qu'exigeront encore leurs entreprises, avant qu'ils puissent en obtenir des bénéfices. La même crainte fait qu'ils se décident si difficilement à offrir un plan et un devis stables; si même la nonchalance, l'incapacité, et quelquefois des motifs moins excusables encore, ne les en empêchent. J'ai cherché à parer à tous ces inconvéniens dans le projet actuel, en traitant et décrivant tout ce qui le concerne dans le plus grand détail, de manière que toute personne qui voudra me lire avec attention, sera en état de se déterminer, non sur des espérances vagues, chimériques et séduisantes, mais sur des principes solides. Il seroit, d'après cela, bien douloureux qu'on n'assurât pas aux officiers des mines le paiement exact des sommes nécessaires à l'entreprise, jusqu'à ce que les travaux proposés fussent entièrement achevés.

La manière la plus avantageuse pour les actionnaires et les officiers des mines, seroit à tous égards, que la somme entière destinée à l'entreprise fût payée comptant en prenant les actions. Mais comme on pourroit penser que les sommes, ainsi déposées, resteroient oisives trop long-temps, il suffiroit qu'en s'engageant par écrit à fournir la somme entière, si elle étoit nécessaire, on en payât d'abord un quart comptant; un autre quart en commençant à construire la machine hydraulique, et le reste à la volonté du conseil de l'intendance des mines (1).

---

(1) Tous les principes de pratique que l'auteur établit dans ce projet, sont tracés de main de maître, et faits pour donner lieu à des réflexions très-utiles aux directeurs des mines, et aux compagnies qui les exploitent.

La méthode usitée en Allemagne, de fournir aux exploitations les fonds par quartier,

Dans l'administration de toutes les mines de ce pays-ci, la plus grande partie des fonds des compagnies est reçue par un collecteur, qui perçoit deux gros par rixdaler, pour ses droits de recette. Dans l'entreprise proposée, ce vice d'administration qu'il seroit très-aisé de réformer, coûteroit 844 rixdaler 16 gros, ou 3279^{tt} 16^s 3$^{\partial}$, pour faire rentrer la somme de 10136 rixdaler, ou 39398^{tt} 12^s 6$^{\partial}$. Je ne doute nullement que, pour éviter cette dépense absolument inutile, on ne préfère d'envoyer franc de port les sommes à l'intendance des mines, et de lui accorder un pour cent pour la garde et pour le paiement des sommes dans le temps prescrit : cette dépense et celle des plans de l'entreprise sont comprises dans la somme fixée ci-dessus.

En adoptant les idées contenues dans ce chapitre, il est certain que les probabilités de la réussite augmenteront.

Parce que les sommes nécessaires seront toujours prêtes jusqu'à la fin de l'entreprise.

Parce que les officiers des mines pourront travailler avec assurance, et faire de bonnes dispositions.

Avant de finir cet article, je dirai encore quelque chose du but plus éloigné de cette entreprise. Il consiste à avancer la galerie profonde de Gédéon dans les points déja exploités du filon de Sainte-Elisabeth, et à la pousser jusqu'au

---

réunit un grand nombre d'avantages, que les bornes d'une note m'empêchent de développer; mais il est certain que dans une entreprise aussi considérable que celle dont il est ici question, des sommes fournies partiellement pourroient mettre les directeurs dans l'embarras. Je dirai à cette occasion, que les avantages qui résultent de la manière d'administrer les mines en Allemagne, deviennent sur-tout sensibles lorsqu'il y a du bénéfice, parce qu'on a le plus grand soin d'en retenir une portion pour les cas où les filons cesseroient d'être productifs, et où l'on auroit de la peine à engager les actionnaires à faire de nouveaux fonds, si on leur avoit délivré la totalité du produit.

Nous avons dans le royaume, plusieurs exploitations qui se sont ressenties des mauvaises dispositions que l'on a faites, soit pour la fourniture des fonds des entreprises, soit pour la distribution des bénéfices. Nombre de mines, au moment où elles auroient pu devenir productives, ont été abandonnées, parce que les actionnaires se sont découragés. Beaucoup d'autres ont cessé d'être exploitées à l'époque où elles ont cessé de donner des bénéfices, parce que le concessionnaire ou les compagnies se sont refusés à employer à leur poursuite une portion du gain même qui leur avoit été réparti. *

centre de la mine la plus riche , et en même temps la moins
exploitée dans le canton de Marienberg. Cette galerie est une
des plus profondes qui ait jamais été travaillée dans les montagnes les plus riches de Marienberg. Il y a fort peu d'anciennes
mines qui y aient été exploitées jusqu'à la profondeur à laquelle
arriveroit cette galerie ; or ces fosses ont donné des millions de
bénéfice. Qu'on juge d'après cela des grandes sommes que
produiroit le neuvième , qu'une galerie profonde doit percevoir,
non pas du bénéfice seulement , mais de tous les minérais de
chacune des fosses dont elle ôteroit les eaux , et auxquelles elle
donneroit de l'air. Il est vrai qu'il faut que la galerie soit encore
prolongée à une grande étendue, avant qu'elle atteigne ces fosses
jadis si riches. Il est encore vrai que la distance , depuis l'embouchure n°. 1 jusqu'aux points exploités avec bénéfice dans la
chaîne des mines de Sainte-Elisabeth , est de mille sept cent
cinquante-quatre lachter, et de deux mille cinq cents jusqu'au
point d'intersection du filon de Sainte-Elisabeth et de celui de
Bauerzug. Ce point se trouve presque au milieu de toutes les
exploitations de Marienberg.

Souvent on craint d'entrer dans une entreprise , parce qu'on
la croit trop considérable ; cependant il en a été exécuté ailleurs
une bien plus importante du même genre, avec beaucoup d'avantage. Délius, dans son Introduction à la Minéralogie, paragraphes
224 et 225, fait mention de la galerie de Saint-François à
Schemnitz : cette galerie est à deux cents vingt-quatre toises de
profondeur perpendiculaire de l'entrée des mines qui se trouve
au point le plus élevé de la montagne. On l'a poussée à six mille
toises, en partie dans le rocher stérile , et en partie sur le filon :
elle a coûté 350,000 florins. La galerie de Gédéon donne
cent trois lachter de profondeur dans les vingt-unième et vingt-
deuxième mesures sur le filon de Sainte-Elisabeth , dans les
haldes n°s. 18 et 19 , planche VIII ; cent huit lachter à la
jonction des filons de la chaîne dite Bauerzug avec celui de
Sainte-Elisabeth , aux haldes n°s. 33 et 34 : elle a mille sept

cent cinquante-quatre lachter de longueur jusqu'au premier de ces points , et mille cinq cents jusqu'au second.

Mais quelle dépense et combien de temps l'excavation de la galerie de Gédéon demanderoit-elle, pour que l'on pût seulement parvenir jusqu'aux vingt-unième et vingt-deuxième mesures du filon de Sainte-Elisabeth ? En jetant sur cet objet un coup-d'œil rapide , et cependant assez attentif pour que l'espace de temps et la somme des dépenses n'excèdent pas notre calcul , voici ce que nous pouvons établir comme probable. Toute cette longueur pourroit être partagée en trois points principaux d'attaque , sur chacun desquels , à l'aide d'une machine hydraulique, on pourroit enfoncer un puits jusqu'à la profondeur de la galerie de Gédéon, et de ces puits mener deux galeries opposées dans la profondeur de celle de Gédéon. L'entreprise qu'on propose actuellement formeroit un de ces points principaux, et demanderoit tout au plus cinq années de temps et 11000 rixdaler, ou 42720^{tt} 14^{s} de dépense. Maintenant, à cause de la grande profondeur du puits jusqu'au sol de la galerie de Gédéon, et d'autres obstacles qui peuvent se rencontrer , on pourra compter pour le second point le double du temps et des frais ; on aura dix ans et 22000 rixdaler , ou 85441^{tt} 8^{s} 1^{d}. Que l'on prenne , par la même raison, pour le troisième point, trois fois autant de temps , et trois fois autant de dépense que pour le premier : on reconnoîtra que si les trois points étoient attaqués en même temps , cette grande entreprise seroit exécutée en quinze ans de temps , avec 66000 rixdaler , ou 128162^{tt} 2^{s} de dépense.

Ce seroit une somme bien considérable ; et que pourroit-on s'en promettre ? L'exploitation dans les cantons de *Laule* et de *Kiesholze* , montagnes immédiatement au dessus et au nord de la ville de Marienberg, où sont situées les chaînes de filons de Sainte-Elisabeth et de Bauer et autres mines importantes , vers lesquelles la galerie de Gédéon devroit être poussée , cette exploitation, dis-je, a donné plus de 1,500,000 rixdaler, ou 5,830,050^{tt} de bénéfice.

bénéfice. Si l'on veut regarder cette somme comme le tiers de toutes les recettes qui ont été faites dans les montagnes que traversera la galerie de Gédéon , la totalité des produits sera de 4,500,000 rixdaler , ou 17,490,150^{tt} , dont le neuvième auroit été 500,000 rixdaler , ou 1,943,350^{tt}. C'est le moins qu'on pourroit encore en attendre actuellement , si la galerie de Gédéon étoit continuée ; sans compter qu'on pourroit espérer de trouver du minérai dans l'espace depuis l'ouverture de la galerie de Gédéon jusqu'aux vingt-unième et vingt-deuxième mesures du filon de Sainte-Elisabeth. Il seroit aussi absurde de dire qu'on ne doit pas s'y attendre, que de nier que les mines de Saxe eussent jamais donné aucun bénéfice. Il est même possible que les dépenses qui doivent être employées à l'entreprise de la galerie de Gédéon , dans les cinq années qui ont été fixées , et dans la distance depuis n°. 1 jusqu'à n°. 7 , produisent du minérai et du bénéfice ; et peut-être que sans faire contribuer les actionnaires , on pourra avancer la galerie de Gédéon jusqu'aux vingt-unième et vingt-deuxième mesures de la fosse de découverte de Sainte-Elisabeth , même jusqu'à la jonction de ce filon à la chaîne de Bauer , et au-delà , quoique plus tard.

On ne seroit pas même embarrassé si l'on découvroit du minérai près de l'entrée de la galerie de Gédéon , et qu'on voulût le poursuivre à une plus grande profondeur ; dans cette supposition on ne seroit pas dans le cas de se restreindre au service des machines ; car il seroit possible de pratiquer une galerie plus profonde encore que celle de Gédéon , pour délivrer ces travaux ; puisque du point n°. 1 de l'entrée de la galerie de Gédéon , il ne faut aller qu'environ à cinq cents lachter sur le filon de Sainte-Elisabeth , du côté du nord jusqu'à la rivière de *Zschopa* , pour pouvoir ouvrir une galerie à quarante lachter au dessous de celle de Gédéon.

De toutes ces observations , il résulte que cette entreprise importante , considérée sous tous ses rapports , doit être très-profitable aux compagnies.

A Marienberg , le 28 Août 1775.

L'INTENDANCE DES MINES.

T t

LE FILON DE SAINTE-ELISABETH A DONNÉ DE BÉNÉFICE,

	FIEFS OU CONCESSIONS.	Florins par action (1)	Somme pour 130 actions
1	Fosse de découverte de Ste. Elisabeth	98	12740
2	2ᵉ et 3ᵉ mesures . .	116	15080
3	4ᵉ	42	5460
4	5ᵉ	17	2210
5	6ᵉ	26	3380
6	7ᵉ	35	4550
7	8ᵉ	9	1170
8	9ᵉ et 10ᵉ	4	520
9	11ᵉ et 12ᵉ	108	14040
10	13ᵉ	39	5070
11	14ᵉ et 15ᵉ	107	13910
12	16ᵉ	50	6500
13	18ᵉ, 19ᵉ et 20ᵉ . .	189	24570
14	21ᵉ et 22ᵉ	996	129480
15	23ᵉ, 24ᵉ et 25ᵉ . .	119	15480
16	10ᵉ	4	520
17	plus la 2ᵉ	2	260
Somme	Une concession de découverte et 26 mesures	1961	254940

Somme 339920 rixdaler courant.

(1) le florin vaut 1 rixdaler et un tiers, ou 6ᵗ 3ˢ 8ᵈ environ, argent de France.

PREMIER RAPPORT

*Des progrès de l'entreprise de la galerie profonde de Gédéon,
jusqu'à la fin de la première année de travail, commencée au
mois d'Octobre 1775, et finie au mois de Septembre 1776.*

Cette entreprise est en elle-même si importante, ses succès
ont été si grands dès la première année de son exécution,
qu'elle mérite qu'on fasse quelques observations sur ce qui s'est
passé dans cet espace de temps, pour se convaincre de ce qu'on
peut en espérer à l'avenir. Il est également à propos de comparer
les sommes qui ont été employées cette même année, à celles
qui ont été fixées pour toute l'entreprise, afin de voir quelle a
été la réussite des projets jusqu'à présent, et de juger d'après
les vraisemblances, si la somme demandée suffira à l'entière
exécution du but qu'on s'est proposé.

*Poursuite de la galerie profonde de Gédéon, sur la chaîne de
filons de Sainte-Elisabeth.*

On commença à relever cette galerie le 2 d'octobre 1775.
On trouva sur le champ l'ancienne ouverture de la galerie, quoiqu'elle fût entièrement comblée, couverte de gazon, et qu'aucun
signe n'indiquât la place qu'elle avoit occupée. Le conduit des
eaux se trouva sous les haldes : il étoit voûté depuis son point
initial en dedans de la galerie, jusqu'en [b] : la galerie se trouva
pareillement voûtée à quatre lachter un quart de longueur, en
bon état, et ouverte.

Il ne fut pas difficile de la relever jusqu'à la distance de cent
quarante lachter de l'ouverture ; mais il se trouva en ce point aux
environs de filons transversaux peu épais, un éboulement considérable, dont le déblai coûta plus de temps et d'argent qu'il
n'en avoit fallu jusque-là pour nettoyer cinquante lachter de la
galerie. Au-delà de cet éboulement, le travail redevint aisé, de
sorte qu'à la fin de la première année de l'entreprise, la galerie
étoit relevée à trois cents lachter. On avoit demandé deux ans

pour parvenir jusqu'à ce point : la confection des travaux est donc avancée d'une année entière.

La force des eaux de la galerie, qui sortoient près du n°. 1 de la carte, et près de [a] sur le plan figure I, nous avoit fait présumer que nos ancêtres avoient déja poussé la galerie environ à trois cents lachter ; et l'évènement a vérifié cette conjecture énoncée dans notre projet.

En relevant la galerie, on a trouvé en général qu'elle avoit été faite d'une hauteur considérable, souvent de deux lachter et plus (1). Le canal haut et spacieux, est propre à faciliter l'écoulement de beaucoup d'eau. Le sol de la galerie s'élève peu au dessus de dix-huit pouces sur cent lachter de longueur. Depuis le puits d'airage jusqu'à l'endroit où est actuellement la tête de la galerie, on trouve par-tout des marques qui indiquent qu'il y a eu des doubles étançons posés les uns sur les autres au faîte de la galerie ; on remarque qu'il reste un petit intervalle entre les deux étançons. On ne peut expliquer cet arrangement, qu'en supposant qu'un porte-vent pratiqué dans cet intervalle, procuroit de l'air à ceux qui travailloient anciennement dans la galerie. Actuellement encore, les eaux sont aussi fortes à la tête des travaux, qu'elles l'étoient à l'embouchure ; il en résulte certainement que la galerie de Gédéon fut autrefois commencée, comme galerie principale, et continuée avec toute la précaution que l'on ne doit jamais perdre de vue dans ces sortes de galeries capitales ; qu'on la commença avec l'intention bien déterminée

---

(1) Il est rare de trouver des galeries de cette élévation ; et je ne crois pas qu'elles soient jamais nécessaires, à moins qu'on ne veuille diminuer par la hauteur de la galerie, le nombre des puits d'airage. En France, on tombe dans l'excès contraire ; on ne calcule point que les eaux déposent considérablement dans le canal pratiqué dans ces galeries ; et rarement on donne à ce canal la hauteur suffisante, de manière que les eaux regorgent, et qu'on perd un des plus précieux avantages de cette espèce de travail, celui que procure la circulation de l'air entre le canal et la partie supérieure de la galerie. Je voudrois au moins qu'on donnât toujours à une galerie d'écoulement huit pieds de hauteur ; il en faut près de six pour l'entrée et la sortie des mineurs. Il faut compter quelque épaisseur pour les madriers sur lesquels on roule le chariot, deux à trois pieds pour les eaux, et laisser encore entre elles et les madriers, un espace suffisant pour la circulation de l'air. Délius en parlant de l'établissement des galeries principales d'écoulement, dit qu'on ne leur donne guères moins de neuf à dix pieds de hauteur sur cinq de largeur.

de

de la continuer jusqu'au centre des montagnes de Marienberg, et il est probable que cette importante galerie peut encore avoir été poussée trois cents lachter au-delà de la tête actuelle des travaux.

A cent quarante lachter de l'embouchure de la galerie, où étoit l'éboulement, la galerie avoit fait un contour, derrière lequel le courant d'air étoit si foible, que le travail ne pouvoit plus être continué. Il fallut établir une trompe qui remplit son objet; mais la sécheresse extraordinaire de cette année la priva d'eau, et on fut obligé d'y en amener d'un ruisseau par un autre côté. Ce moyen devint même insuffisant, parce que la galerie avoit déja une longueur considérable, et que le plancher de roulage n'avoit pas été fermé ou achevé par-tout, de manière qu'il n'y existe pas encore un véritable courant d'air, mais seulement un mouvement tourbillonnant, tel que peut le produire la trompe seule, lorsque le plancher n'est pas fermé. Comme il le sera en peu de temps, et avec peu de dépenses, sur toute la longueur de la galerie, celle-ci pourra, à l'aide de la trompe, et sans avoir besoin d'autre air, être continuée jusqu'au puits, c'est-à-dire, tout au plus à la distance de deux cents cinquante lachter (1).

Le filon sur lequel la galerie profonde de Gédéon a été poussée depuis son entrée, n'est pas le filon de Sainte-Elisabeth lui-même, car la direction principale du premier est sur neuf heures, et celle du dernier sur onze heures. Mais ce filon, sur lequel a été poussée la galerie de Gédéon depuis son entrée, est un filon principal, qui se montre très-avantageusement en différens points. A partir de l'embouchure jusqu'au puits d'airage, et même au-delà, il a eu dix-huit pouces d'épaisseur. Il étoit composé de quartz blanc et de spath couleur de chair; en avançant il devenoit plus étroit jusque vers le point où se terminent les cent quarante premiers lachter; alors on le trouvoit plus puissant aux environs de petits filons qui le traversent, et depuis il n'a cessé de contenir du spath couleur de chair, jusqu'au point où en est actuellement

______

(1) Deux cent cinquante, au lieu de cent cinquante, parce qu'il s'agit actuellement du puits n°. 8, au lieu du puits n°. 7. *

V v

le travail. A la vérité, on se borna à faire quelques tentatives pour sonder le filon principal, et les filons transversaux ; parce que ceux-ci étoient trop peu considérables. On n'a encore rien découvert qui ressemblât au puits dont les anciens mémoires font mention : au reste, il ne faut pas s'y attendre avant que la galerie soit parvenue au filon de Sainte-Elisabeth, comme l'indiquent positivement les anciens mémoires cotés C, du 12 Septembre 1566, et D du 16 Janvier 1571, pages 143 et 144.

Disposition et approfondissement d'un puits.

Ces travaux ne furent commencés que le 9 octobre 1775. La première chose dont on s'occupa, fut d'examiner le tas de décombres n°. 7, où, suivant le plan dressé pour l'entreprise, pages 154, 157 et 158, on soupçonnoit qu'il y avoit un vieux puits, et où l'on projetoit de placer le puits de la machine hydraulique, quand on l'auroit trouvé ; mais à la première perquisition, on trouva que ce tas n°. 7, n'étoit point situé autour d'un puits, mais devant l'embouchure d'un canal, ou d'une galerie supérieure, qui étoit dirigée vers le tas n°. 8. Ce fut donc dans ce tas qu'il fallut chercher l'ancien puits que l'on présumoit devoir exister. On commença la fouille dans ces décombres le 30 Octobre, et l'on ne tarda pas à y découvrir le puits en question ; mais on s'apperçut d'abord qu'il n'étoit pas situé, comme on le soupçonnoit, sur le filon de Sainte-Elisabeth, mais sur le filon même sur lequel la galerie profonde de Gédéon avoit été poussée depuis son embouchure. Ici le filon étoit d'une très-belle apparence ; il avoit jusqu'à un lachter et demi d'épaisseur ; il consistoit en différentes branches ou veines, et contenoit au jour même du spath couleur de chair. Tout dans ce puits sembloit annoncer que l'intérieur de cette montagne avoit éprouvé une violente commotion, circonstance qui fit naître l'espoir le plus avantageux. On vida l'ancien puits découvert, aussi profondément qu'il fut possible ; mais on ne put parvenir jusqu'au sol de la galerie d'écoulement, qui commence dans la halde n°. 7, parce qu'elle n'étoit pas ouverte jusqu'au puits n°. 8. Les eaux mirent obstacle

à la continuation du puits : néanmoins à la modique profondeur
où l'on put atteindre, on trouva ce qu'on n'avoit fait que présumer
dans l'énoncé du projet. On avoit dit que dans ce point se réunissoient plusieurs filons , au nombre desquels se rencontreroit
probablement celui de Sainte-Elisabeth , et cette conjecture se
confirma aussitôt que la galerie ou canal n°. 7 eut joint le puits
n°. 8. L'on put dès lors placer le carré-long de ce puits dans la
direction principale de onze heures du filon de Sainte-Elisabeth,
parce qu'un filon dirigé de même y traversoit celui de la galerie
de Gédéon , dirigé sur neuf heures; ce qui augmenta la perfection
de la machine hydraulique, dont, par la nature du terrain , on
avoit été obligé de placer les roues et les tirans sur la direction
de onze heures.

C'étoit la forme extérieure de la montagne aux environs de
la halde n°. 7 , qui avoit fait présumer que plusieurs filons de
différentes directions pouvoient s'y réunir. L'évènement qui a
justifié cette conjecture , ajoute beaucoup à la certitude des
connoissances de l'intérieur des montagnes , et fait espérer qu'on
pourra découvrir des minérais sur ce point à une plus grande
profondeur. Il paroît que la galerie profonde de Gédéon a été
poussée autrefois jusqu'au puits n°. 8 , et que le puits dont fait
mention le mémoire ancien coté D , que j'ai cité , est le même
puits n°. 8. Si , d'un côté, ces circonstances sont utiles à l'entre
prise , elles sont, de l'autre, au désavantage du devis.

Le terme de l'entreprise étoit borné au point de la halde n°. 7 ,
conformément au devis ; à présent ce terme s'étend jusqu'à la
halde n°. 8, et pour y arriver, il faut que l'assemblage des tirans
de la machine hydraulique ait trois cents trente-deux lachter
de longueur , au lieu des deux cents cinquante lachter fixés ,
c'est-à-dire quatre-vingt lachter de plus qu'il n'avoit été arrêté :
il faut aussi que la galerie profonde de Gédéon soit continuée
jusqu'au point n°. 8, c'est-à-dire cent lachter de plus qu'elle n'avoit
été fixée par le devis ; il faut encore que le puits n°. 8 soit plus
profond que celui qu'on se proposoit de faire au n°. 7, de toute
la hauteur qu'il y a depuis le jour jusqu'au canal n°. 7 ; c'est-à-dire

onze lachter de plus que le devis ne l'avoit porté ; enfin, il a fallu vider la galerie supérieure n°. 7 , de cent vingt-cinq lachter trois quarts de longueur ; ce qu'on n'avoit pas supposé dans le plan. Tous ces articles sont des objets importans, qui exigent plus d'argent et de temps.

Heureusement il est très-probable qu'il résultera de ces inconvéniens, qui ont d'abord coûté plus de temps et d'argent, des avantages qui épargneront l'un et l'autre. On va se convaincre que l'entreprise pourra être exécutée sans un plus grand capital, et même quelques années plus tôt qu'on ne l'avoit arrêté dans le plan.

Le conduit d'eau fut relevé avant la fin de la première année, jusqu'au puits n°. 8 , sur une longueur de cent neuf lachter un quart , et même seize lachter un huitième au-delà de ce puits ; et on le revêtit de maçonnerie jusqu'à dix-huit lachter de son embouchure. Le puits n°. 8 a été vidé jusqu'à ce conduit, une partie en a été élargie, et l'on a commencé à en murer une autre. La construction de la machine hydraulique a été commencée au mois d'avril, et achevée à la fin de Septembre, ou du moins la plus grande partie en étoit faite.

Pendant cette construction, on a eu le bonheur de trouver dans la galerie d'écoulement n°. 7 , des eaux très-considérables et continuelles, qui, réunies à celles qui coulent dans la gorge ⊙, suivant la carte, ont suffi pour faire jouer la machine hydraulique. Ainsi on n'a eu besoin que de conduire le canal pour les eaux de cette machine, depuis ⊙ jusqu'à la chambre de la roue n°. 38, et un autre canal très-peu considérable , depuis le n°. 37 jusqu'à l'embouchure de la galerie n°. 7 , ce qui a épargné beaucoup de dépenses ; on peut donc à l'avenir compter sur des eaux continuelles.

Je passe maintenant à la comparaison de toutes les sommes qui ont été demandées pour l'entreprise , et de celles qui y ont été employées dans la première année.

ÉTAT

É T A T

De toutes les sommes fixées pour l'Entreprise.

	Rixd.	gr.	Pf.	ou	livres.	S.	D.
1.) 300 lachter de rétablissement de la galerie profonde de Gédéon	600	—	—		2332	4	
2.) 150 lachter dont la galerie doit être poussée dans le roc jusqu'au point n°. 7	3000	—	—		11661		
3.) Pour creuser le puits à 43 lachter dans la halde n°. 7.	2150	—	—		8357	1	
4.) Pour construire la machine hydraulique, avec 250 lachter de tirans	2386	—	—		9274	7	6
5.) Pour les chefs d'ouvriers de cet ouvrage, les droits de l'Electeur et de l'Intendant des mines	1200	—	—		4664	8	

6.) Pour les ouvrages extraordinaires, pour lesquels il a été fixé :

I.) Dans la prolongation de la galerie profonde de Gédéon

    a.) Pour le rétablissement d'un ancien puits au dessous de cette galerie.

    b.) Pour la construction d'une trompe.

    c.) Pour des recherches sur quelques filons traversant le filon de sainte Elisabeth.

II.) Dans l'excavation du puits de la machine hydraulique.

    a.) Pour vider un canal dans le tas de décombres jusqu'au puits dans la halde n°. 7.

    b.) Pour rechercher le filon depuis le puits à différentes profondeurs, par des extensions.

Pour tous ces objets . 800 rixd. ou 3109 ^{tt} 12 ^{s}

Plus, pour les événemens qu'on ne sauroit prévoir, et pour compléter les 11000 rixdaler exigés pour toute l'entreprise 864 rixd. ou 3358 ^{tt} 7 ^{s} 3 ^{d}

	Rixd.	gr.	Pf.	ou	livres.	S.	D.
Ainsi, pour tous les ouvrages extraordinaires et non prévus	1664	—	—		6467	19	3
Somme totale	11000	—	—		42756	19	9
En soustrayant les dépenses de la première année montant à	4619	18	5¼		17956	8	
Il reste encore à employer à l'entreprise	6380	5	6¼		24800	11	9

X x.

É T A T

De l'argent employé durant la première année de l'Entreprise.

	Rixd.	gr.	Pf.	ou	livres.	S.	D.
1.) Pour relever à 300 lachter la galerie de Gédéon . . .	877	20	2		3412	3	
2.) Pour pousser encore cette galerie à 150 lachter dans le roc vif, jusqu'à la halde n°. 7.							
Cet ouvrage n'a pas eu lieu, parce que la galerie a ci-devant été percée plus loin, et qu'on est encore occupé à la relever.							
3.) Pour vider le puits de la machine jusqu'au canal, et l'élargir dans la distance de 6 lachter	279	18	7		1087	12	6
4.) Pour construire la machine avec 332 lachter de tirans .	2365	2	1		9192	18	
5.) Pour les Inspecteurs, les droits de l'Electeur et de l'Intendance des mines	454	6	$\frac{1}{4}$		1764	17	6

6.) Pour les ouvrages extraordinaires, savoir :

  I.) Dans l'exploitation de la galerie de Gédéon.

    A.) Objets prévus et marqués dans le projet de l'entreprise.

      a.) Rétablissement d'un ancien puits. Celui-ci n'a pas encore été trouvé.

      b.) La construction d'une trompe . . . . . 28 rixd. 11 gros 6 pf.

      c.) Recherche de quelques filons qui croisent celui de sainte-Elisabeth 10

    B.) Objets non prévus, et non évalués dans le premier projet.

      d.) Tuyaux pour les porte-vents de la trompe . 38   6   4

      e.) Pour murer la galerie et en couvrir une partie 28   9   6

      f.) Pour creuser un puits d'airage et y placer la machine à air ou trompe. 11   18

Somme . . . 116 rixd. 21 gros 4 pf.

N B. On n'a pû prévoir de toute cette dépense que celle de 38 rixd. 6 gros 4 pf.

  II.) Approfondissement du puits de la machine hydraulique.

    A.) Objets prévus et marqués dans le projet

      a.) Pour vider et conduire une galerie supérieure depuis n°. 7. jusqu'à n°. 8. . . . . . 459 rixd. 23 gros 3 pf.

      On n'avoit pas compté que cette galerie dût être nettoyée et rétablie dans une si grande distance, et que, par conséquent, elle exigeroit une dépense si considérable.

    B.) De même il n'a pas été prévu, et on a oublié dans le projet :

      b.) Pour la maçonnerie dans le puits de la machine hydraulique 29   23

      c.) Pour le hangard fait sur ce puits et le magasin du bois 36

Somme. . . . 642 rixd. 19 gros 7 pf.

N B. De laquelle somme on pouvoit à peine en prévoir 100 rixdaler.

	Rixd.	gr.	Pf.	ou	livres.	S.	D.
Tous les articles de ce chapitre des ouvrages extraordinaires et non prévus, montent à	642	19	7		2499	7	
Somme totale	4619	18	5 $\frac{1}{4}$		17956	8	

Ce tableau de comparaison donne lieu aux observations suivantes :

N°. 1.) Dans le devis fait sur les travaux de la galerie profonde de Gédéon, on s'est trompé de près du tiers. Chacun des lachter de cet ouvrage revient à trois rixdaler, au lieu de deux auxquels on les avoit fixés dans le projet. Le grand éboulement qu'on trouva au cent quarantième lachter a causé cette erreur ; mais cette augmentation de dépense a été compensée par l'économie du temps. Le travail des trois cents lachter, fait pour déblayer la galerie, avoit été fixé à deux années, tandis qu'il a été exécuté en une : on a donc autant gagné par cette diminution de temps, seulement en frais de direction, que ce travail a occasionné de dépenses de plus, dans cette année de son exécution.

N°. 2.) Il n'a encore rien pu se présenter ici, et il est très-vraisemblable que rien ne paroîtra jusqu'au puits n°. 8 : car, d'après tous les indices, on peut s'attendre que la galerie profonde de Gédéon avoit déja été poussée jusqu'à ce point, et que par conséquent il ne reste plus qu'à la relever jusque-là. La comparaison des mémoires C et D, pages 143 et 144, et la quantité d'eaux qu'il y a encore à la tête actuelle des travaux de la galerie, rendent ceci très-probable. Si cette conjecture se réalise, comme celle qui a fait prévoir que la galerie profonde de Gédéon pouvoit bien avoir trois cents lachter de longueur, l'entreprise coûtera moins d'argent, et sera terminée en moins de temps qu'on n'en avoit demandé dans le projet.

N°. 3.) Il n'y a rien à dire au sujet des frais que le puits de la machine à coûté jusqu'ici, ni par rapport à ceux qu'il occasionnera, jusqu'à ce qu'il soit entièrement achevé, depuis l'extérieur de la montagne, jusqu'à la galerie d'écoulement supérieure : il faut considérer ces objets comme des dépenses extraordinaires, qu'il n'étoit pas possible de prévoir dans le plan, et qui n'ont été occasionnées que parce qu'on n'a pas trouvé dans la halde n°. 7, comme on l'avoit présumé, mais seulement dans la halde n°. 8, l'ancien puits qu'on destinoit pour établir la machine hydraulique.

N°. 4.) On n'auroit pas surpassé l'estimation de la construction de la machine hydraulique, si, par la circonstance qui fit que le puits ne se trouva que dans la Halde n°. 8, l'assemblage de tirans n'eût pas eu besoin d'être plus long de quatre-vingt-deux lachter, qu'on ne l'avoit fixé d'abord.

N°. 5.) Les frais de direction de cette année paroissent monter trop haut, pour qu'on puisse espérer de faire face à tout, avec les 1200 rixdaler fixés pour cet article : cependant il faut remarquer que dans cette année, les dépenses occasionnées par la concession, la confection des plans, et mille autres objets qui n'auront plus lieu à l'avenir, ont dû entrer dans cet article. Le un pour cent de presque la moitié de la somme souscrite, a également été donné ; cette dépense diminuera aussi beaucoup les années suivantes, parce que pendant la première, il a fallu employer la plus forte somme pour construire la machine hydraulique.

N°. 6.) Quelque inattendues et quelque considérables que soient les dépenses faites la première année pour les travaux extraor-dinaires, elles n'ont cependant pas emporté la moitié de la somme destinée à cet objet ; ainsi il en reste encore assez pour l'avenir.

Il est inutile d'observer que tout ce qui a été exécuté dans la galerie profonde de Gédéon, et ce qui y a rapport pendant cette première année, n'auroit pu se faire, ni pour la même somme, ni dans le même temps, si l'on avoit manqué d'argent. Il ne faut, pour s'en convaincre, que comparer ce qui a été exécuté dans cette entreprise pendant une seule année, avec les ouvrages faits d'une autre entreprise de mines dans le même temps. La différence qu'on trouvera d'abord en fera bientôt appercevoir la raison : l'ouvrage va infiniment mieux lorsqu'on paie comptant (1), et c'est à celui qui a l'inspection sur les

---

(1) Toutes les personnes qui connoissent les entreprises, savent combien il est important de payer comptant les ouvriers qu'on emploie. Un grand nombre de nos concessionnaires

ouvriers

ouvriers, à les encourager à redoubler d'ardeur, en leur donnant des éloges, des prix et diverses petites récompenses.

Mais à quoi servent les devis dans les mines? S'il arrive qu'il y ait quelque différence dans quelques-unes de leurs parties, ces différences peuvent se compenser, et l'ensemble peut demeurer juste, comme l'évènement l'a prouvé dans la circonstance présente. Falloit-il rejeter le point favorable du puits de la machine n°. 8, et s'attacher opiniâtrément à celui du n°. 7? S'en tenir ponctuellement aux conditions du devis, c'eût été nuire à toute l'entreprise. On peut supporter les erreurs de dépenses qui se glissent dans les devis des mines, pourvu qu'elles ne soient pas excessives, et que l'on n'excède pas le temps déterminé : et si l'on peut en gagner, l'erreur que l'on a faite dans le calcul de l'argent est d'autant plus excusable, qu'avec l'argent même il n'est pas toujours possible d'économiser le temps, objet le plus précieux dans les exploitations.

Les devis sur l'exploitation des mines sont toujours difficiles; ils ne sont jamais fondés que sur des probabilités, et ce n'est pas un des moindres inconvéniens du travail des mines. On peut sortir en quelque sorte de cet embarras, en distribuant les différens ouvrages arrêtés, de manière que si d'un côté on prévoit des difficultés qui soient dans le cas d'augmenter les dépenses, on puisse de l'autre espérer raisonnablement des évènemens qui dédommagent de ce qu'on aura perdu. C'est un principe que j'ai hasardé de suivre dans l'exécution du plan de l'entreprise de Gédéon, et je réussirai peut-être à prouver ici, qu'en procédant de cette manière, on évite au moins d'outre-passer la somme fixée pour toute l'entreprise.

Il ne reste plus qu'à déterminer à-peu-près comment on peut achever l'entreprise avec la somme fixée.

---

mettent leurs directeurs et même les simples mineurs dans le plus grand embarras, par leur négligence à cet égard, et décréditent de plus en plus le travail des mines. Quelques-uns, faute d'argent comptant, paient leurs ouvriers avec la matière brute qu'ils ont extraite des fosse; il en résulte mille inconvéniens qu'il est aisé de sentir. *

1°. Il faut encore pousser la galerie profonde de Gédéon jusqu'au point n°. 8, non pas dans le roc plein, comme on l'avoit porté dans le plan ; mais il s'agit seulement de la relever sur une longueur de deux cents cinquante lachter. On a commis une erreur dans l'évaluation du rétablissement des trois cents lachter, en comptant chaque lachter à 2 rixdaler, puisqu'il revient à un peu moins de 3 ; ainsi on ne doit pas craindre de se tromper en comptant 6 rixdaler pour chaque lachter au-delà des 300 premiers, et en admettant deux années de temps pour ce travail :

	Rixd.	gr.	Pf.	ou	livres.	S.	D.
Ce qui fait	1500	.			5830	10	
2.) Le puits de la machine hydraulique est à creuser jusqu'à la galerie de Gédéon, à 43 lachter en tout ; ce qui ne change rien au premier devis ; et cet ouvrage peut être fait aussi en deux ans . . .	2150				8357	1	
3.) La machine hydraulique peut être achevée à la fin de l'année courante, et alors elle ne montera surement pas à plus de 3000 rixd. ou 11661^{tt} : en tout il faudroit donc encore dépenser pour cet objet .	634	21	11		2467	18	1
4.) Pour deux ans de frais d'inspection, on peut encore compter	600				2332	4	
5.) Il reste donc, pour compléter les 11000 rixd. ou 42756^{tt} 19^d 9$^{\gimel}$, accordés pour toute l'entreprise, et pour les ouvrages extraordinaires, qu'on ne peut pas prévoir .	1495	7	7¾		5812	18	8
Somme à employer	6380	5	6¾		24800	11	9
Somme employée la première année . .	4619	18	5¼		17956	8	
Somme totale	11000		.		42756	19	9

somme pareille à celle qui, dans le plan et devis de toute l'entreprise, a été arrêtée, pour parvenir seulement, et en cinq ans de temps, à la halde n°. 7. Maintenant s'il étoit possible qu'avec la même somme on portât les travaux à cent lachter plus loin, jusqu'au point n°. 8, et qu'on les exécutât en trois ans, on n'auroit pas lieu de se plaindre du devis que nous avons présenté.

A Marienberg, au mois d'Octobre 1776.

SECOND RAPPORT.

Continuation de la galerie profonde de Gédéon, depuis le mois d'octobre 1776, jusques vers la fin de juin 1779.

Depuis le commencement du mois d'octobre 1776, jusque vers la fin du mois de juin 1779, c'est-à-dire, dans l'espace d'environ trente - trois mois, cette entreprise a été continuée avec un bonheur singulier, quoique bien plus lentement que la première année, le payement des fonds ayant été retardé contre toute attente. L'importante entreprise de la galerie profonde de Gédéon n'a donc pu éviter le sort de toutes les mines considérables, qui, dans la première chaleur, sont toujours exploitées avec la plus grande vivacité; qu'on néglige ensuite, à mesure que l'ardeur des actionnaires se refroidit, et qu'on finit même par abandonner. La galerie de Gédéon a éprouvé deux fois cette destinée dans l'espace de deux siècles : car, suivant les mémoires consignés à l'intendance des mines, son exploitation étoit à peine commencée, qu'il y avoit déja en retard soixante actions, dont l'Electeur de Saxe fut conseillé de se charger. Nous ignorons si ce prince suivit ce conseil, et combien de temps le contingent en fut payé régulièrement; mais il paroît, d'après l'état de cette galerie en 1775, décrit dans mon premier rapport du mois d'octobre 1776, et d'après l'entier déblayement de la petite étendue à laquelle elle avoit été poussée; il paroît, dis-je, que malgré son importance, et nonobstant la découverte faite dans son sol en 1571, d'une mine de bismuth, contenant jusqu'à un marc et demi d'argent, on l'abandonna, sans qu'on eût rempli le but essentiel et proposé.

Je croyois avoir saisi les plus sûrs moyens d'éviter les mêmes obstacles dans l'exécution de cette importante entreprise, en exigeant la signature de ceux qui voulurent s'y intéresser; mais ce dernier moyen échoua de même, puisque les actionnaires fournirent à peine des fonds pendant un an et demi. A l'époque de la Trinité de 1777, c'est-à-dire, dès le second quartier de l'année, on fut en arrière de 105 rixdaler ou 398^{tt} 3^{s} ; insensiblement les arrérages augmentèrent au point qu'à la fin de 1778, ils montoient à 624 rixdaler ou 2404^{tt} 14^{s}. Dans cet état des choses, il étoit impossible de continuer les travaux de l'entreprise comme ils avoient été réglés dans le premier plan, ensorte que malgré toute l'activité de l'intendance des mines, le temps et les fonds demandés n'auroient pas suffi, si dans le plan même on n'avoit pas eu égard à ce délai, quoiqu'il fût peu vraisemblable. Rien ne prouvera mieux la proportion des sommes qu'on avoit demandées pour l'entreprise, et de celles qu'on y a employées, qu'un tableau de comparaison, précédé de l'historique du succès que l'entreprise a eu jusqu'ici : c'est à quoi je m'en tiendrai.

Suivant le plan détaillé du 28 Août 1775, l'objet le plus important étoit de pousser la galerie profonde de Gédéon jusqu'aux vingt-unième et vingt-deuxième mesures du filon de Sainte-Elisabeth (n°s. 18 et 19 de la carte), et en général jusqu'aux points anciennement entamés et très-riches de ce filon. Pendant l'exécution de ce travail, on devoit en même temps faire des recherches dans les montagnes qui n'avoient jamais été fouillées que par la galerie profonde de Gédéon, qui pouvoit y avoir passé, ou qui devoit y passer pour arriver aux points susdits, afin d'y découvrir des minérais, dont les produits pussent encore aider à atteindre le but principal.

On se rappellera que dès la première année, il avoit fallu changer quelque chose au plan proposé. La galerie de Gédéon dut être poussée cent lachter au-delà du terme d'abord prescrit, le puits approfondi de onze lachter de plus jusqu'au sol de cette galerie, et les tirans de la machine hydraulique alongés de quatre-vingt-deux lachter. Et comme au lieu du point n°. 7 indiqué, il fallut le porter au point n°. 8, on fut contraint de relever la galerie supérieure à cent lachter plus loin qu'on ne l'avoit jugé nécessaire dans le projet de 1775.

Suivant

Suivant le premier rapport du mois d'octobre 1776, la galerie profonde de Gédéon avoit été relevée à une longueur de trois cents lachter dans la première année, et on pouvoit alors juger, par les grandes eaux qui se montroient toujours à la tête de la galerie, qu'elle devoit avoir été prolongée par les anciens à une longueur considérable, et qu'elle n'avoit besoin que d'être déblayée. Le 20 décembre 1777, on trouva qu'elle avoit été prolongée en tout à quatre cents dix-sept lachter, et l'on vit que l'on avoit bien jugé, d'après les eaux, qu'à partir du trois-centième lachter, la galerie s'étendroit encore loin, quoiqu'on se fût trompé, en lui supposant encore une longueur de trois cents lachter. A l'extrémité de la galerie qu'on venoit d'atteindre, on trouva quelques anciens ustensiles, des marteaux à pointes, ou pointe-rolles, et des outils dont les manches étoient recouverts de stalactites. On vit de la stalactite calcaire blanche (qui est toujours un indice avantageux dans les mines d'argent de l'Erzgebürg) soit sur d'anciens étançons ou solives, soit sur le filon même, au sommet de la galerie en *i* de la carte, et sur plusieurs autres points, planche VIII.

Lorsque l'évacuation de la galerie fut achevée, on trouva, en examinant les choses de près, la foncée (1) marquée dans le mémoire de janvier 1571, dans laquelle on avoit apperçu du bismuth contenant de l'argent. On l'a marquée par un *i* sur la carte. On remarqua sur la paroi de la galerie, environ à douze lachter de cette foncée vers le nord, plusieurs indications qui prouvent que c'est celle dont le mémoire cité fait mention : la date de 1570 s'y trouve gravée en chiffres du seizième siècle.

La variation de la ligne de direction de l'important et principal filon de Sainte-Elisabeth est singulière. Au pied de la montagne, ce filon est sur huit et neuf heures, tandis qu'au sommet, dans les vingt-unième et vingt-deuxième mesures

____

(1) Voyez ma note, page 154 *.

Z z

(N°s. 18 et 19 de la carte VIII), et au-delà, à travers toutes les attaques, sa direction se trouve sur les dix et onze heures. Si la foncée dont nous venons de parler est en effet sur le filon de Sainte-Elisabeth, et qu'en conséquence celui sur lequel la galerie profonde de Gédéon a été prolongée depuis son embouchure, soit le même, comme nos ancêtres semblent l'avoir présumé, l'étrange variation de direction que nous venons de faire remarquer, ne pourroit s'expliquer que par le rapport que les filons ont avec la forme extérieure des montagnes; rapport souvent conjecturé, mais rarement constaté par des observations. Il consiste en ce que *les filons ont ordinairement leur ligne de direction dans le même sens que les gorges et vallons doux extérieurs, au dessous desquels ils résident et s'étendent.*

En 1778, l'on poursuivit la galerie dans le rocher, et l'on continua sur-tout le puits, mais seulement autant que le permirent les sommes qui avoient été fournies, et la disette d'eau qui se faisoit sentir de temps en temps. Cette dernière cause, empêchant quelquefois la machine de jouer, ralentit le travail du puits, et retarda pareillement celui de la galerie, faute d'une quantité suffisante d'eau pour la trompe qui servoit à l'aérer. Jusqu'à la fin du mois de mars, la galerie ne fut avancée que de treize lachter dans le rocher, et le puits ne fut approfondi que de trente-un lachter, c'est-à-dire de vingt-cinq lachter de plus, depuis le premier rapport du mois d'octobre 1776. Dans la poursuite du puits, le filon changea de direction et d'inclinaison, ce qui arrive toujours quand plusieurs filons se croisent, ou qu'ils commencent à contenir du minérai. En voulant suivre le filon, on fut forcé de changer la direction du puits, et de mettre des bras de balancier à la machine hydraulique. S'éloigner du filon et creuser le puits dans la roche transversale, à cause de ce changement de direction et d'inclinaison, c'eût été connoître bien peu les travaux des mines; c'eût été perdre de vue le but principal, qui demande que l'on continue les travaux de manière à découvrir du minérai. Or le minérai ne se trouve

que sur les filons, et d'ailleurs la confection de ce puits et son
entretien auroient entraîné de grands frais. Il est certain que les
machines deviendroient plus simples, et qu'il seroit bien plus
commode d'exploiter les mines, si les puits et les galeries pouvoient toujours être continués suivant des lignes droites non
interrompues ; mais pour cela, il faudroit que les filons s'éten-
dissent et s'inclinassent avec la même régularité, même dans les
points où ils se croisent ou donnent du minérai, ce que la
nature n'offre nulle part. Il n'y a que deux voies à prendre dans
une pareille circonstance : ou il ne faut pas avoir égard à l'inclinaison et à la direction des filons dans la disposition des galeries
et des puits, mais les prolonger en ligne droite à travers la
roche transversale et les filons, sans faire attention aux points
de minérais, et sans s'attacher à la loi de les arracher tout
entiers, ce qui pourtant est le but de tout le travail des mines,
seulement pour gagner de l'aisance dans l'établissement des
machines et de tout ce qui y a rapport ; ou bien il faut suivre les
filons avec tous les travaux et disposer plutôt les machines suivant
la constitution des filons. Ce dernier moyen, sans contredit le
plus parfait et le plus naturel, est aussi devenu la première règle
de l'exploitation des mines (1) : on n'a pas dû s'en écarter dans
le travail important de la galerie profonde de Gédéon, par rapport
à la disposition du puits qui doit servir à l'extraction des eaux,
et à celle des autres matières. En employant à propos les ressources de la mécanique, lorsqu'on aura besoin de ce puits
pour extraire les déblais et les minérais, le coude occasionné
par les différentes inclinaisons du filon, n'y donnera que peu
ou point d'embarras.

Outre les changemens de direction et d'inclinaison, le filon
montroit plus bas dans le puits, et presque de lachter en lachter,
diverses de ces variations que l'on remarque lorsque les filons
commencent à donner du minérai. Il consistoit au jour en plu-

_____

(1) Au moins dans les montagnes pareilles à celles de la Saxe. (Note de M. de Trébra.)

sieurs veines, qui bientôt se réunirent en un seul filon : il se resserra et devint plus étroit ; il prit une inclinaison plus oblique, et le grain du rocher qui le renferme étoit plus fin qu'au jour : les crevasses, les fissures et les séparations de couches de ce rocher se trouvoient remplies d'une moëlle de pierre verdâtre et jaunâtre ; autant d'indications qui font espérer qu'on pourra découvrir aussi des minérais sur ce point du filon, en continuant d'approfondir le puits.

En poussant la galerie il ne se présenta aucun changement essentiel. Le filon toujours puissant, étoit composé de spath couleur de chair, et fournissoit beaucoup d'eau, comme cela devoit être, parce que la galerie étoit alors prolongée au dessous du vallon, où, suivant le plan principal, il se trouve de fortes sources. En général, il ne paroîtra pas étrange à un mineur qu'on ait trouvé une grande quantité d'eau dans les points du filon de la galerie de Gédéon, à l'entaille actuelle de cette galerie et au puits de la machine. On peut actuellement regarder, avec toute la vraisemblance possible, ce filon comme étant le même que celui de Sainte-Elisabeth. Comme filon principal, il est fort épais ; de plus il est caverneux, et les deux points compris dans le travail sont au pied d'une montagne très-étendue et très-élevée, dans la partie supérieure de laquelle ce filon a déja été fortement exploité ; d'où il résulte que toutes les eaux qui circulent dans la montagne doivent pousser et se porter sur les points de sa base. Quelles que soient les difficultés que ces grandes eaux puissent faire naître à la tête de la galerie et dans le puits, il ne faut pas les craindre, parce qu'elles prouvent qu'une grande quantité d'eaux circule dans ces montagnes ; et il n'est pas de mineurs à qui elle ne donnât l'espoir d'y découvrir plusieurs riches points de minérais, » qui, s'ils ne se rencontrent pas toujours à » l'endroit où est la plus grande affluence des eaux, se trouvent » cependant dans leur voisinage, et jamais sans eau. Nous en » donnerons bientôt la preuve «.

A quatre-vingt-six lachter de l'entaille ou de la tête de la galerie,

ou

ou à trois cents quarante lachter de l'embouchure , (au signe ⚎ de la carte VIII) le maître mineur avoit remarqué , au faîte de la galerie, sur le filon , quelques druses de spath couleur de chair, d'un aspect flatteur (1) ; il en détacha , à la fin de janvier de cette année, quelques morceaux , et trouva que plus haut les gangues du filon s'amélioroient. Cette circonstance le détermina à pénétrer davantage encore dans la hauteur , d'où il détacha quelques morceaux de pyrite hépatique. Cette pyrite donna à l'épreuve depuis un marc jusqu'à un marc et demi d'argent au quintal. Comme ces sortes de pyrites se trouvent dans ces montagnes, à côté des plus riches mines d'argent, il fut ordonné au maître mineur et au contrôleur de continuer ce travail en montant, avec le peu d'ouvriers qu'on avoit pu conserver encore , parce que les fonds qui devoient être avancés manquoient. En exécutant cet ordre, on découvrit d'abord du cobalt et du kupfernickel qui ne contenoient point d'argent ; mais peu de temps après on rencontra de la mine de cobalt tricotée (ou plutôt de la pyrite arsenicale), et immédiatement après ces demi-métaux qui étoient toujours d'un heureux présage , on trouva de l'argent vierge capillaire.

Il seroit inutile de m'étendre davantage sur les détails de ces découvertes : seulement j'ajouterai que de ces minérais, dont la plus grande partie consistoit en argent natif, on a retiré jusqu'à la fin de mars, dix-sept marcs cinq onces quatre gros trois grains, qui ont été envoyés aux fonderies de Freyberg pendant le second quartier, appelé celui de la Trinité, et ont été portés en recette dans le même quartier. Ce secours étoit très-nécessaire, si l'on vouloit poursuivre les grands objets de la galerie

---

(1) S'il est possible d'expliquer ce qu'on entend par roche d'un aspect flatteur, je dirai qu'on donne ce nom aux matières qui accompagnent les minérais, ou qui se trouvent dans leur voisinage. Les mélanges de spath et d'argile colorée, de médiocre dureté, qui proviennent visiblement d'une décomposition, puis d'une réunion, ont reçu du mineur Saxon le nom de gangues amicales, douces, d'un aspect flatteur, en opposition aux gangues très-dures, très-compactes, non colorées, qu'il a appelées sauvages. Chaque filon a ses gangues particulières, auxquelles on peut appliquer l'un ou l'autre nom. (Note de M. de Trébra.)

A a a

profonde de Gédéon : car, sur la fin de l'année 1778, les avances ne se percevant que difficilement, l'exploitation avoit une dette, à la vérité peu considérable. On ne pouvoit pas déterminer quelles avances on recevroit encore pour le premier quartier de 1779; et le payement des ouvriers n'étant plus assuré, il n'y avoit qu'un petit nombre de ceux-ci qui travaillât dans la mine. Ainsi tous les travaux de la galerie profonde de Gédéon alloient cesser de nouveau, et cette importante entreprise n'auroit pas tardé à être entièrement abandonnée ; mais la découverte des minérais donna quelques fonds, et produisit un bien encore plus précieux ; celui d'engager les actionnaires à mieux payer leur contingent.

Dans le second quartier, les recherches sur le point de minérai nouvellement découvert furent d'abord continuées, avec deux personnes seulement, ensuite avec un plus grand nombre; afin d'obtenir, s'il étoit possible, une recette, au moyen de laquelle toute l'entreprise, sans exiger beaucoup de fonds de la compagnie, auroit pu être continuée avec plus de vigueur que jusqu'alors, ou du moins afin d'acquérir des connoissances certaines de la nature du filon de cette partie de montagne qui n'a jamais été fouillée. On a complétement atteint ce dernier but; le premier n'a pas été tout-à-fait rempli. Par cette augmentation de travail au point de minérai découvert, on a, à la vérité, extrait une livraison de minérai égale à la première; mais ce n'est pas, à beaucoup près, ce qu'on desiroit. Quant à la nature du filon, voici la certitude qu'on en a acquise, si toutefois l'expérience faite sur un seul point peut suffire.

Ces minérais, comme tous ceux des métaux nobles, ne sont jamais constans. Un jour ils se perdent entièrement, et se retrouvent le suivant.

A l'endroit où ce filon contient de la mine, on n'y trouve autre chose que du minérai d'argent le plus riche qui est presque de l'argent vierge.

Les minérais sont mélangés, comme dans presque toutes

les fosses du canton de Marienberg, avec du cobalt, du nickel, de la pyrite arsenicale tricotée, et des pyrites hépatiques : ces deux dernières espèces contiennent de l'argent, tandis que les premières n'en contiennent point, à moins que ce ne soit de l'argent vierge.

Les gangues qui sont auprès des minérais, et qui les environnent, sont du spath pesant rougeâtre, et du spath fusible coloré, sur-tout en bleu.

Les stalactites calcaires paroissent être aussi des indices avantageux dans ces montagnes : car, depuis environ douze lachter, l'ancien puits, marqué i sur la carte, vers le nord, où, suivant le mémoire du 16 janvier 1571, on trouva du bismuth contenant un marc et demi d'argent au quintal, les stalactites calcaires commencent à se montrer, et il s'en trouve encore dans une vingtaine de lachter du travail en montant, près ⊄ sur la carte.

Il seroit fort inutile de comparer ici ces découvertes avec celles qu'on avoit regardées comme probables dans le plan de l'entreprise : la simple confrontation prouvera combien les probabilités, fondées sur de bons motifs, se sont pour cette fois heureusement trouvées conformes à la plus exacte vérité. Je dirai seulement que par la découverte du minérai dans la galerie profonde de Gédéon, nous avons acquis une nouvelle preuve de cette théorie, déja constatée par plusieurs observations : que dans les gorges douces qui partant de vallons plus profonds, s'élèvent dans les montagnes, les filons sont pour la plupart nobles. Depuis l'embouchure de la galerie de Gédéon, A a, s'étend une vallée douce jusqu'au puits de la machine n°. 8, et delà, plus loin vers le midi et le levant, cette vallée s'élève fortement avec les montagnes très-rapides qui la bordent jusqu'auprès de la halde n°. 5, d'où elle s'adoucit beaucoup, jusques en B b, point auquel elle se perd dans la vallée où est situé le puits de la machine. C'est à l'extrémité de cette vallée si peu profonde qu'est situé l'ouvrage ascendant nouvellement entrepris, marqué ⊄ au plan ; et à l'endroit où elle commence à perdre sa rapidité, se trouve près *i* l'ancien puits. Pour mieux déterminer ce qu'on doit entendre par l'expression encore fort équivoque de vallée douce, j'ai fait faire des plans, qui, dans les figures 1, 2, 3, 4 de la carte B, offrent la forme des vallées et des vallons dans la contrée où le filon de Sainte-Elisabeth est actuellement exploité.

Il se pourroit que l'entreprise inspirât quelque défiance, parce que les minérais qui viennent d'être découverts dans le filon de Sainte-Elisabeth, au sommet de la galerie de Gédéon, ne se soutiennent pas sans interruption, et qu'il paroissent et disparoissent alternativement; mais cela ne peut pas être autrement dans les mines nobles, et même cela étoit ainsi au filon de Sainte-Elisabeth dans les temps précédens, comme le prouve le mémoire du 12 septembre 1566. Cependant le filon de Sainte-Elisabeth, qui a la même constitution, donna, depuis 1549 jusqu'à 1598, plus de 300,000 rixdaler de bénéfice, ou 1,165,110^{tt}. Dans les points non exploités, où on vient de découvrir du minérai, et dont la première livraison est déja faite, ce filon peut en produire autant à l'avenir, qu'il en a donné autrefois dans les points qui avoient été exploités à une profondeur considérable. Cette livraison montant, avec celle qui est sur le point d'être faite, à près de trente marcs d'argent, est un sûr garant qu'il ne s'agit pas ici de fausses apparences, ni de charlatanisme.

J'ajoute à ces détails deux échantillons de ces minérais découverts, tels que je les ai trouvés moi-même dans une visite du 21 juin, dans la galerie profonde de Gédéon. L'un est de l'argent natif, et pèse une once trois seizièmes, ressemblant extérieurement à une druse de pyrite, sur laquelle s'est formé de l'argent capillaire. Le poids de l'autre est de cinq livres dix onces; il est composé de spath pesant, rougeâtre, en feuilles déliées, et de spath fusible bleu, avec du cobalt. On y voit aussi çà et là de l'argent vierge capillaire appliqué par-dessus; preuve manifeste de la beauté rare du filon. Avec des gangues aussi avantageuses, on doit s'attendre à en retirer par la suite le même produit qu'il a donné autrefois.

Quoique

Quoique les volumes de ces échantillons ne soient pas les mêmes que ceux dont il est parlé dans le mémoire de l'année 1560, leur intérieur n'en est pas moins de la nature de ceux-ci; j'en fais même plus de cas, parce qu'ils sont les premiers échantillons d'une montagne qui n'a jamais été exploitée, et qu'ils offrent en même temps le moyen d'accélérer la continuation d'une galerie, qui relèvera un jour toutes les mines de Marienberg.

On voit clairement, par le tableau de comparaison qui est à la fin de ce rapport, que, malgré les événemens auxquels on s'attendoit le moins, et qui, si l'on en excepte un seul, exigent toujours plus de dépenses, le devis contenu dans le plan du 28 Août 1775, a été parfaitement exécuté, et qu'on a même économisé quelque chose sur la somme demandée. Ce qui pourroit par la suite faire l'avantage de la compagnie, seroit:

Que pour avancer le puits de la machine hydraulique, et pour pousser la galerie profonde de Gédéon jusqu'à ce puits, elle employât encore le reste du capital exigé pour l'entreprise;

Qu'elle demandât des avances de la caisse destinée à la recherche des mines dans le canton de Marienberg, afin de suppléer à ce qui lui manqueroit encore pour atteindre entièrement son but; ou du moins, qu'elle mît en usage des moyens convenables pour y parvenir. L'intendance des mines en a déja fait la demande, non pas dans la seule vue de procurer des secours à la compagnie, mais aussi pour exempter plus promptement les actionnaires des mines importantes du canton de Marienberg eux-mêmes, du quatrième denier, et les avertir par-là que leur propre avantage exigeroit qu'on avançât la galerie profonde de Gédéon

Qu'en continuant les travaux pour atteindre ces buts principaux, et avant même qu'ils fussent atteints, les intéressés suivissent le filon depuis le nouveau travail ascendant, ⅀ sur la carte, jusqu'à l'ancien puits, seulement dans le sommet de la galerie; qu'ils fissent pareillement vider l'ancienne foncée même,

B b b

parce que, dans cette distance, il peut encore y avoir plusieurs points nobles dans le filon, et parce qu'il est possible de découvrir bientôt de nouvelles traces de minérais dans l'ancien puits;

Enfin, qu'on cessât toutes les exploitations en forme sur le minérai, soit au sol, soit dans le sommet des travaux, jusqu'à ce que le puits de la machine et la galerie profonde se communiquassent; parce que non-seulement la machine hydraulique actuellement construite pour approfondir le puits, peut être employée aux travaux de recherche dans le sol, mais encore parce qu'alors on ne manquera plus d'air dans la galerie, et parce que le transport des déblais ne sera plus si coûteux, puisqu'il se féra par la galerie, qui a plus de quatre cents lachter de longueur.

Des observations adressées à l'intendance des mines feront connoître la volonté de la compagnie sur ces projets, pour lesquels je ne puis former qu'un seul vœu. C'est que la Providence daigne répandre sa bénédiction sur les travaux qu'on pourra faire à l'avenir dans la galerie profonde de Gédéon.

A Marienberg, dans le mois de mai 1779.

ÉTAT

Des sommes fixées pour l'Entreprise.

	Rixd.	gr.	Pf.	ou	Livres.	S.	D.
1.) Pour prolonger la galerie profonde de Gédéon à 450 lachter, depuis l'embouchure jusqu'à la halde n°. 7 du plan, on a compté sur 300 lachter, à deux rixd. chacun et sur 150 lachter dans le rocher à 20 rixdaler chacun, en somme.	3600				13993	4	
2.) Pour creuser à 43 lachter le puits de la machine hydraulique dans la halde, n°. 7	2150				8357	1	
Somme de ces ouvrages 5750 rixd. ou 22350 ^{tt} 5 ^{s}							
3.) Pour construire la machine avec 250 lachter de tirans . . .	2386				9274	7	8
4.) Pour le service des officiers, leurs gages, les droits de l'Electeur et de l'Intendance des mines . .	1200				4664	8	
Pour tous les ouvrages extérieurs, et ceux qui n'ont pu être prévus	1664				6467	19	1
Somme	11000				42756	19	9
Déduisant la somme déja employée et celle qu'il convient encore de dépenser d'après le tableau suivant	10738	6	2 ½		41739	12	
On aura donc épargné sur la somme portée par le projet	261	17	9 ½		1017	7	9

ÉTAT

Des sommes qui ont déja été employées à tous les ouvrages, et de celles qui doivent encore être employées au peu d'ouvrage qui reste à faire.

	Rixd.	gr.	Pf.	ou	livres.	S.	D.
1.) La galerie profonde de Gédéon.							
a.) Prolongée actuellement à 430 lachter, coûte . . 1911 rixd. 23 gros $5\frac{1}{4}$							
b.) 20 lachter à percer encore dans tout le rocher, jusqu'à la Halde n°. 7, à 23 rixd. 8 gros le lachter 466 16							
En somme	2378	15	$5\frac{1}{4}$		9245	15	7
450 lachter en tout							
2.) Le puits de la machine déja creusé							
à 31 lachter . . . . . 1708 5 2.							
Il reste encore à percer dans la pierre 12 lachter à 65 rixd. 19 gros 1 pf. le lachter . 789 13							
En somme.	2497	18	2		9708	15	6
43 lachter en tout.							
Somme de ces deux ouvrages 4876 rixd. 9 $7\frac{1}{4}$ ou 18954 ^{tt} 11 ^{s} 1 δ							
3.) Pour construire la machine avec 332 lachter de tirans, ce qui fait 82 lachter de tirans de plus, somme . . .	3190	15	$\frac{1}{2}$		12402	3	8
4.) Pour l'inspection de la mine, savoir :							
Pour 14 quartiers . . . . 1208 rixd. 7 gros $9\frac{1}{4}$.							
Et pour 4 autres quartiers . . 345 5 8.							
Somme	1553	13	$5\frac{3}{4}$		6038	7	9
5.) Pour les travaux extraordinaires et non prévus, tels que,							
1.) 804 rixd. 15 gros $\frac{1}{2}$ pour les 82 lachter de tirans de plus qu'on n'avoit prévu. Laquelle somme a été comprise sous le n°. 3, et ne doit pas entrer ici en compte.							
2.) Pour suivre les traces de minérais découverts au sommet de la galerie, dont on a livré à la fonderie 17 marcs 5 onces 7 gros de minérai .	34	22	10		135	17	3
3.) Pour murer 6 lachter du puits de la machine	252	13	9		981	14	7
4.) Pour vider la galerie supérieure, la murer en partie, y placer des chenaux, et y pratiquer un soupirail et le murer	645	14	2		2509	10	7
5.) Les tuyaux de la trompe pour y introduire de l'air	69	22	4		271	16	3
6.) Les autres dépenses du précédent extrait, depuis le mois d'octobre 1776, fixées et déja employées, le mur, le ventilateur, &c. . .	114	15			445	10	10
Somme de ce qu'ont coûté les travaux extraordinaires, y compris les 804 rixd. 15 gros $\frac{1}{2}$ ci-dessus 1922 rixd. 7 gros 1 pf. ou 7471 ^{tt} 19 ^{s} 3 δ							
Somme de toutes les dépenses faites et à faire pour achever les ouvrages projetés, dans l'espace d'un an	10738	6	$2\frac{1}{2}$		41739	12	

EXEMPLES.

EXEMPLES

D'ÉCONOMIE

ET

D'AUGMENTATION DE PRODUIT,

DANS

L'EXPLOITATION DES MINES.

Ccc

INTRODUCTION.

Je composai le traité suivant en 1778, après avoir rassemblé
par des préliminaires en partie très-étendus, les résultats certains qu'il contient. Sur la fin de 1767 je devins Bergmeister (1)
ou directeur des mines du canton de Marienberg. Je trouvai
que l'exploitation des mines de ce canton, qui avoit donné de
grands bénéfices, et produit de très-grosses sommes d'argent dans
les premiers temps, étoit considérablement tombée; je m'efforçai
de tout mon pouvoir de la remettre en vigueur. Pour atteindre ce
but difficile, il me fallut employer différens moyens, de la réussite
desquels je ne pouvois acquérir la certitude qu'après plusieurs
années d'observations. Je commençai donc ces observations en
1778, pour mon instruction particulière, et avec l'exacte impar-
tialité qu'on a toujours en pareil cas. Dans la suite, les circonstances me forcèrent de faire connoître à mes supérieurs quelques-
uns des moyens que j'avois employés pendant mon service, pour
rendre à l'exploitation sa vigueur première. Je le fis par un extrait
de mes observations les plus essentielles, dont ce traité est
composé.

La conclusion du même traité et le tableau que j'ai joint de
l'argent qu'on a retiré des mines de Marienberg, prouvent qu'il
est possible de porter fort loin, en peu de temps, l'exploitation
des mines. Je n'y ai employé que des moyens très-simples, mais
ils ont été suivis avec beaucoup d'activité; et en m'appliquant
principalement à donner aux travaux souterrains toute la régularité possible, je me suis ouvert des chemins pour examiner
parfaitement de tous côtés les montagnes que j'avois sous les

---

(1) Le mot de Bergmeister désigne le directeur-général des mines de chaque canton, ou
le chef ou président de chaque conseil de mines *.

yeux. Je ne dois les résultats que j'ai obtenus, ni à la baguette divinatoire, ni au hasard, mais uniquement aux principes que j'ai indiqués dans les lettres précédentes sur la nature de l'intérieur des montagnes, et que j'ai trouvés si bien constatés par l'heureux succès des travaux de Marienberg.

Toutes les fosses de Marienberg, d'où l'on a extrait l'argent dont il est question dans le tableau, étoient situées dans des vallons doux, dans des pentes douces qui se prolongeoient vers de profondes vallées, ou enfin dans le point inférieur d'un vallon, qui, commençant dans une vallée profonde, s'étendoit jusqu'au sommet de la montagne.

Toutes les fois que les montagnes avoient cette forme extérieure, les points de minérais se trouvoient à la réunion de plusieurs filons, soit directement dans les points d'intersection, soit très-proche deux, dans l'un des deux filons y aboutissans. En avouant que ces spéculations ne m'ont pas toujours fait découvrir des minérais en assez grande quantité pour que j'obtinsse tout de suite des bénéfices considérables ; je dois me féliciter pourtant de ce qu'elles m'en ont toujours fait trouver dans les lieux où j'en cherchois. Ce point est déja très-important; peut-être qu'en suivant la même route, d'autres auront l'avantage encore plus précieux de découvrir les moyens de déterminer directement les points où les minérais sont rassemblés en masses riches et volumineuses.

J'ai obtenu, dans l'exploitation des mines de Marienberg, des succès très-considérables. Quand je considère les circonstances où je me trouvois, et le péu de temps que j'avois à employer, je me crois autorisé à penser que peu de mineurs, sur-tout dans nos temps modernes, ont eu le même bonheur que moi. Pendant presque un siècle, le produit en argent des mines de Marienberg ne s'est jamais monté à mille marcs par an; souvent même il étoit réduit à quelques cents. Seulement, en 1719, on en retira huit cents six marcs deux onces. Avant moi, quatre-vingt-treize années de suite ne produisirent que deux cents quarante-quatre marcs

l'une

l'une portant l'autre. Au contraire, des onze années que dura mon service à Marienberg, il n'y eut que la première qui ne rapportât pas au dessus de mille marcs. Ces onze années donnèrent la somme moyenne de deux mille deux cents quarante-trois marcs. Ce produit n'étoit pas forcé ; il s'est soutenu au-delà de ce terme, et dure encore aujourd'hui ; car en 1779, la dernière année de mon service en Saxe, on a obtenu mille huit cents quatre-vingt-sept marcs sept onces cinq gros; en 1780, mille sept cents sept marcs sept onces deux gros ; en 1781, mille huit cents quatre-vingt-trois marcs sept onces sept gros; et cela toujours dans les travaux que j'avois établis et poursuivis, d'après les spéculations qui m'avoient si bien servi.

Je ne prétends pas me faire un grand mérite de ces succès. Je ne les attribue qu'à l'idée heureuse que j'ai eue d'approfondir avec fermeté la maxime qui dit : *les minérais riches sont dans les montagnes à pentes douces, où plusieurs filons se rassemblent.* Voilà ce qui a fait l'objet de mon attention dès la première année de mon service ; j'en ai même dit quelque chose dans l'ouvrage que j'ai publié en 1770, sous le titre d'*Explication de la carte des Mines, qui représente la partie la plus importante des Montagnes du canton de Marienberg*, page 117 et 118. Il se pourroit que cette spéculation ne s'appliquât aussi parfaitement qu'aux montagnes du canton de Marienberg, et je ne prétends pas avancer généralement qu'elle soit aussi profitable dans toutes sortes de montagnes, parce que je n'ai eu occasion de la mettre en pratique que dans ce canton. J'avoue cependant qu'à Freyberg même, et dans les autres montagnes de Saxe, il s'est présenté très-rarement des cas qui m'aient paru démentir cette expérience ; encore n'ai-je jamais pu les examiner assez pour en être pleinement convaincu. Je trouve même, en examinant la nature des montagnes du Hartz, qu'il faut y adopter la spéculation que j'ai si heureusement suivie à Marienberg. La situation des minières de Dorothée et de Caroline, celle des fosses de la chaîne moyenne de Burgstadt, de Rosenhof, du canton d'Andreasberg,

de la plupart et des plus riches mines de la minière de Stuffenthal,
dans la Communion, de Spiegelthal, de Bockswies et de Lau-
thenthal, même le point de minérai si puissant, si productif et
unique de son espèce, du Rammelsberg, en fournissent des
preuves. Delius, dans son introduction à l'art des mines, page 35,
§. 46, publiée en 1773, a cru pouvoir établir le même principe
que moi, d'après les observations presque générales qu'il avoit
faites dans les montagnes de la Hongrie. J'ajouterai encore que
la plus grande partie des mines du canton de Marienberg, où
j'eus le bonheur de trouver du minérai, avoit été exploitée par
les anciens, puis délaissée, et que leur exploitation a été simplement recommandée et reprise par moi. D'où je crois pouvoir
conclure, que les plus anciens mineurs, du moins les plus intel-
ligens, connoissoient long-temps avant nous la nature de l'intérieur des montagnes, et qu'ils se dirigeoient déja en conséquence.
Et je suis encore confirmé dans cette opinion par le passage
suivant, tiré du troisième sermon de la Sarrepte de Mathésius :
*Aux hautes et rapides montagnes, personne ne s'attaque volontiers ;
mais aux montagnes dont la pente est fine et douce, et qui ont
beaucoup de soleil, beaucoup y cherchent leur salut.*

Malgré toutes ces preuves en faveur de mon expérience, mon
dessein n'est pas d'en soutenir l'universalité, ni d'assurer qu'elle
soit applicable à toutes les montagnes. Je souhaiterois seulement
engager à faire des observations tendantes à acquérir plus de
certitude sur la situation des gîtes des minérais dans les montagnes. J'ose avancer que les mineurs n'auront pas lieu de se repentir
d'avoir suivi des principes fondés sur plusieurs expériences, quoiqu'ils ne puissent pas encore être appliqués à tous les cas. Quant
à moi, je ne puis que m'en applaudir.

Je n'ai pas rendu compte dans le traité même des principes
que j'ai suivis pour obtenir les produits portés sur le tableau ;
mon dessein n'ayant été que de faire connoître comment on pourroit diminuer les dépenses et augmenter réellement la recette,
en multipliant les recherches dans les montagnes. Je vais me

borner maintenant à donner seulement quelques éclaircissemens
sur l'un des cas que j'allègue comme preuve dans ce traité, afin
de prévenir le reproche d'avoir employé de très-grosses sommes,
et presque en pure perte, uniquement pour agir conformément
aux principes que j'ai préconisés. Il s'agit de l'établissement de la
machine à tirans, servant à l'extraction des déblais, dans la mine
du Jeune Fabien Sébastien. Cette machine coûte 12000 écus,
somme considérable il est vrai, mais qu'on n'auroit jamais dé-
pensée s'il ne s'y étoit pas présenté des circonstances extraordinaires. La nature du local où cette machine fut construite, en
rendoit déja l'établissement difficile ; cependant c'étoit le point
le plus utile où l'on pût la placer, puisque cet endroit de la
montagne n'avoit pas encore été fouillé : il fallut donc vaincre
les difficultés à force d'argent.

Deux raisons contribuèrent à augmenter ainsi de moitié les
frais de cette machine. Elle étoit la première de son espèce qu'on
entreprenoit en Saxe, et sa construction se faisoit dans une année
de disette extrême, dans l'année 1772. Ce travail, devenu nécessaire, assura la pénible subsistance d'un nombre considérable
de gens qui alloient périr dans un dénuement absolu. Et si ces
malheurs étoient arrivés, comment auroit-on soutenu l'exploitation des mines, de celles sur-tout à laquelle cette machine
appartient?

On ne pouvoit hasarder de faire descendre indistinctement
dans les mines, des ouvriers affoiblis par la disette, et déja épuisés
par le chemin qu'ils avoient à faire pour arriver de chez eux à la
baraque des mines. Auroient-ils pu soutenir la descente pénible
dans les fosses, et n'étoit-il pas à craindre qu'ils ne mourussent de
foiblesse, en marchant à des travaux déja très-dangereux par eux-
mêmes? D'ailleurs, on manquoit dans les mines de moyens pour
sortir les matières. Cette opération ne se faisoit que par des treuils
à bras, insuffisans pour tirer des fosses les déblais provenans du
travail d'un grand nombre d'hommes. Il fallut donc employer les
ouvriers aux travaux extérieurs, tels que la construction de la

machine. Leur travail, quelque peu de courage qu'ils eussent, assuroit leur existence; car ceux qui restoient dans leurs maisons, sans occupations, et privés du grand air, s'affoiblissoient de plus en plus, tomboient malades et périssoient.

Cette machine étant, comme nous l'avons déja dit, la première de son espèce qu'on eût faite en Saxe, il devoit nécessairement se trouver beaucoup de défauts dans sa construction; mais ces défauts même servirent à rectifier toutes les autres machines qui furent faites ensuite, non-seulement dans le district de Marien-berg, mais aussi dans plusieurs autres cantons de mines de Saxe. La route étoit tracée, on retrancha les choses superflues qui avoient occasionné les plus grandes dépenses dans la construction, et l'on se convainquit en même temps, par le fait, des avantages certains qu'on tireroit de ces machines, en multipliant leur usage dans l'exploitation des mines. Bientôt il parut à ce sujet plusieurs projets beaucoup moins dispendieux, infiniment meilleurs et tendant plus directement au but. C'est de la même manière qu'on adopta plus généralement dans les mines de Saxe tous les moyens d'économie indiqués dans ce traité, tels que la maçonnerie, les chariots ou chiens, etc.; et j'apprends même que chaque jour on en sent mieux les avantages. Voilà les motifs qui m'ont engagé à donner au public ce traité que je conservois dans mon porte feuille. A Zellerfeld, au mois de Décembre 1782.

EXEMPLES

EXEMPLES

D'ÉCONOMIE

ET

D'AUGMENTATION DE PRODUIT

DANS

L'EXPLOITATION DES MINES.

LE but général qu'on se propose dans l'administration des biens, est l'*augmentation de la recette* ou *du produit*, lorsque cela est possible sans que les fonds en souffrent. On peut augmenter la recette de deux manières. La première, en économisant sur les dépenses nécessaires pour conserver le capital, et la seconde en augmentant immédiatement le revenu du même capital ou la recette. Ces deux moyens réunis sont toujours profitables ; ils deviendroient dangereux s'ils étoient séparés. Quiconque, par exemple, chercheroit à obtenir un revenu trop fort, pourroit détériorer les fonds. Le même effet résulteroit peut-être aussi de l'économie mal entendue de celui qui ne s'occuperoit que des moyens de diminuer la dépense.

J'ai trouvé ces moyens d'économie constamment utiles, et je les crois applicables à l'exploitation de toutes sortes de mines, quoique jusqu'à présent je n'aie été occupé que de celle de riches mines d'argent, dans les montagnes du district de Marienberg, où les minérais sont ordinairement abondans en *matières nobles* (1), où ils se trouvent à de courtes distances, en devenant

---

(1) *Edle geschike*, le mot de *Geschike* a différentes acceptions dans l'art de l'exploitation des mines. Il veut dire ici matière à mine, et l'épithète *edel* signifie noble ; on nomme matières nobles les minérais des métaux nobles ou parfaits, les mines d'argent vitreux, d'argent rouge, etc. *

E e e

alternativement très-riches, ou très-pauvres, soit en qualité, soit en quantité. Aussi ai-je observé que dans ces circonstances il étoit très-essentiel d'employer tous les moyens de recherches propres à ouvrir les montagnes dans la plus grande étendue possible.

Si dans ces moyens de recherche on peut faire des économies particulières, elles concourent avec eux à diminuer la dépense et à augmenter la recette. Ces mêmes moyens peuvent aussi servir par la suite à diminuer les frais des travaux en général, et dans ce cas, ils peuvent être employés utilement à l'exploitation de toutes sortes de mines. En conséquence il ne faut pas, même en exploitant les filons des métaux moins précieux, *les matières communes* (1) et les mines pauvres, perdre les recherches de vue; car quoique ces minéraux occupent de plus longs espaces dans leurs gîtes, on finit cependant par en atteindre le terme ; et si, dans la sécurité qu'inspire leur très-longue durée, on néglige les travaux de recherche, on s'expose à être pris absolument au dépourvu. Cela ne sauroit arriver dans les filons de métaux nobles ; la courte durée de leurs points de minérais avertissant continuellement de la nécessité d'en trouver de nouveaux.

Parmi les moyens économiques à employer dans l'exploitation des mines, *le muraillement* (2) dans l'intérieur des travaux mérite sans contredit la première place, quoique d'abord il coûte plus que la charpente. Non-seulement il épargne les frais de réparations fréquentes de la charpente, puisque le bois se pourrit dans la terre en trois, quatre et six ans ; mais il diminuera

---

(1) *Grobe geschike*, *matières communes* grossières, matières contenant les minérais de métaux imparfaits. Telles sont les mines de plomb, de cuivre, d'étain, les zwitter, etc. *

(2) J'ai adopté l'expression *muraillement*, d'après le traducteur de Délius. (Voyez tome I, page 414 et suivantes.) Les mines d'Hydria nous offrent un des exemples les plus frappans de l'avantage de cette méthode, que je ne cesse d'indiquer et de conseiller à la plupart de nos concessionnaires, sur-tout dans les cantons où les bois sont rares, dans les lieux où le rocher presse fortement, brise les bois en peu de temps, et aussi dans ceux où la pourriture les détruit très-promptement. Je n'ai pas encore eu la satisfaction de voir mes représentations écoutées, on ne sauroit trop réfléchir sur les avantages de cette méthode que l'auteur va développer. *

aussi la consommation du bois, qui devient de jour en jour plus rare dans les cantons des mines. D'ailleurs il mettra les travaux pour toujours à l'abri des évènemens qui peuvent les détruire.

Il est arrivé souvent que des calamités publiques, comme la peste et la guerre, ont empêché la poursuite des travaux, et même les ont fait entièrement suspendre. On les a vu quelquefois abandonnés pendant un certain temps, parce qu'on avoit fait des fautes dans les entreprises. Il sera toujours très-aisé, dans ces cas, de les reprendre à peu de frais, et de les rétablir en peu de temps, lorsque les galeries principales, les puits et les galeries de décharge auront été revêtus de mur. Si, au contraire, ils n'ont été étayés qu'avec des bois que la pourriture aura détruits en peu d'années, il en coûtera beaucoup de temps et d'argent pour rétablir les éboulemens qui se seront faits. Les mines de Saxe, si l'on eût employé le muraillement dans l'intérieur de leurs travaux, seroient depuis long-temps rétablies dans leurs points les plus importans, et depuis long-temps aussi se seroient relevées de la ruine universelle où les avoit jetées la guerre de trente ans, et d'autres événemens non moins fâcheux.

Il arrive par fois, que des compagnies, persuadées des grands avantages qu'ont jadis présentés ces mines abandonnées dans les anciens troubles, et maintenant écrasées, essayent de les remettre en valeur. Les grandes sommes qu'il en coûte alors pour relever les ouvrages détruits, seroient employés, dans le cas contraire, à percer la montagne aux endroits où elle n'a pas encore été attaquée, et suffiroient à cette opération.

Pour rétablir ces anciennes mines, il faut rouvrir par les travaux les plus dangereux et les plus difficiles, les puits, les galeries et les communications ou extensions principales qui sont comblées (1). Il faut se frayer un passage à travers une charpente

____

(1) Les travaux qu'il faut faire pour relever des galeries éboulées, où nos anciens eussent enterré des forêts entières, sont souvent beaucoup plus coûteux que des galeries à ouvrir dans un champ frais. *

entièrement pourrie, où des hommes risquent de périr ou de s'estropier. Rebutés du long espace de temps que demandent ces opérations, souvent les compagnies les plus solides cessent de continuer l'exploitation sur les points les plus importans, à l'instant où elles sont parvenues à reprendre la poursuite des travaux dans le rocher ou sur les filons même. Les dépenses faites sont en pure perte; les mines tombent en ruine, jusqu'à ce qu'une autre compagnie, connoissant l'importance du point vers lequel ces travaux étoient dirigés, vienne à son tour faire de nouvelles tentatives non moins inutiles. Aussi voyons-nous que depuis deux siècles, beaucoup de mines ont été attaquées à plusieurs reprises à grands frais, et toujours sans succès, ce qui ne seroit pas arrivé, si dès le commencement on avoit pratiqué des murs au lieu de charpente. Rien n'eût été plus facile que de nettoyer les galeries, et les capitaux eussent été employés à la recherche dans la partie des montagnes encore entières, ce qui auroit bientôt porté l'exploitation des mines au plus haut degré de perfection.

Le muraillement a sur la charpente l'avantage d'une éternelle solidité : il peut encore avoir celui de l'économie, lorsqu'il ne s'agit que d'un temps limité. Certains points doivent-ils être toujours ouverts ? c'est le cas de préférer les murs sans hésiter, car non-seulement on y gagne la sureté, qui est inappréciable ; mais encore les frais de l'inspection de la charpente, qu'il faut souvent examiner, pour ne pas laisser passer le moment où elle a besoin d'être changée. Si les ouvrages doivent rester ouverts seulement pour un temps limité, il faut examiner combien de temps le bois peut se soutenir aux différens endroits avant de pourrir, et calculer si les frais de la construction de la charpente et de son entretien n'excéderont pas le prix de la construction des murailles.

Au district de Marienberg, dans la galerie de *Weistaub*, dans un puits qui avoit douze toises et demie de profondeur, qui jadis étoit boisé, mais qu'on a muré, le bois ne duroit que trois ans. On y employoit cent vingt pieds d'arbres, au prix courant de six gros chacun; ils coûtoient en tout trente rixdaler.

Les

Les autres bois nécessaires à ce travail , les planches , les cordes , etc. montoient à cinq rixdaler quinze gros ; la main-d'œuvre à trente-sept rixdaler vingt-deux gros. La somme totale étoit donc de soixante-treize rixdaler treize gros , qu'il falloit dépenser tous les trois ans. Le muraillement de ce puits a coûté quatre-vingt-douze rixdaler seize gros pour les maçons, soixante-onze rixdaler six gros pour les manœuvres et les charpentiers , quarante-trois rixdaler vingt-deux gros pour les pierres, et cent deux rixdaler trois gros de voitures : somme totale , trois cents neuf rixdaler vingt-trois gros.

On voit d'après cet exposé , que même en supposant que ce puits n'eût dû servir que vingt ans, les frais de la charpente auroient excédé de beaucoup ceux de la maçonnerie ; mais comme il doit servir toujours , l'avantage que procurera la maçonnerie est infiniment plus grand. En effet, il est évident que dans les quinze premières années, les frais de la charpente , cinq fois rétablie, auroient plus qu'absorbé la somme qu'on a employée à la construction de la muraille : ainsi le bénéfice que doit produire cette muraille dans le cours des soixante années suivantes, pendant lesquelles il n'y aura aucune dépense à faire , se montera à mille quatre cents soixante rixdaler vingt gros , sans compter que le bois devient toujours plus rare et plus cher. Remarquez encore que ce puits sera nécessaire aussi long-temps que la galerie de Weistaub servira à l'exploitation, qui très-certainement durera bien plus de soixante-quinze ans. Mais il y a des cas où , quoiqu'il soit avantageux de murer des travaux qui ne doivent pas servir toujours , on ne sauroit pourtant évaluer précisément le bénéfice que le muraillement procure , parce qu'il n'est pas possible dans chaque circonstance de savoir quelle pourroit être la durée du bois. Si l'on vouloit s'en instruire par l'expérience , il faudroit laisser pourrir une charpente ; mais l'on seroit forcé d'en rétablir une autre lorsqu'on se décideroit à faire une muraille, parce que la charpente même est nécessaire à la maçonnerie pour élever le mur par dessous. Souvent le bois de la charpente ne peut résister à la pression qui

F f f

l'accable, et qu'on n'a pu apprécier auparavant. Delà il arrive fréquemment que quelques semaines après que la charpente est finie, on est obligé de remplacer les estaimples, qui se sont pliées et cassées long-temps avant qu'elles pussent commencer à pourrir. D'un autre côté, le temps que les travaux des mines exigent ne laisse pas toujours le loisir de calculer avec précision combien d'avantages peuvent résulter de l'une ou de l'autre méthode (1). Souvent il faut se contenter de l'apperçu. C'est de cette manière que dans le district des mines de Marienberg, en voyant l'utilité incontestable de cette méthode, on a maçonné, depuis le mois d'avril 1769 jusqu'à celui de juillet 1778, quatre-vingt toises de canaux de décharge, quatre-vingt-trois toises et demie de galeries, et quatre-vingt-huit toises et demie de puits, dont les dépenses ont monté à 2869 rixdaler 11 gros 10 pfenins. On ne peut point encore déterminer précisément l'avantage qui résulte en gros de cette économie, ce qui d'ailleurs ne doit pas beaucoup inquiéter, parce que, suivant l'exemple qu'on a donné ci-devant du puits de la galerie de Weistaub, on voit clairement que tous les travaux maçonnés doivent avoir un avantage très-considérable. La première dépense du muraillement est considérable, mais on en est bientôt dédommagé; d'ailleurs elle n'est pas si exorbitante, sur-tout quand on préfère les murailles à la chaux aux murailles à pierre sèche. Le puits de la galerie de Weistaub, que j'ai donné pour exemple dans le calcul de l'avantage qu'on peut en obtenir, est encore muré à sec; mais il fut à peine construit, que l'on s'apperçut qu'un mur fait à chaux et sable seroit plus avantageux, et cette méthode fut presque généralement adoptée dans le district des mines de Marienberg. La différence de ces deux espèces de murs est considérable, principalement aux endroits où la pierre est d'une mauvaise qualité, et où il faut par conséquent faire beaucoup de frais pour la tailler de manière

---

(1) Je pense avec M. Schreiber qu'aucune raison ne doit empêcher de faire un tel calcul; car en employant notre temps, nous ne devons avoir d'autre but que l'utilité. *

à ce qu'elle puisse servir à faire des murs secs. Il faudroit que la chaux fût bien chère pour qu'elle occasionnât les mêmes dépenses qu'exige la taille des mauvaises pierres pour les murs à sec. De plus, on peut se convaincre que le mur à la chaux est plus solide et plus propre au but qu'on se propose dans l'exploitation des mines, que le mur à sec. Si les pierres dont on construit le mur à sec ne sont point de vraies pierres de taille, ce qui rendroit ce mur fort coûteux, il reste nécessairement entre elles des vides par lesquels les eaux, qui se trouvent par-tout dans les fosses, suintent ou ruissèlent. Ces eaux, quand elles sont fortes, entraînent peu-à-peu les pierrailles, et dégradent insensiblement le mur; et quand elles sont moins abondantes, il faut un très-long espace de temps pour que le limon charié par les eaux puisse remplir les cavités du mur et en faire une seule masse. Dans les murs à chaux, où l'on peut employer de mauvaises pierres sans beaucoup de travail, toutes les parties se lient plus aisément, et forment mieux un tout. Lorsque les eaux sont fortes à l'endroit où l'on construit la muraille, on ménage par derrière dans le rocher une entaille ou rigole dans laquelle les eaux s'assemblent; on y adapte un canal de bois, qu'on engage dans le mur, et par lequel les eaux se dégorgent sans l'endommager. Lorsque les eaux ne se trouvent naturellement qu'en petite quantité, ou lorsqu'il n'en reste que peu, parce qu'on les a détournées, elles servent à étendre davantage la chaux dans la maçonnerie, dont elles pénètrent toutes les cavités. Il en résulte une stalactite calcaire qui cimente le tout très-solidement. Pour que cela se fasse mieux, et que la chaux trop délayée ne soit pas entraînée tout de suite, on a la précaution de laisser sous le mur les planches des cintres sur lesquels reposent les voûtes, jusqu'à ce qu'elles soient pourries, ou du moins pendant quelques années; et lorsqu'elles sont pourries ou qu'on les enlève, on trouve souvent la muraille recouverte de toute part d'une croûte de stalactite calcaire fort dense.

Quelquefois, mais ce cas est très-rare dans la contrée où l'on exploite des mines, les matériaux pour construire les murs, tels

que les pierres et la chaux, manquent totalement; il faut les
amener de fort loin; le transport devient difficile, et la muraille
coûte très-cher. Le même inconvénient peut avoir lieu pour le bois;
et cependant il en faut, quoiqu'il ne soit pas à beaucoup près si
propre à la sureté perpétuelle des ouvrages, que le muraillement.
Qu'une galerie principale, par exemple, soit déja poussée à quelques milliers de toises, et qu'il faille la conserver, non-seulement
à cause des ouvrages qu'on y a déja faits, mais aussi pour ouvrir
plusieurs autres montagnes qui n'ont pas encore été sondées, les
frais d'inspection seuls sont considérables: il faut plusieurs maîtres
mineurs qui parcourent souvent la galerie, qui en visitent sans
cesse la charpente, qui envoiènt et surveillent les ouvriers destinés à remplacer le bois pourri. Voilà ce me semble une très-
grande incommodité, non pas tant à cause de la vigilance qu'il
faut y apporter, que par rapport aux dépenses continuelles, qui,
dans un temps même où l'on a assez d'argent, est toujours à
regretter, parce que les sommes ainsi perdues auroient pu être
employées à faire de nouvelles recherches dans la montagne.
Ces dépenses deviennent un double fardeau pour les temps où
l'argent est plus rare, ce qui arrive souvent dans l'exploitation
des mines. Alors l'inspection ne se fait plus avec le même soin;
on ne répare plus les dommages qui surviennent à la charpente;
tout cela occasionne d'abord de petits éboulemens, ensuite de
grandes brèches, et enfin la ruine totale des ouvrages les plus
importans.

On n'a pas à redouter de semblables événemens lorsqu'une
galerie est construite en murs; car si elle produit beaucoup, on
peut tout employer à la continuation des travaux; si elle rend
moins pendant un certain temps, du moins on a peu de dépenses
à faire pour son entretien, et l'on ne craint pas de voir les ouvrages
se ruiner faute de moyens pour y remédier. Les avantages dont
on jouit déja dans la galerie principale de *Marx Semmler*, du
district des mines de *Schnéeberg*, sont assez importans pour être
conservés, et pour qu'on s'efforce de surmonter tous les obstacles

que

que pourroient apporter à la construction des murailles la disette
et la mauvaise qualité des matériaux.

Le transport des matières dans les fosses, et leur extraction
au jour est un grand objet de dépense dans l'exploitation des
mines, soit qu'il se fasse par des galeries, ou des extensions, soit
qu'il s'exécute par des puits. Si l'on ne se sert pas des moyens
faciles et disposés pour de grandes quantités, on aura non-seulement de grands frais, mais on sera encore très-gêné dans les
travaux, et sur-tout dans ceux de recherche, dont tout dépend,
principalement lorsqu'il s'agit de minérais nobles et riches.

Souvent même, quand il est question d'établir une extraction
plus commode, il ne faut pas être arrêté par la crainte des frais plus
grands qu'elle occasionnera. Le but principal doit être d'extraire
une grande quantité de matières. Sur dix travaux de recherche
et au-delà, un seul, au moyen duquel on trouve un point de
minérai qui n'auroit pas été découvert sans lui, paie non-seulement
tous les autres qui n'ont rien produit, mais dédommage encore
richement de tous les frais qu'on avoit été forcé de faire pour
établir l'extraction avantageuse, sans laquelle on n'auroit pu
pousser ces sortes de travaux.

En pareil cas, on n'auroit qu'à faire en sorte qu'il fût fourni à la
dépense par le produit de l'exploitation, sans demander aux
actionnaires des avances extraordinaires; il ne faut pour cela que
diminuer la répartition du gain. La portion retenue, quand même
elle ne donneroit pas de bénéfice, sera utilement employée, en
ce qu'elle servira à rendre les travaux durables, à faciliter leur
continuation en diminuant le montant des appels, lorsqu'une
interruption trop subite des minérais produit la disette; ou enfin
si tout réussit à souhait, elle augmentera considérablement les
bénéfices produits par les minérais, que les bonnes dispositions
qu'on aura faites pour l'extraction auront contribué à faire obtenir.
En nous préparant cette épargne future, observons de ne sacrifier
tout au plus que les fonds destinés à l'obtenir, et ménageons-
nous, par son emploi, d'autres avantages.

G g g

On fait quelquefois de pareils sacrifices en établissant des lavoirs coûteux, pour obtenir l'avantage accessoire de retirer des minérais les plus pauvres l'argent qui y seroit resté en pure perte, de le mettre dans le commerce, et par conséquent de le rendre utile au public. Cependant je ne puis tout-à-fait approuver cette dernière manière de calculer, parce que le public y gagne (1) seul, au lieu que le public, l'exploitation et les compagnies trouvent également leur compte à faciliter l'extraction des mines. Un exemple expliquera peut-être mieux cette assertion ; qu'on me permette donc une supposition. Dans une fosse où l'on poursuit actuellement de riches minérais, on ne peut tenter par des travaux de recherche la découverte de plusieurs autres points productifs, parce que les moyens d'extraction sont bornés. On peut cependant se procurer ces moyens, mais les difficultés de leur établissement exigeroient un capital de 20000 rixdaler. On prend ce capital sur une partie du bénéfice qui doit être réparti aux actionnaires, et l'on obtient par lui la facilité d'extraire dans le même temps quatre fois plus de matières qu'auparavant. On parvient ainsi à multiplier les travaux de recherche par lesquels on n'atteint qu'un seul point de minérai qui donne 50000 rixdaler de bénéfice net. On est dans ce cas amplement dédommagé de la dépense qu'on a faite pour augmenter les moyens d'extraction ; le public y gagne, par la quantité beaucoup plus considérable d'argent mis dans le commerce, et les actionnaires réunissent à l'avantage de voir leur bénéfice de 20000 rixdaler porté à 50000, celui d'avoir pour la suite des moyens

---

(1) Ce que dit ici l'auteur tient absolument au genre d'administration établi en Allemagne, et rappelle cette vérité reconnue, que même dans les choses les moins imparfaites, il se glisse quelquefois des abus. La régie des exploitations en Allemagne est entièrement dans les mains de l'administration. Il en résulte les plus grands avantages ; mais il est certain que si ces administrations se déterminent à faire avec les fonds des particuliers des bâtimens, qui ne tendent point à l'avantage direct de l'entreprise, et qui n'ont pour but que l'utilité de l'état seul, elles commettent vraiment une injustice. Dans de pareilles circonstances les fonds devroient être fournis par le prince ou l'état, qui seuls en retirent un avantage direct ou indirect. Il faut convenir que par la nature même des choses, ces sortes d'abus ne peuvent se repéter souvent, parce qu'ils entraîneroient nécessairement l'abandon des mines de la part des actionnaires. *

d'extraction beaucoup plus étendus , et une extraction bien
moins coûteuse, sans qu'ils aient de nouvelles dépenses à faire.
Le travail des mines y gagne de son côté des points de minérai
qui seroient restés ignorés , et des moyens multipliés pour examiner l'intérieur des montagnes. Qu'on me permette encore une
supposition dans un cas différent.

. En exploitant un riche point de minérai , on a en même
temps découvert une grande quantité de minérais pauvres , qui
ne peuvent devenir profitables qu'après un lavage très-étendu.
Avec une partie du bénéfice qui revient aux actionnaires, on construit un lavoir qui coûte 10000 rixdaler , et par ce moyen on
fait une recette de 30000 rixdaler d'argent qu'on extrait dés
minérais qui eussent été perdus. Cette somme ne fait que dédommager des frais de lavage , sans remplacer le capital qu'il a fallu
employer à la construction du lavoir. Le public y gagne 30000
rixdaler d'argent qui n'eussent pas été mis dans la circulation , mais
les actionnaires et les exploitations n'en retirent aucun avantage.

Dans le premier cas, l'utilité seroit sensible, et on économiseroit
réellement beaucoup sur les frais d'extraction , quand même on
n'eût pas recouvré le capital employé.

Dans le second cas , au contraire , l'établissement du lavoir ,
lors même qu'on recouvreroit le capital employé , ne seroit pas
aussi avantageux que l'augmentation des moyens d'extraction ,
qui n'auroient point par eux-mêmes remboursé le capital.

Les machines qu'on emploie communément à l'extraction des
matières, qui se fait par les puits, sont des *tours* (1), *treuils à manivelle*, et des *baritels* mus par des hommes , ou par des animaux,
ou par l'eau. Cette dernière puissance est à la vérité la moins

---

(1) Le traducteur de Délius a donné le nom de *tourniquets* aux treuils à manivelle. M. de
Trébra ne parle ici que du tour à manivelle mu à bras d'hommes , sans doute parce qu'en
Allemagne on fait peu d'usage de ces tours également mus par des hommes qui marchent sur
des roues à chevilles ou dans des roues à tambour. Ces machines, très-communes en France,
employées à l'exploitation de nos carrières et de plusieurs de nos mines, ont un avantage
décidé sur le simple treuil à manivelle. *

dispendieuse , mais la plupart du temps il en coûte de grandes sommes pour l'établir. Elle devient même impraticable en plusieurs endroits. Il faut alors préférer les forces des animaux; elles coûtent à la vérité plus que celles de l'eau , mais moins que celles des hommes.

Ordinairement la force de deux hommes suffit pour faire mouvoir le treuil à manivelle , lorsque le puits n'a que vingt, vingt-cinq, ou tout au plus trente toises de profondeur. Il est rare qu'on trouve dans les montagnes métalliques de Saxe ces treuils desservis par trois ou quatre hommes : aussi en a-t-on moins besoin ici que dans les montagnes à couches (1), sur-tout dans le comté de Mansfeld , où l'usage en est fréquent et avantageux, parce que la plupart des puits y ont trente à quarante toises de profondeur jusqu'aux couches de schiste cuivreux. Dans les travaux des mines de Saxe , les puits creusés au dessous des galeries n'ont guère plus de vingt toises, parce que leur profondeur est déterminée par les extensions faites pour conduire les eaux au puits des machines hydrauliques. Ces extensions ne se répètent ordinairement que de vingt en vingt toises de profondeur à cause des pompes aspirantes. Dans les montagnes dont l'ascension varie sans cesse, la profondeur perpendiculaire des galeries est communément au dessous ou au dessus de trente à quarante toises, de manière que les treuils desservis par trois ou quatre hommes ne peuvent y être employés. Quelquefois cependant il se présente des occasions d'en faire usage. Dans le canton des mines de Marienberg, on établit au commencement de l'année 1774 un treuil à trois hommes sur un puits de la galerie de Weistaub, qui avoit trente-cinq toises de profondeur , et par lequel auparavant quatre

---

(1) C'est principalement dans les montagnes de cette espèce que manque l'eau nécessaire pour faire mouvoir des machines hydrauliques. Ces montagnes sont peu élevées ; les chûtes y sont par conséquent rares, et souvent il est impossible de s'aider par des galeries pour l'écoulement des eaux et pour l'extraction des matières, les puits étant eux-mêmes placés dans les plus bas fonds de la contrée. Les mines de charbon, presque toujours dans les montagnes stratifiées, sont communément dans ce cas. Aussi les exploite-t-on beaucoup plus par des puits que par des galeries. *

ouvriers

ouvriers sortoient, avec deux treuils à deux hommes, cent huit seaux de déblais en huit heures. Trois ouvriers avec le treuil à trois hommes tiroient en huit heures cent vingt-six seaux pareils; le salaire des ouvriers montoit ici à douze gros, et celui des ouvriers des deux treuils à deux hommes, à seize. Ainsi l'on épargnoit sur chaque cent de seaux, cinq gros trois pfennins; et en calculant cent vingt heures de travail par chaque semaine, on tiroit trois mille cinq cents dix seaux de plus dans trois mois, et l'on ménageoit un ouvrier dont le travail étoit employé plus utilement à la recherche dans la montagne. En conséquence, si depuis le commencement de l'année 1774 jusqu'à la fin de 1778, on a fait avec ce treuil dix journées (1) de huit heures par chaque semaine l'une dans l'autre, l'épargne en argent seul monte à 705 rixdaler 6 gros. L'établissement du treuil à trois hommes ne coûte qu'une bagatelle de plus que l'établissement de deux treuils à deux hommes, et ne mérite pas d'être porté en compte.

A la vérité, le baritel (2) mu par des chevaux est plus avantageux, mais il en coûte beaucoup pour l'établir. Dans les années 1771, 1772 et 1773, on construisit sur la mine d'*Unvermuthetglück*, un baritel à chevaux parfait dans son espèce. Il coûta dans le principe 2827 rixdaler 7 pfennins. Le puits où il est établi a soixante-quinze lachter de profondeur jusqu'au point le plus bas d'où on peut extraire les matières. Cependant il y a

---

(1) On traduit ici le mot allemand *schicht* par journée, mais on est dans le cas d'y ajouter le nombre d'heures dont le travail est composé, parce que l'expression allemande ne signifie pas proprement une journée, mais bien le temps qu'un ouvrier doit travailler de suite jusqu'à ce qu'il soit relevé : de manière que si ce temps est déterminé à huit heures, comme c'est l'ordinaire pour le travail des fosses, l'ouvrier peut faire deux journées en trente-deux heures. *

(2) Délius, chapitre 7 de son Traité sur l'exploitation des Mines, traite amplement des moyens et des machines propres à extraire les matières des fosses. L'académie des mines de Freyberg, dans son Traité sur la même matière, nous donne également des détails sur cet objet. Calvoer et Cancrinus nous font connoître différentes machines très-utiles pour cette partie, et M. de Breintheim a publié, en 1773, un Traité très-instructif, dont M. le professeur Boda étoit l'auteur. Enfin, on trouve à la page 119 de la seconde partie du Magasin de M. Lempé, pour l'exploitation des mines, un calcul fait en janvier 1786, de l'effet et de l'utilité du baritel à chevaux. Ce calcul est précédé de deux devis; dans l'un on détaille les dépenses auxquelles se monte l'établissement d'un puits d'extraction d'une profondeur donnée; et dans l'autre les frais de sortie des déblais provenans de l'excavation d'un pareil puits. *

H h h

dans de moindres profondeurs des galeries qui traversent ce puits; et celle de Weistaub, par exemple, n'est qu'à cinquante lachter de son ouverture. On peut, du point le plus profond, extraire avec deux chevaux trente-quatre tonnes en huit heures, quarante tonnes de la galerie de Weistaub, et trente-six des points intermédiaires, chaque tonne contenant huit seaux d'un quintal chacun, ou huit quintaux. Une comparaison de l'extraction qu'on obtient par la machine à chevaux, et de celle qu'on fait par les treuils à deux hommes, depuis le point le plus profond, suffira pour apprécier l'avantage que l'une de ces méthodes a sur l'autre. A soixante-dix lachter, profondeur qui n'est pas encore la plus grande de ce puits, on tire en huit heures trente-quatre tonnes, qui font deux cent soixante-douze seaux, parce que chaque tonne contient huit seaux. Ces deux cents soixante-douze seaux coûtent, pour la nourriture de deux chevaux qui meuvent la machine, un rixdaler lorsque l'avoine passe déja le prix moyen, et dix-huit gros quand elle est au plus bas prix; quatre ouvriers, dont deux emplissent les tonnes, et deux transportent sur la halde les matières extraites, ont pour salaire chacun vingt-deux gros par semaine, parce que ce travail pénible ne peut être fait que par des gens très-vigoureux : cela fait, pour un travail de huit heures, dix-sept gros sept un cinquième de pfennin.

Si l'on vouloit faire cette extraction à bras d'hommes, avec des tourniquets desservis par deux ouvriers, il faudroit diviser toute la profondeur en trois parties, dont chacune auroit vingt-trois lachter deux pieds. Il faudroit établir trois treuils, et destiner à leur service six ouvriers qu'on paieroit chacun vingt gros par semaine, et trois remplisseurs (1), qui coûteroient chacun dix-sept gros. Le total de leur paie monteroit à un rixdaler dix gros deux cinquième de pfennin, et avec cette dépense on extrairoit tout au plus cent huit cuveaux en huit heures. Le rapport

____

(1) Si ces trois puits étoient l'un sur l'autre, il ne falloit qu'un seul remplisseur. Mais l'auteur répond à cette objection dans sa première observation sur le tableau de comparaison des divers moyens d'extraction. *

de la quantité résultante de l'extraction faite avec les treuils à deux hommes, seroit presque comme un est à deux et demi, à celle résultante de l'extraction faite avec le baritel à chevaux, ce qui ne laisse aucun doute sur le plus grand avantage de ce dernier moyen. Le bénéfice dans les frais est de deux rixdaler trois gros onze un cinquième de pfennin sur chaque travail de huit heures. Il a été démontré dans un calcul plus exact, qu'il seroit trop long de rapporter ici, que par l'extraction obtenue depuis le mois d'août 1773, époque à laquelle le baritel à chevaux a commencé à être en activité, jusqu'à la fin de septembre 1778, c'est-à-dire dans cinq années un quart, non-seulement on a été remboursé du capital employé à la construction du baritel, mais qu'on a même gagné une somme de quatre-vingt rixdaler dix-sept gros neuf et un cinquième de pfennin, comparativement à l'extraction qui se fait ordinairement par le treuil à hommes. Il est intéressant d'observer encore que l'extraction auroit pu être plus considérable, si les circonstances l'avoient exigé. Actuellement que les frais de construction sont rentrés, on économisera beaucoup plus en une année avec le baritel à chevaux, qu'avec le treuil à trois hommes en plusieurs années, quoiqu'on n'eût pas été dans le cas de porter en compte les frais d'établissement de ce dernier.

Il est certain que les forces des animaux sont à bien meilleur marché que celles des hommes, mais l'usage des animaux présente toujours une grande incommodité. Les frais d'extraction augmentent en raison de la cherté des fourrages. On ne gagneroit même rien d'employer des bœufs au lieu de chevaux; ceux-là, s'ils coûtoient moins à nourrir, travailleroient plus lentement; il faudroit plus de temps pour extraire un nombre déterminé de tonnes; les ouvriers qui les remplissent et les vident, coûteroient quelque chose de plus par cette lenteur, et cette augmentation de paie absorberoit le bénéfice économique qu'on pourroit faire sur la nourriture des bœufs, moins coûteuse que celle des chevaux.

On se sert du baritel à eau lorsqu'il n'est pas trop difficile, ou du moins lorsqu'il n'est pas absolument impossible d'avoir de l'eau pour le mouvoir. En 1775, on construisit sur la fosse de découverte de Reichenséegen et d'Einhorn un pareil baritel à eau, qui, par la constitution naturelle du local de son établissement, fut porté à peu de frais à un très-haut dégré de perfection. Les eaux y manquent rarement; il ne fut pas difficile de les y amener, et elles ne coûtent rien par rapport au baritel, parce qu'il auroit toujours fallu les amener dans cet endroit pour y mouvoir la roue d'une machine hydraulique. On prit une partie de ces eaux pour les diviser sur la roue du baritel, de manière à faire tourner cette roue par dessus, et on l'approcha tellement du puits, qu'un seul ouvrier suffit pour la diriger, la faire rétrograder, et qu'il peut aussi vider et transporter sur la halde les matières extraites. Toute la construction coûta 1147 rixdaler 17 gros un huitième de pfennin, et avec cette somme on établit encore dans le même bâtiment une chambre de garde, une table à trier les minérais, et des magasins qui auroient surement coûté 3 à 400 rixdaler, si l'on avoit été obligé de les construire séparément. Le puits par lequel ce baritel extrait les matières, a soixante-dix lachter de profondeur jusqu'à la première extension de la machine (1), d'où la plus forte extraction, faite en huit heures, montoit à cinquante-quatre tonnes de six cuveaux chacune. La capacité de ces tonnes n'est pas bien forte, parce que le puits étant très-étroit, on ne pourroit y en employer de plus grandes; mais on n'y perd rien, car par cela même qu'elles sont d'une médiocre capacité, on n'y met que deux ouvriers, qui, comme nous l'avons dit ci-dessus, suffisent à toutes les opérations. Ils gagnent chacun vingt-deux gros par semaine, ce qui monte à quatre gros quatre $\frac{4}{5}$ de pfennin par travail de huit heures. Ainsi toute l'extraction de huit heures n'excède pas la dépense de huit gros

____

(1) *Gezeug strecke*, ce mot signifie la galerie faite pour recevoir les tirans d'une machine hydraulique dans les fosses, ou seulement pour conduire les eaux au puits de la machine. Il me paroît donc très-naturel d'adopter ici le mot d'*extension de la machine*. *

neuf

neuf $\frac{3}{5}$ de pfennin. Au moyen de cette somme, on extrait d'une profondeur de soixante-dix lachter, cinquante-quatre tonnes ou trois cents vingt-quatre cuveaux. S'il falloit élever la même quantité de tonnes d'une pareille profondeur avec des hommes, il seroit nécessaire que le puits eût trois divisions, par conséquent trois treuils comme au baritel à chevaux de la minière de *Unvermuthetglück*; il faudroit y employer neuf ouvriers, auxquels on donneroit un rixdaler dix gros deux et $\frac{2}{3}$ de pfennin pour chaque travail de huit heures, et on ne tireroit que cent huit cuveaux dans cet espace de temps; d'où il est clair, que pour chaque extraction on économise, comparativement au treuil à manivelles, les deux tiers de temps, et trois rixdaler vingt-un gros neuf et $\frac{3}{5}$ de pfennin. Toute l'épargne qui a été faite avec le baritel à eau depuis le mois d'août 1775 jusqu'au mois de juillet 1778, c'est-à-dire en trois ans, monte à 1446 rixdaler 8 gros 2 pfennins, de manière qu'on a gagné, non-seulement les frais de la construction du baritel, y compris les chambres de garde, de triage, et les magasins, mais encore un bénéfice net de 298 rixdaler 21 gros $\frac{7}{8}$ de pfennin. Et si la minière l'eût exigé, on auroit encore pu extraire beaucoup plus de matières dans le même temps.

Néanmoins, on ne trouve pas toujours dans le local des minières l'occasion de faire une construction si aisée et si parfaite que celle du baritel à eau des mines de *Reichen-Séegen* et d'*Einhorn*. A la fosse de découverte du Jeune Fabien Sébastien, au district de Marienberg, l'extraction par des treuils à deux hommes, fut tellement restreinte pendant les années 1769, 1770, 1771 et 1772, qu'au milieu de travaux très-productifs sur les points les plus riches, on ne put ouvrir un seul travail de recherche pour découvrir de nouveaux minérais. Il auroit été facile d'établir un baritel à chevaux, mais on trouva plus d'avantage à en construire un à eau, tant pour extraire de plus grandes quantités de matières, que pour épargner les frais de cette extraction. On trouvoit seulement l'établissement du baritel à eau difficile, parce qu'on ne pouvoit le faire qu'au moyen de

trois cents toises de tirans. Comme la minière avoit besoin en
même temps d'un boccard à sec, on chercha à le réunir avec
cette machine d'extraction, et à diminuer par là les frais de cet
établissement.

Cette machine, avec toutes ses dépendances, coûte 15000
rixdaler. Elle est construite de manière que lorsqu'on n'extrait
point de matières, elle peut être employée au boccard à sec
avec six pilons.

Dans le même bâtiment, où est pratiqué ce puits, sont aussi
des logemens pour les maîtres mineurs, le boccard, la chambre
de triage, la chambre de cribration, la chambre de garde et le
magasin.

Si l'on déduit tout ce qui n'appartient point à l'extraction dans
cet établissement, le baritel à eau ne reviendra qu'à 12000
rixdaler environ. Cette somme est, il est vrai, considérable ; mais
aussi l'établissement de cette machine produisit une extraction
plus facile et plus grande, et rendit praticables des travaux de
recherche sur plusieurs points de minérais. Il est bon d'observer
que les frais de construction de cette machine furent pris sur le
produit même de la mine. Ce fut donc ici le cas dont il a été
fait mention plus haut, page 210.

Il s'en fallut peu que cet établissement ne fût fait trop tard,
car le baritel à eau ne put servir que vers la fin de 1773, lorsque
le minérai commençoit déja à diminuer ; l'impossibilité de se
débarrasser des déblais avoit empêché pendant quatre ans tous les
travaux de recherche. Il n'y avoit aucune nouvelle découverte,
et les mines tombèrent en perte, peu de temps après que la
machine se trouva en activité ; mais l'extraction facile qu'on avoit
établie donna la liberté de tenter, à peu de frais, plusieurs travaux,
au moyen desquels on rencontra enfin, sur des points nouveaux,
au commencement de 1778, de très-riches minérais, qui, jusqu'à
la fin de la même année, ont déja produit mille huit cents soixante-
treize marcs, six onces d'argent ; somme qui rendroit abondamment
le capital de la construction de cette machine ; quand même

son usage ne seroit pas plus économique que celui du treuil à manivelles.

Quoique le puits, d'où cette machine extrait les matières, n'ait que quarante-six lachter de profondeur, et quoiqu'il faille un ouvrier particulier pour le service de la machine, et un autre pour diriger les eaux qui mettent en mouvement la roue de la machine très-éloignée du puits d'extraction, on économise infiniment plus qu'avec le treuil à manivelle à deux et trois hommes, et même qu'avec le baritel à chevaux. Avec six ouvriers qui sont deux remplisseurs, deux videurs, un maître machiniste et un homme qui dirige l'eau sur la roue (1), on tire soixante tonneaux de huit cuveaux chacun, ou quatre cents quatre-vingts cuveaux en huit heures, lesquels ne coûtent, pour le salaire de tous les ouvriers, qu'un rixdaler trois gros neuf et $\frac{3}{5}$ de pfennin. Par le treuil à manivelle à deux hommes, on ne retireroit en huit heures que cent huit cuveaux, qui coûteroient vingt-deux gros neuf et $\frac{3}{5}$ de pfennin ; ainsi le baritel à eau extrait le quadruple, et épargne les trois quarts des frais. Il est vrai qu'on n'a pas parfaitement calculé combien, depuis que l'on s'en sert, cette machine a épargné de plus que le travail à deux hommes ; mais en admettant une économie de trois rixdaler six gros deux et $\frac{3}{5}$ de pfennin par soixante tonneaux, et une extraction quatre fois plus grande par semaine, comme cela arrive actuellement, l'épargne d'une année entière monte à six cents soixante-dix-huit rixdaler quatorze gros quatre et $\frac{1}{5}$ de pfennin. Il est donc aisé de se convaincre que depuis son premier établissement, en 1773, on a déja beaucoup épargné, et qu'on épargnera encore davantage dans la suite, quoique son

---

(1) Cet homme se nomme en allemand *Schutzer* : les roues dont le mouvement abaisse les tonnes et les remonte lorsqu'elles sont remplies, sont disposées de manière à tourner alternativement en sens contraire, et à être arrêtées au moment du remplissage de la tonne au sol du puits, et de sa vidange au jour. Le *Schutzer* détourne donc les eaux de la roue, ou les dirige sur elle dans le sens où elle doit tourner pour le service ; il est averti de l'instant où la tonne parvient au jour, par une machine adaptée au baritel. Celle-ci fait mouvoir, dans la chambre où se tient le *Schutzer*, un marteau qui frappe sur une plaque de fer. *

principal avantage consiste à extraire beaucoup de matières, et
à faciliter la poursuite de beaucoup d'ouvrages de recherche.

Tout ce qu'on vient de dire sur les différentes espèces d'extraction par les puits, n'est qu'une esquisse de ce qui s'est fait jusqu'à
présent dans les mines du canton de Marienberg, et de ce qui s'y
fait encore aujourd'hui. Mais pour appercevoir avec plus d'exactitude et mieux comparer laquelle des méthodes d'extraction
produit le plus grand avantage, et en quoi il consiste proprement, on trouvera ci-après un tableau comparatif des diverses
espèces d'extraction par des puits. Il n'y a de fictif dans ce tableau
que la réduction à une même mesure des principaux objets,
tels que la profondeur des puits, la capacité des tonnes, etc. ;
car il est calculé d'après ce qui s'est fait effectivement dans
l'extraction des mines du canton de Marienberg, et d'après ce
qui s'y pratique encore aujourd'hui. Quand à la dépense qu'exigent l'entretien des cordages et des tonnes, la réparation de la
machine, la graisse qu'il faut pour en faciliter le mouvement ;
on n'a pas cru devoir en tenir compte, parce que les machines
étant bien construites et les puits bien réguliers, la dépense pour
tous ces objets équivaut à celle qu'occasionne l'entretien des
cuveaux et des cordages dans les treuils à manivelle à deux
hommes, pour l'extraction d'une même quantité de minéraux.

Le tableau de comparaison (1) suffira pour démontrer que
des baritels bien établis sont préférables à l'extraction faite à bras
d'hommes; mais il s'en faut bien qu'on y puisse développer toute
l'utilité de cette méthode. Indépendamment de cet avantage si
grand, *de n'être pas empêché dans la poursuite de beaucoup de travaux de recherche par le défaut de moyens d'extraction*, il en est
d'autres très-précieux qu'il est impossible de porter en compte,
tels que ceux *de n'avoir pas besoin de multiplier les puits*, par conséquent d'épargner par là les frais de leur construction et de leur

---

(1) Nous regrettons que l'auteur n'ait pas été à portée de nous donner des comparaisons
sur l'extraction des matières par la machine à feu. *

entretien, *d'avoir les extractions concentrées sur un petit nombre de points*, de pouvoir les inspecter facilement, et même de les faire servir à contrôler les autres travaux.

Par tout où les baritels sont établis, lors même qu'on ne surveilleroit que médiocrement à la tenue des fosses, on n'a plus à craindre l'entassement des déblais dans les fosses, qui a lieu lorsque les moyens d'extraction sont bornés, qui empêche la circulation de l'air et le corrompt au détriment des ouvriers, et qui gêne si fort l'exploitation des minérais mêmes. Cependant on fait encore plusieurs objections contre les baritels à eau, sur-tout dans l'exploitation des riches mines d'argent. Je pourrois me dispenser de les réfuter, parce que leur contradiction est frappante : j'en rapporterai cependant une qui est toujours la première et la plus spécieuse.

On soutient que les points de minérais des montagnes de Saxe ont peu d'étendue, et qu'ils sont épars et très-éloignés l'un de l'autre. Cette assertion, si elle étoit toujours vraie, prouveroit seulement qu'il faudroit s'arranger en conséquence, et construire les baritels à eau, principalement ceux avec des tirans, de sorte qu'ils servissent à plus d'un puits, en plaçant le principal puits d'extraction, autant qu'il seroit possible, au centre des divers points de minérais, et en disposant tellement les extensions et les galeries, que le transport au puits d'extraction pût se faire d'une manière commode et aisée, à des distances de trois et quatre cents toises. Il y a des moyens pour cela.

Jusqu'à présent, en Saxe, on s'est servi, pour le transport des matières dans les galeries et les extensions, de la brouette (1),

____

(1) Il y a long-temps qu'il n'est plus question en Allemagne des moyens barbares de transport et d'extraction dont on se sert dans un grand nombre de nos exploitations, moyens contre lesquels je m'élève toujours avec force, mais que le misérable genre de travail introduit dans plusieurs de nos mines y maintient malgré moi. Souvent on ne connoît ni puits ni galeries, et souvent on attaque des veines sur leur tête ; on s'enfonce en suivant leur pente ; on se contente de conduire les eaux dans une foncée, au lieu de leur ménager un écoulement par des galeries prises au pied de la montagne sur le gîte de minérai même, ou par des traverses dirigées sur son inclinaison. Des trous tortueux et rapides servent d'entrée et de sortie aux fosses ; les treuils à manivelles, les brouettes, les chariots ou les chiens, ne sauroient être d'aucune utilité :

K k k

du chien ou chariot de roulage à clou de conduite, et du chien hongrois sans ce clou. Il ne faut que comparer ces machines pour en reconnoître la plus commode. L'usage de la brouette met l'ouvrier dans l'attitude la plus pénible : le corps courbé à angle droit, il est obligé de porter sur le dos, au moyen d'une courroie de cuir ou d'une corde, tout le fardeau qu'il pousse devant lui, et ce n'est qu'avec la plus grande gêne qu'il peut faire usage de ses yeux pour se conduire de manière à ne pas se heurter par-tout. Lorsqu'un homme commence ce rude travail, les écorchures qui se font sur son dos lui causent de vives douleurs, jusqu'à ce qu'il se forme un calus à la place où porte la courroie par laquelle il soulève le fardeau. Il est aisé de comprendre que la charge ne sauroit être très-grande, et ne peut se transporter fort vite, sur-tout à de grandes distances, de manière qu'on ne peut fixer à un homme qui commence ce travail, et qui n'y est point accou-tumé, un nombre déterminé de voyages dans un temps donné. Le chien à clou de conduite est déja bien moins difficile à traîner. Une caisse carrée est placée sur quatre petites roues ; elle a en tout vingt-deux pouces de hauteur. Au fond est attaché un clou ou une cheville forte qui passe les roues de quelques

---

aussi est-on contraint de faire le transport dans les fosses et l'extraction des matières au jour avec des hottes à dos d'homme, par des chemins bas et étroits, où quelquefois le manœuvre risque de se précipiter, où souvent il ne trouve en montant, pour tout échelon, que de foibles rondins très-écartés, qu'il peut à peine atteindre et qui peuvent céder sous son poids. Il ne faut pas de grands calculs pour comparer ces moyens à ceux qui sont adoptés dans les mines dont les travaux sont plus réguliers. Il y a perte de temps, abus de forces, augmentation de frais. On craint les dépenses d'un travail bien ordonné qui ne se fait pas immédiatement sur le minérai, et on ne calcule pas l'économie prodigieuse qui en résulte par la suite, indépendam-ment de toutes les autres facilités qu'on procure aux travaux.

Pour éviter les planchers de roulage, j'ai vu dans plusieurs mines de charbon traîner les mottes sur des claies, sur le sol de charbon menu qu'on laissoit dans la mine. Cependant ces planchers de roulage contribuent à la circulation de l'air, qui manque si souvent dans cette espèce de mines, et dont le défaut donne lieu aux explosions du gaz inflammable ou aux accidens occasionnés par l'air fixe ; sans parler de l'économie que procurent la vitesse et la facilité du transport.

Dans d'autres mines de charbon, j'ai vu de grands chariots à trois roues, portant environ six quintaux de mottes, traînés avec peine par trois hommes, à cause des ornières profondes de plusieurs pouces, qui se formoient dans le sol de charbon sur lequel on n'avoit point mis de planchers. *

pouces, et sert à conduire le chien, en glissant entre deux *limandes* (1) sur lesquelles ses roues portent. L'ouvrier, étant derrière ce chien, appuie par dessus une partie de son corps, et le pousse ainsi avec beaucoup moins de peine (2). Cependant ce chien à clou ou cheville de conduite n'est pas encore assez ingénieusement construit pour qu'on puisse aisément et promptement le rouler, le tourner et le renverser. On a tâché de le perfectionner en élevant ses deux roues de derrière, et en abaissant celles de devant, en les rapprochant d'avantage l'une de l'autre, et en les plaçant plus sur le devant, en donnant à la caisse plus de largeur par le bas que par le haut, et en supprimant le clou de conduite, pour éviter le frottement. Tel est à-peu-près ce qu'on appelle le chien de Hongrie. L'ouvrier, qui peut être un jeune homme de quinze à seize ans, se place derrière le chien, saisit avec la main droite une anse attachée derrière qui sert à diriger le chien. Il place sa main gauche sur la caisse, de manière qu'il ne lui reste autre chose à faire que de gouverner adroitement cette machine et de bien courir; car à peine sent-il le fardeau qu'il pousse. On voit que par ce moyen, il peut employer toutes ses forces à accélérer le transport. Quelques observations suffisent pour démontrer l'avantage de cette machine dans la pratique. On peut le voir dans le tableau de comparaison que je donne ici des divers moyens de transport dans les fosses. On a porté en compte dans ce tableau le coût des dispositions nécessaires à l'usage de chacune de ces machines : non seulement il ne s'y est pas trouvé de différence sensible, mais on y a vu clairement

---

(1) Le traducteur de Délius appelle limande les lattes fortes et épaisses qui servent de plancher de roulage au chariot ou chien à clou de conduite. Voyez Délius, §. 265 à 268, et § 402. M. Schreiber, qu'il ne faut pas confondre avec ce traducteur, les nomme *plateaux*, sans doute parce qu'on les appelle ainsi en Dauphiné. *

(2) On peut lire sur cette matière, depuis les §§. 402 à 409, de l'Instruction sur l'art des mines de Délius. Il y traite, comme notre auteur, de la brouette, du chien à clou de conduite et du chien de Hongrie. M. Monnet en dit aussi quelques mots à la page 216 de sa traduction du traité de l'exploitation des mines, publié par l'académie de Freyberg. M. Monnet, dans la traduction que je viens de citer, fait mention des chiens qu'on traîne avec une courroie sur le devant. *

que ces frais d'établissement ne font que le moindre article ; le païement des ouvriers au contraire est le plus considérable ; d'où l'on voit qu'en économisant sur cet objet, en tirant plus grande partie des forces de l'homme, il en résulte à tous égards le plus grand avantage pour l'exploitation des mines. Il seroit à souhaiter que le chien de Hongrie fût introduit généralement dans les mines de l'Ertzgebürg en Saxe. En 1775, on en essaya l'usage avec succès, et presque en même temps, dans tout le canton de *Johangeorgenstadt* et de *Marienberg*, et ensuite à *Ehrenfriedersdorf*. Dans le district de Marienberg, on en fit le premier essai à la fosse de découverte du Jeune Fabien Sébastien, et jusqu'à présent on s'en est servi avec beaucoup d'avantage. Comme, depuis le mois d'août 1775, jusqu'à pareille époque 1778, on n'avoit travaillé à l'extraction que huit heures par jour, on n'a pu charier, dans tout ce temps-là que cent trois mille six cents quatre-vingt cuveaux de matière avec le chien sans clou de conduite. Il en a coûté 360 rixdaler de moins que si l'on eût fait le transport à la brouette. Dans l'état actuel des travaux, où six ouvriers au moins travaillent pendant huit heures par jour avec ce chien, l'économie sera certainement beaucoup plus considérable ; elle montera à 9 rixdaler 2 gros 9 pfennins au moins par semaine, ce qui fera par an 473 rixdaler 23 gros, sans parler de ce que l'exploitation gagne en total par une extraction plus active ; utilité qui ne peut se porter en ligne de compte.

La seule objection qu'on puisse faire contre l'extraction avec le chien sans clou de conduite, est qu'il faut que les galeries et les extensions sur lesquelles elle s'effectue, soient un peu plus larges et plus élevées, plus en ligne droite, point couchées d'après l'inclinaison des filons, et point brisées à angle trop aigu. Il est vrai que des galeries et des extensions qui doivent être faites avec autant de soin paroissent devoir coûter un peu plus ; mais les dépenses qu'elles occasionnent ne sont pas, à beaucoup près, aussi considérables que le gain qui revient bientôt d'une extraction plus commode, au moyen de laquelle on obtient en

outre

outre l'avantage inappréciable d'avoir toujours un bon courant d'air. De tous les moyens, souvent très-dispendieux, employés pour procurer aux ouvriers un courant d'air suffisant et sain (1), le meilleur est sans contredit celui des galeries, des extensions et des puits spacieux et pratiqués en ligne droite autant qu'il est possible. Est-il besoin de démontrer qu'une quantité suffisante d'air salubre est, dans les mines, de première nécessité ? Resserré dans un espace étroit, obligé d'employer une partie de ses forces à aspirer l'air, forcé de passer la moitié du temps de sa tâche à faire brûler sa lampe, ou à la rallumer quand elle vient à s'éteindre, l'ouvrier le plus robuste ne peut travailler beaucoup ; il fera moins d'ouvrage encore s'il ne peut respirer un air sain, parce que sa santé s'altérera bientôt. Il est donc certain que des motifs d'économie, autant que des sentimens d'humanité, doivent fixer notre attention sur cet article essentiel. Lorsque les galeries et les extensions sont élevées et spacieuses, lorsqu'on a par-tout suffisamment d'air sain, il est facile de transporter de fort loin les matières et de les amener au puits principal d'extraction.

Des galeries et des extensions étant établies sur ces principes, on manquera moins les points de minérai, et l'on s'épargnera des tentatives vaines et très-dispendieuses, qui deviennent inévitables, lorsque par une épargne mal entendue on a fait les premiers travaux tortueux, bas et étroits. On peut aussi introduire des moyens économiques dans la préparation qu'on fait subir au minérai pour le rendre propre à la fonte ; mais ils ne produisent pas d'aussi grandes épargnes, et n'influent pas si directement sur l'exploitation, que les changemens proposés dans le transport et l'extraction. Le triage (2) est de tous les moyens de préparation le premier, le plus instructif pour la jeunesse, et d'ailleurs le moins dispendieux et le meilleur. Il faut donc, autant que cela se peut, faire passer le minérai du triage à la fonderie immédia-

---

(1) Voyez mon discours préliminaire au plan de M. de Veltheim, page xxxix.
(2) Il seroit bien à desirer que l'usage de trier le minérai fût plus général, et que cette opération fût mieux surveillée : c'est une petite dépense, et ce travail bien fait évite souvent les

tement. Quand même le minérai ne pourroit être réduit par cette opération qu'à une richesse moyenne, il n'en coûte que peu de frais, et il n'est pas à craindre qu'il y ait du déchet, ni même de la perte dans le minérai, avant qu'il soit mis au feu, comme cela arrive lorsqu'on emploie d'autres moyens. Pour avoir un échantillon qui puisse servir de témoin, et d'après la richesse duquel les employés de la fonderie puissent payer le minérai aux actionnaires, il faut, après le triage, piler le minérai à sec. Cette opération se fait de deux manières, ou par des machines mues par l'eau, ou par des hommes. Dans le dernier cas, on emploie des enfans qui se servent de la *masse*, ou des hommes faits qui emploient de grands mortiers, dont on se servoit autrefois dans le district de Marienberg. Le boccard à sec par le moyen des machines est sans contredit le plus avantageux. Non seulement il épargne les frais, mais il produit aussi de plus grandes quantités de matières dans le même temps, et, ce qui est plus important, il ménage la santé des ouvriers. Lorsque des enfans de douze à quatorze ans concassent la mine à la masse, ils sont continuellement environnés d'un nuage de poussière, qui contient ordinairement beaucoup d'arsenic; ils le respirent, ils le mangent même, parce que leur pain, quelquefois placé à côté deux, en reçoit une partie. Leur poitrine en est attaquée, leur sang se gâte, ils périssent long-temps avant d'être devenus des hommes. Ce seroit participer à la destruction de ces êtres intéressans, que de ne pas chercher à employer des machines à ce travail dangereux. Le mortier où des hommes faits piloient les mines avoit aussi ce terrible inconvénient. Les ouvriers placés au dessus du mortier recevoient la poussière, et il arrivoit souvent que lorsque la mine étoit très arsenicale, elle corrodoit les parties les plus délicates de leurs corps; il leur survenoit des saignemens de nez, des ulcères chancreux, et d'autres caractères visibles d'une santé

---

plus grands inconvéniens. Si les mines de fer spathiques du Dauphiné, trop communément souillées de pyrite cuivreuse et de blende étoient triées avec attention, les maîtres de forges de cette province ne seroient pas exposés à tous les accidens qu'ils éprouvent.

dérangée par ces caustiques vénéneux. Voilà pourquoi l'on a
aboli dans le district de Marienberg le pilage à la masse et le
pilage au mortier dans la préparation des minérais riches. Depuis
l'année 1769, toutes les mines d'argent non lavées qu'a produit
ce canton, ont été préparées au boccard sec : cette méthode
conserve la santé des ouvriers, et économise au moins deux gros
par quintal ; car chaque quintal concassé au mortier coûtoit quatre
gros six pfennins, tandis qu'il coûte tout au plus deux gros six
pfennins pour être pilé fin au boccard, en comptant même l'intérêt
du capital employé à la construction et à l'entretien de la machine. Comme depuis le commencement de 1769 jusqu'à la fin
de 1778, on a boccardé à sec, dans le canton de Marienberg,
10671 quintaux $\frac{3}{8}$ de mine, on a économisé 889 rixdaler 6 gros
9 pfennins. Pour dérober encore un ouvrier au dangereux travail
de la cribration (1), nécessaire dans l'opération du boccard à sec,
on a adapté depuis peu, à celles de ces machines les plus occupées du district de Marienberg, des cribles qui se meuvent par
la machine , et qui donnent encore par chaque quintal une
épargne, mais si peu importante, qu'elle ne mérite pas d'être portée
en compte ici.

Quelque soin qu'on prenne , il n'est pas possible de préparer
tous les minérais à la fonte par la simple opération du triage.

Les minérais pauvres qu'on extrait des fosses ne comportent
point ce genre de travail, et les rebuts qui proviennent du triage
des minérais riches même , contiennent encore des portions de
minérai dont il faut tirer parti.

Toutes ces matières , lors même qu'on pourroit faire usage
du travail de cribration , comme étant le plus avantageux, sont
toujours dans le cas de passer au boccard à eau, et de là aux
tables à laver.

Parmi les nombreuses inventions de ce genre qui ont été faites

---

(1) Le traducteur de Délius a adopté le mot de criblage. Je préfère celui de cribration,
déja reçu par l'Académie Françoise, pour désigner une opération semblable.

et accréditées, la plus heureuse est sans contredit la table de répercussion (1) : ordinairement elle est mue par la même roue à eau qui soulève les pilons du boccard. On peut aussi, suivant les circonstances, en faire une machine particulière ; un seul homme la dessert sans peine, et souvent on y prépare dans le même temps plus de matières qu'avec deux, trois et même cinq tables à laver ordinaires. Outre ces avantages, déja très-grands, la table de répercussion a celui de rendre le schlich tout aussi pur que toute autre table à laver, en consommant moins d'eau, et de pouvoir être employée à la lumière sans inconvénient : ces deux propriétés sont précieuses dans les endroits où il importe d'avancer beaucoup l'ouvrage, et dans ceux où les eaux, dans de certains temps, s'écoulent en pure perte durant la nuit, et où, dans d'autres, elles sont insuffisantes à tous les travaux pendant le jour. Ce n'est que depuis 1774 que cette machine a été essayée dans le district de Marienberg, et qu'on l'y a adoptée dans les endroits où elle convenoit. Dans la préparation d'une quantité égale de mine d'étain, l'on a été à portée de comparer la dépense du travail fait par la table de répercussion à celle du travail des tables à laver recouvertes de toile. On a trouvé qu'indépendamment de la plus grande quantité de schlich d'étain, l'économie montoit au moins à 2 rixdaler pour soixante voitures de minérai, faisant mille quatre-vingt quintaux environ ; ainsi on a économisé 157 rixdaler sur quatre mille sept cents dix voitures préparées à la table de répercussion, et faites depuis le milieu de 1774 jusqu'à la fin de 1778, c'est-à-dire en quatre ans et demi. L'économie que cette méthode a procurée dans la préparation des mines d'argent, n'a pu être déterminée avec exactitude, parce que le canton de

---

(1) M. Jars, Voyage métall. tome II, page 169, a nommé table de répercussion la table que les Allemands appellent *Stosheerd*, et j'avoue que je ne trouve pas d'autre mot propre à donner une idée de l'usage de cette machine. Elle consiste en une table de bois en carré-long, suspendue aux quatre coins par des chaînes, inclinée comme les tables à laver ordinaires, sur laquelle on fait tomber d'un bassin supérieur, au moyen d'un courant d'eau, les minérais qui avoient passé au boccard ; l'agitation en sens contraire de cette table et son choc contre des piliers entre lesquels elle se trouve, séparent les parties plus pesantes du minérai d'avec les parties plus légères de la gangue que l'eau entraîne.

Marienberg

Marienberg n'a qu'un seul lavoir pour les mines d'argent, et que pour y établir la table de répercussion, il a fallu détruire tout l'ancien lavoir. On a seulement observé que depuis l'introduction de cette nouvelle méthode, on y avoit préparé, au moyen de ce lavoir, une bien plus grande quantité de schlich qu'autrefois; mais l'avantage qu'on a exactement apprécié dans le lavage de la mine d'étain, fait présumer que l'on fera également une épargne considérable, par cette méthode, au lavage des mines d'argent. Cette table est encore infiniment utile, en ce qu'elle occupe beaucoup moins d'espace que les tables ordinaires, en préparant les mêmes quantités; par conséquent elle épargne la construction des lavoirs spacieux, souvent très-coûteux, que nécessitoient les tables dont on s'étoit servi jusqu'alors : il y avoit de ces lavoirs qui coûtoient 4, 6 et même 10 mille rixdaler, tandis que la table de répercussion n'en coûte que trois ou quatre cents. Elle seroit donc infiniment utile, quand même elle n'auroit servi qu'à épargner l'établissement de ces édifices dispendieux.

Toutes les épargnes qui ont pu être faites dans le district de Marienberg, soit par la maçonnerie, soit par l'extraction et la préparation des mines, ne sont pas indifférentes quoiqu'elles aient été introduites tout nouvellement, et qu'on n'ait pu les calculer que sur un petit nombre d'années; l'introduction de ces économies seroit moins importante, si les méthodes auxquelles elles sont dues n'avoient pas en même temps facilité les moyens d'augmenter les produits de l'exploitation par la découverte de nouveaux points de minérais. Comparons maintenant le produit des mines de Marienberg avant et après l'introduction de ces nouvelles méthodes. Dans les comptes de la recette générale des dîmes d'Annaberg, on a trouvé, comme le prouve l'extrait suivant, que les produits en argent n'ont été enregistrés que depuis l'année 1674, et que depuis cette année les registres d'une année entière manquent totalement, et que ceux de quatre autres années sont défectueux, parce qu'on avoit tiré quelques parties de minérai d'argent du district de Marienberg pour une fonte

M m m

particulière qui s'étoit faite à la fonderie de Wolkenstein , sans qu'il reste de notice de la quantité d'argent qu'on en retira. A ces lacunes près, la quantité d'argent qu'on a obtenue des mines du district de Marienberg, depuis 1674 jusqu'à la fin de 1767, dans l'espace de 93 ans, ne monte qu'à 19862 marcs 2 onces 3 gros : si on y ajoute 1000 marcs pour le montant des comptes qui manquent , ce qui est évalué au plus haut , le produit des quatre-vingt-treize années sera de 20862 marcs 2 onces 3 gros, ce qui donne année commune 224 marcs 2 onces 4 et $\frac{79}{93}$ de gros. Depuis l'année 1768 jusqu'à la fin de 1778 , dans l'espace de onze années , on a tiré du même district 24679 marcs 7 onces 5 gros, ce qui donne année commune 2243 marcs 5 onces $\frac{5}{11}$ de gros. Cette comparaison prouve invinciblement que les épargnes dans la dépense ne sont bien placées que lorsqu'elles facilitent en même temps les moyens d'augmenter la recette.

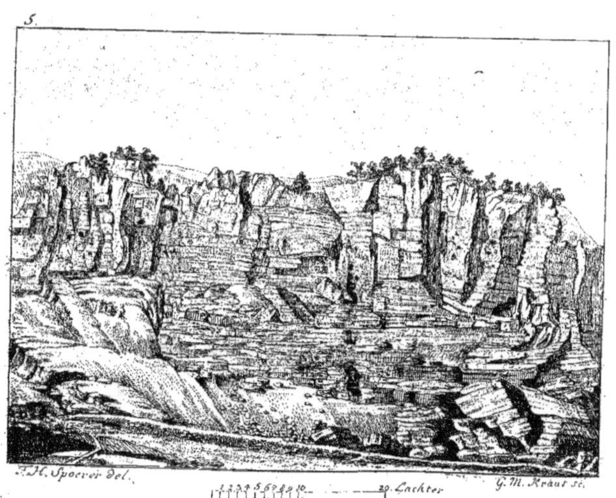

TABLEAU

Du produit de l'argent tiré des mines de Marienberg, pendant les années ci-dessous relatées, extrait des comptes déposés aux Archives de la recette générale des dîmes.

Marcs.	Onces.	Gros.	Années.
473	7	4	1674
217	2	4	1675
214	3	4	1676
309	4	2	1677
317	7	5	1678
265	—	—	1679
265	—	6	1680
254	6	6	1681
289	5	5	1682
256	5	6	1683
Les comptes manquent pour			1684
218	3	2	1685
239	7	—	1686
98	5	5	1687
24	5	6	1688
Mais seulement pour le quartier de la Trinité. Les autres comptes manquent.			
77	5	4	1689
Mais seulement pour le quartier de la Trinité et de St. Luc de cette année.			
55	5	7	1690
Mais seulement pour la Trinité et la St. Remi de cette année.			
110	4	4	1691
Seulement pour la Trinité, Ste. Croix, St. Luc de cette année.			
79	2	7	1692
130	2	1	1693
96	5	3	1694
104	2	6	1695
108	1	2	1696
113	7	2	1697
209	1	6	1698
168	5	3	1699

Marcs.	Onces.	Gros.	Années.
133	3	2	1700
140	3	—	1701
82	6	7	1702
147	7	6	1703
111	7	7	1704
62	1	5	1705
150	3	1	1706
223	7	7	1707
231	2	6	1708
762	4	1	1709
507	3	1	1710
381	1	2	1711
569	—	5	1712
370	—	3	1713
243	5	1	1714
90	3	1	1715
169	—	7	1716
229	3	6	1717
432	6	4	1718
806	2	—	1719
204	3	1	1720
241	6	4	1721
248	2	5	1722
180	1	1	1723
153	6	5	1724
161	3	—	1725
131	4	5	1726
236	3	4	1727
178	—	3	1728
140	—	6	1729
81	3	6	1730
85	4	6	1731
57	2	4	1732
61	2	4	1733

Marcs.	Onces.	Gros.	Années.
45	6	—	1734
59	5	1	1735
27	6	5	1736
185	—	5	1737
107	1	—	1738
141	1	7	1739
71	—	6	1740
58	3	—	1741
36	6	—	1742
109	3	6	1743
159	3	4	1744
253	4	3	1745
240	5	1	1746
200	6	1	1747
119	6	6	1748
99	4	3	1749
133	5	—	1750
126	6	5	1751
75	1	—	1752
243	4	4	1753
268	3	2	1754
324	—	2	1755
351	4	3	1756
314	1	2	1757
381	6	3	1758
432	7	—	1759
256	6	—	1760
269	—	7	1761
291	4	3	1762
382	—	4	1763
261	5	7	1764
178	6	6	1765
459	6	3	1766
458	3	6	1767

Somme pour 93 années, 19862 marcs, 2 onces, 3 gros.

Produit des mines du district de Marienberg, depuis 1768, jusqu'à 1778 inclusivement.

Marcs.	Onces.	Gros.	Années.	Marcs.	Onces.	Gros.	Années.	Marcs.	Onces.	Gros.	Années.
710	5	7	1768	4025	5	5	1772	1059	—	1	1776
1915	7	6	1769	3634	—	1	1773	1291	3	4	1777
1271	2	—	1770	3775	—	4	1774	2675	5	5	1778
1987	—	4	1771	2334	—	—	1775	—	—	—	—

Somme pour 11 années 24679 marcs, 7 onces, 5 gros.

I.

TABLEAU de comparaison des diverses sortes d'extractions par les puits.

NOMS des fosses, et espèces de machines dont on s'est servi pour l'extraction.	Données principales — nombre des ouvriers	Extraction dans une tâche. Nombre de cuveaux.	Salaire des Ouvriers — Rix	Gr.	Pf.	ÉCONOMIE, comparativement au treuil à manivelles à deux hommes — épargne d'ouvriers	Augmentation du nombre de cuveaux extraits	EN argent — Rix	Gr.	Pf.	En tems, nombre d'heures	ÉCONOMIE, comparativement au treuil à manivelles à trois hommes — épargne d'ouvriers	Augmentation du nombre de cuveaux extraits	EN argent — Rix	Gr.	Pf.	En tems, nombre d'heures
1. Weistaub. Treuil à manivelles, à trois hommes	8	126	1	6	9 3/5	2 1/3	30	—	9	1 1/7	1 1/3						
2.) Unvermuthet-glück. Baritel à chevaux . .	5	288	1	16	9 3/5	19	228	2	2	4 4/5	13 1/3	13 2/7	209 1/4	1	5	7 1/3	10 2/7
3.) Jeune Fabien-Sebastien. Baritel à eau, avec tirans.	6	432	1	2	4 4/5	30	360	4	14	4 4/5	24	21 2/7	337 1/2	3	7	2 3/5	19 3/7
4.) Reichen-Seegen et Einhorn. Baritel à eau, sans tirans . . .	4	432	—	16	4 4/5	32	384	5	—	4 4/5	24	23 1/2	369	3	17	2 2/3	19 4/7

NOMS des fosses (suite)	ÉCONOMIE, comparativement au baritel à chevaux — épargne d'ouvriers	Augmentation du nombre de cuveaux extraits	EN argent — Rix	Gr.	Pf.	En tems, nombre d'heures	ÉCONOMIE, comparativement au baritel à eau, avec des tirans — épargne d'ouvriers	Augmentation du nombre de cuveaux extraits	EN argent — Rix	Gr.	Pf.	En tems, nombre d'heures
1. Weistaub. Treuil à manivelles, à trois hommes.												
2.) Unvermuthet-glück. Baritel à chevaux.												
3.) Jeune Fabien-Sebastien. Baritel à eau, avec tirans.	1 1/2	86 4/5	1	10	9 3/5	4						
4.) Reichen-Seegen et Einhorn. Baritel à eau, sans tirans.	3 1/2	201 4/5	1	20	9 3/5	4	2	144	—	10	—	—

II.

TABLEAU de comparaison des différens moyens de transport des matières dans les galeries et extensions.

MOYENS EMPLOYÉS.	Fournitures et réparations, y compris la graisse — Rix.	Gros.	Pf.	Fournitures et réparations du plancher de roulage — Rix.	Gros.	Pf.	SALAIRE des OUVRIERS — Rix.	Gros.	Pf.	Journées ou tâches. Nombre.	DISTANCES. Lachter.	Cuveaux par tâche. Cuveaux.	Cuveaux en TOTAL. Cuveaux.	COÛT d'un CUVEAU. Pfenins.	
1.) Brouettes	2	10	—	4	21	—	19	12	—	130	139	36	4860	1 1/4	Un peu plus.
2.) Chien sans } Clou de conduite	2	—	6	5	17	—	19	12	—	130	139	87 1/2	11375	3/4	A-peu-près.
3.) Chien avec }	2	4	8	8	1	8	19	12	—	130	400	21	2730	3	Fort.

OBSERVATIONS

SUR LE TABLEAU N°. I.

Pour qu'on puisse saisir d'un coup-d'œil la comparaison de tous les objets, on a évalué par-tout à 70 lachter la profondeur des puits. C'est à cette profondeur que l'extraction se fait actuellement à la fosse de découverte *d'Unvermuthet-glück*, et à celle de *Reichen-Seegen* et *d'Einhorn*. Le treuil à manivelles à trois hommes étant praticable à 35 lachter, nous n'en avons compté que deux pour la profondeur de 70. Quant au puits d'extraction de la fosse de découverte du *Jeune Fabien Sébastien*, son sol n'est encore qu'à la profondeur de 46 lachter ; mais lorsqu'il sera parvenu à celle de 70 , on pourra, dans le même temps, avec les ouvriers présentement occupés à l'extraction , sortir 54 tonnes, nombre égal à celui que l'on extrait actuellement de la fosse de découverte de *Reichen-Seegen* et *d'Einhorn*, avec la différence néanmoins que les tonnes de cette dernière fosse ne contiennent actuellement que six cuveaux ; mais on pourroit également extraire de celle-ci dans le même temps la valeur de 54 tonnes à 8 cuveaux, si l'on y mettoit deux ouvriers de plus pour remplir les tonnes , les vider et transporter les matières ; ce que je suppose avec d'autant plus de fondement, que par les mêmes moyens je suis parvenu à faire extraire 60 tonnes à 8 cuveaux dans la mine du Jeune Fabien Sébastien.

Nous avons évalué généralement les tonnes des puits d'extraction à 8 cuveaux d'un treuil à deux hommes , et la journée ou tâche à huit heures. Les données principales qui ont servi de base à cette comparaison , auroient été trop longues pour être insérées dans le tableau (1).

Je compte trois remplisseurs à 17 gros par semaine. On pourra

______

(1) Ces données se trouvent à la page 219.

m'objecter qui si les puits s'étendoient sans interruption les uns sous les autres, il suffiroit d'avoir un remplisseur : mais dans les puits à extraire les matières, il arrive très-rarement que deux se prolongent de suite sans interruption, encore moins trois ; et si cela étoit, je conviens qu'un remplisseur suffiroit, mais il faudroit pourtant à chaque treuil, détacher les cuveaux et les ratacher au treuil prochain, ce qui occasionneroit dans l'extraction assez de retard pour qu'on ne pût sortir les 108 cuveaux, de manière qu'on y perdroit autant qu'on auroit économisé par la suppression de deux remplisseurs.

On alléguera peut-être encore qu'on pourroit exiger des manœuvres qu'ils tirassent en huit heures plus de 108 cuveaux dans un puits de 23 lachter et $\frac{1}{2}$ de profondeur, sur lequel j'ai calculé ; mais je doute qu'on parvînt à l'obtenir, parce qu'on ne sauroit toujours être à la suite des ouvriers, et que dans un travail aussi constamment pénible que celui de monter la matière au treuil, les menaces ni les punitions ne sauroient contraindre les ouvriers à en faire plus que leurs forces ne le leur permettent ; que si l'on parvenoit à l'obtenir, les cuveaux ne seroient pas chargés de manière à ce qu'au nombre de huit, ils pussent remplir une tonne de baritel. On perdroit donc encore de ce côté autant qu'on auroit cru gagner en forçant le travail.

Pour les treuils à trois hommes, on a mis dans l'état six ouvriers, à chacun desquels on paie 20 gros par semaine, et deux remplisseurs qui en gagnent 17.

Au baritel à chevaux, on a compté deux remplisseurs, deux videurs, chacun à 21 gros par semaine, parce qu'il faut des hommes forts pour ce travail : on a compté de plus un valet pour les chevaux, en tout cinq ouvriers. On donne à ce dernier, pour lui et pour ses chevaux, un rixdaler par tâche de huit heures. Pour le baritel à eau avec des tirans, on a calculé sur deux videurs qui charient en même temps la matière hors du hangard du puits, et à chacun desquels on donne 22 gros par semaine, parce qu'il faut des hommes très-vigoureux pour ce travail. L'un des deux remplisseurs, qui doit être aussi un garçon fort, a 19 gros par semaine, et l'autre 17. Celui qui dirige les eaux sur la roue, a 4 gros par journée de huit heures. Le maître machiniste a bien un rixdaler et 18 gros par semaine; mais comme il a en même temps l'inspection du boccard à sec joint à ce baritel, et qu'en outre il doit faire les tonneaux et les chiens dont on a besoin, on ne porte à la charge de la machine d'extraction qu'un rixdaler huit gros par semaine, parce que cette machine ne marche que quatre journées de huit heures.

Au baritel à eau sans tirans, on a compté deux remplisseurs, qui ont chacun 19 gros par semaine, et deux videurs à 22 gros, qui sont en même temps chargés de transporter les matières et de diriger les eaux sur la roue; quoique pour faire tout ce service, cette machine n'occupe réellement que d'eux ouvriers à 22 gros; mais aussi les tonnes ont été fixées à huit cuveaux, tandis qu'actuellement elles ne sont que de six.

On a pratiqué dans le baritel du Jeune Fabien Sébastien, une machine fermée qui marque axactement non-seulement les tonnes qu'on a sorties dans chaque journée, mais encore le nombre des journées elles-mêmes pour un certain temps. De cette manière, il n'est plus possible aux ouvriers de tromper sur le nombre des tonnes; mais on ne pourra jamais établir avec avantage une pareille machine près des puits à treuils.

Si avec les baritels à tirans on ne travailloit que cinq journées ou tâches par semaine, l'économie qu'on feroit avec cette machine comparée à celle des treuils à deux hommes employés à la profondeur de 70 lachter, seroit de 25 rixdaler et 2 gros par semaine, ou de 1304 rixdaler 8 gros par an. Lorsqu'on prévoit un pareil bénéfice dans une mine, on peut en toute sureté construire un baritel à eau sans tirans pareil à celui de la mine de *Reichen-Seegen* et d'*Einhorn*, quand même il coûteroit le double de celui-ci; car seulement deux journées de travail par semaine font une épargne de 10 rixdaler 9 pfenins $\frac{3}{5}$, ou 521 rixdaler 17 gros 7 pfenins $\frac{1}{5}$ par an, et avec cette somme on pourroit, dans plusieurs mines où le local le permettroit, construire un pareil baritel, sur-tout si l'on ne cherchoit pas à y rassembler toutes ses commodités, mais seulement à bâtir avec économie.

Si au puits du Jeune Fabien Sébastien, on faisoit dix journées de huit heures par semaine à la profondeur de 70 lachter qu'il atteindra peut-être bientôt en y mettant plus de monde, l'épargne annuelle comparée à celle du treuil à deux hommes, seroit de 1768 rixdaler; ainsi en huit ans on seroit bien dédommagé des 12000 rixdaler qu'auroit coûté son établissement.

O B S E R V A T I O N

S u r l e T a b l e a u N°. II.

Dans tous les calculs des mines en général, on rencontre nombre de difficultés, lorsqu'on demande que tout soit fixé avec la plus scrupuleuse exactitude; car on ne calcule pas toujours sur des distances égales; le bois n'a pas la même durée dans toutes les fosses; les ouvriers ne ménagent pas également leurs outils, et quelque actifs qu'ils soient d'ailleurs, ils ne se servent pas avec la même vitesse et la même habileté de toutes sortes de machines indifféremment.

Il faut donc presque toujours se contenter d'être exact en grand, quand on fait de ces sortes de comparaisons, et négliger les détails minutieux et une précision trop scrupuleuse.

C'est d'après cette considération qu'on a tâché de faire le plus exactement possible la comparaison des différens travaux sur les galeries et extensions. Les observations suivantes en feront preuve, et fourniront les moyens d'examiner les calculs.

Les frais de construction d'une brouette sont comptés à 2 rixdaler 6 gros; elle dure six mois lorsqu'on emploie six journées par semaine: le graissage pour le même temps coûte 4 gros. Le prix de la construction d'un chien sans clou de conduite est porté à trois rixdaler trois gros, sa durée est d'une année, et la graisse

pour

pour ce temps coûte 16 gros. Un chien avec le clou de conduite coûte 4 rixdaler 12 gros ; il dure trois ans et consomme pour 8 rixdaler 16 gros de graisse dans cet espace de temps calculé à raison de cinq journées de travail par semaine. Sur les frais de réparation, on a déduit le produit des vieux fers que l'on retire de ces machines, lorsqu'elles sont usées.

Quant à l'usage du chien sans clou de conduite, on à calculé à cause des piliers de bois dur nécessaires à un plancher de roulage fermé, dix rixdaler de plus, et pour la brouette comme pour le chien, on a compté 10 rixdaler de frais de réparation et six années de durée.

Les limandes à l'usage du chien à clou de conduite sont de bois tendre, et les frais de réparation vont à 62 rixdaler 6 gros, pour les neuf années de la durée, après lesquelles ces deux espèces de planchers sont censés être entièrement usés. Les planchers de roulage fermés, ne sont pas nécessaires à l'extraction qui se fait avec le chien sans clou de conduite, ou avec la brouette ; mais comme il les faut presque toujours pour entretenir le courant d'air dans les galeries, et souvent dans les extensions, on a cru devoir les faire entrer ici en compte.

Le salaire des ouvriers a été généralement compté à raison de 18 gros par semaine.

On a pareillement calculé sur cinq journées de huit heures par semaine, et la totalité du calcul comprend six mois.

La longueur des travaux que parcourent la brouette et le chien sans clou de conduite, est censée égale dans le calcul, parce que les extractions, par les deux moyens différens, ont été essayées sur une même distance dans la mine du Jeune Fabien Sébastien, où l'on se sert encore du chien à clou de conduite. La distance 400 toises adoptée pour le chien à clou de conduite n'a pu être déterminée différemment, parce que c'est sur une longueur semblable que se fait le transport de matières dans les galeries de *Weistaub* et de *Molch*. On n'a point voulu d'autres données que celles qui ont effectivement lieu.

O o o

Il a fallu réduire les mesures en cuveaux , afin d'avoir une mesure générale , car une brouette contient deux cuveaux à deux hommes , un chien à clou de conduite en contient trois , et un chien sans clou de conduite $3\frac{1}{2}$.

EXPLICATION DES PLANCHES (1).

LES VIGNETTES.

Ce sont tous des rochers isolés , copiés d'après nature , et enluminés de la couleur que présente leur cassure fraiche. J'ai cru que cette manière expliqueroit mieux la structure des rochers et tout ce qui a rapport à leurs masses.

PREMIÈRE VIGNETTE, page 1.

Les Schenarcher.

Ces deux beaux rochers de granit qui occupent toute la vignette du titre , sont sur le *Barenberg* au couchant de *Schirke* , village du canton de *Wernigerode* , au Hartz.

Ils offrent un exemple frappant de ce qu'a dit M. de Luc, sur l'arrondissement des pointes de rochers au sommet des montagnes; cet arrondissement provient de l'action de l'atmosphère , de la

---

(1) J'ai donné des tableaux qui représentent la nature telle qu'elle est. L'échelle de ces planches est prise d'après le lachter du Hartz, mesure qui a 80 pouces, et ce pouce est dans toute sa grandeur sur la planche IIe. Les objets de la planche III sont représentés dans leur grandeur naturelle , d'après cette échelle. Suivant la comparaison faite par M. de Luc, le demi-lachter du Hartz se rapporte à la demi-toise de Paris, comme 61 à 62.

Les tableaux qui représentent des objets des montagnes de la Saxe Électorale, se rapportent au lachter de Freyberg, mesure composée de trois aunes et demie de cet endroit, et divisée également en 80 pouces. J'ai été très heureux dans l'exécution de la planche III, qui est parfaitement conforme à la nature. (Observations que l'Auteur avoit insérées dans sa Préface , et que nous avons cru devoir placer ici. Je crois devoir remarquer que lachter de Freyberg est presque égal à la toise de France.)

végétation de la mousse, puis de celle des autres plantes. La surface de ces rochers est presqu'entièrement couverte de mousse, au travers de laquelle s'élèvent en quelques endroits différentes espèces d'herbes et même des pins qui dominent bientôt ces rochers, dont ils écartent successivement par leurs racines, la masse de granit déja très-divisée. Ils opérèront enfin l'éboulement total de ces rochers. Les grands et petits fragmens détachés jetés sans ordre au pied de ces masses, prouvent que cette destruction est déja commencée.

IIe VIGNETTE, page 8.

Le Hubichenstein.

Un rocher calcaire de l'Iberg près de *Grund*, ville minière de la Communion (1). Comme il est infiniment plus haut que large, il n'auroit probablement pas évité sa chûte totale, si toute sa masse n'étoit entrelacée de coraux, de madrepores, de fungites, et d'autres corps marins. Ce rocher est en masses, sans aucune division régulière de couches. Les fentes et les cavités ou craques qu'on trouve au dehors, ne se touchent pas, sont pour la plupart perpendiculaires, et n'ont que très-peu d'étendue.

IIIe VIGNETTE, page 130.

Les Feuer-steine, ou Pierres à fusil.

Carrières placées auprès d'un rocher de granit isolé, au dessous du village de Schirke.

---

(1) Dans mes Notes aux Lettres de M. Ferber, page 11, j'ai traduit le mot allemand *Bergstadt* par ces deux mots françois : Villes Minérales. Cette expression *Bergstadt*, signifie une ville qui doit son origine aux mines, qui subsiste par leur exploitation, et dans laquelle habitent les Mineurs. M. Jars les nomme Villes Montagnistiques. Je préfère encore à cette expression celle de *Ville à Mines*, ou de *Ville Minière*, en faisant un adjectif de ce dernier mot. Le mot de *Communion* usité au Hartz, signifie la partie de ce canton qui est commune entre l'Electeur d'Hanovre et le Duc de Brunswick. *

Ici le granit, comme celui des Schnarcher, est divisé en lits qui affectent quelque régularité. Ils sont, ou tout-à-fait horizontaux, ou légèrement inclinés à l'horizon, suivant la pente de la montagne.

J'ai observé cette particularité dans plusieurs autres rochers isolés de granit du Hartz. J'ai trouvé assez communément des fentes approchant de la ligne horizontale, quoiqu'en quelques rochers elles eussent aussi des directions presque perpendiculaires, mais ces bancs de roches étoient d'une épaisseur inégale et pleine de bosses; ce qui prouve au moins qu'à l'air libre, cette espèce de rocher a aussi la propriété de se diviser en petites masses de quelque régularité. Je ne déciderai pas s'il y a autant de traces d'une division régulière de bancs du granit dans l'intérieur des montagnes : j'ai lieu d'en douter, d'après différentes observations que j'ai faites, mais je n'oserois encore le nier.

I V^e. V I G N E T T E, page 192.

La Hans-Kühnen-Bourg.

Rocher de sable ou de grès sur la partie antérieure du Bruchberg, appelée *acker.*

La plupart des fentes de ce rocher, que l'on pourroit prendre pour des séparations de lits, se prolongent presque horizontalement, ne font qu'un très-petit angle avec cette direction, en suivant parfaitement et de l'est à l'ouest, la pente de cette croupe principale du Bruchberg. A la surface, le sable est ici réuni et comme fondu sur une ligne d'épaisseur, en une masse semblable à du quartz solide, de manière qu'on ne peut en distinguer aucun grain détaché; ce qui provient peut-être de l'action de l'air et du soleil, qui y ont de toutes parts un libre accès. Même plus en avant, les grains de quartz dont cette masse de sable est composée, sont fortement serrés les uns contre les autres, et par-là cette masse paroît se distinguer sensiblement des pierres de sable des contrées plus basses.

V^e.

Vᵉ. VIGNETTE, page 23o.

La Soëse-Klippe.

Rocher de gypse des rives de la Soëse, au dessous d'Osterode.

Quand on compare ce rocher avec ceux des figures précédentes, il est aisé de s'appercevoir qu'il est de nature à se décomposer plus facilement : de là vient aussi que le dehors de
ces roches ne reste pas un mois parfaitement semblable à lui-
même. Chaque pluie forte change visiblement sa forme de tous
les côtés. La plupart des fentes s'y dirigent de même horizontalement, lorsque quelque éboulement n'y a pas produit de désordre.

LES PLANCHES

PLANCHE I. Nº. I.

La Schiffelbergerklippe.

Un rocher calcaire près de l'Iberg.

Malgré la quantité des fentes qui se trouvent ici, la division en
lits réguliers y est tout aussi peu visible qu'au Hubichenstein. Les
fentes ne se touchent ni ne se rencontrent, et il y en a peu qui
aient plus de deux pieds de longueur. Des espaces vides creusés
par les eaux, et dans lesquels on apperçoit, au milieu de la pierre
à chaux, les plus belles cristallisations de quartz, font que le
rocher paroît en quelques endroits comme partagé en tablettes
rangées les unes derrière les autres. Dans la figure oblongue C,
on a exprimé la couleur de la pierre à chaux ; et dans la figure
D, la couleur des montagnes formées de grès gris et de schiste.

Par-tout les montagnes de grès gris et de schiste, voisines de la montagne calcaire de l'Iberg, se trouvent colorées en rouge brun, comme ici, sans varier dans leur mélange.

N°. I I.

Carrière dans une Montagne de Grès gris et de Schiste, derrière Zellbach, vers Clausthal.

On peut voir ici qu'il y a des lits réguliers, et comment le grès, sous la couleur de la figure oblongue A, et le schiste de la couleur de la figure oblongue B, placés alternativement l'un à côté de l'autre, forment les montagnes du Hartz supérieur. Les lits qui se soutiennent toujours quelques toises au moins dans la même direction, se prolongent souvent très-loin. J'ai aussi trouvé dans cette carrière des empreintes de roseaux et d'herbes, sur les limites du grès gris et du schiste.

P L A N C H E I I.

Vue d'un Filon, suivant son inclinaison devant une strosse.

Il se trouve dans la minière de Julienne Sophie, près du Schulenberg au Hartz supérieur, dans la Communion.

Les points g h i sont des craques sans cristallisations. On y voit peu de minérai; il n'est disséminé qu'en petite quantité dans le filon qui se trouve ici en entier dans l'état où sont la plupart des filons, immédiatement avant ou après de riches points de minérai, et sur lesquels filons les points de minérai sont multipliés, de manière que plusieurs ou au moins une des veines qui accompagnent le filon, sont entièrement remplies de minérai, et que dans d'autres de ces veines on en trouve au moins quelques parties éparses, comme dans dans le cas présent.

PLANCHE III.

Echantillon de Minérai.

Représentation très-exacte d'un morceau de minérai tiré d'un filon que la concession de Saint Urbain poursuit sous le nom d'*Altes Glucksrad*, également de Schulenberg.

On a dessiné cet échantillon de grandeur naturelle, pour le comparer à la figure réduite du filon de la planche II.

PLANCHE IV.

Dessin de divers Filons.

N°. 1. Dessin d'un filon de l'Iberg, à l'entaille de la galerie de Magdebourg. On trouve du côté du toît de ce filon, de la galène, de la pyrite cuivreuse, de la mine de fer spathique mêlée de poix minérale dans du spath calcaire. Le rocher est de la pierre calcaire très-compacte.

N°. 2. Un pareil dessin d'un filon à l'entaille d'une extension de la fosse d'*Andréas-Kreutz* à Andréasberg. Le filon y contient de la galène, et de la mine d'argent blanche dans du spath calcaire. Le rocher est du schiste argileux. La raie foncée de glaise qui traverse le filon avec une médiocre inclinaison de la droite à la gauche, peut être mise au nombre des *Ruschel* (1)

N°. 3. Représentation d'un filon à l'entaille d'une extension de la minière de *Julienne Sophie* au Schulenberg, où il contient de la galène dans du spath calcaire blanc, et du quartz.

N°. 4. Fig. 1, vue à vol d'oiseau; et fig. 2, profil d'un travail sur la minière de Dreyweiber, dans le district des mines de Marienberg en Saxe. Cette mine étoit restée noyée plus de 200 ans. Quand on eut épuisé l'eau, on trouva de l'argent natif, de la mine d'argent vitreuse, de la mine d'argent rouge, et du cobalt

____

(1) Voyez ci-dessus, pag. 68 et 118.

autour des estaimples du côté du toît, dans une veine qui accompagnoit le filon, et que ces estaimples soutenoient. La gangue
est du spath pesant, et le rocher du gneiss. On trouve dans mes
Lettres à M. de Veltheim et dans les Observations suivantes, des
détails plus circonstanciés sur la nature des filons que ces planches représentent.

PLANCHE V. A.

Carte des environs de Clausthal et de Zellerfeld.

Carte du local des cantons de Clausthal et de Zellerfeld au
Hartz supérieur, soit dans la partie qui appartient à l'électeur
d'Hanovre seul, soit dans celle qui lui est commune avec le duc
de Brunswick.

Dans une exploitation telle que celle du Hartz supérieur, où
l'on a travaillé avec de si gros bénéfices depuis tant de siècles,
il n'est pas difficile, dira-t-on, de retracer sur une carte les lignes droites ou tortues, courbées ou brisées que décrivent la
plupart des filons exploités, comme j'ai eu l'intention de le faire
dans la planche V, A, et de représenter ces lignes suivant la prolongation horizontale et soutenue des filons. Plusieurs galeries,
des puits nombreux, des extensions, des travaux pratiqués dessus
et dessous ces galeries, des traverses faites pour rechercher toutes
les veines qui accompagnent les filons; ces nombreux travaux
réunis, étoient bien faits sans doute pour dévoiler toute la nature des filons, leur étendue en longueur, leur direction dans
chacun de leurs points. Cela seroit bon, si les filons conservoient sur toute leur longueur la même nature, et s'ils étoient
toujours aussi réguliers qu'ils le paroissent dans les dessins qu'on
en a faits au n°. 1 et 3 de la planche IV, mais cela est extrêmement rare; et quand ils se trouvent avec des parois aussi déterminées et des épontes aussi marquées, ce n'est qu'à de très-petites
distances; encore dans une pareille régularité, ne sont-ils pas fort
nobles, et on ne les sonde que rarement. On ne dessine guère

que

que les fragmens des filons. Communément les filons se trouvent tels qu'on les voit représentés dans la fig. 2, pl. IV, dans la pl. II, et en particulier dans la pl. III. C'est précisément lorsque leurs parois sont irrégulières, inégales, hérissées, et se confondent avec le rocher, que les filons riches se rencontrent les plus nobles : on les trouve riches à toutes les profondeurs, et sous toutes sortes de volumes.

L'irrégularité des filons donne sans doute beaucoup de peine à celui qui les exploite, lorsqu'il s'agit de rechercher le filon même ou le minérai qu'on a perdu. Cette même irrégularité fait aussi qu'il est très difficile d'en représenter la figure, de les mesurer, de constater leur existence et d'expliquer leur origine.

Telle est la nature des filons, quelque idée que nous nous soyons formée de leur étendue en ligne droite, dans laquelle nous supposons si mal-à-propos qu'ils se soutiennent toujours. On commet de grands écarts en se permettant d'avancer que les gîtes de minérai que l'on connoît à une lieue d'un point donné, sont la continuation des filons ou des veines connus dans ces points, qu'on n'a peut-être exploités encore que sur une longueur, une hauteur et une profondeur d'un lachter (1). Cette même supposition de ligne droite, fait que souvent les meilleurs minérais restent enfouis.

Ce ne sont pas là les seules difficultés qu'on éprouve quand on veut représenter les filons; il y a encore celle de l'enduit qui recouvre les rochers, et dont j'ai déja fait mention pag. 31 et 32 de ma III° Lettre. Cet enduit gêne lors même qu'on ne veut dessiner qu'une très petite portion de filon. La réunion de plusieurs filons, celle de plusieurs crevasses dont ils peuvent être composés (2), l'ancienneté des travaux et le désir du gain,

---

(1) On m'annonce bien souvent, dans mes tournées, des filons qui s'étendent à une ou plusieurs heures du point où leurs affleuremens ont été découverts : il m'est arrivé d'entendre soutenir qu'ils se prolongeoient sur une étendue de dix lieues, lorsqu'on avoit à peine commencé à déblayer la terre végétale aux points où on en avoit reconnu les premières traces. *

(2) Voyez Lettre seconde, pages 19 et 27. *

unique but de l'exploitation des mines, opposent aussi des obstacles à la représentation exacte des filons sur des plans.

L'état des travaux abandonnés depuis plus de cent ans, bou-
leversés et comblés actuellement, ne sauroit être reconnu ni
tracé. On suit rarement des crevasses ou des filons partans ou
aboutissans au-delà d'une petite distance, à moins qu'on n'y soit
entraîné par du minérai, quoique ces divers embranchemens
soient autant de parties du filon dont il faudroit connoître l'état,
pour le représenter dans son entier développement; mais si on
se laissoit rebuter par ces difficultés, on ne donneroit jamais l'idée
de l'état d'un filon par des plans, et cependant la comparaison
de plusieurs de ces plans est faite pour nous éclairer sur cette
partie encore obscure de l'histoire naturelle.

Pour saisir d'un coup-d'œil l'ensemble d'une chaîne de filon
principale, suivant les trois dimensions, longueur, largeur et profondeur, il faut rapprocher toutes les figures de nos planches,
et admettre comme une des copies les plus fidèles de la nature,
la pl. III, offrant l'état d'un filon dans les parties où les minérais
ont le plus de puissance et de richesse. Il faut supposer ensuite
le filon divisé en grand nombre de veines, en une seule veine,
ou en portion de veine, comme dans la planche IV, n°. 1 et 3, et
dans les planches II et IV, n°. 2, où l'on peut observer leurs directions, courbures et angles, au moyen desquels ils se replient
autour des croupes de montagnes, et se prolongent dans des
vallons doux, entre leurs pentes peu rapides, comme la planche V A en fait voir les lignes depuis le *Wildenmann* jusqu'au dessous de l'étang de *Hirschler*. La planche III prouve ce que nous
avons déja observé à plusieurs reprises, que les points les plus
puissans se trouvent dans les vallons à pentes douces.

Pour éviter la confusion, je me suis borné à tracer les lignes
des galeries profondes qui ont été poussées sur les chaînes principales; et lorsque ces galeries n'ont pas été suivies assez loin
pour bien faire connoître la contrée, j'y ai suppléé en traçant
aussi les lignes d'une partie des galeries supérieures et des ex-

tensions plus profondes, que j'ai distinguées par la diversité des couleurs. C'est ainsi que la galerie de *Dreyzehn lachter*, qui jusqu'à présent est la plus profonde des chaînes de filons de *Stuffenthal* et de *Burgstedt*, et qui a été poussée depuis le *Wildenmann* jusqu'au puits 63, est figurée dans tout son entier : il en est de même de la galerie du *Raben*, poussée sur la chaîne du filon de *Rosenhof*, et toutes deux ont la couleur noire pour marque distinctive. J'ai employé du carmin pour désigner la galerie de *Franckenschaar*, et du jaune pour marquer les parties des galeries supérieures et des extensions plus profondes. J'ai représenté scrupuleusement les lignes que suivent les galeries dans les endroits même où elles ne sont pas sur des filons, lorsque la nature du terrain forçoit à des circuits, parce que ces galeries se poursuivent toujours dans le voisinage du filon ; mais pour éviter la confusion, j'ai désigné ces circuits par des lignes pointées. Les traverses se distinguent facilement des galeries, lorsque celles-ci se trouvent sur des filons, ou qu'elles décrivent des circuits auprès d'eux ; mais la direction de quelques filons, tels que ceux de la chaîne de *Rosenhof*, étant de nature à faire prendre pour des traverses les travaux faits sur leur direction, j'ai marqué en cinabre ce petit nombre de filons. Afin de rendre aussi distinct qu'il étoit possible tous les filons de ce canton, j'ai enluminé de verd les lignes ponctuées de la direction de tous les filons dont on a eu quelque trace, soit qu'ils fussent partans des chaînes principales des mines de ce canton, soit qu'ils y fussent aboutissans : lors même que tous ces filons se soutiendroient tels que les lignes ponctuées les représentent, ce que je me garderois bien d'assurer, nous ne trouverions pas dans la nature la moitié de ceux qu'on a tracés sur l'indication de la baguette divinatoire à la planche VII, dans une étendue de terrain infiniment plus petite que celle qu'embrasse une carte.

Un seul coup-d'œil jeté sur la contrée figurée dans la planche V A, suffit pour constater, à des yeux qui ne sont pas prévenus, les probabilités de l'existence des filons et de leur points de minérai, que j'ai rapportées dans la première Lettre qui traite de la forme extérieure des montagnes.

Les haldes ou tas de déblais les plus considérables se trouvent dans les vallées douces, ou sur les pentes douces des montagnes, et prouvent qu'on y a découvert les meilleurs minérais.

Les étangs et les canaux sont marqués en bleu; les villes, les maisons isolées, et les bâtimens extérieurs des mines, le sont en rouge. Les lettres, les nombres et les autres marques, indiquent ce qui suit :

I.

Montagnes , Vallées et Rivières.

A. l'Adlersberg.
B. le Hüttenberg.
C. l'Eselsberg.
D. le Gallenberg.
E. le Badstubenberg.
F. le Winterhalbe.
G. le Meinersberg.
H. le Brœmerhœhe.
I. le Treppenberg.
K. le Canton de Lange.

L. les Schieren-Tannen.
M. le Spiegel-Thal.
N. le Grumbach.
O. le Sonnenglanz.
P. le Stuffenthal.
Q. le Zellerfelder-Thal.
R. le Claus-Thal.
S. l'Innerst coulant à travers le Wildemann.

I I.

Villes, Etangs et Machines hydrauliques.

a. la Ville minière de Claus-Thal.
b. la Ville minière de Zellerfeld.
c. la Ville minière de Wildemann.
d. l'Etang de Haus-Sachsen.
e. l'étang de Wasserlaufer.
f. les Etangs des mines.
g. les Etangs de Meinersberg.
h. les Etangs des Fonderies.
i. l'Etang de Carl.
k. l'Etang d'Eulenspiegel.

l. les Etangs d'Erchenbach.
m. les Etangs de Haus-Herzberg.
n. l'Etang d'Elisabeth.
o. l'Etang inférieur.
p. l'Etang moyen
q. l'Etang supérieur du Paon.
r. l'Etang de Hirschler.
s. l'Etang de Jean Frédéric.
t. l'Etang de Sorger.
u. l'Etang du Boccard.

v. Chambre

v. Chambre des roues des machines hydrauliques.
w. la scierie de Clausthal.
x. le moulin neuf.

y. le Bocsenhof.
z. la carrière derrière Zelbach, représentée Planche I, n°. 2.

I I I.

Fosses de l'exploitation de la Communion.

1°. Chaîne de Stuffenthal, dite chaîne principale de la Communion.

1. Entrée de la galerie de Dreyzehn Lachter.
2. Entrée de celle de Neunzehn Lachter.
3. Puits de la machine hydraulique de la mine de *Haus Diethfurth* et de l'ancien *Deutscher Vildemann*.
4. Le puits de *Rosser*.
5. Le puits dit *Richterschacht*.
6. Le puits de Sonnenglanz, appelé depuis de Frédéric.
7. Travail de la mine Charlotte.
8. Puits de *Haussachsen* dans la mine du nouveau S. Joachim.
9. Puits de S. Jean dans la mine des maisons de Hanovre et de Brunswick.
10. Puits de Samuel.
11. Puits de Bleyfeld.
12. Puits du Baritel à vent.
13. Puits de la Vierge.
14. Puits de Schreibfeder. Ces deux derniers appartiennent à la mine de Regenbogen.
15. Puits de Rheinschwein appartenant à la mine de Ring et de Silberschnur.
16. Ancien puits de Carl.
17. Ancien puits de Ringer.
18. Le Freudenstein.
19. La Weistaub.
20. Mine de la Communion et maison de Wolfenbuttel.
21. La Nouvelle-espérance de Zellerfeld.
22. Le Puits-fidèle, dans la mine de Schwanerzugs-glück.
23. La maison de Zelle.
24. Puits d'airage de la galerie de Frankenschaar.

2°. Chaîne de Spiegelthal, abandonnée depuis long-temps.

25. Les sept Etoiles et l'Etoile d'or.
26. La Lune d'argent.
27. La Feuille de trèfle.
28. Le Frische Steiger.
29. Le Soleil d'or.

3°. Concessions qu'on exploite, ou qui ont été exploitées dans l'espérance d'y découvrir de la mine.

30. Bonheur de Haus Praun et Reden.
31. L'Auguste et Guillaume , Charles Ferdinand.
32. L'espérance des Hommes sauvages, et le don de Dieu.
33. Anciennes galeries sur le canal du Boccard , faites ci-devant en recherche.
34 Halde d'une tentative faite probablement sur des veines du filon principal de Hausherzberg.

I V.

Bâtimens des Mines des Exploitations appartenantes à la seule maison d'Hannovre.

1°. Les Minières de Burgstadt peuvent être regardées comme la continuation de celles de Stuffenthal ou de la chaîne principale de la Communion.

35. Puits de la Couronne de Calenberg et de Herzog.
36. Le Duc Jean Frédéric.
37. La Reine Charlotte.
38. Josué.
39. Saint Laurent.
40. Le Roi Josaphat.
41. Sainte Ursule.
42. La maison de Brunswick.
43. La Dorothée Landskron.
44. Le Gegentrum de Charlotte.
45. La Fidélité angloise.
46. Le Duc George Guillaume.
47. Anne Eléonore.
48. Le Kranick.
49. Le Roi Guillaume.
50. Le Sarepta Landskron.
51. La maison d'Israël.
52. La Sophie.
53. La Sainte Catherine.
54. Le Duc Chrétien Louis.
55. La Sainte Elisabeth.
56. La Sainte Marguerite.
57. Le Cheval blanc et Philippine.
58. Le Henri Gabriel.
59. Le Cerf vert.
60. La Consolation du mineur.
61. La Dorothée.
62. La Caroline.
63. La nouvelle Bénédicte et le Prince Frédéric Louis.
64. Le Landswohlfart inférieur et supérieur.
65. Le Duc George Louis.
66. Le Roi Balthasar et le Buisson de roses.

Dans cette vaste chaîne de Mines, on a marqué par des lignes transversales ponctuées, les limites de quelques concessions, afin de rendre plus sensible la modique longueur de la con-

cession des trois mines de Dorothée 61, de Caroline 62, de la nouvelle Bénédicte 63, et pour
que l'on puisse, en les comparant avec la recette des grosses sommes énoncées à la page 121,
se faire une idée d'autant plus juste de la prodigieuse richesse de ces Montagnes.

2°. La chaîne des Mines de Thurm Rosenhof.

67. Le puits de l'Armée céleste.

68. L'ancienne Bénédiction, appelée communément *ancienne Bénédiction avancée.*

69. L'ancienne Bénédiction et Bénédiction d'argent ; puits commun aux deux mines.

70. Le Lis brun, dont le puits sert en même temps à la mine limitrophe de Zilla.

71. Les trois Rois.

72. Saint Jean.

73. Thurm Rosenhof inférieur.

74. Thurm Rosenhof supérieur.

75. Les Trois Frères.

76. La galerie de Raben.

77. L'extrémité de la galerie du Nouvel-an.

78. La nouvelle galerie latérale du Roi George.

79. Ligne par laquelle on s'est décidé à pousser la nouvelle extension du Roi George entre les deux grandes minières.

PLANCHE V. B.

Trois coupes de Montagnes.

J'ai fait graver cette planche, pour mettre mes lecteurs
encore plus à portée de faire des observations sur la forme
extérieure des montagnes, dans les points remarquables des
mines 61, 62 et 63, qui ont produit de si grandes richesses.
J'y ai mis sous leurs yeux trois coupes de cette contrée,
suivant les signes ponctués ○ ○, ☽☽, ♀♀, qui se trouvent dans
la pl. V, A. Toute la surface de la coupe de cette portion de la
montagne où sont seulement marquées les extensions principales,
est colorée en gris cendré foncé, aux endroits qui n'ont pas
été exploités, et en gris cendré plus clair à ceux d'où l'on a
extrait du minérai. Le profil ☽ du filon est en rouge aux endroits
où il n'a pas encore été exploité, et où il contient cependant
du minérai, et l'on a lavé en jaune dans le même profil, les
filons qui, à la vérité, ont été découverts dans la hauteur

moyenne de la montagne, mais où l'on n'a point trouvé de minérais qui méritassent l'exploitation. Dans la pente douce de la montagne, que fait voir la coupe ♅ de la pl. V, B. dans la ligne ○ de la pl. V, A. étoit cet immense dépôt de richesses dans le filon composé, en cet endroit, de deux veines principales, ainsi qu'on le voit par l'extension colorée en jaune de la même pl. V, A. Cette richesse se trouvoit depuis le milieu de l'espace renfermé entre les points 62 et 63 de la planche V, A, jusqu'à l'extrémité ou limite de la mine de Dorothée 61, dans la coupe ○, pl. V, B., ou jusqu'au vallon doux, placé ici comme vallon latéral, que l'on remarque au n°. 60 dans le profil ○, et qui est représenté dans le profil ♀ selon sa pente naturelle. Dans ce vallon doux même, et dans la croupe de montagne qui, s'avançant vers l'étang ○, borne ce vallon au nord et au couchant, jusqu'au puits 56 de la coupe ○, on n'a encore apperçu aucun minérai important, quoiqu'on ait beaucoup fouillé dans ce canton, comme le montre la coupe ○.

De même les minérais ne se trouvent pas toujours rigoureusement, ou uniquement au centre de réunion des filons, ni même sur la ligne commune qu'ils parcourent ensemble, mais toujours très proche de ces points de réunion, sur l'un ou sur l'autre des filons qui se réunissent, ou du moins jusqu'au point de réunion, ainsi que je l'ai déja observé, lettre II°, page 28.

P L A N C H E V I.

Coupe du Rammelsberg.

Il m'importoit de tirer la ligne de cette coupe, depuis la porte de la ville de Goslar, par le puits d'extraction de *Kannekuhl*, et à travers la couche de coquillages placée au dessus de ce puits, jusqu'à la cime la plus élevée du Rammelsberg; et il étoit impossible de tirer cette ligne sans la rompre. Ainsi cette ligne, depuis le *Clausthor*, est dirigée sur les 12 heures $\frac{7}{8}$ et $\frac{1}{4}$,

jusqu'au

jusqu'au puits de *Kannekuhl* K. (1); et depuis celui-ci, sur 10 heures $\frac{1}{8}$ et $\frac{3}{4}$ jusqu'au sommet de la montagne, et cette dernière heure est la direction suivant laquelle le gîte de minérai du Rammelsberg est incliné.

Les lettres de la Planche indiquent ce qui suit :

a. La porte de Saint-Nicolas, de la ville libre et impériale de Goslar. Dans le fossé de la ville, on voit le schiste à découvert.

b. Jardins.

c. Prés.

d. Terrain inégal et raboteux, formé de grands et de petits morceaux détachés de rocher.

e. On peut voir ici les premières couches de schiste dénuées de terre végétale, et dont les angles d'inclinaison sont par-tout indiqués d'après nature.

f. Chemins creux et ravines.

g. Borne entre les limites du Duché de Brunswick et celles de la communion.

h. Il y a encore ici des couches de schiste découvertes dans le tas de déblais.

i. Tas de déblais des mines.

k. Puits d'extraction de Kannekuhl.

l. Plancher de roulage pour transporter les pierres hors de la carrière avec le chien.

m. Galerie supérieure de recherche, sur le toit du gîte de minérai.

n. Carrière.

o. Lit de corps marins pétrifiés, de madrépores, de fungites,

____

(1) M. Schreiber observe qu'indépendamment que la boussole des mineurs est divisée par l'ingénieur des mines en deux fois douze heures, et chaque heure en huit parties, il divise encore, à vue d'œil, en quatre parties chacun de ces huitièmes, et il ajoute plus ou moins de sous-divisions, de sorte qu'il partage toute la boussole en 2304 parties. *

d'hysterolites, etc. La ligne de son inclinaison n'est pas parallèle à celle des autres bancs du rocher.

p. Fentes ouvertes, qui proviennent vraisemblablement de ce que les couches du rocher se sont affaissées du côté de l'espace vide exploité dans le Rammelsberg. L'inclinaison inverse du sol de la galerie de recherche *m* qu'on y remarque actuellement, en est encore une preuve.

q. Second point de démarcation entre le pays de Brunswick, et les limites des mines de la Communion.

r. Ancienne carrière.

s. Point le plus élevé de la montagne.

t. Point le plus profond dans le puits d'extraction de Kannekuhl, à 120 lachter $\frac{1}{8}$ du jour.

u. Point le plus profond de tout le Rammelsberg, jusqu'où s'étend la foncée du nouveau puits de la machine hydraulique : il est à 124 lachter $\frac{1}{2}$ en ligne verticale au dessous de l'embouchure du puits d'extraction de Kannekuhl.

v. Galerie profonde.

w. Premier cinquième de toute la hauteur de la montagne, où se trouve la masse de minérai. Cette partie ne s'élève que de 24 lachter $\frac{7}{8}$ en hauteur perpendiculaire, sur une longueur de 190 lachter.

x. Les trois cinquièmes suivans, sont au toit de la masse de minérai. Cette partie de la montagne a une ascension si rapide, que sur une longueur horizontale de 99 lachter $\frac{3}{4}$, elle monte perpendiculairement de 75 lachter $\frac{3}{4}$.

y. Le dernier cinquième, qui s'étend jusqu'à l'extrémité du sommet de la montagne, s'élève sur une longueur horizontale de 135 lachter, à la hauteur de 37 lachter perpendiculaires.

J'ai supposé cette division de la montagne, dans la vue de faire voir combien la partie où sont les minérais a moins de pente que ses autres parties. En 1376, il se fit dans les travaux du Rammelsberg un éboulement général, qui suspendit pour quelque temps toute exploitation, et qui peut bien avoir occasionné de grands ravages et des changemens considérables à la surface ; mais les éboulemens n'ont pas dû être assez considérables, pour qu'on ne soit pas forcé d'admettre que la base de la montagne n'ait pas toujours été la partie la moins rapide. Peut-être même il y avoit là un léger affaissement, rempli depuis par les déblais.

A. Couleur du rocher au toit du gîte de minérai.

B. Couleur du gîte de minérai, considéré tel que j'en ai fait mention dans la cinquième lettre, et dont le coin qui se trouve à une plus grande profondeur a été enluminé par une teinte plus claire, parce qu'on a lieu de croire que la roche devient stérile dans ce coin, et que les minérais se terminent en deux pointes dans la profondeur, comme l'indique la couleur plus foncée.

C. Couleur du rocher au chevet ou mur du gîte de minérai, dans lequel les morceaux de rochers détachés en *d*, sont de la même nature que ceux du toit de ce gîte. Je n'ai point trouvé de ces rochers qui fussent continus et enracinés, sans quoi j'aurois donné plus bas cette couleur à tout ce gîte. Cependant les morceaux de rochers détachés étoient trop grands, et la plupart trop peu arrondis, pour les considérer comme des rochers de transport roulés des montagnes supérieures par les eaux. Si les rochers adhérens étoient effectivement ici de la même nature, et qu'ainsi ils alternassent avec le schiste, même avant d'arriver au pied du Rammelsberg, cette montagne auroit avec les montagnes du Hartz supérieur, le rapport d'être formée de grès gris et de schiste alternant ensemble. Je suis d'autant plus disposé à admettre cette supposition, que j'ai vu au nord de la ville de Goslar, vers le couvent de *Riefenberg*, quantité de morceaux de transport de cette roche, tandis que dans les fossés de cette ville au midi, on ne voit que des masses de schiste découvert.

EXPLICATION

PLANCHE VII.

Carte de filons indiqués par un tourneur de baguette.

Le titre et les explications de cette carte remarquable, portent ce qui suit : « *Plan et élévation de la montagne noble de* » *Saxenbourg*, dressé par les soins du Contrôleur des mines, » M. Noé Frédéric Hunger, pour voir quels filons on découvriroit » au moyen de la galerie profonde, depuis la rivière de *Zschopa* » jusqu'à *Reichen-Seegen-Gottes*, et quelle profondeur cette galerie » y aura. En conséquence, on a trouvé que cette galerie alloit » sous celle d'*Auer* à 14 lachter $\frac{3}{4}$, et qu'elle en avoit 39 $\frac{7}{8}$ au » *Reichen-Seegen-Gottes*, près de la maison de garde. Fait le 7 » novembre 1709, par Auguste Beyer, Ingénieur des mines. «

A, dans le plan. Entrée de la galerie profonde de Reichen-Seegen-Gottes, qui est actuellement poussée à 132 lachter dans la montagne de Saxenbourg, depuis la Zschopa. A. o. dans l'élévation, est la base de la galerie nouvellement commencée près de la Zschopa.

B, dans le plan et dans l'élévation. Ce puits fait par les anciens, est actuellement rétabli : il a 13 lachter $\frac{1}{4}$ de profondeur verticale jusqu'à une galerie d'extension.

C, dans le plan et dans l'élévation. L'autre puits a obliquement depuis l'extension ci-dessus, jusqu'à une autre qui est au dessous, 2 lachter $\frac{1}{4}$ de profondeur inclinée, faisant 1 lachter $\frac{1}{4}$ de profondeur perpendiculaire ; et si l'on vouloit percer ce puits à l'entaille de la galerie profonde, il faudroit encore lui donner 15 lachter $\frac{3}{4}$ de profondeur verticale, et pousser cette galerie de 4 lachter 3 pieds dans le toit.

D, dans le plan. L'entrée de la galerie d'*Auer* : cette galerie est à 14 lachter $\frac{3}{4}$ au dessus de la galerie profonde. D. p. dans l'élévation, est la base de la galerie d'*Auer*.

E.

E. Un puits d'airage sur la galerie d'Auer, dont la profondeur est de 3 lachter $\frac{3}{4}$ et 5 pouces.

F. Dans le plan et dans l'élévation. Ce puits d'airage a 6 lachter de profondeur perpendiculaire, jusqu'à la galerie supérieure.

G. Dans le plan et dans l'élévation. Ce second puits d'airage est à 14 lachter de profondeur verticale, jusqu'à ladite galerie.

H. Dans le plan. Le puits près de la maison de garde de Reichen-Seegen-Gottes. Dans l'élévation, H. 12 est une ligne horizontale du puits, près de la maison de garde.

i. Chemin de Dittersbach à Witweyda.

k. École.

l. Maison de Hofmann.

m. Le château de Saxenbourg.

Tous les différens filons qui gisent dans cette contrée, au nombre de 54, sur une longueur d'environ 500 lachter, sont désignés par tous les noms en usage dans la minéralogie, et l'heure de direction y est exactement marquée. Est-il beaucoup de mineurs qui puissent se flatter d'avoir jamais découvert une si grande quantité de filons distribués dans un canton de montagne aussi peu étendu? J'ai quelquefois fait fouiller aux endroits où un tourneur de baguette avoit indiqué des filons, et jamais je n'en ai apperçu. On a essayé ensuite d'éluder cette preuve très convaincante, en affectant de prendre pour filons indiqués par la baguette, les fissures ou fentes même les moins importantes qui se trouvoient dans ces fouilles. On alléguoit que la nature offroit en plusieurs endroits des preuves que les filons se rétrécissent souvent, et, suivant l'expression du mineur, se compriment jusqu'à ne laisser appercevoir qu'une fissure infiniment petite. Mais j'oppose à cela une objection que je crois très fondée. C'est que le tourneur de baguette, s'il ne peut presque jamais indiquer que des fissures ou fentes de rocher, ou peut-être un seul filon sur cent épreuves, est absolument inutile et ne doit jamais être employé. Par-tout où l'on peut enlever la terre végétale sur une montagne métallique, on trouve toujours assez de fissures, quelquefois même des indices de filons ; et puisque j'ai fait cette expérience en plusieurs endroits, sans avoir égard à la forme extérieure des montagnes et aux autres indices, mais simplement au hasard, il est certain que je découvrirai de véritables filons aussi souvent que peut en indiquer le tourneur de baguette divinatoire. Cette manière de trouver beaucoup et de beaux filons, même avec du minérai, en affleurant au hasard, a probablement donné lieu à l'usage de la baguette, et a pu l'accréditer dans des temps où les sciences n'étoient pas à beaucoup près ce qu'elles sont aujourd'hui.

Au reste, voici comment on sondoit une partie de montagne avec le tourneur de baguette. Cet homme marchoit en avant avec sa baguette, et l'on plantoit un piquet à l'endroit où elle tournoit ; il faisoit ensuite quelques pas en avant, puis il reculoit en décrivant un demi-cercle, afin de s'écarter suffisamment du premier point. Un second piquet étoit fiché à l'endroit où la baguette tournoit de nouveau, et le géomètre qui le suivoit, prenoit l'heure du filon indiquée par ces deux piquets. On vérifioit de cette manière toute la partie de la montagne qui étoit désignée, filon par filon, et on rapportoit le tout sur le papier. Il est fâcheux que le fameux géomètre Beyer ait été contraint de se soumettre au préjugé de son siècle, et que sans respect pour ses profondes connoissances mathématiques, on l'ait forcé de suivre une pareille charlatanerie.

J'ai conservé dans cette carte la configuration et la couleur de l'original, autant qu'il m'a été possible, afin qu'en les comparant avec les cartes V et VIII, on fût à portée d'y trouver une preuve évidente des progrès que nous avons faits dans notre siècle, dans la manière de représenter ces sortes d'objets.

P L A N C H E   V I I I.

Carte du local de la chaîne de mine d'Elisabeth, et de la Galerie profonde de Gédéon, dans le district de Marienberg en Saxe.

Les montagnes du canton représenté ici, dont on n'a achevé que la partie où est située la Galerie de Gédéon qui en est le point le plus important, ont toutes, ainsi que le fait voir la coupe principale qui est au - dessous, une pente très douce jusqu'à leur chûte vers la plus profonde vallée prochaine, où est situé Olbersdorf. Dans la contrée qui est au nord-ouest, à-peu-près dans la direction de l'échelle supérieure de 600 lachter, est la croupe la plus élevée et la plus boisée de cette partie, appelée le *Heinzewald.* A commencer de *Hilmersdorf* jusqu'au Bauerzug, 40, ce ne sont que des montagnes avancées plus basses et beaucoup plus douces, qui sont encore séparées de la haute croupe de *Heinzewald*, par une vallée très douce. Du côté du sud - ouest, toute la contrée s'abaisse en pente douce jusqu'au dessous du village de *Gehringswald*, et delà se prolonge encore assez loin en pente douce, jusqu'à la ville de *Wolkenstein*, dans le voisinage de laquelle se trouvent les eaux thermales de ce nom ; mais les montagnes, depuis ce dernier endroit, s'inclinent très rapidement vers la profonde et étroite vallée où coule la rivière de Zschopa.

Les marques, les nombres et les lettres de cette carte, sont :

1. Entrée de la Galerie de Gédéon.

2 et 3. Haldes des puits qui descendoient probablement autrefois sur la Galerie de Gédéon.

4. Halde d'une galerie supérieure.

5 et 6. Petites haldes qui ne viennent sans doute que des fouilles d'affleurement faites sur la chaîne de filon d'Elisabeth.

7. Halde d'une galerie supérieure.

8. Le puits de la machine hydraulique.

9 à 34. Sont toutes des haldes, soit sur la chaîne des filons d'Elisabeth, soit près d'elles sur des filons qui y aboutissent ; celle qui est cotée 34, est située sur le point le plus élevé des montagnes dans lesquelles la chaîne de mine d'Elisabeth a été exploitée.

35. Halde du canal de décharge de la Galerie supérieure 7.

36, 37. Commencement et extrémité du canal de la machine hydraulique.

38. Chambre de la roue de la machine hydraulique. La ligne depuis cette chambre jusqu'au puits de cette machine, ou de 38 à 8, fait la longueur des tirans de ladite machine.

39. Puits à machine hydraulique de la mine *Herzog Carl*, sur le Bauerzug.

40. Halde sur le Bauerzug. Au-dessous 40ᵉ, la halde d'une fosse à laquelle on a donné le nom de *Wasserloch*, ou trou à eau, parce que les eaux souterraines en rendoient l'exploitation difficile dans la profondeur ; et ces obstacles, si l'on en croit les anciens mémoires, en firent abandonner les travaux, quoique suivant les mêmes mémoires, il y eût de la mine d'argent vitreuse très riche et très abondante au fond.

Les autres nombres qu'on voit placés autour de la Galerie de Gédéon, marquent les heures de quelques filons qui la traversent, mais qui, à la vérité, ne sont pas de nature à être considérés pour autre chose que des veines et des filons étroits, qui peuvent enrichir celui d'Elisabeth.

Dans cette carte locale et sur la même échelle, se trouve la coupe des montagnes qu'elle représente : on a placé la majeure partie dans la ligne de la direction principale de la chaîne de filon d'Elisabeth. Sur cette coupe est :

42. Le sol de la Galerie profonde de Gédéon.

a. Est le point où les eaux s'écoulent hors du canal de la galerie.

b.

b. Entrée de la Galerie profonde de Gédéon.

i. Est l'ancienne foncée qui fut trouvée en nettoyant la galerie, avec la date 1570, gravée sur le rocher.

Les signes ☽ et +, sont ceux du point où l'on découvroit les minérais en 1779, et que l'on exploitoit au moyen d'un travail dans le sommet.

z. Est l'extrémité ou l'entaille de la galerie. Ces signes, depuis a, se trouvent aussi dans la carte du local.

Les profils des morceaux isolés de cette montagne, rapportés sous le profil général dans les figures 1. 2. 3. 4., dessinés, pour plus de clarté, sur une échelle de 200 toises, sont les premiers dessins qui aient été faits d'après nature ; ils serviront peut-etre à fixer d'une manière plus déterminée l'expression de *montagnes à pentes douces*, employée si souvent dans le cours de l'ouvrage. Personne, sans doute, n'imaginera d'établir des règles certaines sur ces idées qui ne font que d'éclore, et d'après lesquelles on se flatteroit de trouver le point d'ennoblissement dans les montagnes métalliques, sur le seul examen de leurs formes extérieures. Mais si l'on jugeoit à propos de tracer plusieurs figures pareilles des contrées de montagnes qui renferment des minérais nobles pour les comparer ensemble, et de mettre aussi dans la comparaison la forme des montagnes stériles les plus voisines, avec leurs vallées et l'espèce de leurs rochers, de leurs gangues, de leurs minérais et de la texture de leur intérieur, pour établir des règles de probabilité, il en résulteroit sans doute quelque utilité.

Dire qu'aucuns filons, ou du moins qu'aucuns filons nobles n'existent dans les points les plus élevés des sommets et des hautes croupes de montagnes ; dire aussi que le point productif se trouve ordinairement dans les pentes, dans les vallons et dans les vallées des montagnes peu rapides, et au devant de leurs parties élevées, c'est avancer un fait presque certain (1) duquel on peut partir pour faire de nouvelles découvertes.

Dans les quatre dessins, N°. 42, le sol de la Galerie profonde

____

(1) Je crois avoir prouvé dans ma description des gîtes de minérai des Pyrénées, que cette

de Gédéon est toujours sous le N°. 42, et il a servi de simple ligne horizontale dans les figures 2 et 3.

La figure 1, est la coupe d'un vallon doux; elle est prise sur la ligne A a. B b. du plan, et toujours dans ses points les plus profonds, autant qu'il a été possible, ainsi que j'en ai fait la description dans la première lettre. Les pentes des montagnes qui aboutissent à ce vallon, sont assez escarpées; lui-même s'élève avec ces montagnes escarpées, mais bien plus doucement que les pentes latérales.

La croix + qu'on voit à la surface de cette croupe, désigne le point 𝖢 dans le plan, où les minérais furent découverts en 1779.

Les figures 2 et 3, sont les coupes de vallons doux semblables et voisins; l'un est pris sur la ligne Gg. Hh. du plan ; l'autre sur la ligne Ee. Ff, soit pour mieux désigner la nature de la contrée où se trouve le point de minérai en 𝖢, soit pour faire la comparaison avec la figure 4, qui est la coupe sur la ligne Cc. Dd. du plan, faisant un angle droit avec ce vallon doux, et dont la fig. 1 représente la coupe dans ses points les plus profonds. Cette coupe est sur le point où les minérais ont été découverts, et prise de manière que ce point remarquable désigné par + dans la fig. 1, et par 𝖢 dans la coupe principale et dans le plan, est coupé en même temps dans celui-ci et dans celle-là.

Dans la figure 4, le N°. 43 est le filon suivant son inclinaison, dont la tête ou l'affleurement se trouve presque dans le point le plus profond de ce vallon doux, et dont l'inclinaison est parallèle à la pente du sommet plus élevé Dd. De nouvelles observations nous apprendront si la prolongation des filons dans la profondeur et leur inclinaison ont toujours rapport avec les têtes des montagnes voisines ou éloignées, ou si cette règle admet des exceptions. Mais ces observations doivent être nombreuses et appuyées de mesures exactes.

---

assertion ne sauroit convenir à cette grande chaîne de montagnes. M. Schreiber ne la trouve pas plus conforme à ses observations dans les Alpes. Elle peut avoir quelque justesse pour les montagnes de Saxe, du Hartz et des Vosges. Voyez cet Ouvrage, page 259.

OBSERVATIONS MINÉRALOGIQUES

FAITES

PAR M. DE TRÉBRA,

DANS SON VOYAGE A BLANKENBOURG.

J'AI constaté les observations que j'avois faites depuis Zellerfeld jusqu'à l'Oderbruckenhaus.

Tout est grès gris et schiste argileux jusqu'à la hauteur du Bruchberg, qu'on a atteint lorsqu'on est parvenu sur le *Morgenbrodsplatz*, ou près du *Rothenpfahl*, après avoir traversé obliquement cette croupe de montagne. Mais immédiatement au dessus de la *Benedicte*, sur le chemin d'Andréasberg, ainsi que sur celui d'Osterode, on apperçoit de temps à autre un peu de jaspe schisteux dans des rochers isolés. Dans le voisinage du Morgenbrodsplatz, où l'on a enlevé la pierraille pour raccommoder le chemin, le schiste est déja en grande partie décomposé en argile. Vers la Soèseklippe (1), sur le penchant du Bruchberg, au midi et au levant, on voit déja dans cette carrière de la pierre de sable, dont un grand nombre de morceaux de transport sont répandus sur le chemin de la digue de *Sperberhayerdamm* (2), en montant le Bruchberg. On retrouve la même pierre de sable sur cette dernière montagne en gagnant la petite hauteur à l'est, sur le chemin d'Oderbruckenhaus; il paroît que cette pierre vient du Soèseklippe, et qu'elle forme par conséquent la cime supérieure du Bruchberg. En descendant cette petite hauteur par le chemin

---

(1) Le rocher nommé *Soèseklippe* tire son nom de la petite rivière *Soèse*, qui prend sa source sous lui, et passe devant Osterode.

(2) C'est une digue dont le milieu est élevé de 8 toises. Elle a été faite pour joindre le Bruchberg avec les montagnes dans lesquelles on exploite les mines aux environs de Clausthal, afin de conduire les eaux qui s'assemblent près du Bruchberg, dans un aqueduc pratiqué sur cette digue, qui les fournit aux machines hydrauliques des mines de Clausthal. Calvoer, part. 1, pag. 155.

qui mène à Oderbruckenhaus, on revoit le schiste argileux ; mais il ne se trouve plus en feuillets aussi minces ; il est en totalité plus compacte qu'au pied du Bruchberg, et même en plusieurs endroits c'est un vrai jaspe noir, dont la cassure est écailleuse ; il a un grain assez fin, et fait feu quand on le frappe avec l'acier.

Cette espèce de roche se prolonge jusques dans le granit, sur lequel on la trouve encore en grande quantité et en morceaux de transport, dont la dureté et le grain de la cassure font connoître qu'elle est un jaspe parfait. On la rencontre sur-tout dans les lits des petits ruisseaux de *Sonnenbergerwasser* et de *Rehbach*. Après cela, on ne voit plus que du granit jusqu'à l'Oderbruckenhaus, et à une assez grande distance au-delà sur la chaussée de *Braunlage*, jusques vers le *Kœnigskrug*, qui est déja placé sur le penchant de la montagne du côté de Braunlage. Mais ici le jaspe noir reparoît sur le granit, et il devient plus abondant près du Kœnigskrug, canton directement situé sous une croupe de montagne assez élevée et pointue, appelée *Achtermannshoehe* (1), et cette croupe est formée de la même pierre, à cette différence près que sa couleur tire sur le gris-blanc. Ce jaspe fait feu au briquet, ainsi que les morceaux de transport rassemblés dans le voisinage du Kœnigskrug, qui ont probablement été roulés de l'Achtermannshoehe, et qui, étant moins exposés au soleil et à l'air, ont pris une couleur bleue plus noirâtre que sur les hauts rochers isolés. Ainsi que le basalte, sa surface se décompose en se couvrant d'une croûte argileuse d'un brun jaunâtre ; mais c'est la seule ressemblance qu'il ait avec lui : il est absolument simple, formé d'argile, sans mélange de matière étrangère.

Tout près de Kœnigskrug, parmi les morceaux de transport épars sur les côtés du chemin, j'apperçus un morceau de granit qui paroissoit adhérent à cette espèce de pierre ; mais comme il étoit très-gros, je ne pus m'en charger. Ce morceau de granit

---

(1) C'est une crête de montagne que l'on prendroit de loin pour un côteau de basalte, si son sommet étoit moins pointu.

de

de huit pouces de haut, étoit attaché à une espèce de jaspe, qui
n'en avoit qu'un ou un et demi. Je le mis sur le gazon ; je ne
frappai avec la masse que sur le bord du granit, et je craignois
que le jaspe seul ne se détachât et ne se séparât du granit ; mais
cela n'arriva pas, et la masse se fendit dans le granit et le jaspe,
preuve que celui-ci étoit intimement lié avec le granit, comme
on le remarquoit aisément à la cassure. Je n'ai pas eu le temps
d'examiner plusieurs de ces morceaux de granit, ni de chercher
dans le rocher le point où ces deux espèces de pierre sont placées
l'une sur l'autre, et s'entremêlent ; mais je ne doute aucunement
que, dans toutes les contrées de nos montagnes granitiques de
la seconde hauteur, où l'on voit quantité de fragmens de jaspe
noir, il ne soit facile de trouver ces rochers dans cet état de
réunion (1). Le basalte et le granit que Ferber (Lettre XVI
sur l'Italie, page 350 de la traduction de M. le baron de Diétrich)
dit avoir remarqués à Rome, et dont sont faits les deux Sphinx
vomissans de l'eau, placés au bas de l'escalier du capitole, ne
seroient-ils pas du granit et du jaspe noir, de la même variété
que celle dont il est ici question ?

Plus loin, en descendant la montagne du côté de Braunlage,
dans ce lieu même, et de là jusque tout près d'*Elend*, je conti-
nuois à trouver du schiste argileux. De Braunlage en allant à
Elend, la pierre argileuse n'étoit pas en feuillets très minces ; et
parmi ce schiste argileux, il y avoit quantité de fragmens d'une
espèce de roche argileuse parsemée de mica, que l'on trouve dans

---

(1) Ferber, en parlant des bandes ou larges raies de granit rouge à petits grains renfermées
dans le basalte noir, dit : » Ces bandes sont unies à la pierre sans aucune séparation, non comme
» les cailloux dans les brèches, ni comme si c'étoient d'anciennes fentes refermées comme du
» granit, mais exactement comme si le basalte et le granit avoit été mous en même temps, et
» s'étoient incorporés ainsi l'un dans l'autre en s'endurcissant ; si bien que la bande de granit
» traverse le basalte, comme une veine de deux à trois doigts d'épaisseur coupe un terrain sans
» séparation visible, ou sans lisière. « Il en étoit de même de cette pierre attachée au granit
dans le morceau que je trouvai. A présent que j'en ai fait polir un morceau, je vois que cette
pierre, qui paroît être du jaspe noir au premier aspect, est encore du granit à grains très-fins,
et que le quartz qui y est teint en noir et extrêmement compacte, y forme des couches lamel-
leuses. Ce morceau me fournit une nouvelle preuve du passage d'une espèce de pierre dans
l'autre, qu'on remarque toujours sur les lisières où deux espèces de pierres se touchent. *

la forêt de *Harzbourg*, près la *Past*, sur le *Wildenplatz* et ailleurs, qui a beaucoup de ressemblance avec le gneiss des montagnes de Saxe. A très peu de distance d'Elend, sur le penchant du *Bahrenberg*, le granit reparoît, et sur lui repose le schiste argileux à feuilles minces.

Immédiatement devant Elbingerode du côté de Blankenbourg, on voit des montagnes de pierre à chaux et de marbre, en un grand nombre de rochers isolés, et près de *Hüttenrode* où les montagnes deviennent plus élevées, le jaspe d'un bleu noirâtre dont j'ai parlé plus haut, paroît être souvent schisteux. La partie inférieure de ces montagnes vers Blankenbourg, est formée de schiste argileux à feuillets très-minces, confusément disposé en plusieurs endroits. Le château de Blankenbourg est bâti sur du marbre et de la pierre calcaire d'une médiocre qualité. Tout près de sa porte d'entrée, à droite, à côté d'une arcade bien conservée, on remarque un orme assez élevé sorti d'un rocher de marbre : cet arbre a au moins vingt pouces de diamètre. Au-delà de Blankenbourg, vers la campagne, on voit au loin des rochers sablonneux qui paroissent assez rapides, et parmi lesquels se distingue le *Regenstein*, avec les ruines de la forteresse qui y étoit autrefois : dans cet endroit on jouit d'une vue superbe sur une immense plaine. Près de Blankenbourg, dans les carrières de pierres de sable, où les fonderies de fer du voisinage prennent la pierre de leurs creusets, on trouve quelquefois sur de la pierre de sable des empreintes de feuilles, qui me paroissent pouvoir encore se former actuellement, parce qu'en plusieurs endroits la pierre de sable mêlée avec l'argile se décompose en sable argileux mou, qui peut également, en se durcissant de nouveau, prendre l'empreinte d'une feuille accidentellement restée dans le mélange. J'ai découvert, dans une de ces carrières, une pierre de sable, sur laquelle étoit empreinte une feuille de noisetier : j'aurois bien desiré savoir depuis quel temps elle y étoit, parce que je voyois croître en abondance sur les bords des carrières, et que je trouvois près du chemin et entre ces car-

rières, des tas de sable argileux, destinés probablement à être
employés comme de l'argile à des bâtimens, ou à faire de la
poterie ou des briques.

Les bords escarpés de la Bude, près de la forge de *Rubeland*,
dans le duché de Brunswick, sont de marbre.

Sur la rive septentrionale de la Bude, à une hauteur que j'es-
time, à vue d'œil, être de près de quarante toises depuis cette
rivière, c'est-à-dire vers la crête de la montagne, à l'endroit
où celle-ci cessant d'être rapide, ne s'élève plus que de vingt toises
jusqu'à son sommet, sur cette rive, dis-je, on trouve dans du
marbre noir la fameuse grotte de *Baumannshoele* (1), tout au
dessus de Rubeland, et tant soit peu à l'est. L'entrée de cette
grotte seroit plus majestueuse, si les arches qui la forment, et que
la nature seule a travaillées, étoient plus élevées, et si le sol étoit
moins embarrassé par des morceaux de marbre jetés sans ordre.
Je n'ai pu dans aucun endroit de cette grotte, même à de petites
distances, remarquer des couches uniformes et tant soit peu parallèles. La masse totale du marbre étoit séparée par des crevasses
qui suivoient toutes les directions, non en tables uniformes, mais
plutôt en fragmens cubiques inégaux. La grotte étoit remplie
de ces morceaux de toute grosseur, qui avoient les angles émoussés et en partie recouverts de stalactite calcaire, et formoient
tellement un nouveau tout par la manière dont ils tenoient les
uns aux autres, qu'en frappant dessus, le marbre et la stalactite
ne se séparoient point, mais se fendoient tous deux ensemble,
comme le morceau de granit et de jaspe noir dont j'ai parlé
plus haut. Notre conducteur vouloit que nous prissions pour des

---

(1) Je ne me suis déterminé qu'après coup à faire traduire ces observations. A la page
92 de cet ouvrage, où il est question de cette grotte, j'ai cité la description qu'en a faite
Frédéric Chrétien Lesser. On peut encore consulter sur cet article la description d'Auguste
Scheffer, publiée en 1697; celle de Hermann Vonderhadt, insérée dans le *Carta eruditorum*
de Leipsick pour l'année 1702; celle que renferme l'ouvrage intitulé *Leibnitii Protogæa*,
dans lequel on trouve aussi la description de la grotte de Schartzfeld; enfin, on peut aussi
lire la description que nous en donne M. *Silberschlag* dans sa Géogénie, et dans le sixième
volume des Ecrits des Curieux de la nature de Berlin. Ce dernier auteur a fait trois voyages
à la grotte de *Baumann*. *

cailloux siliceux, des morceaux de la grosseur du poing ou de la tête, collés ensemble par la stalactite ; mais quelques-uns que je cassai me convainquirent que c'étoit du marbre noir, et que la stalactite qui les environnoit étoit blanche.

Je me garderai d'appeler morceaux de transport les fragmens de marbre épars pêle-mêle, et liés de nouveau ensemble à l'aide de la stalactite, quoique ces morceaux soient tout usés et arrondis par leurs angles : car, dans la grotte de Baumannshoele, où les eaux et l'humidité corrodent tous les angles du marbre, et *redéposent* par-tout la chaux ainsi corrodée en stalactite de tant de figures différentes, cristallisée ou compacte, il est aisé de concevoir comment, sans avoir été transporté de la place où le hasard l'a mis, le morceau qui a les angles les plus aigus, peut dans un court espace de temps s'arrondir comme une boule. Il est probable que cet accident est plus propre aux pierres calcaires qu'à toute autre matière, et qu'il s'y opère plus promptement ; mais il a lieu aussi dans les pierres les plus dures, sans même en excepter le granit, ainsi qu'on le voit dans les rochers isolés, tels que les *Schnarcher* près du Bahrenberg, non loin d'Elend, et plusieurs autres. Cette observation devroit nous rendre plus circonspects, et nous engager à ne pas prodiguer la dénomination de *pièces de transport*. Tout ce qui est arrondi n'a pas dû nécessairement être entraîné et roulé par les eaux. Je suis pareillement convaincu qu'il ne faut pas recourir à un déluge, pour expliquer comment se sont formées la grotte de Baumann et tant d'autres. Tandis que des marbres isolés et d'autres rochers calcaires, ont peu-à-peu été crevassés par l'action de l'air, et sont tombés les uns sur les autres en grands et petits morceaux, plusieurs fragmens sont restés à la place que ces morceaux venoient de quitter. Les parties détachées se soutenant mutuellement, ont formé les premiers espaces vides. Les eaux s'introduisant avec force dans ces espaces, à travers les masses détachées, soutenues les unes par les autres, les agrandirent peu-à-peu, déposèrent la stalactite calcaire, qui boucha plusieurs

interstices,

interstices, et formèrent ainsi un nouveau tout, en suivant la marche qu'elles avoient prise pour creuser et percer les masses. Ce que je dis de la manière dont se sont formées toutes les grottes, sans excepter celle de Baumann, me paroît d'autant plus vraisemblable, qu'on en trouve de pareilles, du moins dans les environs du Hartz, non pas au pied, mais toujours au sommet, aux pointes saillantes des montagnes.

A l'égard des ossemens que l'on rencontre épars dans la grotte de Baumann, et que j'ai trouvés moi-même incrustés en quelques endroits, non pas dans le marbre, mais dans la stalactite, on ne sait pas depuis quand ils sont recouverts de cette matière ; de même qu'on ignore quelle est l'antiquité de l'empreinte des feuilles de noisetier dans la pierre de sable dont j'ai parlé plus haut. Plusieurs personnes assurent que l'homme chargé de montrer cette grotte, a soin de mettre des os aux endroits où la stalactite est la plus abondante, afin d'attirer les étrangers dont les libéralités le font vivre. L'on assure que la même ruse est employée dans la grotte appelée *Knochenhoehle*, non loin de Scharzfeld, au pied du Hartz. D'après cela, on voit pourquoi tant de savans observateurs se sont vainement épuisés en dissertations sur l'ancienneté et la forme particulière des ossemens que l'on trouve dans ces grottes, tandis qu'il n'y avoit peut-être pas dix ans qu'ils avoient été portés par des hommes dans la grotte de Baumann, pour en retirer du bénéfice lorsqu'ils seroient recouverts de stalactite. Cependant, il se peut que ce qu'on raconte de cette fourberie, soit une calomnie dictée par l'envie des voisins; et dans cette incertitude, il faut suspendre son jugement. Les eaux s'amassent en plusieurs endroits de la grotte de Baumann, et lorsqu'elles sont tranquilles, il se forme à leur surface une croûte de stalactite calcaire, semblable à de la glace, et qui tient aux parois de leurs réservoirs. La saveur de ces eaux n'est pas désagréable. Elles n'affluoient pas considérablement lorsque je vis cette grotte, mais elles étoient extrêmement divisées, et sortoient de toute part goutte à goutte. Ces eaux filtrant lentement, les gouttes s'attachent les unes aux autres, comme la cire qui coule d'une bougie ; elles s'alongent peu-à-peu : la chaux qui en a été dissoute se coagule; et l'humidité venant à se dissiper en vapeurs, il se forme des baguettes de l'épaisseur d'un tuyau de plume, et qui sont creuses en dedans, du moins dans les premiers temps de leur formation.

C'est de-là qu'est provenue la quantité de stalactites, que l'imagination se représente sous tant de formes différentes, comme des tuyaux d'orgue, des timbales, etc. La plus intéressante des stalactites de cette grotte est, sans contredit, la colonne de dix pieds de haut, que l'on voit dans la partie la plus reculée de la grotte de Baumann, solidement attachée au marbre par ses extrémités ; elle a jusqu'à neuf pouces d'épaisseur à sa base, et rend un son de cloche assez agréable, quand on la frappe avec un corps dur. Il y a dans cette grotte différens endroits où les eaux pénètrent en plus grande abondance, ce qui vient peut-être des grandes averses, des orages (1) ou pluies du printemps et de l'automne. On y voyoit des morceaux de marbre un peu inclinés, ondulés, et rendus raboteux à leur surface par les eaux qui y avoient déposé la stalactite calcaire. J'ai déja trouvé plusieurs fois, dans l'intérieur des montagnes, ces figures ondulées, même dans des roches très dures, qui n'étoient aucunement des stalactites, et j'ai été tenté de croire que les eaux, sans avoir dissous les masses de pierres, sans les avoir entraînées et déposées ensuite, pouvoient, en les pénétrant jusque dans leur intérieur, produire ces figures ondulées , et par cette opération y occasionner plusieurs changemens.

Je possède un grand échantillon de schiste, provenant du Rammelsberg. L'impression des eaux y est très bien marquée par des raies de pyrites de six lignes, de trois lignes, et même d'une demi-ligne d'épaisseur. Il me paroit de même très-vraisemblable

---

(1) L'auteur a sans doute voulu dire ici que les eaux de pluie trouvoient dans ces endroits une route plus facile que dans d'autres. *

que les agates en fortification, et plusieurs pierres du même
genre, doivent au passage des eaux les différentes figures qu'on
y voit dessinées. J'ai trouvé dans la stalactite de la grotte de
Baumann, des druses de cristaux de spath calcaire en pyramides trièdres, et je doute qu'on en puisse voir de plus belles sur
les filons. Le marbre, qui fait ici la base du rocher, est noir ;
la stalactite calcaire qu'il produit par l'intermède de l'eau est
blanche, mais pas encore transparente, et les cristaux des
druses qui se trouvent dans cette stalactite, sont blancs, parfaitement purs et transparens. L'eau ne peut-elle purifier les
masses de pierres, qu'en les dissolvant, qu'en les entrainant avec
elle, qu'en les nettoyant et les déposant ensuite ? Il m'est quelquefois venu dans l'idée, que les eaux pouvoient purifier les diverses espèces de pierres, en les pénétrant plusieurs fois et pendant un long espace de temps, en dissolvant les parties opaques
qu'elles renferment, en les entraînant avec elles par le lavage,
en unissant leurs surfaces par le frottement au point de les tailler pour ainsi dire, en rassemblant enfin de nouveaux corps, pour
en former une base émaillée de mille couleurs diverses, dans
laquelle il entre même des minérais de plusieurs espèces. C'est
sur cette base que des morceaux de pierre, d'abord confusément
épars, ont reçu la forme de cristaux. C'est là qu'on les trouve
maintenant si fortement attachés, qu'ils semblent en être sortis
par une sorte de végétation. Heureux celui qui pourroit percer
le voile épais dont la nature a couvert les ateliers où elle travaille à la composition et à la décomposition des objets du règne
minéral !

Sur la rive opposée de la Bude, du côté du midi, immédiatement au dessus de la fonderie de Rubeland, on voit, dans
des rochers de marbre isolés, une carrière d'où l'on tire du marbre
noir. Ce n'est qu'à de courtes distances que les lits de marbre
sont un peu réguliers, et assez parallèles entre eux. Le tout offre
plutôt un aspect délabré, qu'un édifice régulier. Les couches y
sont stratifiées ou adossées les unes aux autres, comme celles

du schiste argileux et du gneiss. Il en est de même des rochers
de marbre du *Teufelsbourg*, environ à une demi‑lieue de la
fonderie de Rubeland, en descendant la Bude, à l'endroit où
se trouve le moulin à marbre de Blankenbourg. Ici le marbre
est tacheté de rouge, souvent nuancé des plus vives couleurs,
presque toujours superbement dessiné par la quantité de coquillages incrustés dans sa masse.

Dans la partie de cette carrière de marbre, qui n'est pas du
côté de Budental, le marbre est traversé, sans aucune régularité, de plusieurs veines blanches de spath calcaire, et quelquefois de couleur orangée claire : ces veines n'ont que deux à trois
pieds de long, environ trois pouces par le milieu, se terminent
en pointes peu alongées, et pénètrent le marbre sans interruption
de tous les côtés. Les marbres où ces veines forment des rayons,
ne sont pas fort estimés, quoiqu'elles prennent un aussi beau
poli que les autres parties du même marbre. Au pied de la partie
du rivage escarpé de la Bude, où paroissent ces blocs de marbre,
est le grès gris du Hartz inférieur, alternant avec le schiste, à-peu-
près comme dans le canton de *Neuhof*, près Scharzfeld, avec la
seule différence que le schiste n'y est pas micacé, mais plus sablonneux, et rayé de vert et de jaune en quelques endroits. Quoique
ce marbre soit susceptible d'être poli, on ne l'emploie qu'à paver
les devants de cheminée des appartemens, parce que le sable
qui entre dans sa composition, lui donne un œil terne. On le distingue par le nom de marbre rubané.

Parmi les rochers de transport qu'on voit sur les bords de la
Bude, depuis Rubeland jusqu'au Teufelsbourg, on en trouve
aussi de porphyre vert; et si ces morceaux étoient d'un vert plus
vif, ils ressembleroient au *serpentino verd'antico*, ou serpentine
verte antique. Je n'ai pas eu le temps de rechercher le rocher
solide de cette roche, mais je crois qu'il seroit aisé de le trouver
en remontant la Bude.

Depuis Rubeland, le grand chemin d'Elbingerode s'étend
le long de la vallée de la Bude, puis à travers une vallée voi-

sine

sine qui communique avec la première. Les montagnes calcaires
et de marbre s'étendent jusque-là : près d'elles sont quelques
sommités de rochers isolés, qui offrent distinctement au dehors
des couches placées les unes à côté des autres, et qui ressemblent même à du schiste. On exploite dans ce canton de la mine
de fer dans la montagne calcaire, sur des filons qui paroissent se
prolonger au loin. Dans le voisinage de la Rothenhûtte, on rencontre encore des rochers de marbre sur les bords de la Bude,
mais ils sont moins escarpés qu'aux environs du Rubeland. A peu
de distance de Kônigshof, au dessous de la Rothenhûtte, en descendant la Bude, on a exploité autrefois de belles carrières de
marbre, et l'on voit au sommet d'un rocher de cette substance une
grotte appelée le *Pilleckenloch*, qu'on assure ressembler beaucoup
à la grotte de Baumann. Depuis la Rothenhûtte, du côté de
Mangelholz, où il y avoit autrefois une forge, les montagnes de
marbre et de simple pierre à chaux se soutiennent toujours : on
tire aussi de plusieurs carrières de ce canton, situées sur la Bude,
une sorte de pierre calcaire, plus ou moins tachetée de rouge,
souvent trop molle pour être susceptible de poli. Cette pierre,
que l'on emploie comme flux dans la fonte du fer, est appelée
Kuhriemen. Outre cette propriété de servir à la fusion du fer,
elle contient encore quelques livres de ce métal, et augmente
avantageusement le produit des hauts fourneaux. Quelques variétés
de cette pierre calcaire renferment un nombre infini de petits
escargots, jetés confusément les uns parmi les autres ; elles ont
alors plus de dureté, prennent un beau poli, et pourroient avec
justice être mises au nombre des lumachelles ; mais on leur a
impitoyablement conservé la dénomination basse de *Kuhriemen*,
mot qui veut dire *bande* ou *courroie de vache*.

Je quittai ces contrées si fécondes en marbre. La beauté du
jour m'engagea à aller depuis l'Oderteich jusqu'à Andréasberg,
par le canal de Rehberg. Aux bords escarpés de ce canal, vers
le nord et le couchant, nous apperçûmes le granit dans un plus
mauvais état encore que le marbre de la Baumannshoëhle : car,

Zzz

quoique les eaux y tiennent celui-ci dans un état de dissolution, elles le transforment cependant ensuite en une stalactite compacte. Le granit au contraire, continuellement rongé par l'air et l'eau de l'atmosphère, peut-être aussi par une fermentation intérieure, étoit si parfaitement décomposé, qu'on pouvoit ramasser séparément dans le *sable des bruyères* (1) qui avoit roulé des hauteurs, l'argile, le mica, le feld-spath, ainsi que les grains de quartz qui formoient ce granit; du moins il étoit facile de détacher de sa masse chacune de ces substances séparément. On ne voyoit pas ici, comme dans la grotte de Baumann, la moindre chose qui pût former de nouveau un tout avec ces parties séparées. Néanmoins ce sable que la nature semble avoir négligé, a été employé avec avantage (2) pour remplir les intervalles des murailles qui forment la digue de l'Oderteich, et le rivage septentrional du canal de Rehberg. Ce sable, qu'on y a accumulé en tas assez élevés, et qui se trouve actuellement couvert, de sorte qu'il n'est plus exposé au contact de l'air, a probablement, au moyen des particules ferrugineuses qui entrent presque toujours dans le mélange des granits, tellement formé un nouveau tout, que le premier granit s'est entièrement rétabli. Ce qui autorise à le penser, c'est que cette masse ne laisse pas échapper la plus petite goutte d'eau. Il y a une grande abondance de ce sable; je crois qu'il seroit possible d'en extraire, par le lavage, une bonne argile, peut-être même une excellente terre à porcelaine, si l'on avoit occasion de l'employer avec avantage. L'expérience apprendra si les grandes masses des montagnes, sur la pente desquelles se trouve ce sable qui provient de la décomposition du granit, renferment des filons de quelques métaux ou minérais

---

(1) Le sable des bruyères, tel que celui des landes de la Westphalie, est pour l'ordinaire un détritus de granit; et les seuls rochers toujours isolés qu'on rencontre dans ces landes, sont également de granit. La dénomination de sable de bruyère, *heydensand*, que les habitans du Hartz ont donnée au détritus de granit dont il est ici question, provient de son identité avec le détritus granitique des bruyères. C'est aussi par cette raison qu'ils ont donné le nom de *heydenstein* à leur granit, parce qu'ils en ont vu de semblables dans les landes voisines. *

(2) Calvöer, Part. I, pag. 91.

qui puissent être exploités avec bénéfice. A la vue des rochers
nus qui sont près du canal de Rehberg, on conçoit peu d'espoir. On y voit bien çà et là quelques traces d'objets qui ressemblent à des filons; mais ce sont des veines très dispersées,
qui serpentent irrégulièrement dans la masse des rochers, et qui
sont fort étroites, puisqu'elles portent à peine deux pouces d'épaisseur. Elles ne contiennent guère que du granit décomposé,
dont la couleur seulement un peu différente, annonce qu'il y a
plus de fer dans son mélange, ou que ses parties sont autrement
mêlées que celles du granit voisin, qui est aussi dans l'état de
décomposition. Sur une pareille veine de l'épaisseur d'environ
un pouce, on a trouvé que la gangue étoit du véritable silex,
mais maigre, sablonneuse, et sans aucune apparence d'argile.

Avant que le granit du Rohrenberg, situé devant Andréasberg, remplace le schiste argileux des montagnes d'Andréasberg,
qui sont plus basses et très riches, même avant le canal qui
conduit les eaux du Sonnenberg dans le canal de Rehberg, il y
a entre le granit une roche parfaitement semblable au jaspe du
canton de l'Achtermannshoele. Près du canal de Sonnenberg, j'apperçus le grès gris et le schiste du Hartz supérieur, en morceaux
de transport; et en remontant le Rohrenberg, je découvris bientôt le schiste argileux plus doux des montagnes d'Andréasberg,
remplies de si belles mines d'argent. Le schiste argileux d'un
bleu noirâtre se trouve au jour en un grand nombre de fragmens, ainsi que dans les fosses, où il donne une grande quantité d'étincelles sous les coups de l'acier. Il n'y a dans son mélange, du moins dans les endroits où je l'ai observé jusqu'à
présent, aucune parcelle de grès gris du Hartz supérieur, et il
est beaucoup plus compacte que le schiste argileux, mêlé du
grès gris en grandes et petites masses, tel qu'on le trouve au nord
et au couchant du Bruchberg. On pourroit donner le nom de
jaspe à ce schiste noirâtre, quoiqu'il ressemble encore au schiste
par sa structure, et que par-tout il ne soit pas aussi compacte.
Les couches du schiste argileux d'Andréasberg, ainsi que celles

du schiste qu'on trouve au nord et au couchant du Bruchberg,
entre le grès gris, sont constamment sur leur tête, ou parfaitement perpendiculaires, ou s'approchent beaucoup de cette position. Jamais elles ne sont horizontales, comme les couches de
gneiss des montagnes de Saxe. Souvent les directions des filons
coupent ces bancs de pierres. C'est ce que j'ai trouvé dans la
minière de *George Guillaume*, à la profondeur d'environ trente
toises. La roche latérale qui est sur sa tête, a des séparations qui
marquent les divisions de la roche en couches et en bancs : ces
séparations étoient absolument à angles droits de la direction du
filon, autant qu'on a pu l'observer jusqu'à présent : car en général
la roche se trouvoit si excessivement dure, qu'on en appercevoit
à peine les séparations. Le filon, dont la gangue étoit de spath
calcaire d'un à deux pouces d'épaisseur, contenoit de l'argent arsenical très beau, dont le moins riche renfermoit toujours plus
de cinquante marcs d'argent au quintal. Les couches de la pierre
latérale étoient plus distinctes dans un percement établi environ
à treize toises de la galerie : le schiste n'y étoit ni si solide, ni
si entier ; il s'y trouvoit divisé en couches d'un pouce et d'un
pouce et demi d'épaisseur, placées perpendiculairement, et faisant un angle droit avec la direction du filon. Le filon lui-même
contenoit de la galêne dans du spath calcaire blanc, de trois à
quatre pouces d'épaisseur.

J'ai visité plusieurs filons, et j'ai trouvé qu'ils se coupoient
souvent à angles droits. Ainsi, lorsque la roche est sur sa tête
ou posée de champ, comme cela arrive toujours ici, et qu'alors
les couches de pierres forment des angles droits (1) avec la direction de l'un des filons, dans quelle position peuvent-ils donc
être par rapport à la direction de l'autre filon, qui coupe le premier à angle droit ? En cherchant à éclaircir mes doutes sur ce
point, j'ai trouvé que, dans cette circonstance, les couches de
pierres étoient en même temps parallèles à la direction et à l'in-

---

(1) Cette question a rapport aux idées que l'auteur a développées dans sa troisième Lettre,
pag. 52 et 53 ; et dans la cinquième, page 112. *

clinaison

clinaison des filons. C'est ce que j'ai vu très-distinctement à la tête du filon transversal de la minière d'Andréas-creutz, découvert depuis peu : ce filon étoit à peu près à cent toises de profondeur, à un endroit où les couches minces du schiste suivoient parallèlement les contours de l'inclinaison et de la direction du filon. Il contenoit de la mine d'argent grise dans du spath calcaire blanc, d'un à trois pouces d'épaisseur. J'ai aussi observé en plusieurs endroits, que les bancs de rochers qui faisoient des angles droits avec la direction du filon dans le sol, étoient parallèles au même filon dans le toît, et réciproquement. Ceci doit nous rendre d'autant plus circonspects, que je ne regarde pas comme une marque générale et caractéristique des filons, que leur direction et leur inclinaison coupe les bancs des rochers. M. Charpentier, dit, dans son excellente Géographie minéralogique de la Saxe, page 88, » Que le caractère distinctif d'un filon, est de couper constamment les bancs des pierres et les fissures des montagnes. « Il auroit certainement apporté plus de circonspection dans l'établissement d'une règle qui doit servir à connoître les filons, s'il les avoit aussi examinés au Hartz. Mais cette règle n'est pas même toujours applicable à toutes les montagnes de Saxe. Et toutes les masses de rochers où sont les filons que nous exploitons, sont-elles donc si régulièrement disposées que, sans varier de position, elles se prolongent avec le filon, à la distance de quelques milles? Il s'en faut bien que cette question soit décidée. J'observerai encore que le schiste argileux des montagnes d'Andréasberg, contient un mica très fin, quoique rarement, et seulement près des filons qui tiennent du minérai, mais jamais d'autre matière hétérogène, sur-tout quand il est éloigné des filons ; c'est du moins ce que j'ai observé jusqu'à présent. Ce schiste se perd sur le chemin qui mène à Clausthal, au penchant des montagnes, vers la Schluft noire, qui est une vallée profonde au-devant du Bruchberg.

Depuis le Sonnenberg, le granit reparoît sur cette pente ; mais dans la vallée de la Schluft et au pied du Bruchberg, il

A a a a

alterne de nouveau avec le schiste argileux. On retrouve ici beaucoup de jaspe, dont plusieurs blocs sont rubanés d'une manière
fort agréable. Quand on a gravi la hauteur rapide du Brucberg,
on remarque bien vite le sable du Soesestein sur le point le
plus élevé, et ensuite à la descente du côté de Clausthal, le
schiste, entre lequel on voit reparoître, au-delà de la digue de
Sperber, le grès gris à gros et à petits grains.

A Zellerfeld, le 10 septembre 1782.

F. G. H. DE TRÉBRA.

DESCRIPTION

D'une Druse ou cavité revêtue de cristallisations , au Hartz à Andréasberg; par M. le Baron DE TRÉBRA , Vice-Intendant des Mines du Hartz.

Au sol de la galerie de Sieber, la plus profonde des montagnes d'Andréasberg, sur un filon appelé le filon des Cinq Livres de Moïse , on avoit , en cherchant de belles cristallisations telles qu'on en trouvoit autrefois dans cet endroit, désencombré une ouverture autour de laquelle étoient entassés de superbes cristaux. Cette ouverture étoit étroite ; cependant on pouvoit , en rampant, se glisser à travers, et bientôt on atteignoit un espace plus grand. Tout ce qui étoit gissant, suspendu ou debout, se trouvoit revêtu de cristaux de spath calcaire. Conduit par la curiosité, je me glissai très-promptement dans la direction du nord au midi. Je ne pouvois m'y tenir debout, car la hauteur de la druse, qui d'abord étoit de trente pouces , ne s'élevoit guère au-delà , à mesure que j'avançois. Cependant, je trouvai bientôt suffisamment d'espace pour me remuer librement.

Le sol consistoit en plaques et en masses cubiques de spath calcaire, longues et larges de quelques pieds, sur deux , trois et quatre pouces d'épaisseur, et quelquefois plus ; je les voyois entourées de cristaux à pyramides et prismes hexagones , dont la longueur étoit d'un à deux pouces , et quelquefois moins. Ces morceaux n'étoient pas très-régulièrement arrangés ; cependant la plupart se trouvoient groupés , en suivant l'inclinaison du filon dans la direction du levant au couchant. Les cristaux qui les entouroient, étoient à la vérité transparens et sans couleurs ; mais si l'on cassoit les morceaux mêmes, on y voyoit dans un spath calcaire compacte , des stries d'un gris sale et même noirâtre. La plus grande partie du sommet consistoit en pareils

morceaux ; mais ils étoient ici plus serrés les uns contre les autres, et plus liés ensemble. Il y avoit aussi sur les côtés, de ces
grandes écailles ou plaques ; mais elles y suivoient mieux l'inclinaison du filon : elles y étoient plus minces, puisqu'elles ne
portoient qu'un pouce et demi, deux, ou tout au plus trois pouces d'épaisseur. Au sommet commençoit un couvercle de spath
calcaire, s'étendant horizontalement de tous côtés, et se prolongeant jusqu'à l'extrémité de la druse, où l'on remarquoit la
plus grande largeur. Ce couvercle étoit tissu de ce même spath
calcaire compacte, qui formoit tous les parois de cette cavité,
et ce spath étoit si intimement lié, qu'il n'y avoit pas la moindre
ouverture. Du sommet de la druse partoient des cristaux qui
descendoient jusqu'à la surface supérieure de ce couvercle et
même au dessous de lui, en longeant ses côtés. Ces cristaux tou-
choient à ceux du couvercle, avec lesquels cependant la plupart d'entre eux n'étoient point mêlés. A travers quelques trous
qu'on avoit faits à ce couvercle, on appercevoit les plus beaux
groupes de cristaux. Ils ornoient une voûte supérieure, qui avoit
soixante pouces de hauteur. Elle s'abaissoit jusqu'à quelques
pouces du couvercle, puis se relevoit près de l'extrémité.

Quel agréable coup-d'œil offroit cette grotte ! ce n'étoit point
son éclat que j'admirois, mais la construction du tout, la forme
des cristaux, la beauté de leurs groupes, la variété de leurs grosseurs, leurs couleurs agréables quand ils en avoient, leur pureté,
la manière douce dont ils réfléchissoient la lumière. Dans l'ensemble de sa structure, cette druse étoit assez semblable aux grandes grottes des montagnes calcaires, telles que la Baumanshoehle
et le Weingartenloch que j'ai parcourues toutes deux avec la
plus grande attention. La circulation des fluides produit dans
ces grandes grottes, sur le rocher dont sont composées les montagnes qui les renferment, une décomposition continuelle et de
nouvelles formations, une érosion successive et des dépôts sans
cesse renouvellés. Des effets absolument pareils ont lieu dans la
druse que je décris ; mais dans le spath calcaire qui est puissant

de

dé plusieurs lacther, et qui sert de gangue au filon, on voyoit
çà et là plusieurs masses saillantes. Souvent isolées en plus grande
partie, elles n'adhéroient plus au filon que par de très petits
points, ou bien elles en paroissoient séparées sans en être détachées. On voyoit la plus grande partie de leurs cristaux encore
entrelacée ; et l'on remarquoit, entre ces morceaux saillans, un
espace vide qui n'étoit rien moins que régulier, mais au contraire plus haut et plus bas, plus étroit et plus large, précisément
pareil à ceux que je trouvai dans la Baûmanshôehle et le Weingartenloch. Dans la druse dont je parle, les parois de cet espace vide étoient couvertes de cristaux en si grande quantité,
qu'on ne peut comparer leur abondance qu'à celle qu'il est aisé
de remarquer, lorsque les sels se cristallisent dans les fluides.
Dans les grandes grottes, au contraire, on ne voyoit que de la
stalactite. Je n'ai pas observé d'autre différence. Il se trouve cependant aussi des cristaux dans les grandes grottes des montagnes calcaires ; mais ces cristaux se rencontrent seulement dans
les druses qui renferment la stalactite calcaire. Celle-ci, par la
chûte continuelle des gouttes d'eau, s'accumule en couches bien
marquées dans les espaces vides qui se trouvent entre ou sur
les masses des rochers, brisées et posées les unes à côté des autres, et qui forment un tout. Il semble que pour créer des cristaux réguliers, la nature a besoin d'un espace plus resserré et
totalement rempli d'eau. Il est vrai que la stalactite ordinaire et
calcaire provient aussi de cet élément ; mais elle peut se former
à l'air libre, et un espace plein d'eau ne lui est pas nécessaire.

On trouvoit aussi, dans le spath calcaire fin du couvercle de
cette druse, des couches bien marquées, ou plutôt seulement
des feuilles séparées. Elles se montroient plus distinctement dans
les endroits où ce couvercle paroissoit les plus épais. De tous
les objets de la grotte, ce couvercle étoit sans doute le plus ad-
mirable. Il avoit, en suivant la direction du filon, une longueur
d'environ un lachter et demi. Sa largeur, beaucoup moindre, ne
portoit tout au plus que soixante pouces, et rarement il avoit

plus de trois pouces d'épaisseur. Au milieu de sa largeur, il renfermoit des druses et des espaces vides d'un demi-pouce et même d'un pouce de haut, et de six à huit pouces de long et de large. Tout autour sur les côtés et vers les extrémités, il devenoit plus épais et formoit comme une espèce de voûte. Il étoit de plus soutenu par des masses de cristaux en forme de gâteaux, qui sembloient des pierres d'appui nécessaires à sa solidité. Par-dessus, on le trouvoit entièrement plat et régulièrement horizontal dans toute sa longueur. Sur ses deux faces extérieures, il offroit des cristaux saillans ; et par dessous lui, il en avoit encore une plus grande quantité et plus saillans qu'en dessus.

A plusieurs endroits du sommet, on appercevoit de petites ouvertures de quelques pouces de contour, dans lesquelles il y avoit également de petites séparations horizontales, tout-à-fait ou en grande partie semblables à celle du couvercle dont j'ai déja parlé ci-dessus. De tous les côtés de la druse, dans toute son étendue et dans toutes les directions, partoient de petites ouvertures où l'on pouvoit à peine introduire le plat de la main. A l'endroit de la plus grande hauteur, la druse se reploit vers le midi dans une largeur de vingt pouces et une hauteur de cinquante, autour des morceaux de spath calcaire, recouverts de cristaux, et retournoit ensuite vers le couchant. D'après les morceaux détachés et posés sur le sol les uns à côté des autres, presque sur la longueur de cinq lachter, et d'après les différentes cavités qu'on voyoit entre eux, il est permis de croire que la constitution caverneuse du filon pouvoit encore s'étendre à une profondeur plus considérable.

A la distance d'un lachter et cinquante-cinq pouces du commencement de la druse, le filon étoit à la vérité assez entier ; mais cependant dans le chevet il y avoit encore une ouverture large de quelques pouces, dans laquelle on pouvoit, à quelques pieds de profondeur, distinguer les cristaux qui continuoient le long des parois. Toute cette druse qui s'élevoit du midi au nord, étoit, à ce qu'il paroît, formée et construite par la pression des

eaux qui y serpentoient. Le filon même se trouvoit au moins à
la profondeur de quatre-vingt lachter. Sa direction suivoit la pente
douce d'une montagne qui s'étendoit vers la vallée latérale, sur
9 heures ½, en s'abaissant du nord au midi. Cette direction est
à-peu-près celle de la druse. J'observe ces particularités, parce
que j'ai cru les remarquer aussi dans une druse assez spacieuse
de la minière Julienne Sophie, au Schulemberg, près Zellerfeld.
Elle étoit revêtue de cristaux, de quartz, et se prolongeoit également sur le filon, dans la direction du point le plus élevé vers
le point le plus bas, suivant la pente de la montagne. Cette
druse de la minière de Julienne Sophie étoit remplie d'eau,
tandis que celle d'Andréasberg n'avoit que l'humidité ordinaire
aux rochers des montagnes. Il seroit possible que de la druse
d'Andréasberg, les eaux se fussent écoulées peu-à-peu par la
galerie de Siéber, qui étoit faite depuis long-temps sur ce filon.
Elles n'auront pu se frayer un passage aussi facile dans la minière de Julienne Sophie, parce que sa galerie étoit bien plus
élevée que la druse, et parce que celle-ci n'avoit été découverte
que depuis peu, par une exploitation faite dans la profondeur à
l'aide d'une machine hydraulique.

Quant à la forme des cristaux, je trouvai ici les pyramides
hexagones parfaitement régulières ; quelques-unes aussi étoient
tronquées en pyramides trièdres, au milieu de leur longueur. Ces
pyramides trièdres et ces colonnes hexagones étoient coupées à
angle droit, c'est-à-dire, horizontalement à l'extrémité de leur
longueur, et quelques autres de ces prismes hexagones s'unis-
soient de différentes façons par les sommets aux pyramides trièdres. Je ne trouvai que peu de prismes hexagones, dont les côtés
fussent tous également larges ; mais la plupart d'entre eux, sur-
tout les plus gros cristaux de cette espèce, avoient trois côtés
si étroits entre les pans les plus larges, qu'on auroit cru que
c'étoit plutôt un prisme trièdre dont les arêtes avoient été tronquées. Leur longueur étoit d'un pouce, d'un pouce trois lignes,
et même deux pouces ; leur épaisseur d'un cinquième, et tout au

plus d'un quart de pouce, tant que les cristaux étoient isolés ;
mais il s'en trouvoit beaucoup de groupes entrelacés et maclés
les uns dans les autres. Leurs formes ne ressembloient aucunement aux formes primitives des petits cristaux, et ils avoient un
pouce, un pouce six lignes d'épaisseur, et deux à trois pouces
de longueur. Ainsi disposés, ils offroient à la vue des groupes
en forme de faisceaux ronds, épais d'un à deux pouces, et quelquefois sur leur base des lignes longues de deux ou trois pouces,
hors desquelles les pointes des cristaux n'étoient saillantes que
d'une ou deux lignes, tandis que le reste de leur longueur étoit
entremêlé jusqu'à la racine avec d'autres cristaux. Tout l'espace
couvert de cristallisations qui restoit entre ces masses, se trouvoit
rempli de petits cristaux isolés de même à la vérité, mais étroitement rapprochés. Ils étoient disposés sans ordre et dirigés indiffé-
rement vers tous les points, les uns perpendiculaires à leurs bases,
les autres inclinés sous toutes sortes d'angles, mais rarement horizontaux. Les pyramides trièdres s'écartoient de leur forme ma-
thématique en deux manières, que je n'avois point encore remarquées jusqu'ici, et qui donnoient aux cristaux, sur-tout dans les
groupes, beaucoup de ressemblance aux feuilles du règne végétal.
Vers le milieu de leur longueur, ils étoient plus larges qu'à leur
base, et ensuite s'alongeoient en pointes avec des arêtes légèrement courbées. On les trouvoit tantôt plus alongés, quand ils
étoient de l'espèce effilée, tantôt presque tronqués : leurs sommets
étoient arrondis. Telle étoit aussi la forme des faces latérales,
sous laquelle on trouvoit groupés les cristaux effilés qui n'avoient
qu'une demi-ligne, un quart de ligne, et même encore moins
d'épaisseur. Ces groupes hauts d'un pouce et demi, étoient larges
d'un pouce à leur base. Les pyramides trièdres, dont les extrémités étoient arrondies, se trouvoient isolées quoique voisines ;
seulement elles étoient de diverses grandeurs, sans qu'il y eût
cependant une grande différence. Les pyramides hexagones tronquées, et les régulières, varioient dans leurs grandeurs et dans
la forme de leurs groupes, comme les prismes hexagones que
je

je viens de décrire. Chaque espèce de cristaux étoit séparée des autres, de manière que si l'on en excepte les pyramides hexagones régulières qui étoient isolées entre les prismes hexagones, et aussi les pyramides trièdres de l'espèce arrondie qui étoient entremêlées parmi les cristaux de l'espèce effilée, il n'y avoit pas d'autre mélange de différentes espèces de cristallisations, encore cela n'avoit-il lieu que parmi les plus petits cristaux. Je remarquai dans les gros groupes qui se trouvoient entre les prismes hexagones, une singularité frappante. Quand cette espèce de cristaux n'avoit pas au dessus de deux lignes d'épaisseur, on croyoit voir tracés sur ses sommets, qui n'étoient plus lisses, des caractères fins comme ciselés, et quelquefois très profondément incrustés. Cette espèce de caractères est encore plus frappante dans les cristaux dont l'épaisseur monte à six lignes ou un pouce, et semble être les pointes des petits cristaux dont la somme réunie forme les grands. On voit ces caractères sur les faces, comme sur les sommets. Les prismes hexagones terminés en trièdres, ne se trouvant que parmi les cristaux du couvercle, qui ne sont pas si longs, ne saillent pas autant que les autres, et souvent à peine excèdent de leur épaisseur la surface du morceau sur lequel ils sont. Ils semblent, comme la zéolite, partir du même centre en rayons divergens, sur un quart ou un huitième de cercle. Je remarquai une autre particularité de cristallisation dans un petit nombre de morceaux du couvercle, au milieu de sa largeur et à sa partie inférieure. Dans la largeur d'une ligne et la longueur de neuf lignes à douze, sur une surface unie d'ailleurs, et qui n'est excédée que par les pointes des cristaux sensibles au toucher seulement, on voyoit représenté un véritable brin d'herbe, comme des petites bandes de paille, et des fils fins, minces, brillans, et blancs de lait. Les pyramides hexagones tronquées, ainsi que les régulières, se trouvoient particulièrement sur le sol, disposées pour la plupart en faisceaux ou buissons dans toutes sortes de directions. Les pyramides trièdres se rencontroient dans le sommet, et les prismes hexagones les plus beaux, étoient placés dans

Cccc

le sommet au dessus du couvercle, groupés en petits et en grands cristaux, souvent longs d'un pouce et demi, entremélés et n'ayant aucune direction fixe. Les morceaux qui en étoient couverts, ressembloient assez à un hérisson. M. de Reden, intendant des mines, possède un des plus beaux morceaux de cette espèce. Il l'a détaché lui-même, sans l'avoir aucunement endommagé. Tous les plus petits cristaux sont transparens; il y en a même beaucoup d'une limpidité parfaite; et comme leur masse n'est pas grande, ils paroissent n'avoir aucune couleur lors même que les gros cristaux groupés à côté d'eux sont réellement colorés. Leur couleur, d'une beauté peu commune, n'est que légèrement mélangée. Elle tient le milieu entre le rose et la fleur de pêche : le blanc mat du lys l'adoucit encore, et lui donne le coup-d'œil le plus agréable. Peu de fossiles ont cette charmante couleur. Tout le couvercle en est teint, plus ou moins, en différentes places : sa masse spathique entière a toute la pureté du cristal, et semble même, au premier coup-d'œil, être un tissu de cristaux. Si l'on casse ses morceaux, on leur trouve l'éclat de la nacre de perle qui approche beaucoup de celui de la zéolite cristallisée, tandis que les autres morceaux de spath calcaire entourés de cristaux sont d'un blanc trouble de petit-lait. Loin de briller du même éclat, ils ont entre eux des taches noires de schiste qui, produisant l'effet d'une feuille que l'on auroit mise dessous, servent à relever davantage les gros cristaux d'un blanc de lis, seulement teints d'une foible nuance de couleur rose. Je me serois peut-être aisément persuadé que la couleur rouge très approchante du carmin qui nuance ces cristaux, étoit due au cobalt dont on avoit trouvé du minérai dans différens endroits du filon sur lequel est la druse dont je parle; mais j'ai lieu de croire que c'est le fer qui l'a produit, car j'ai trouvé des morceaux où ce rouge étoit devenu aurore et enfin couleur d'orange, et où la couleur n'étoit pas aussi pure que dans ceux qui avoient cette teinte de superbe rouge, qu'on rencontre rarement dans le règne minéral. Je n'ai dans mon cabinet que deux morceaux dont la couleur soit aussi belle. L'un de quartz a été tiré de la minière de *Segen-gottes* à *Grosdorf*, dans le canton des mines de *Freyberg* en Saxe. L'autre de manganèse est fortement teint de ce beau rouge, et vient de Kapnit en Transilvanie. Ce fut dans un morceau du sommet, au dessus du couvercle, que je trouvai le groupe le plus rare, de la plus belle cristallisation, de la plus superbe couleur dans le tout et dans les parties. Ce morceau d'environ neuf pouces de longueur sur quatre de large, ne se trouvoit adhérent au spath calcaire que par un de ses côtés, et comme ce spath faisoit partie de la gangue, il y étoit très fortement attaché. Seulement de deux autres côtés, quelques-uns de ses cristaux étoient entre-lacés avec ceux des morceaux qui l'avoisinoient. Il falloit donc le détacher de ces trois points auxquels il adhéroit. Ce groupe a dix-huit pouces de hauteur, onze de largeur, quatre d'épaisseur; et à l'exception de l'endroit où il étoit attaché au spath calcaire dont est formé son noyau, on le voit entouré de cristaux en beaux groupes de différentes grosseurs et de formes toutes particulières. L'endroit où il étoit adhérent au spath calcaire, lui servoit comme de piédestal, et donnoit un coup-d'œil plus agréable au reste du morceau qui étoit libre. Près de ce piédestal, sur les plus belles de ses larges faces, sont les plus forts cristaux. Deux entre autres étroitement unis, sont à-peu-près larges de deux pouces, hauts de trois pouces et demi, et épais de plus de neuf lignes. Près d'eux, on en distingue un isolé, un plus foible, et plusieurs autres encore plus menus. Plus loin, vers le milieu, on en voit d'une grosseur beaucoup moindre, qui sont environnés de quelques autres plus petits. Ils vont ainsi diminuant toujours de volume. Les petits qui entourent les gros se multiplient, et finissent par couvrir même les sommets, de sorte qu'en s'élevant librement des deux côtés, quelques-uns seulement des plus grands cristaux couronnent le morceau avec la symétrie la plus décidée. On verroit avec beaucoup de plaisir un bouquet ou une corbeille, dont les fleurs seroient unies et disposées comme elles le sont dans ce morceau. Vers la base, en remontant au point où les cristaux sont les plus gros, la couleur légère de carmin dont j'ai parlé plus haut, est la plus sensible; et à mesure que les cristaux diminuent de volume en montant, elle finit par prendre dans la couronne une couleur absolument blanche, très-agréablement relevée par le bleu du schiste qui se trouve dans le spath calcaire, dont est formé le noyau du morceau. Quelques-uns de ces cristaux, de même que plusieurs plus petits, étoient presque ronds, et paroissoient repliés sur les autres, comme si dans la même forme et grandeur qu'on leur trouve actuellement, ils avoient été mous et susceptibles de se courber. D'autres cristaux, parmi lesquels on en voit un large de trois bons quarts de pouce, s'élèvent de leur base perpendiculairement et parfaitement entiers, jusqu'à l'endroit où de plus petits cristaux horizontaux les rencontrant, les grands se fendent et, laissant entre eux un espace égal au volume des cristaux horizontaux, se terminent en forme de fourches à deux pointes, de manière que leurs faces intérieures sont perpendiculaires et parallèles, tandis que leurs côtés extérieurs diminuent peu-à-peu du point de rencontre au sommet. Cette diminution, dans les petits cristaux, étoit de trois lignes, et presque de neuf lignes dans les grands. Sur les pointes et les côtés des gros cristaux, on voit ces figures ou caractères fins, dont j'ai fait mention plus haut. A la lumière du soleil, ils rendent très éclatantes les faces sur lesquelles ils sont. Je remarquai aussi dans la position de plusieurs cristaux, ces contours adoucis qui sont propres à plusieurs espèces de feuilles dans les plantes et les fleurs.

F I N.

TABLE DES MATIÈRES

CONTENUES DANS CE VOLUME.

H

I

K

ROCHER.

Fin de la Table.

ERRATA.

C'est par erreur que les Notes faites par M. le baron DE DIÉTRICH dans les deux premières Lettres, ont été désignées par les lettres initiales L. B. de D. Dans tout le reste de l'ouvrage, elles sont marquées par une astérisque.

Page 21, ligne 11, qu'ils soient, *lisez* qu'ils le soient. Même page, ligne 4 de la note première, Combrives, *lisez* Lombrives.

Page 26, ligne première de la note première, Pontpeau, *lisez* Pontpéan.

Page 28, ligne 21, après *se réunissent*, substituez un point à la virgule, et supprimez ces mots : *ou du moins jusqu'au point de réunion, quand même ils ne se trouvent pas dans ce point.* Même page, première ligne de la note, Wittichem, *lisez* Wittichen.

Page 29, ligne 13, de glaise pénétrante, *lisez* de glaise pénétrée de parties isolées de spath.

Page 33, ligne 15, en sont toujours exemptes, *lisez* ont toujours un plus grand degré d'humidité.

Page 35, ligne 26, elles bouchent, *lisez* on a le plus grand soin de boucher.

Page 36, ligne 3 de la note, Sully, *lisez* Sultz.

Page 56, ligne 4, de la fosse de la mine découverte dans Dreyveiber, *lisez* dans la fosse de découverte du minier de Dreyweiher, ou *des trois femmes*, située dans la montagne dite Stadtberg.

Page 60, ligne 5, absorbé, *lisez* observé.

Page 61, ligne 14, la partie, *lisez* dans la partie.

Page 68, ligne 27, pour suivre sa direction, *lisez* pour le suivre. Et à *cette phrase* : à l'extérieur de la montagne, il finit en ce point; *substituez* : car il disparoît tout-à-coup dans la direction qu'il avoit, en venant du jour.

Page 77, ligne 5, de forme quartzeuse, *lisez* de la même forme et de la même grandeur que les quartz des environs; et quelquefois ces quartz sont argile d'un côté, quelquefois une croûte argileuse les recouvre de manière que souvent il n'en reste que le noyau.

Page 81, ligne 4, composé parfaitement, *lisez* ce grès est composé. Même page, ligne 5, il n'étoit jamais en grande quantité, *lisez* le mica n'étoit jamais en grande quantité.

Page 84, note première, ligne première, il y a quinze ans, *lisez* depuis long-temps.

Page 86, ligne 11 de la note, sidérité, *lisez* sidérite.

Page 86, ligne 16 de la note, charbon de bois, *lisez* charbon de terre.

Page 90, ligne 13, on ne connoit de son intérieur, etc. jusqu'au piont, *lisez* on ne connoît point son intérieur. On sait seulement que la partie supérieure plus petite, qui touche le petit Brocken, consiste en granit, et la partie inférieure en schiste.

Page 91, ligne 27, du moins quant au schorl vert, *lisez* et moins de schorl vert dans leur mélange. Même page, ligne 3 de la note, toujours en fragmens répandus, etc. *lisez*, lié et adhérent au granit, mais toujours en morceaux détachés, et jamais dans les rochers enracinés.

Page 93, ligne 6, les deux, *lisez* ces deux.

Page 97, ligne 12, on les trouve quelquefois, *lisez* on trouve quelquefois ces filons.

Page 100, ligne 6, à la grande quantité, etc. *lisez* dont la masse est une schiste argileux, sans aucun autre mélange, à la grande quantité de spath et de stalactites calcaires qui s'y trouvent.

Page 109, ligne première de la note première, près et sur les limites du scheste, *lisez* près et sur les limites du schiste.

Page 113 et 114, ligne dernière et première, simple schiste, *lisez* schiste pur.

Page 114, ligne 7 et 8, au-delà des limites de la masse de la mine rhomboïdale que j'ai déterminées, *lisez*, au-delà des limites de la masse rhomboïdale que j'ai déterminée.

Page 117, ligne 25, *supprimez* devenu.

Page 120, ligne 7 de la note première, Vildsberg, *lisez* Wildberg.

Page 121, ligne première, Nene, *lisez* Neue.

Page 125, ligne 2, *supprimez* le point et la virgule. Même page, ligne 3, on voit, *lisez* où l'on voit.

Page 127, ligne 11, Buchberg, *lisez* Bruchberg. Même page, ligne 30, du jaspe, *lisez* de la nature du jaspe.

Page 203, à la note, eussent enterré, *lisez* ont enterré.

Dans le tableau N°. VIII, seconde colonne, dans la division des espèces de sels des montagnes simples, Acides unis aux métaux, *lisez* Acides unis avec des terres.

Nota. Qu'on ne prenne point pour une faute la manière dont nous avons indiqué la situation des Brocken et du Bruchberg, à la page 83 et 84, comme on en seroit peut-être tenté en voyant sur une carte le petit Brocken placé plus au midi qu'au couchant du grand Brocken. En prenant la ligne principale de direction de la croupe du Bruchberg, j'opérai de la même manière qu'on a coutume de le faire en prenant les directions principales des filons, c'est-à-dire, en faisant toucher à cette ligne le plus grand nombre des points de ces filons, quoiqu'en plusieurs endroits ils s'écartent sensiblement de la ligne. Il en résulte qu'en tirant une ligne pareille par le Bruchberg et le grand Brocken, de manière que cette sommité la plus reculée et la plus élevée reste avec toute sa croupe supérieure au nord de la ligne, le petit

Brocken suivra du côté du couchant, de manière cependant que sa pente septentrionale la touche, et qu'elle sera en conséquence plus au midi de cette ligne, que le grand Brocken ne sera à son couchant.

On a oublié de donner l'explication de la figure placée à la page 65; elle appartient à la note de la page 64. On voit qu'en entrant dans un travail par le point a, les veines d et c sont *joignantes*, et les veines e et f *partantes*. Si, au contraire, on entroit par le point b, et que la tête des travaux fût en a, les veines l et f seroient joignantes, les veines c et d partantes. La veine g et h est partante et joignante en même temps.

EXTRAIT DES REGISTRES

DE

L'ACADÉMIE ROYALE DES SCIENCES.

Paris, le 2 août 1786.

MM. LAVOISIER, DARCET et SAGE, nommés Commissaires pour examiner la traduction de deux Ouvrages allemands, dont l'un de M. DE VELTHEIM a pour titre : Plan d'une Histoire générale de la Minéralogie; et l'autre de M. DE TRÉBRA, intitulé : Observations sur l'intérieur des montagnes, dont M. DE FONTALLARD a fait la traduction, revue par M. SCHREIBER et M. le Baron DE DIÉTRICH, membre de l'Académie, qui y a ajouté un Discours préliminaire, des Notes sur les objets de minéralogie pratique qui concernent le royaume, et des Observations faites au Hartz; lesdits Commissaires en ayant fait leur rapport, l'Académie a jugé que cet Ouvrage méritoit d'être imprimé sous son privilège et avec son approbation; en foi de quoi j'ai signé le présent certificat. A Paris, ce 31 janvier 1787.

Le Marquis DE CONDORCET,

TABLEAU

Des Pesanteurs spécifiques des Métaux et demi-Métaux, d'après les Auteurs modernes.

MÉTAUX et demi-métaux.	POIDS du pouce cube.	POIDS du pied cube.	PESANTEURS SPÉCIFIQUES D'APRÈS LES AUTEURS SUIVANS.						
	onces. gros. grains.	liv. onc. gr. gr.	BERGMANN.	BRISSON(1	CRONSTEDT.	GERHARD.	GMELIN.	KIRWAN.	VELTHEIM.
L'Or.	12....3....62	1348....1..0..41	19,6400	19,2581	19,6400	19,6400	19,5400	19,6400	19,6360
L'Argent. . .	6....6....22	733...3..1..52	10,5520	10,4743	11,0910	11,0910	11,0910	11,0950	11,0870
La Platine (2).	12....5......8	1365....0..0....0	18,0000	19,5000	22,0000	21,0416	{16,5000 / 17,2000 / 18,2130}	{16,0000 / 18,000c}	18,0000
Le Plomb. . .	7....2....62	794..10..4..44	11,3520	11,3523	11,3250	11,3526	{11,3250 / 11,3100}	{11,3000 / 11,4790}	11,3450
Le Cuivre. . .	5....0....28	545....2..4..35	8,8760	7,7880	{8,7840 / 8,8430 / 9,0000} (3)	8,8200	{8,7840 / 8,4300 / 9,0000}	{8,7000 / 9,3000}	9,0000
Le Fer. . . .	4....5....27	504....7..6..52	7,8000	7,2070	{7,6450 / 8,0000}	7,8000	{7,6450 / 8,0000}	{7,6000 / 8,0000}	8,1000
L'Etain. . . .	4....5....58	516...6..2..68	7,2640	7,2914	{7,4000 / 7,3210}	7,2640	{7,3210 / 7,4000}	{7,0000 / 7,4500}	7,4000
Le Zinc. . . .	4....5....21	503...5..5..41	6,8620	7,1908	{6,9000 / 7,0000}	6,8720	{6,9000 / 7,0000}	{6,9000 / 7,2400}	7,0000
Le Mercure. .	8....6....25	949..12..2..13	14,1100	13,5681	13,5930	14,2200	13,5930	. . . . .	14,0190
Le Bismuth. .	6....2....67	687....9..3..28	9,6700	9,8227	9,7000	9,6800	{9,7000 / 10,0000}	{9,6000 / 9,7000}	10,1000
Le Nickel. . .	5....0....35	546....7..6..52	{7,0000 / 9,0000} (4)	7,8070	8,5000	8,7630	8,0000	{7,4210 / 9,0000}	8,5000
L'Arsenic. . .	3....5....64	403....6..7..12	8,3080	5,7633	8,3080	8,2990	8,3080	8,3100	8,3080
L'Antimoine.	3....0....54	469....2..2..59	6,8600	6,7021	. . . . .	6,8650	6,7000	{4,0000 / 4,2000}	7,5000
Le Cobalt. . .	5....0....36	546..13..2..45	7,7000	7,8119	6,0000	7,0560	6,0000	7,7000	6,0000
La Manganèse.	3....0....48	332..15..0..32	6,8500	4,7563	. . . . .	6,8500	4,1800	6,8500	. . . . .
Le Wolfram. .	4....4....66	498....5..6..52	. . . . .	7,1195	. . . . .	17,6000(5)	. . . . .	7,1190	. . . . .
La Tungstène.	3....7....33	424..10..3..60	. . . . .	6,0665	. . . . .	. . . . .	. . . . .	{4,9900 / 5,8000}	. . . . .
La Molybdène.	3....0....41	331..11..1..69	. . . . .	4,7385	. . . . .	3,4600	. . . . .	4,5690	. . . . .

(1) M. Brisson est le seul qui ait calculé les pesanteurs spécifiques des métaux avec quatre décimales. Les autres Auteurs se sont contentés d'une approximation moins rigoureuse. Pour la régularité de ce Tableau, on a ajouté des zéros. Les poids des pouces et pieds cubes de chacune des substances métalliques, ont été déterminés par M. Brisson seul. M. Romé de l'Isle a donné, dans son Tableau Minéralogique des substances métalliques, les pesanteurs spécifiques en grande partie d'après Cronstedt; quelques-unes seulement d'après M. Brisson.

(2) La grande variation qu'on remarque dans l'évaluation de la pesanteur spécifique de la Platine, tient aux différens degrés de pureté auxquels elle a été pesée. Il faut que M. de Sicking ait obtenu cette substance à un degré de pureté bien extraordinaire, pour avoir pu porter sa pesanteur spécifique jusqu'à 27,500

(3) Il s'agit ici du Cuivre Suédois.

(4) Le Nickel pur.

(5) La différence qu'on observe ici entre la pesanteur spécifique du Wolfram et de la Tungstène, provient de ce que tous les Auteurs nommés sur ce Tableau ont, à l'exception d'un seul, pesé le minéral au lieu du régule. M. Gerhard nous donne la pesanteur spécifique du métal pesant ou du régule qu'on obtient de ces substances, d'après les expériences de M. d'Elhuyar, insérées dans le Journal de Physique, année 1784, tom. 25, pag. 310 et 469.

MÉTAUX ET MINÉRAUX
QU'ON A RETIRÉS DU HARTZ EN TROIS ANS.

	OR			ARGENT FIN.		LITHARGE.		PLOMB MARCHAND.		CUIVRE DE ROSETTE.		ZINC.	SOUFRE.		VITRIOL VERT.		VITRIOL BLEU.		VITRIOL BLANC.	
	MARC.	LOTHS.	GROS.	MARCS.	LOTHS.	QUINTAUX.	LIVRES.	QUINTAUX.	LIVRES.	QUINTAUX.	LIVRES.	LIVRES.	QUINTAUX.	LIVRES.	QUINTAUX.	LIVRES.	QUINTAUX.	LIVRES.	QUINTAUX.	LIVRES.
1.) Clausthal, Andreasberg, Lauterberg, ou partie de Grubenhag, appartenant au Roi d'Angleterre seul	. . .	. . .	. . .	26,892	10	11,107	. . . .	34,597	44	92	. . .	. . .	. . .	. . .	. . .	. . .	. . .	. . .	. . .	. . .
2.) Zellerfeld, ou Hartz supérieur, partie commune au Roi d'Angleterre et à M'. le Duc de Brunswick	. . .	. . .	. . .	7,170	4½	4,928	. . . .	11,682	58	273	14	. . .	. . .	. . .	. . .	. . .	. . .	. . .	. . .	. . .
3.) Goslar, ou Hartz inférieur, partie de la Communauté . . .	10	6	. . .	3,687	8½	4,618	55	5,870	30	691	83	23,450	1,411	48	1,978	87	. . . . . .	. . . .	774	10
1779. SOMME....	10	6	. . .	37,750	7½	20,653	55	52,150	16	1,058	97	23,450	1,411	48	1,978	87	. . . . . .	. . . .	774	10
1.) Clausthal, Andreasberg, Lauterberg, ou partie de Grubenhag, etc.	. . .	. . .	. . .	25,468	. . . .	10,324	. . . .	32,071	71	477	58	. . .	. . .	. . .	. . .	. . .	. . .	. . .	. . .	. . .
2.) Zellerfeld, ou Hartz supérieur, partie de la Communauté . . .	. . .	. . .	. . .	5,977	1½	4,231	. . . .	9,628	58	237	52	. . .	. . .	. . .	. . .	. . .	. . .	. . .	. . .	. . .
3.) Goslar, ou Hartz inférieur, partie de la Communauté . . .	10	4	2	3,546	2	5,416	56	6,040	12	612	23	19,369	1,361	101	1,425	108	. . . . . .	. . . .	756	115
1780. SOMME....	10	4	2	34,991	3½	19,971	56	47,740	25	1,317	21	19,369	1,361	101	1,425	108	. . . . . .	. . . .	756	115
1.) Clausthal, Andreasberg, Lauterberg, partie de Grubenhag, etc. . . .	. . .	. . .	. . .	24,018	10	8,671	. . . .	27,804	59	116	56	. . .	. . .	. . .	. . .	. . .	. . .	. . .	. . .	. . .
2.) Zellerfeld, ou Hartz supérieur de la Communauté	. . .	. . .	. . .	5,561	13½	4,023	. . . .	9,152	29	240	92	. . .	. . .	. . .	. . .	. . .	. . .	. . .	. . .	. . .
3.) Goslar, ou Hartz inférieur de la Communauté	10	14	3	3,934	5½	6,541	105	7,096	87	1,125	47	18,998	1,454	94	1,296	105	177	88	760	52
1781. SOMME....	10	14	3	33,514	10½	19,235	105	44,053	59	1,482	83	18,998	1,454	94	1,296	105	177	88	760	52
SOMME TOTALE DES TROIS ANNÉES...	31	9	1	106,256	5	59,860	100	143,943	100	3,858	89	61,817	4,228	11	4,701	63	177	88	2,291	61

Nota. Le quintal du plomb et des vitriols est de 116 livres. Celui du cuivre est calculé à raison de 112 livres. Deux loths font une once.

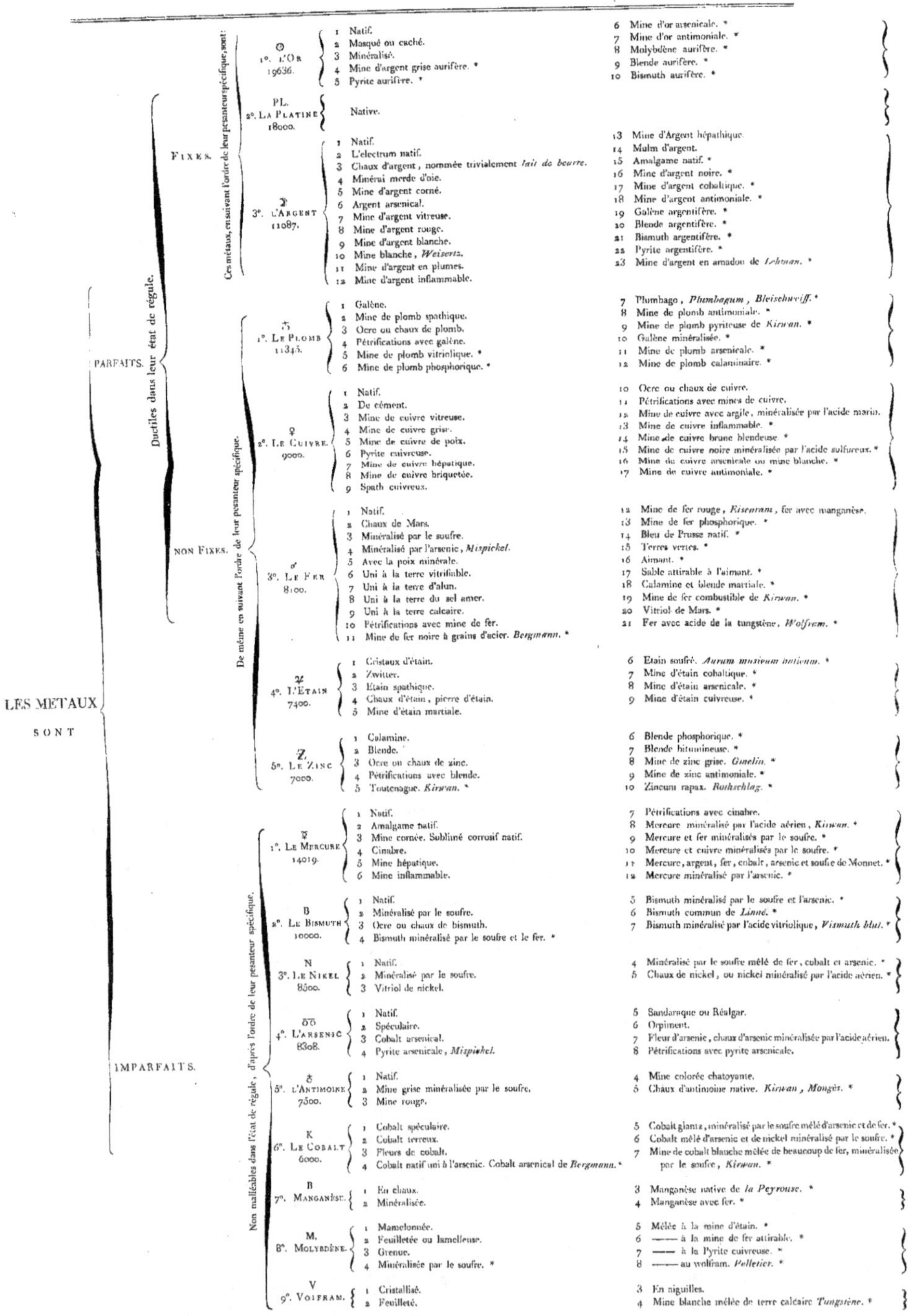

LES MÉTAUX SONT

PARFAITS. — Ductiles dans leur état de régule.

FIXES.
Ces métaux, en suivant l'ordre de leur pesanteur spécifique, sont :

1°. L'OR — 19636.
1. Natif.
2. Masqué ou caché.
3. Minéralisé.
4. Mine d'argent grise aurifère. *
5. Pyrite aurifère. *
6. Mine d'or arsenicale. *
7. Mine d'or antimoniale. *
8. Molybdène aurifère. *
9. Blende aurifère. *
10. Bismuth aurifère. *

2°. LA PLATINE — 18000.
Native.

3°. L'ARGENT — 11087.
1. Natif.
2. L'electrum natif.
3. Chaux d'argent, nommée trivialement *lait de beurre*.
4. Minérai merde d'oie.
5. Mine d'argent corné.
6. Argent arsenical.
7. Mine d'argent vitreuse.
8. Mine d'argent rouge.
9. Mine d'argent blanche.
10. Mine blanche, *Weisertz*.
11. Mine d'argent en plumes.
12. Mine d'argent inflammable.
13. Mine d'Argent hépathique.
14. Mulm d'argent.
15. Amalgame natif. *
16. Mine d'argent noire. *
17. Mine d'argent cobaltique. *
18. Mine d'argent antimoniale. *
19. Galène argentifère. *
20. Blende argentifère. *
21. Bismuth argentifère. *
22. Pyrite argentifère. *
23. Mine d'argent en amadou de *Lehman*. *

NON FIXES.
De même en suivant l'ordre de leur pesanteur spécifique.

1°. LE PLOMB — 11345.
1. Galène.
2. Mine de plomb spathique.
3. Ocre ou chaux de plomb.
4. Pétrifications avec galène.
5. Mine de plomb vitriolique. *
6. Mine de plomb phosphorique. *
7. Plombago, *Plumbagum, Bleischweiss*. *
8. Mine de plomb antimoniale. *
9. Mine de plomb pyriteuse de *Kirwan*. *
10. Galène minéralisée. *
11. Mine de plomb arsenicale. *
12. Mine de plomb calaminaire. *

2°. LE CUIVRE — 9000.
1. Natif.
2. De cément.
3. Mine de cuivre vitreuse.
4. Mine de cuivre grise.
5. Mine de cuivre de poix.
6. Pyrite cuivreuse.
7. Mine de cuivre hépatique.
8. Mine de cuivre briquetée.
9. Spath cuivreux.
10. Ocre ou chaux de cuivre.
11. Pétrifications avec mines de cuivre.
12. Mine de cuivre avec argile, minéralisée par l'acide marin.
13. Mine de cuivre inflammable. *
14. Mine de cuivre brune blendeuse. *
15. Mine de cuivre noire minéralisée par l'acide sulfureux. *
16. Mine de cuivre arsenicale ou mine blanche. *
17. Mine de cuivre antimoniale. *

3°. LE FER — 8100.
1. Natif.
2. Chaux de Mars.
3. Minéralisé par le soufre.
4. Minéralisé par l'arsenic, *Mispickel*.
5. Avec la poix minérale.
6. Uni à la terre vitrifiable.
7. Uni à la terre d'alun.
8. Uni à la terre du sel amer.
9. Uni à la terre calcaire.
10. Pétrifications avec mine de fer.
11. Mine de fer noire à grains d'acier. *Bergmann*. *
12. Mine de fer rouge, *Eisenram*, fer avec manganèse.
13. Mine de fer phosphorique. *
14. Bleu de Prusse natif. *
15. Terres vertes. *
16. Aimant. *
17. Sable attirable à l'aimant. *
18. Calamine et blende martiale. *
19. Mine de fer combustible de *Kirwan*. *
20. Vitriol de Mars. *
21. Fer avec acide de la tungstène, *Wolfram*. *

4°. L'ÉTAIN — 7400.
1. Cristaux d'étain.
2. Zwitter.
3. Étain spathique.
4. Chaux d'étain, pierre d'étain.
5. Mine d'étain martiale.
6. Étain soufré. *Aurum musivum antionm.* *
7. Mine d'étain cobaltique. *
8. Mine d'étain arsenicale. *
9. Mine d'étain cuivreuse. *

5°. LE ZINC — 7000.
1. Calamine.
2. Blende.
3. Ocre ou chaux de zinc.
4. Pétrifications avec blende.
5. Toutenague. *Kirwan*. *
6. Blende phosphorique. *
7. Blende bitumineuse. *
8. Mine de zinc grise. *Gmelin*. *
9. Mine de zinc antimoniale. *
10. Zincum rapax. *Rothschlag*. *

IMPARFAITS. — Non malléables dans l'état de régule, d'après l'ordre de leur pesanteur spécifique.

1°. LE MERCURE — 14019.
1. Natif.
2. Amalgame natif.
3. Mine cornée. Sublimé corrosif natif.
4. Cinabre.
5. Mine hépatique.
6. Mine inflammable.
7. Pétrifications avec cinabre.
8. Mercure minéralisé par l'acide aérien, *Kirwan*. *
9. Mercure et fer minéralisés par le soufre. *
10. Mercure et cuivre minéralisés par le soufre. *
11. Mercure, argent, fer, cobalt, arsenic et soufre de Monnet. *
12. Mercure minéralisé par l'arsenic. *

2°. LE BISMUTH — 10000.
1. Natif.
2. Minéralisé par le soufre.
3. Ocre ou chaux de bismuth.
4. Bismuth minéralisé par le soufre et le fer. *
5. Bismuth minéralisé par le soufre et l'arsenic. *
6. Bismuth commun de *Linné*. *
7. Bismuth minéralisé par l'acide vitriolique, *Vismuth blau*. *

3°. LE NIKEL — 8500.
1. Natif.
2. Minéralisé par le soufre.
3. Vitriol de nickel.
4. Minéralisé par le soufre mêlé de fer, cobalt et arsenic. *
5. Chaux de nickel, ou nickel minéralisé par l'acide aérien. *

4°. L'ARSENIC — 8308.
1. Natif.
2. Spéculaire.
3. Cobalt arsenical.
4. Pyrite arsenicale, *Mispickel*.
5. Sandaraque ou Réalgar.
6. Orpiment.
7. Fleur d'arsenic, chaux d'arsenic minéralisée par l'acide aérien.
8. Pétrifications avec pyrite arsenicale.

5°. L'ANTIMOINE — 7500.
1. Natif.
2. Mine grise minéralisée par le soufre.
3. Mine rouge.
4. Mine colorée chatoyante.
5. Chaux d'antimoine native. *Kirwan, Mongès*. *

6°. LE COBALT — 6000.
1. Cobalt spéculaire.
2. Cobalt terreux.
3. Fleurs de cobalt.
4. Cobalt natif uni à l'arsenic. Cobalt arsenical de *Bergmann*. *
5. Cobalt glantz, minéralisé par le soufre mêlé d'arsenic et de fer. *
6. Cobalt mêlé d'arsenic et de nickel minéralisé par le soufre. *
7. Mine de cobalt blanche mêlée de beaucoup de fer, minéralisée par le soufre, *Kirwan*. *

7°. MANGANÈSE.
1. En chaux.
2. Minéralisée.
3. Manganèse native de *la Peyrouse*. *
4. Manganèse avec fer. *

8°. MOLYBDÈNE.
1. Mamelonnée.
2. Feuilletée ou lamelleuse.
3. Grenue.
4. Minéralisée par le soufre. *
5. Mêlée à la mine d'étain. *
6. —— à la mine de fer attirable. *
7. —— à la Pyrite cuivreuse. *
8. —— au wolfram. *Pelletier*. *

9°. VOLFRAM.
1. Cristallisé.
2. Feuilleté.
3. En aiguilles.
4. Mine blanche mêlée de terre calcaire *Tungstène*. *

N°. V. — LES SELS.

LA NATURE NE LES PRODUIT JAMAIS PARFAITEMENT PURS.

Ils sont communément composés. — Quantités de chacune de leurs diverses parties constituantes, d'après Kirwan et Scheffer, (a)

	N°	Ils sont communément composés.	ACIDE.	ALKALI.	TERRE.	EAU.	SUBSTANCES DIVERSES.
I. D'un acide et de métaux.	1	Le vitriol natif de fer, de cuivre, de zinc, de nickel, et les mines vitrioliques. — Vert.	20 . Vitriolique			55	25 . Fer
		— Bleu.	30 . Vitriolique			43	27 . Cuivre
		— Blanc.	22 . Vitriolique			58	20 . Zinc
	2	Le minérai de lune cornée.	Vitriolique et marin				
	3	Le minérai de mercure corné, ou le sublimé natif.	19 . Vitriolique				81 . Mercure
			23 . Marin				77 . Mercure
	4	La fleur et l'efflorescence de cobalt.	Arsenical				
	5	La fleur et l'efflorescence de bismuth.	Vitriolique				
	6	Les blendes phosphorescentes.	Fluorique				
	7	Les mines de plomb spathiques et les terres.	Phosphorique				
	8	Le fer dans les eaux minérales.	Aérien				
	9	La plupart des chaux métalliques aérées *.	Aérien				
	10	La sidérite *.	Phosphorique				
	11	Le sel marin de cuivre *.	Marin				
	12	Le sel marin de manganèse *.	Marin				
II. D'un acide et d'un alkali minéral.	1	Le sel marin, le sel gemme.	33 . Marin	50 . Minéral		17	
	2	Le sel de Glauber natif.	11 . Vitriolique	25 . Minéral		64	
	3	Le borax natif ou pouxa.	34 . Sédatif	17 . Minéral		49	
	4	Le nitre cubique *.	29 . Nitreux	50 . Minéral		21	
	5	L'alkali minéral aéré *.	16 . Aérien	20 . Minéral		64	
III. D'un acide et d'un alkali végétal fixe.	1	Le salpêtre natif ou mêlé avec de la terre.	30 . Nitreux	63 . Végétal		7	
	2	Le tartre vitriolé *.	31 . Vitriolique	63 . Végétal		6	
	3	L'alkali végétal aéré *.	20 . Aérien	42 . Végétal		38	
	4	Le sel digestif ou fébrifuge de Silvius *.	30 . Marin	63 . Végétal		7	
IV. D'un acide et de terres.	1	Le sel amer natif ou mêlé avec de la terre. Vitriol de magnésie.	24 . Vitriolique		19 . Terre du sel amer	57	
	2	L'alun natif et ses mines.	24 . Vitriolique		18 . Terre argileuse	58	
	3	Le sel ammoniac fixe natif, ou sel de la craie. Sélénite marine.	12 . Marin		38 . Terre calcaire	20	
	4	Le sel sédatif natif.					
	5	Les gypses ou les albâtres, ou sélénites.	30 . Vitriolique		32 . Terre calcaire	38	
	6	Les spaths pesans.	13 . Vitriolique		84 . Terre pesante	3	
	7	Les spaths fluors.	43 . Fluorique		57 . Terre calcaire		
	8	La magnésie muriatique *.	34 . Marin		41 . Terre du sel amer	25	
	9	La magnésie aérée *.	30 . Aérien		48 . Terre de magnésie	22	
	10	Le nitre de magnésie *.	36 . Nitreux		27 . Terre du sel amer	37	
	11	La chaux aérée, le spath calcaire *.	34 . Aérien		55 . Calcaire	11	
	12	Le nitre calcaire *.	32 . Nitreux		32 . Terre calcaire	35	
	13	La barosélénite marine, *Kirwan* *.	Marin				
	14	La barosélénite aérée *.	20 . Aérien		78 . Terre pesante		
V. D'un acide et d'un alkali volatil.	1	Le sel Ammoniac natif.	52 . Marin	40 . Volatil		8	
	2	— Ammoniac vitriolique *.	42 . Vitriolique	40 . Volatil		18	
	3	— Ammoniac nitreux *.	46 . Nitreux	40 . Volatil		14	
	4	L'Alkali volatil aéré *.	Aérien				
VI. D'un acide et de matières inflammables.	1	L'acide vitriolique concret de Sienne.					
	2	La mine d'arsenic.	Arsenical				
	3	Les soufres natifs et les mines sulfureuses.	60 . Vitriolique				40 . Phlogistique (b)
	4	L'ambre jaune, succin.	45 . Du succin			23 . Eau et matière fixe	72 . Pétrole
	5	L'orpiment.	90 . Arsenical				10 . De soufre
	6	Le réalgar natif.	84 . Arsenical				16 . De soufre
VII. D'alkali minéral et végétal.		Le natron ou l'alkali minéral natif.					
		Les sels de quelques eaux thermales.					
VIII. Acides minéraux et végétaux. * (c)		L'acide aérien, l'air fixe, le gaz crayeux ou l'acide du charbon *.					
		L'acide sulfureux *.					
		L'acide sédatif *.					
		L'acide marin des volcans *.					

LES TERRES

NE SE TROUVENT JAMAIS PURES ET SIMPLES DANS LA NATURE;
NÉANMOINS ON PEUT LES DIVISER EN SIMPLES ET COMPOSÉES.

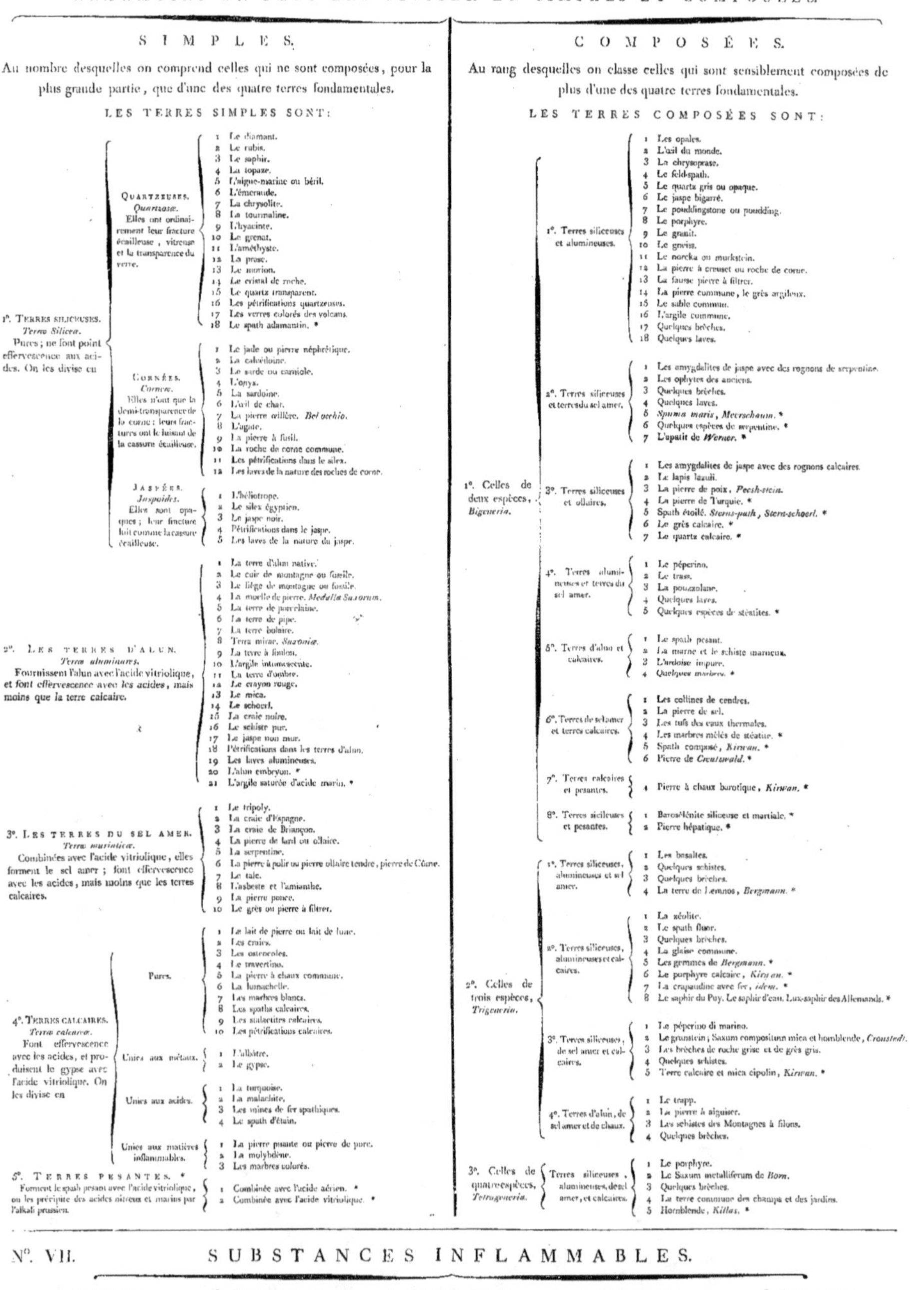

SIMPLES.

Au nombre desquelles on comprend celles qui ne sont composées, pour la plus grande partie, que d'une des quatre terres fondamentales.

LES TERRES SIMPLES SONT:

1°. TERRES SILICEUSES. *Terræ Silicea.* Pures; ne font point effervescence aux acides. On les divise en

QUARTZEUSES. *Quartzosæ.* Elles ont ordinairement leur fracture écailleuse, vitreuse et la transparence du verre.

1 Le diamant.
2 Le rubis.
3 Le saphir.
4 La topaze.
5 L'aigue-marine ou béril.
6 L'émeraude.
7 La chrysolite.
8 La tourmaline.
9 L'hyacinte.
10 Le grenat.
11 L'améthyste.
12 La prase.
13 Le morion.
14 Le cristal de roche.
15 Le quartz transparent.
16 Les pétrifications quartzeuses.
17 Les verres colorés des volcans.
18 Le spath adamantin. *

CORNÉES. *Corneæ.* Elles n'ont que la demi-transparence de la corne: leurs fractures ont le luisant de la cassure écailleuse.

1 Le jade ou pierre néphrétique.
2 La calcédoine.
3 Le sarde ou carniole.
4 L'onyx.
5 La sardoine.
6 L'œil de chat.
7 La pierre œillère. *Bel occhio.*
8 L'agate.
9 La pierre à fusil.
10 La roche de corne commune.
11 Les pétrifications dans le silex.
12 Les laves de la nature des roches de corne.

JASPÉES. *Jaspoïdes.* Elles sont opaques; leur fracture luit comme la cassure écailleuse.

1 L'héliotrope.
2 Le silex égyptien.
3 Le jaspe noir.
4 Pétrifications dans le jaspe.
5 Les laves de la nature du jaspe.

2°. LES TERRES D'ALUN. *Terræ aluminares.* Fournissent l'alun avec l'acide vitriolique, et font effervescence avec les acides, mais moins que la terre calcaire.

1 La terre d'alun native.
2 Le cuir de montagne ou fossile.
3 Le liège de montagne ou fossile.
4 La moelle de pierre. *Medulla Saxonum.*
5 La terre de porcelaine.
6 La terre de pipe.
7 La terre bolaire.
8 Terra miræ, Saxoniæ.
9 La terre à foulon.
10 L'argile intumescente.
11 La terre d'ombre.
12 Le crayon rouge.
13 Le mica.
14 Le schoerl.
15 La craie noire.
16 Le schiste pur.
17 Le jaspe non mur.
18 Pétrifications dans les terres d'alun.
19 Les laves alumineuses.
20 L'alun embryon. *
21 L'argile saturée d'acide marin. *

3°. LES TERRES DU SEL AMER. *Terræ muriaticæ.* Combinées avec l'acide vitriolique, elles forment le sel amer; font effervescence avec les acides, mais moins que les terres calcaires.

1 Le tripoly.
2 La craie d'Espagne.
3 La craie de Briançon.
4 La pierre de lard ou ollaire.
5 La serpentine.
6 La pierre à polir ou pierre ollaire tendre, pierre de Côme.
7 Le talc.
8 L'asbeste et l'amianthe.
9 La pierre ponce.
10 Le grès ou pierre à filtrer.

4°. TERRES CALCAIRES. *Terræ calcareæ.* Font effervescence avec les acides, et produisent le gypse avec l'acide vitriolique. On les divise en

Pures.
1 Le lait de pierre ou lait de lune.
2 Les craies.
3 Les ostéocolles.
4 Le travertino.
5 La pierre à chaux commune.
6 La lumachelle.
7 Les marbres blancs.
8 Les spaths calcaires.
9 Les stalactites calcaires.
10 Les pétrifications calcaires.

Unies aux métaux.
1 L'albâtre.
2 Le gypse.

Unies aux acides.
1 La turquoise.
2 La malachite.
3 Les mines de fer spathiques.
4 Le spath d'étain.

Unies aux matières inflammables.
1 La pierre puante ou pierre de porc.
2 La molybdène.
3 Les marbres colorés.

5°. TERRES PESANTES. * Forment le spath pesant avec l'acide vitriolique, on les précipite des acides nitreux et marins par l'alkali prussien.

1 Combinée avec l'acide aérien. *
2 Combinée avec l'acide vitriolique. *

COMPOSÉES.

Au rang desquelles on classe celles qui sont sensiblement composées de plus d'une des quatre terres fondamentales.

LES TERRES COMPOSÉES SONT:

1°. Celles de deux espèces, *Bigeneria.*

1°. Terres siliceuses et alumineuses.
1 Les opales.
2 L'œil du monde.
3 La chrysoprase.
4 Le feld-spath.
5 Le quartz gris ou opaque.
6 Le jaspe bigarré.
7 Le pouddingstone ou poudding.
8 Le porphyre.
9 Le granit.
10 Le gneiss.
11 Le norcka ou murkstein.
12 La pierre à creuset ou roche de corne.
13 La fausse pierre à filtrer.
14 La pierre commune, le grès argileux.
15 Le sable commun.
16 L'argile commune.
17 Quelques brèches.
18 Quelques laves.

2°. Terres siliceuses et terres du sel amer.
1 Les amygdalites de jaspe avec des rognons de serpentine.
2 Les ophytes des anciens.
3 Quelques brèches.
4 Quelques laves.
5 Spuma maris, Meerschaum. *
6 Quelques espèces de serpentine. *
7 L'apatit de *Werner.* *

3°. Terres siliceuses et ollaires.
1 Les amygdalites de jaspe avec des rognons calcaires.
2 Le lapis lazuli.
3 La pierre de poix, *Peesh-stein.*
4 La pierre de Turquie. *
5 Spath étoilé. *Stems-path, Stern-schoerl.* *
6 Le grès calcaire. *
7 Le quartz calcaire. *

4°. Terres alumineuses et terres du sel amer.
1 Le péperino.
2 Le trass.
3 La pouzzolane.
4 Quelques laves.
5 Quelques espèces de stéatites. *

5°. Terres d'alun et calcaires.
1 Le spath pesant.
2 La marne et le schiste marneux.
3 L'ardoise impure.
4 Quelques marbres. *

6°. Terres de sel amer et terres calcaires.
1 Les collines de cendres.
2 La pierre de sel.
3 Les tufs des eaux thermales.
4 Les marbres mêlés de stéatite. *
5 Spath composé, *Kirwan.* *
6 Pierre de *Creutzwald.* *

7°. Terres calcaires et pesantes.
4 Pierre à chaux barotique, *Kirwan.* *

8°. Terres siliceuses et pesantes.
1 Barosélénite siliceuse et martiale. *
2 Pierre hépatique. *

2°. Celles de trois espèces, *Trigeneria.*

1°. Terres siliceuses, alumineuses et sel amer.
1 Les basaltes.
2 Quelques schistes.
3 Quelques brèches.
4 La terre de Lemnos, *Bergmann.* *

2°. Terres siliceuses, alumineuses et calcaires.
1 La zéolite.
2 Le spath fluor.
3 Quelques brèches.
4 La glaise commune.
5 Les gemmes de *Bergmann.* *
6 Le porphyre calcaire, *Kirwan.* *
7 La crapaudine avec fer, *idem.* *
8 Le saphir du Puy. Le saphir d'eau. Lux-saphir des Allemands. *

3°. Terres siliceuses, de sel amer et calcaires.
1 Le péperino di marino.
2 Le grunstein; Saxum compositum mica et hornblende, *Croustedt.*
3 Les brèches de roche grise et de grès gris.
4 Quelques schistes.
5 Terre calcaire et mica cipolin, *Kirwan.* *

4°. Terres d'alun, de sel amer et de chaux.
1 Le trapp.
2 La pierre à aiguiser.
3 Les schistes des Montagnes à filons.
4 Quelques brèches.

3°. Celles de quatre espèces, *Tetrageneria.*

Terres siliceuses, alumineuses, de sel amer, et calcaires.
1 Le porphyre.
2 Le Saxum metalliferum de *Born.*
3 Quelques brèches.
4 La terre commune des champs et des jardins.
5 Hornblende, *Killas.* *

N°. VII. SUBSTANCES INFLAMMABLES.

1°. SOUFRES.	2°. HUILES FOSSILES. *Petroleæ.*	3°. RÉSINES FOSSILES. *Succina.*	4°. LES BITUMES. *Bitumina.*	5°. LES GAZ. *
1. Soufre natif.	1. Naphte.	1. Copal.	1. Asphalte.	1.) Le gaz inflammable. *

DES GÎTES DES FOSSILES.

TOUTE L'ENVELOPPE DU GLOBE SERT DE GÎTE AUX FOSSILES.

En considérant cette enveloppe relativement aux Gîtes des Fossiles qu'elle renferme, on y distingue cinq espèces de Montagnes : les Montagnes primordiales, les Montagnes simples d'argile ou Montagnes à filons, les Montagnes calcaires simples, les Montagnes à couches et les Montagnes volcaniques.

MONTAGNES PRIMORDIALES. *MONTES PRIMARII.*	MONTAGNES SIMPLES D'ARGILE OU A FILONS. *MONTES SECUNDARII.*	MONTAGNES CALCAIRES SIMPLES. *MONTES TERTIARII.*	MONTAGNES A COUCHES. *MONTES QUARTARII.*	MONTAGNES VOLCANIQUES. *MONTES VULCANARII.*
1°. Leur nature en général. Elles forment ordinairement les croupes centrales les plus élevées, et les bases des grandes chaînes des montagnes primitives de notre globe.	1°. Leur nature en général. Elles sont placées, partie au dessus, partie autour des montagnes primordiales, en parties considérables. En général, on ne les trouve pas formées de lames alternatives de terre et de pierre comme les montagnes à couches, mais de lames solides de même nature, dont l'argile est la partie constituante. Elles sont le siège principal des filons nobles, etc.	1°. Leur nature en général. Comme les montagnes à filons sont placées au dessus et autour des montagnes primordiales, celles-ci sont à leur tour autour, soit au dessus, soit à côté des montagnes à filons.	1°. Leur nature en général. Elles sont situées en partie au dessus et en partie autour des montagnes calcaires simples ; elles forment les grandes plaines qui se trouvent entre les montagnes que nous venons de décrire.	1°. Leur nature en général.
2°. L'espèce de leurs roches. Granite de toutes couleurs et de tout mélange.	2°. Les roches et leur nature. 1 Le schiste. 2 Le gneis. 3 La roche métallifère de filons. 4 Le trapp. 5 Le schiste de corne. 6 Le porphyre. 7 La roche de roche grise ou de grès gris.	2°. Roches qui les composent. La pierre calcaire fétide. La pierre calcaire ou gypse.	1°. Les différens couches de terre et de pierre de ces montagnes. 1 Les terres, les marnières, la pierre ponce, et les espèces de pierres calcaires ordinaires. 2 Le sable et mème les espèces de pierres de sable. 3 Les argiles. 4 La marne et les salières marneuses. 5 Le gypse et l'albâtre. 6 Les calcines. 7 Le granite. 8 La terre glaise. 9 Le tripoli. 10 Les mountagnes de cendres. 11 Toutes les pétrifications, etc.	1°. Les espèces de terres et roches de ces montagnes. 1 Scories vitreuses. 2 Scories réduites à vitroil. 3 Le pyroïde. 4 Laves terreuses. 5 Pierre à feu. 6 Pierre ponce. 7 Cendres volcaniques et pouzzolane.
3°. Leurs filons et leur nature.	3°. Les filons, leur nature et leur nature.	3°. Substances inflammables de ces montagnes.	2°. Les minéraux ordinaires de ces couches de terre.	2°. Les mères de ces montagnes. 1 Sel ammoniac. 2 Arsenic. 3 Soufre natif. 4 Fer de soude. 5 Alun. 6 Vitriol.
4°. Leurs Gangues. 1 Le mica. 2 La mouffe de pierre. 3 Le schorl. 4 Le feld-spath. 5 Le quartz. 6 La cristaux communs. 7 La zéolithe. 8 Le spath calcaire.	4°. Les gangues ordinaires de ces montagnes. 1 Le mica. 2 Le spath calcaire. 3 Le spath gypseux. 4 Le quartz. 5 Le spath blanc. 6 Le schorl. 7 La cristallisation. 8 La cristalde-terre savonneuse. 9 Le mica. 10 Le talc, etc.	4°. Substances inflammables de ces montagnes. Le ruisseau. Le sel de craie ou sel ammoniac liser.	3°. Les minéraux combinés de terre et cause dans de terre. 1 Mine de cuivre vitreux dans le schiste. 2 Mine de cuivre grise dans le schiste. 3 Pyrite cuivreuse dans le schiste. 4 Mine de cuivre en forme de pain. 5 Spath réduisez dans le schiste. 6 Ocre ou rituel de cuivre dans le schiste, ou mines sublimatoires. 7 Mines de fer. 8 Tous les sels. 9 Toutes les substances inflammables.	4°. Les roches qui couvrent de ces montagnes. 1 Les laurbes. 2 La subsidente. 3 La zéolite. 4 Le grenat. 5 Le schorl.
5°. Les sels, les matières inflammables et les phlogistiques ne se rencontrent que très-rarement dans ces montagnes.	5°. Les espèces de minéraux métalliques de ces montagnes.	5°. Substances bitumineuses de ces montagnes. Le soufre, la pyrite et les métaux qui s'y trouvent. Le pur minéral dans les mines de fer, de cuivre et de venture.	4°. Les saline, soit bar, et terreuses, fibreuses et ovreuses qui composent les cuivre-chevaleries de ces montagnes.	
	6°. Les espèces de sels ordinaires de ces montagnes. Acides nitreux ou terreux : 1 Le vitriol. 2 L'argent nové. 3 Le verticon sublime nové. Acides vitrioliques métaux : 1 Le spath gypseux. 2 Le spath l'air. 3 Le spath pesant, etc. Acides avec ces substances inflammables : 1 Les minéraux soufre. 2 Les mines d'arsenic. 3 L'orpiment. 4 La sandaraque.	6°. Leurs pétrifications. Elles ne se trouvent que dans la pierre calcaire magnésie, et non dans celle qui est écailleuse. Elles sont bien plus détruites et beaucoup plus anciennement bâti à la roche qui les renferme, que dans les montagnes à couches.	5°. Gangues de crayère et filons noctaires. 1 Spath calcaire. 2 Spath gypseux. 3 Spath fluor. 4 Feld-spath. 5 Quartz.	
	7°. Les substances inflammables ordinaires de ces montagnes. Le soufre uni aux métaux. Le bitume uni aux mines. L'orpiment et la sandaraque.		6°. Minéraux de ces roches et filons noctaires. 1 Cobalt. 2 Nikel. 3 Cuivre natif. 4 Mine de cuivre vitreux. 5 Mine de cuivre grise. 6 Pyrite cuivreuse. 7 Galène. 8 Pyrites martiales. 9 Pyrites arsenicales.	
	8°. Ces montagnes ne renferment point de pétrifications, mais elles en ont à leur surface.			

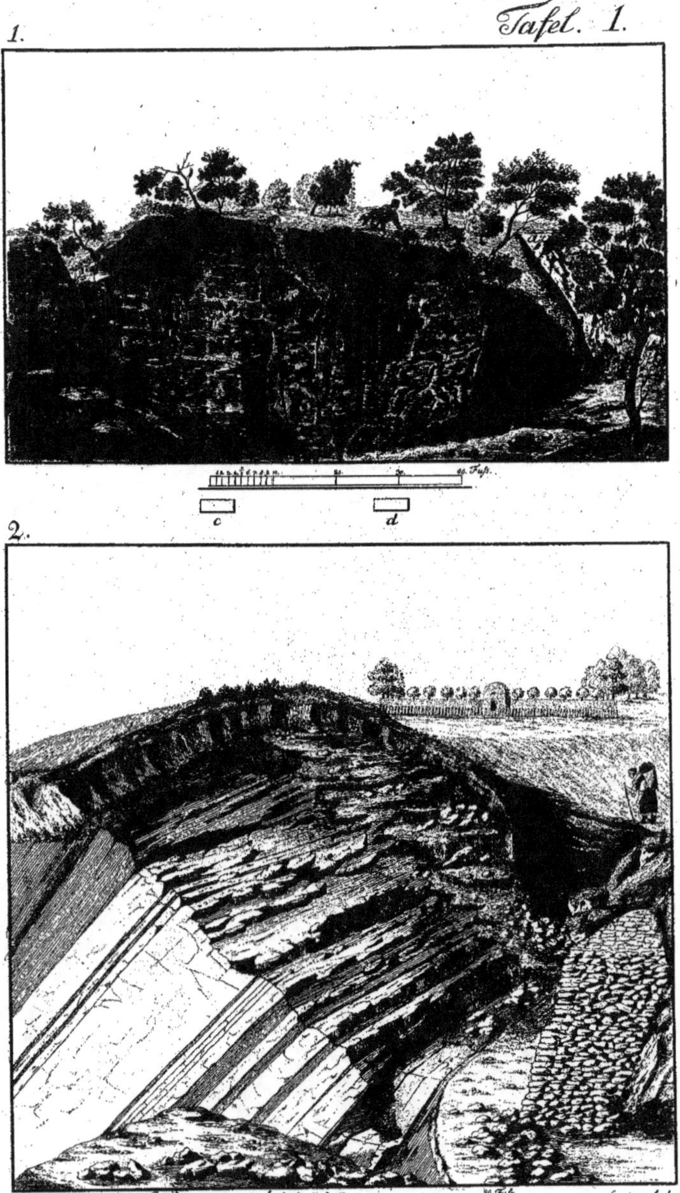

Tafel. 1.
1.
c
d
40. Fuß.
2.
F. H. Spörer. del.
B. R.
A
B
30. Fuß.
Capieux. sculpt. 1784.

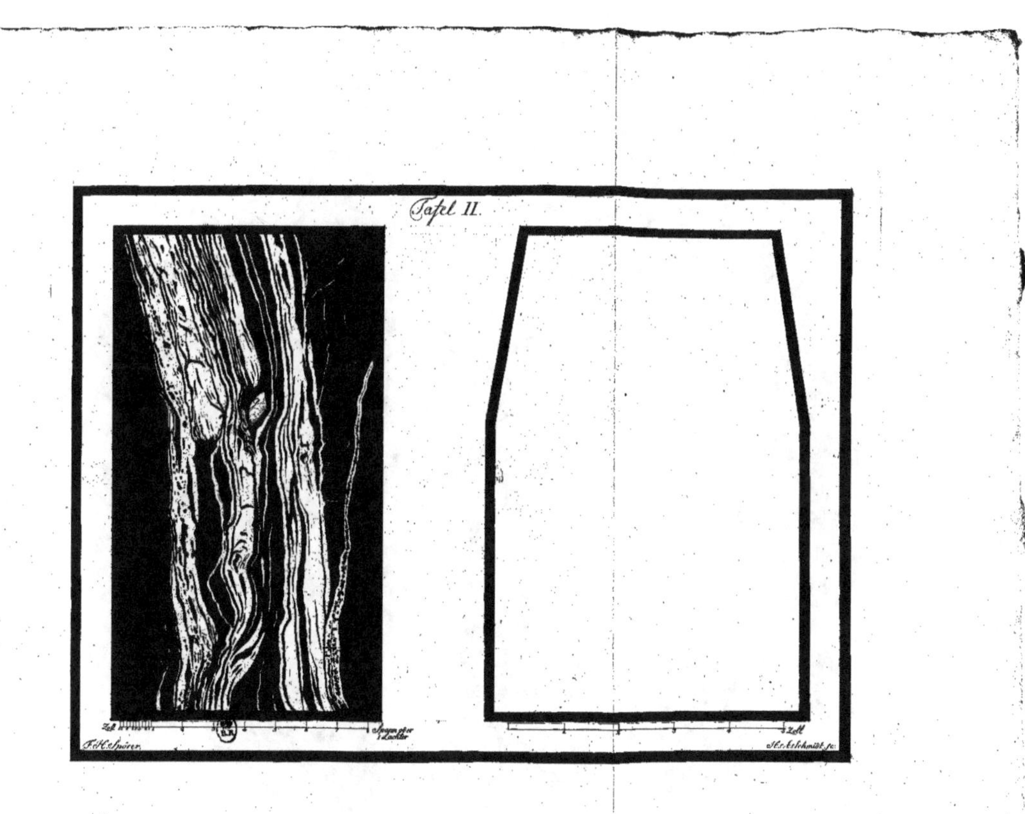

Tafel II.

Tafel. III.

J.W. Knoch delin: excudi coloriiuiqs varietate distingui curavit:
A. Schmidt sculp:

Tafel. IV.

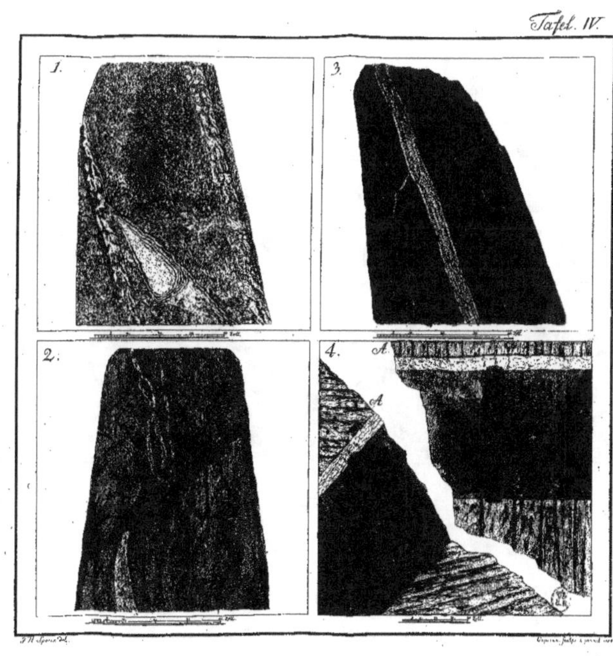

1.
3.
2.
4.
A.
A.

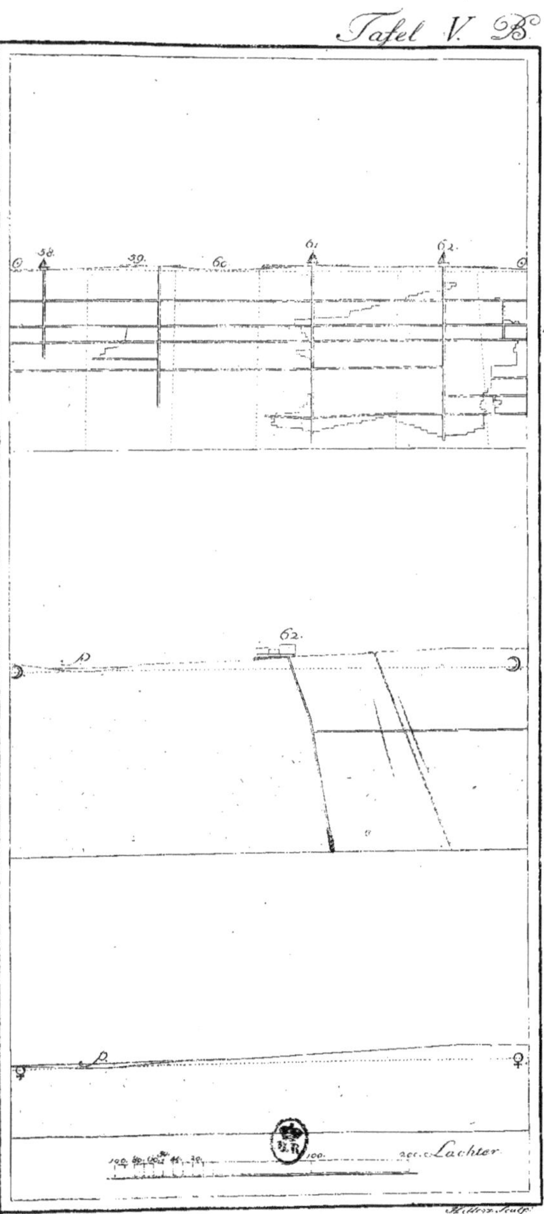

58.
39.
60
61
62.
62.
100   50   10   50
100
200 Lachter